钣金成形与模具设计

主　编　曹素兵

北京理工大学出版社
BEIJING INSTITUTE OF TECHNOLOGY PRESS

图书在版编目（CIP）数据

钣金成形与模具设计 / 曹素兵主编. -- 北京 ：
北京理工大学出版社，2023.7
ISBN 978 - 7 - 5763 - 2555 - 3

Ⅰ. ①钣… Ⅱ. ①曹… Ⅲ. ①钣金工 - 教材②模具 - 设计 - 教材 Ⅳ. ①TG38②TG76

中国国家版本馆 CIP 数据核字(2023)第 123067 号

出版发行 / 北京理工大学出版社有限责任公司
社　　址 / 北京市海淀区中关村南大街 5 号
邮　　编 / 100081
电　　话 / （010）68914775（总编室）
（010）82562903（教材售后服务热线）
（010）68944723（其他图书服务热线）
网　　址 / http：//www. bitpress. com. cn
经　　销 / 全国各地新华书店
印　　刷 / 三河市天利华印刷装订有限公司
开　　本 / 787 毫米 ×1092 毫米　1/16
印　　张 / 19. 75
字　　数 / 464 千字
版　　次 / 2023 年 7 月第 1 版　2023 年 7 月第 1 次印刷
定　　价 / 89. 00 元

责任编辑 / 多海鹏
文案编辑 / 多海鹏
责任校对 / 周瑞红
责任印制 / 李志强

前　言

模具是现代工业生产中重要的工艺装备，它在各种生产行业中，特别是冲压和塑料成型加工中应用极为广泛。我国模具工业总产值中，冲压模具的产值约占50%。

本书将理论知识的传授与模具设计的实践相结合，基础理论适度，突出专业知识的实用性、综合性、先进性，以培养学生从事冲模设计工作能力为核心，将冲压成形加工原理、冲压设备、冲压工艺、冲模设计有机融合，实现重组和优化，以通俗易懂的语言和丰富的图表，系统地分析了各类冲压成形规律、成形工艺与模具设计，并配以综合实例。为了适应信息化背景下的职业教育，本教材采用新形态立体化教材，即将多媒体的教学资源与纸质教材相融合的一种教材建设新形态。教材中每一个案例都专门制作了三维模型；每一副模具的工作原理以及冲压成形原理都制作了二维、三维动画，有助于学生理解和接受，提高学生学习的主动性和积极性。

在编写过程中，注意工艺实践与成形理论的紧密联系，同时突出高职院校“精化知识传授，强化能力培养”的特色。将传统的知识体系按照基于工作过程的指导思想作了适当的调整，使传授和学习知识的顺序符合冷冲模设计的过程。

本书由学校和企业合作编写，由四川工程职业技术学院曹素兵任主编，四川工程职业技术学院胡兆国教授任主审。四川工程职业技术学院曹素兵编写模块一、二；四川工程职业技术学院陈远新编写模块三；四川工程职业技术学院刘权萍、杨文均编写模块四、五；四川工程职业技术学院黄娟、西庆坤编写模块六；四川工程职业技术学院刘桂花和四川信息职业技术学院唐秀兰编写模块七；枣庄职业学院丁晓东、德阳应和机械制造有限公司李兵、杜雪峰参与了本教材的编写，并提供了大量的资料和许多宝贵经验。在编写过程中得到了编者所在院校与部分企业的大力支持和帮助，在此表示衷心的感谢！

由于编者水平有限，不足之处在所难免，敬请读者批评指正。

编　者

目　　录

模块一　冲压加工基本知识

任务一　了解冲压加工及分类

任务描述

了解常用冲压加工的概念、特点、分类及发展现状。

学习目标

【知识目标】

(1) 掌握冲压成形的概念；

(2) 掌握冲压成形的特点及分类。

【能力目标】

(1) 能理解该课程与其他课程的衔接和融通关系；

(2) 能理解本课程对后续课程的支撑作用。

【素养素质目标】

(1) 培养辩证分析能力；

(2) 培养逻辑思维能力。

任务实施

任务单　了解冲压加工及分类

任务名称	了解冲压加工及分类	学时		班级	
学生姓名		学生学号		任务成绩	
实训设备		实训场地		日期	
任务目的	了解冲压的概念、特点及分类				
任务内容	冲压概念，冲压加工的特点及发展现状				
任务实施	一、冲压与冲模的概念认知 二、学习冲压加工的特点及分类 三、了解冲压技术的现状与发展				
谈谈本次课程的收获，写出学习体会，给任课教师提出建议					

相关知识

步骤一　冲压与冲模的概念认知

冲压是通过安装在压力机上的模具对材料施加外力，使之产生塑性变形或分离，从而获得一定尺寸、形状和性能的工件的加工方法。冲压工艺的应用范围十分广泛，既可以加工金属材料，也可以加工多种非金属材料。由于其通常是在常温下进行的，故又称为冷冲压。

在冲压加工中，安装在压力机上，将材料（金属或非金属）加工成零件（或半成品）的一种特殊工艺装备，叫作冲压模具（简称冲模）。

合理的冲压成形工艺、先进的模具、高效的冲压设备是冲压加工中必不可少的三要素。合理的冲压成形工艺直接影响到模具加工的质量、周期和成本；先进、精密的模具是加工出合格制件的根本保障，也是先进冲压成形工艺实现的必要条件；高效的冲压成形设备是提高冲压生产效率的重要因素。

做一做： 按照任务要求，掌握冲压和冲模的概念。

步骤二　学习冲压加工的特点及分类

冲压加工冲压件的形状、尺寸和表面质量是由模具保证的，所以在大量生产中可以获得稳定的加工质量，满足一般的装配和使用要求。冲压加工可通过使材料产生塑性变形而制造出复杂形状的工件，这是其他工艺方法难以实现的。

冲压加工具有很高的生产率。一般一台冲压设备上每分钟可以生产中小尺寸工件几件到几十件，高速冲床可达几百件，这是其他任何加工方法都无法实现的。此外，冲压加工所用坯料是板材或卷料，通常又是在常温下加工，故易于实现机械化和自动化，可大幅度地提高生产率。

冲压加工成本低。在大量生产中采用冲压工艺加工板料工件是最经济的工艺方法。以冲裁为例，一般冲裁模的寿命可达几百万次，硬质合金冲裁模的寿命可达几千万次至上亿次；其次，冲压生产的材料利用率较高，一般可达 70% ~85%，故可极大地降低冲压件的生产成本。

冲压工艺和冲压设备正在不断发展，特别是精密冲裁、高速冲压、多工位自动冲压以及液压成形、超塑性冲压等各种冲压工艺的迅速发展，将冲压的技术水平提高到了一个新高度。新型模具材料的采用、硬质合金模具的推广、模具各种表面处理技术的发展、冲压设备和模具结构的改善及其精度的提高，显著地延长了模具的寿命、扩大了冲压加工的工艺范围。

由于冲压工艺具有生产效率高、质量稳定、成本低以及可加工复杂形状工件等一系列优点，故在机械、汽车、轻工、国防、电机电器、家用电器，以及日常生活用品等行业应用非常广泛，占有十分重要的地位。随着工业产品的不断发展和生产技术水平的不断提高，冲压模具作为各部门的重要基础工艺装备将起到越来越大的作用。

一个冲压件往往需要经过多道冲压工序才能完成。由于冲压件的形状、尺寸、精度、生产批量、原材料等的不同，其冲压工序也是多样的，但大致可分为分离工序和成形工序两大类。

（1）分离工序是将冲压件或毛坯沿一定的轮廓线与板料分离。其特点是沿一定边界的材料被破坏而使板料的一部分与另一部分分开，如落料、冲孔、切断、整修等。

（2）成形工序是在不使板料破坏的条件下使之产生塑性变形而形成所需形状与尺寸的工件。其特点是通过塑性变形达到加工目的，且在变形过程中不发生破坏或不失去稳定，如拉深、翻边、胀形等。

常用冲压工序的名称、特征及工序简图见表 1 – 1。

表 1 – 1 常用冲压工序的名称、特征及工序简图

类别	工序名称		工序简图	工序特征
分离工序	切断		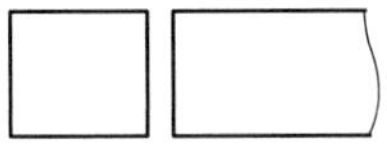	用剪刀或模具切断板料或条料的部分周边，使其分离
	冲裁	落料	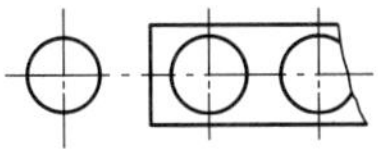	用落料模沿封闭轮廓冲裁板料或条料，冲掉部分是制件
		冲孔	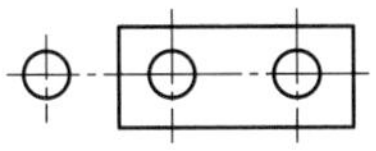	用冲孔模沿封闭轮廓冲裁板料或毛坯，冲掉部分是废料
	切口		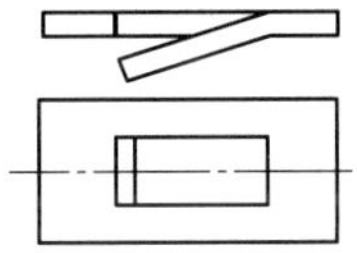	用切口模将部分材料切开，但并不能使它完全分离，切开部分材料发生弯曲
	切边		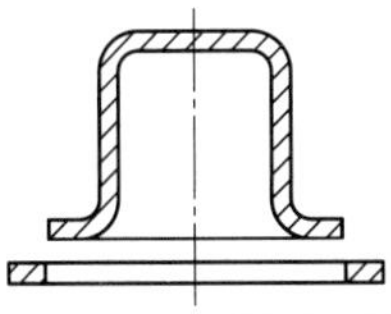	用切边模将毛坯件边缘的多余材料冲切下来
	剖切		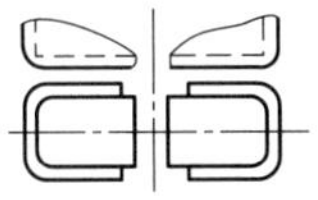	用剖切模将坯件、弯曲件或拉深件剖成两部分或多个部分
	整修		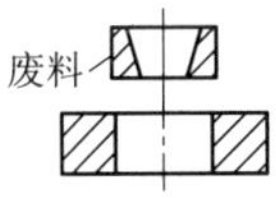 废料	用整修模去掉坯件外缘或内孔的余量，以得到光滑的断面和精确的尺寸
成形工序	弯曲	压弯	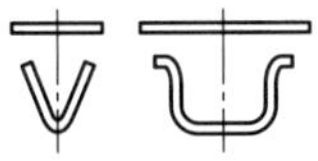	用弯曲模将平板毛坯（或丝料、杆件毛坯）压弯成一定尺寸和角度，或将已弯件做进一步弯曲
		卷边	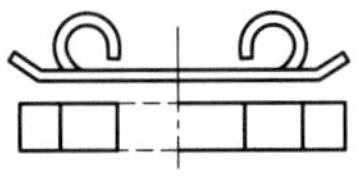	用卷边模将条料端部按一定半径卷成圆形
		扭弯	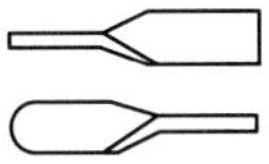	用扭曲模将平板毛坯的一部分相对另一部分扭转成一定的角度
	拉深	拉深	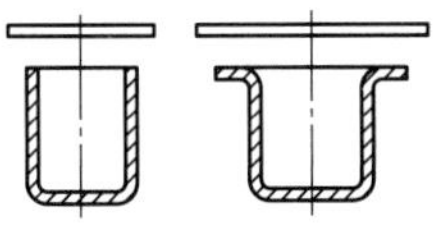	用拉深模使平板毛坯压延成空心件，或使空心毛坯做进一步变形，壁厚基本不变
		变薄拉深	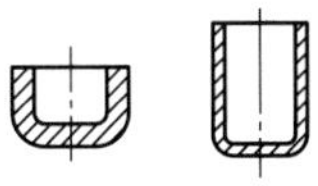	用变薄拉深模减小空心毛坯的直径与壁厚，以得到底厚大于侧壁厚的空心制件

续表

类别	工序名称		工序简图	工序特征
成形工序	成形	起伏成形	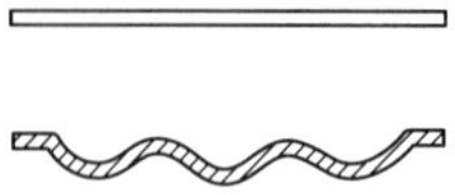	用成形模使平板毛坯或制件产生局部拉深变形，以得到起伏不平的制件
		翻边	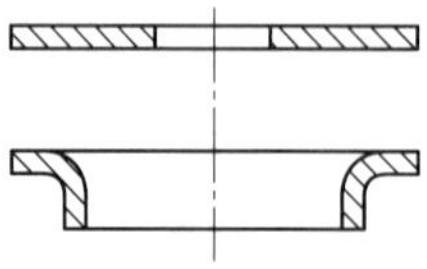	用翻边模在有孔或无孔的板件或空心件上翻出直径更大而且成一定角度的直壁
		胀形	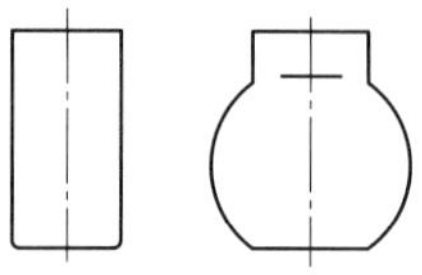	从空心件内部施加径向压力使局部直径胀大
		缩口	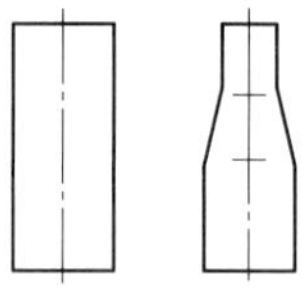	从空心件外部施加压力使局部直径缩小
		整形	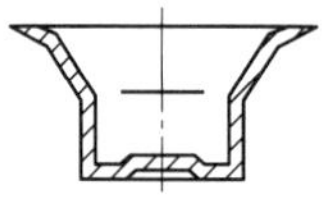	用整形模将弯曲或拉深件不准确的地方压成准确形状
		校平	 表面有平度要求	用校平模将有拱弯、翘曲的平板制件压平
	压印		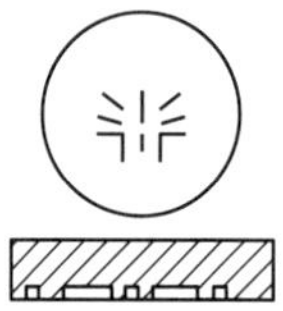	用压印模使材料局部变形流动，以得到凸凹不平的浮雕花纹或标记
	冷挤压		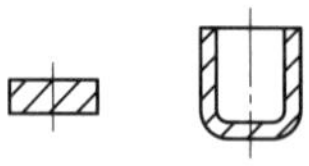	用冷挤压模使金属沿凸凹模间隙流动，从而使厚毛坯转变为薄壁空心件或横截面小的制品
	冷镦		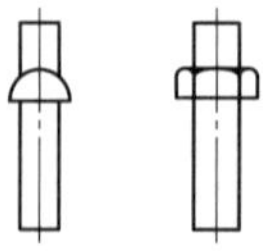	用冷镦模使金属体积重新分布及转移，以得到头部比（坯件）杆部粗大的制件
	冲眼		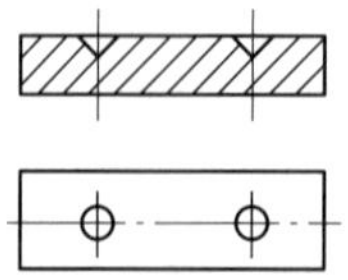	用锥形凸模在零件表面上冲出中心眼（不冲穿），为以后钻孔定心用

做一做：按照任务要求，掌握冲压加工的特点及分类。

步骤三　了解冲压技术的现状与发展

近年来，随着对发展先进制造技术的重要性获得前所未有的共识，冲压成形技术无论是在深度还是广度上都取得了前所未有的进展，其特征是与高新技术结合，在方法和体系上开始发生很大变化。计算机技术、信息技术、现代测控技术等向冲压领域的渗透与交叉融合，推动了先进冲压成形技术的形成和发展。21 世纪的冲压技术将以更快的速度持续发展，发展的方向将更加突出“精、省、净”的需求。

以有限元法为基础的冲压成形过程计算机仿真技术或数值模拟技术，为冲压模具设计、冲压过程设计与工艺参数优化提供了科学的新途径，将是解决复杂冲压过程设计和模具设计最有效的手段。国外大型企业的应用步伐非常迅速，而汽车工业走在前列，现已逐渐成熟，用于模具设计和试模的时间减少 50% 以上。

冲压成形技术的发展趋势：

（1）冲压成形技术将更加科学化、数字化和可控化。其科学化主要体现在对成形过程、产品质量、成本、效益的预测和可控程度上；成形过程的数值模拟技术将在实用化方面取得很大发展并与数字化制造系统很好地集成；人工智能技术、智能化控制将从简单形状零件成形发展到覆盖件等复杂形状零件成形，从而真正进入实用阶段。

（2）注重产品制造全过程，最大程度地实现多目标全局综合优化。优化将从传统的单一成形环节向产品制造全过程及全生命期的系统整体发展。

（3）对产品可制造性和成形工艺的快速分析与评估能力将有大的发展，以便从产品初步设计甚至构思时起，就能针对零件的可成形性及所需性能的保证度做出快速分析评估。

（4）冲压技术将具有更大的灵活性或柔性，以适应未来小批量、多品种混流生产模式及市场多样化、个性化需求的发展趋势，加强企业对市场变化的快速响应能力。

（5）重视复合化成形技术的发展。以复合工艺为基础的先进成形技术不仅正在从制造毛坯向直接制造零件方向发展，也正在从制造单个零件向直接制造结构整体的方向发展。

随着中国汽车工业、航空航天工业等支柱产业的迅速发展，我国的冲压行业既充满发展的机遇，又面临进一步以高新技术改造传统技术的严峻挑战，国民经济和国防建设事业将向冲压成形技术的发展提出更多、更新、更高的要求。我国的板料加工领域必须加强力量的联合及技术的综合与集成，并加快传统技术从经验向科学化转化的进程。

做一做：按照任务要求，了解冲压技术的现状与发展。

任务考核

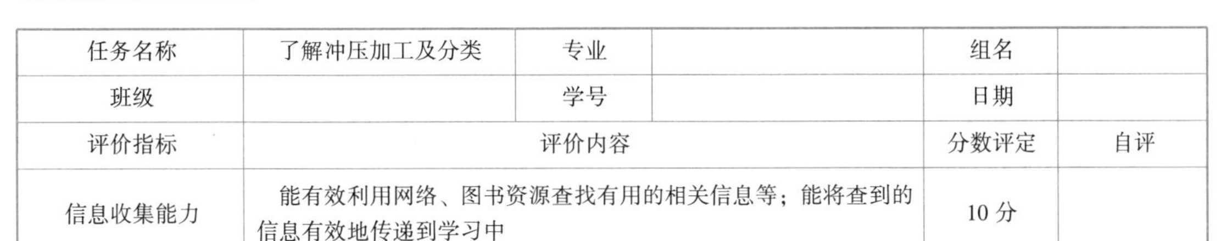

任务名称	了解冲压加工及分类	专业		组名	
班级		学号		日期	
评价指标	评价内容			分数评定	自评
信息收集能力	能有效利用网络、图书资源查找有用的相关信息等；能将查到的信息有效地传递到学习中			10 分	

续表

评价指标	评价内容	分数评定	自评
感知课堂生活	是否能在学习中获得满足感、课堂生活的认同感	5 分	
参与态度沟通能力	积极主动与教师、同学交流，相互尊重、理解、平等；与教师、同学之间是否能够保持多向、丰富、适宜的信息交流	5 分	
	能处理好合作学习和独立思考的关系，做到有效学习；能提出有意义的问题或能发表个人见解	5 分	
知识、能力获得情况	冲压与冲模的概念认知	20 分	
	学习冲压加工的特点及分类	20 分	
	了解冲压技术的现状与发展	20 分	
辩证思维能力	是否能发现问题、提出问题、分析问题、解决问题、创新问题	10 分	
自我反思	按时、保质地完成任务；较好地掌握了知识点；具有较为全面严谨的思维能力，并能条理清楚明晰地表达成文	5 分	
小计		100	

总结提炼				
考核人员	分值/分	评分	存在问题	解决办法
（指导）教师评价	100			
小组互评	100			
自评成绩	100			
总评	100	总评成绩 = 指导教师评价 ×35% + 小组评价 ×25% + 自评成绩 ×40%		

知识拓展

通过查阅相关教材、模具设计手册和中国大学慕课等网络资源，学习冲压加工分类的基本知识。

任务二 了解冲压对材料的要求及常用冲压材料

任务描述

掌握冲压工艺对冲压材料的基本要求及常用的冲压材料。

学习目标

【知识目标】

（1）掌握冲压工艺对材料的要求；

（2）掌握常用的冲压材料。

【能力目标】

（1）了解材料冲压成形性能与材料力学性能的关系；

(2) 了解冲压成形对材料力学性能的要求。

【素养素质目标】

(1) 培养勤于思考及分析问题的能力；

(2) 培养规范意识。

任务单　了解冲压对材料的要求及常用冲压材料

任务名称	冲压工艺材料的基本要求及常用冲压材料	学时		班级	
学生姓名		学生学号		任务成绩	
实训设备		实训场地		日期	
任务目的	了解冲压成形对材料的要求及常用冲压材料				
任务内容	了解冲压工艺对材料的要求、材料的力学性能及常用材料				
任务实施	一、冲压工艺对材料的基本要求 二、材料冲压成形性能与材料力学性能的关系 三、了解常用的冲压材料				
谈谈本次课程的收获，写出学习体会，给任课教师提出建议					

步骤一　冲压工艺对材料的基本要求

一、材料应具有良好的塑性

在变形工序中材料的内应力分为拉应力和压应力，其变形表现为伸长和压缩。当主要变形区的材料变形量超过材料的变形极限时，便会产生破裂或皱褶。因此材料必须有良好的塑性和塑性变形的稳定性。材料的塑性越好，允许塑性变形的范围越大，这样就可以减少变形工序的数目，降低制件废品率。

影响材料塑性的主要因素是材料的化学成分、金相组织和机械性能。一般来说，碳、硅、磷、硫元素的含量增加，都会使金属材料的塑性降低而脆性增加，尤其是含碳量影响最甚，含碳量低于0.05%的低碳钢具有良好的塑性，例如形状复杂的汽车覆盖件，多采用优质低碳钢板制作。含硅量在0.37%以下，对材料的性能影响不大，但含量大于这一数值时，即使含碳量很少也会使材料变得又硬又脆。硫在钢中与锰或铁相结合以硫化物的形态出现时，会严重影响钢的热轧性能，硫化物会促使条状组织产生，并导致钢的塑性降低。因此，对于胀形、内凹曲线翻边、弯曲等变形工序的制件多采用低碳钢板或低碳低合金钢板，如08Al、06Ti等。

金属材料的晶粒大小对塑性影响也很大。晶粒大，塑性差，变形时容易破裂，或在制件表面上呈现粗糙的“橘皮”，对制件以后的抛光、电镀、涂漆等工序均有影响；金属材料的晶粒过细，则会使材料的弹性回复现象增加，因而材料的晶粒大小要适中。对于0.8～2 mm厚的钢板，按YB27—77标准，晶粒度以5～9级为宜，同一批钢板，相邻级别以不超过2～5级为宜，相邻级别越接近，表明晶粒度越均匀。大型复杂拉深件所用的薄钢板晶粒度为6～8级，中板为5～7级，相邻级别不超过2级。冲压性能要求高的钢板，要求具有薄饼形晶粒（钢板在热轧过程中，由于快速冷却使氮化铝充分溶解，从而形成薄饼形晶粒）。具有薄饼形晶粒的钢板，其板厚方向性系数值大，允许变形程度大。

材料塑性的高低，通常用延伸率δ、屈强比σ_s/σ_b、冷弯试验中的弯心直径和杯突试验深度来表示。延伸率、杯突试验深度值越大，塑性就越好；屈强比、弯曲半径越小，则材料的塑性越好。

二、材料应具有抗压失稳起皱的能力

在制件的变形区，当材料内部主要承受压缩应力时，如直壁零件的拉深、缩口及外凸曲线翻边等，其应变主要表现为缩短或厚度增加，此时就容易产生受压失稳起皱。因此，冲压用金属材料还要有很高的抗压、抗失稳和抗起皱的能力，这种能力与其弹性模数E、屈强比σ_s/σ_b和板厚力向性系数γ有关。

三、材料应具有良好的表面质量

材料表面如有划伤、麻点、气孔、缩孔，或材料断面上有分层现象时，则在冲压过程中，在材料的缺陷部位造成应力集中而产生破裂；材料表面扭曲不平，会使剪裁或冲裁时定位不稳而造成冲压废品，或损坏模具。在成形工序中，因钢板的表面平面度差而影响材料流向，往往造成制件局部起皱或开裂；钢板表面有锈迹，不仅对冲压加工不利及损伤模具，而且还会影响后续工序（如焊接、涂漆等）的正常进行。

四、材料的规格应符合标准

金属板料厚度公差的大小是钢板轧制精度的主要标志，也是影响冲压加工质量稳定性的重要因素之一。模具间隙一经确定，所用材料的厚度公差就受到限制。若厚度因超差变薄，则制件的回弹值增大而尺寸精度降低；若材料厚度因超差变厚，制件在成形时会拉伤表面，甚至损坏设备和模具，而且增加了不必要的材料消耗。

板料的长、宽尺寸是以制件最佳的排样方案选定的。如果板料的长、宽尺寸超差，往往使原有的最佳排样方案不能实现，会增加材料消耗，特别是对于大型制件，不需要落料工序而直接采用专用长、宽规格的钢板，如果长、宽尺寸超差，则会造成冲压过程中进料阻力不均，增加模具调整的困难，甚至损坏模具和使制件报废。

做一做：按照任务要求，掌握冲压工艺对板料的基本要求。

步骤二　板料冲压成形性能与板料力学性能的关系

冲压成形加工方法与其他加工方法一样，都是以自身性能为加工依据，材料实施冲压成形加工必须有好的冲压成形性能。

材料对各种冲压加工方法的适应能力称为材料的冲压成形性能。材料的冲压成形性能好，就是指其便于冲压加工，一次冲压工序的极限变形程度和总的极限变形程度大，生产率高，容易得到高质量的冲压件，模具寿命长等。由此可见，冲压成形性能是一个综合性的概念，它涉及的因素很多，但就其主要内容来看，有两方面：一是成形极限，二是成形质量。

一、成形极限

在冲压成形过程中，材料能达到的最大变形程度称为成形极限。对于不同的成形工艺，成形

极限是采用不同的极限变形系数来表示的。由于大多数冲压成形都是在板厚方向上的应力数值近似为零的平面应力状态下进行的，因此，在变形坯料的内部，凡是受到过大拉应力作用的区域，都会使坯料局部严重变薄，甚至拉裂而使冲压件报废；凡是受到过大压应力作用的区域，若超过了临界应力就会使坯料丧失稳定而起皱。因此，从材料方面来看，为了提高成形极限，就必须提高材料的塑性指标及增强抗拉、抗压能力。冲压时，当作用于坯料变形区内的拉应力的绝对值最大时，在这个方向上的变形一定是伸长变形，故称这种冲压变形为伸长类变形（如胀形、扩口、内孔翻边等）；当作用于坯料变形区内的压应力的绝对值最大时，在这个方向上的变形一定是压缩变形，故称这种冲压变形为压缩类变形（如拉深、缩口等）。伸长类变形的极限变形系数主要决定于材料的塑性；压缩类变形的极限变形系数通常受坯料传力区的承载能力的限制，有时则受变形区或传力区失稳起皱的限制。

二、成形质量

冲压件的质量指标主要是尺寸精度、厚度变化、表面质量以及成形后材料的物理力学性能等。影响工件质量的因素很多，对于不同的冲压工序，情况又各不相同。

材料在塑性变形的同时总伴随着弹性变形，当载荷卸除后，由于材料的弹性回复，造成冲压件的尺寸和形状偏离模具工作零件的尺寸和形状，影响制件的尺寸和形状精度。因此，掌握回弹规律、控制回弹量是非常重要的。

冲压成形后，一般板厚都要发生变化，有的是变厚，有的是变薄。厚度变薄会直接影响冲压件的强度和使用，当对强度有要求时，往往要限制其最大变薄量。

材料经过塑性变形后，除产生加工硬化现象外，由于变形不均，产生残余应力，从而引起工件尺寸及形状的变化，严重时还会导致工件自行开裂。所有这些情况在制定冲压工艺时都应予以考虑。

影响工件表面质量的主要因素是原材料的表面状态、晶粒大小、冲压时材料粘模的情况以及模具对冲压件表面的擦伤等。原材料的表面状态直接影响工件的表面质量；晶粒粗大的钢板拉伸时会产生所谓的“橘皮”样的缺陷（表面粗糙）；冲压时易于粘模的材料则会擦伤冲压件并降低模具寿命。此外，模具间隙不均、模具表面粗糙也会擦伤冲压件。

为了有利于冲压变形和成形质量的提高，材料应具有良好的冲压成形性能，而冲压成形性能与材料的力学性能密切相关，通常要求材料应具有：良好的塑性，屈强比小，弹性模量高，板厚方向性系数大，板平面方向性系数小。不同冲压工序对材料力学性能的具体要求见表 1－2。

表 1－2　不同冲压工序对材料力学性能的具体要求

工序名称	性 能 要 求
冲裁	具有足够的塑性，在进行冲裁时板料不开裂；材料的硬度一般应低于冲模工作部分的硬度
弯曲	具有足够的塑性、较低的屈服极限和较高的弹性模量
拉深	塑性高、屈服极限低和板厚方向性系数大，板料的屈强比 σ_s/σ_b 小，板平面方向性系数小

做一做： 按照任务要求，了解板料的冲压成形性能。

步骤三　常用冲压材料

冷冲压工艺适用于多种金属材料及非金属材料。在金属材料中，有钢、铜、铝、镁、镍、钛等各种贵重金属及各种合金；非金属材料包括各种纸板、纤维板、塑料板、皮革、胶合板等。

由于两类工序（分离工序和成形工序）的变形原理不同，故其适用的材料也有所不同；不同的材料具有不同的特性，材料特性在不同工序中的作用也不相同。一般说来，金属材料既适合于成形工序也适合于分离工序，而非金属材料一般仅适合于分离工序。

冲压材料通常为各种规格的板料、带料和块料。板料的尺寸较大，一般用于大型零件的冲压，对于中小型零件，多数是将板料剪裁成条料后使用。带料（又称卷料）有各种规格的宽度，展开长度可达几千米，适用于大批量生产的自动送料，当材料厚度很小时也常做成带料供应。块料只用于少数钢号和价格昂贵的有色金属的冲压。

常用的冲压材料有以下几种。

一、黑色金属

普通碳素结构钢、优质碳素结构钢、合金结构钢、碳素工具钢、不锈钢和电工硅钢等。

对厚度在 4 mm 以下的轧制薄钢板，按照国家标准 GB/T 708—2006 的规定，钢板的厚度精度可分为 PTA（普通厚度精度）、PTB（较高厚度精度）。

对优质碳素结构钢薄钢板，根据 GB/T 710—2008 规定，钢板的拉延级别又可分为 Z（最深拉深级）、S（深拉延级）、P（普通拉延级）三级。

二、有色金属

铜及铜合金、铝及铝合金、镁合金和钛合金等。表 1 – 3 给出了冲压常用金属材料的力学性能，从表中数据可以近似判断材料的冲压性能。

表 1 – 3　冲压常用金属材料的力学性能

材料名称	牌号	材料状态及代号	力学性能			
			抗剪强度 τ/MPa	抗拉强度 σ_b/MPa	屈服点 σ_s/MPa	伸长率 δ/%
普通碳素钢	Q195	未经退火	255 ~ 314	315 ~ 390	195	28 ~ 33
	Q235		303 ~ 372	375 ~ 460	235	26 ~ 31
	Q275		392 ~ 490	490 ~ 610	275	15 ~ 20
碳素结构钢	08F	已退火	230 ~ 310	275 ~ 380	180	27 ~ 30
	08		260 ~ 360	215 ~ 410	200	27
	10F		220 ~ 340	275 ~ 410	190	27
	10		260 ~ 340	295 ~ 430	210	26
	15		270 ~ 380	335 ~ 470	230	25
	20		280 ~ 400	355 ~ 500	250	24
	35		400 ~ 520	490 ~ 635	320	19
	45		440 ~ 560	530 ~ 685	360	15
	50		440 ~ 580	540 ~ 715	380	13
不锈钢	1Cr13	已退火	320 ~ 380	440 ~ 470	120	20
	1Cr18Ni9Ti	经热处理	460 ~ 520	560 ~ 640	200	40
铝	1060、1050A、1200	已退火	80	70 ~ 110	50 ~ 80	20 ~ 28
		冷作硬化	100	130 ~ 140	—	3 ~ 4
硬铝	2A12	已退火	105 ~ 125	150 ~ 220	—	12 ~ 14
		淬硬并经自然时效	280 ~ 310	400 ~ 435	368	10 ~ 13
		淬硬后冷作硬化	280 ~ 320	400 ~ 465	340	8 ~ 10

续表

材料名称	牌号	材料状态及代号	力学性能			
			抗剪强度 τ/MPa	抗拉强度 σ_b/MPa	屈服点 σ_s/MPa	伸长率 δ/%
纯铜	T1、T2、T3	软	160	210	70	29～48
		硬	240	300	—	25～40
黄铜	H62	软	260	294～300	—	3
		半硬	300	343～460	200	20
		硬	420	≥12	—	10
	H68	软	240	294～300	100	40
		半硬	280	340～441	—	25
		硬	400	392～400	250	13

三、非金属材料

纸板、胶木板、塑料板、纤维板和云母等。

关于各类材料的牌号、规格和性能，可查阅有关手册和标准。

做一做：按照任务要求，了解常用冲压材料的基本知识。

任务考核

任务名称	冲压工艺材料的基本要求及常用冲压材料	专业		组名	
班级		学号		日期	
评价指标	评价内容			分数评定	自评
信息收集能力	能有效利用网络、图书资源查找有用的相关信息等；能将查到的信息有效地传递到学习中			10 分	
感知课堂生活	是否能在学习中获得满足感、课堂生活的认同感			5 分	
参与态度沟通能力	积极主动与教师、同学交流，相互尊重、理解、平等；与教师、同学之间是否能够保持多向、丰富、适宜的信息交流			5 分	
	能处理好合作学习和独立思考的关系，做到有效学习；能提出有意义的问题或能发表个人见解			5 分	
知识、能力获得情况	冲压工艺对板料的基本要求			20 分	
	板料的冲压成形性能与板料力学性能的关系			20 分	
	常用冲压材料			20 分	
辩证思维能力	是否能发现问题、提出问题、分析问题、解决问题、创新问题			10 分	
自我反思	按时保质完成任务；较好地掌握了知识点；具有较为全面严谨的思维能力并能条理清楚明晰地表达成文			5 分	
小计				100	

续表

总结提炼				
考核人员	分值/分	评分	存在问题	解决办法
（指导）教师评价	100			
小组互评	100			
自评成绩	100			
总评	100	总评成绩 = 指导教师评价 ×35% + 小组评价 ×25% + 自评成绩 ×40%		

知识拓展

通过查阅相关教材、模具设计手册和中国大学慕课等网络资源，学习冲压对板料的要求及常用冲压材料的基本知识。

任务三　了解模具材料的选用

任务描述

掌握冲模材料及热处理。

学习目标

【知识目标】

（1）掌握冲压对模具材料的要求；

（2）掌握冲压材料及其热处理要求。

【能力目标】

（1）能选择合适的冲压模具零件材料及热处理要求；

（2）能理解模具零件对材料性能的要求。

【素养素质目标】

（1）培养严谨的工作作风；

（2）培养成本、效益与质量的意识。

任务实施

任务单　了解模具材料的选用

任务名称	了解模具材料的选用	学时		班级	
学生姓名		学生学号		任务成绩	
实训设备		实训场地		日期	
任务目的	掌握冲压对模具材料的要求，会选用模具材料				
任务内容	冲压对模具材料的要求及选用				

续表

任务实施	一、冲压对模具材料的要求 二、冲模材料的选用原则 三、冲模常用材料及热处理要求
谈谈本次课程的收获，写出学习体会，给任课教师提出建议	

步骤一 冲压对模具材料的要求

不同冲压方法，其模具类型不同，模具工作条件有差异，对模具材料的要求也有所不同。表1－4所示为不同模具工作条件及对模具工作零件材料的性能要求。

表1－4 不同模具工作条件及对模具工作零件材料的性能要求

模具类型	工 作 条 件	模具工作零件材料的性能要求
冲裁模	主要用于各种板料的冲切成形，其刃口在工作过程中受到强烈的摩擦和冲击	具有高的耐磨性、冲击韧性以及耐疲劳断裂性能
弯曲模	主要用于板料的弯曲成形，工作负荷不大，但有一定的摩擦	具有高的耐磨性和断裂抗力
拉深模	主要用于板料的拉深成形，工作应力不大，但凹模入口处承受强烈的摩擦	具有高的硬度及耐磨性，凹模工作表面粗糙度值比较低

做一做：按照任务要求，掌握冲压对模具材料的要求。

步骤二 冲模材料的选用原则

模具材料的选用，不仅关系到模具的使用寿命，而且也直接影响到模具的制造成本，因此是模具设计中的一项重要工作。在冲压过程中，模具承受冲击负荷且连续工作，使凸、凹模受到强大压力和剧烈摩擦，工作条件极其恶劣，因此选择模具材料应遵循以下原则：

（1）根据模具类型及其工作条件选用材料。

（2）选用材料要满足使用要求，应具有较高的强度、硬度、耐磨性、耐冲击性和耐疲劳性等。

（3）根据冲压材料和冲压件生产批量选用材料。

（4）模具材料应具有良好的加工工艺性能，便于切削加工，淬透性好，热处理变形小。

（5）满足经济性要求。

做一做：按照任务要求，掌握冲模材料的选用原则。

步骤三　冲模常用材料及其热处理要求

模具材料的种类很多，应用也极为广泛，冲压模具所用材料主要有碳钢、合金钢、铸铁、橡胶等。常用的模具钢包括碳素钢、合金工具钢、轴承钢、高速工具钢、基体钢、硬质合金和钢基硬质合金等（可参见 GB/T 699—1999、GB/T 1298—2008、GB/T 1299—2000 等）。

表 1－5 所示为常用模具钢的性能比较，表 1－6 所示为常用冷作模具钢国内、外牌号对照，表 1－7 所示为模具工作零件的常用材料及热处理要求，表 1－8 所示为模具一般零件的常用材料及热处理要求。

表 1－5　常用模具钢的性能比较

类别	牌号	耐磨性	耐冲击性	淬火不变形性	淬硬深度	红硬性	脱碳敏感性	切削加工性
碳素工具钢	T7、T8	差	较好	较差	浅	差	大	好
	T9～T13	较差	中等	较差	浅	差	大	好
合金工具钢	Cr12	好	差	好	深	较好	较小	较差
	Cr12MoV	好	差	好	深	较好	较小	较差
	9Mn2V	中等	中等	好	浅	差	较大	较好
	Cr6WV	较好	较差	中等	深	中等	中等	中等
	CrWMn	中等	中等	中等	浅	较差	较大	中等
	9CrWMn	中等	中等	中等	浅	较差	较大	中等
	Cr4W2MoV	较好	较差	中等	深	中等	中等	中等
	6W6Mo5Cr4V	较好	较好	中等	深	中等	中等	中等
	5CrMnMo	中等	中等	中等	中	较差	较大	较好
	5CrNiMo	中等	较好	中等	中	较差	较大	较好
	3Cr2W8V	较好	中等	较好	深	较好	较小	较差
高速工具钢	W18Cr4V	较好	较差	中等	深	好	小	较差
	W6Mo5Cr4V2	较好	中等	中等	深	好	中等	较差
	W6Mo5Cr4V3	好	差	中等	深	好	较小	差

表 1－6　常用冷作模具钢国内、外牌号对照

中国（GB/T 1299—2000 等）	日本（JIS G4404—1983 等）	美国（ASTM A681—1984 等）
T9/T10	SK4	W1/W2
Cr12	SKD1	D3
Cr12Mo1V1	SKD11	D2
Cr12MoV	SKD11	—
9Mn2V	—	02

续表

中国（GB/T 1299—2000 等）	日本（JIS G4404—1983 等）	美国（ASTM A681—1984 等）
CrWMn	SKS31	—
9CrWMn	SKS3	01
W6Mo5Cr4V2	SKH51	M2

表 1－7　模具工作零件的常用材料及热处理要求

模具类型		零件名称及使用条件	材料牌号	热处理硬度/HRC	
				凸模	凹模
冲裁模	1	冲裁料厚 $t\leq3$ mm，形状简单的凸模、凹模和凸凹模	T8A、T10A、9Mn2V	58～62	60～64
	2	冲裁料厚 $t\leq3$ mm，形状复杂或冲裁厚 $t>3$ mm 的凸模、凹模和凸凹模	CrWMn，Cr6WV，9Mn2V，Cr12，Cr12MoV，GCr15	58～62	62～64
	3	要求高度耐磨的凸模、凹模和凸凹模，或生产量大、要求特长寿命的凸凹模	W18Cr4V，Cr4W2MoV	60～62	61～63
			65Cr4Mo3W2VNb（65Nb）	56～58	58～60
			YG15，YG20	—	
	4	材料加热冲裁时用凸凹模	3Cr2W8，5CrNiMo，5CrMnMo	48～52	
			6Cr4Mo3Ni2WV（CG－2）	51～53	
弯曲模	1	一般弯曲用的凸凹模及镶块	T8A，T10A，9Mn2V	56～60	
	2	要求高度耐磨的凸凹模及镶块；形状复杂的凸凹模及镶块；冲压生产批量特大的凸凹模及镶块	CrWMn，Cr6WV，Cr12，Cr12MoV，GCr15	60～64	
	3	材料加热弯曲时用的凸凹模及镶块	5CrNiMo，5CrNiTi，5CrMnMo	52～56	
拉深模	1	一般拉深用的凸模和凹模	T8A，T10A，9Mn2V	58～62	60～64
	2	要求耐磨的凹模和凸凹模，或冲压生产批量大、要求特长寿命的凸凹模材料	Cr12，Cr12MoV，GCr15	60～62	62～64
			YG8，YG15	—	
	3	材料加热拉深时用的凸模和凹模	5CrNiMo，5CrNiTi	52～56	

表 1－8　模具一般零件的常用材料及热处理要求

零件名称	使用情况	材料牌号	热处理硬度/HRC
上、下模板（座）	一般负载	HT200，HT250	—
	负载较大	HT250，Q235	
	负载特大，受高速冲击	45	—
	用于滚动式导柱模架	QT400－18，ZG310－570	—
	用于大型模具	HT250，ZG310－570	
模柄	压入式、旋入式和凸缘式	Q235	—
	浮动式模柄及球面垫块	45	43～48

续表

零件名称	使用情况	材料牌号	热处理硬度/HRC
导柱、导套	大量生产	20	58～62（渗碳）
	单件生产	T10A，9Mn2V	56～60
	用于滚动配合	Cr12，GCr15	62～64
垫块	一般用途	45	43～48
	单位压力大	T8A，9Mn2V	52～56
推板、顶板	一般用途	Q235	—
	重要用途	45	43～48
推杆、顶杆	一般用途	45	43～48
	重要用途	Cr6WV，CrWMn	56～60
导正销	一般用途	T10A，9Mn2V	56～62
	高耐磨	Cr12MoV	60～62
固定板、卸料板	—	Q235，45	—
定位板	—	45	43～48
		T8	52～56
导料板（导尺）	—	45	43～48
托料板	—	Q235	—
挡料销、定位销	—	45	43～48
废料切刀	—	T10A，9Mn2V	56～60
定距侧刃	—	T8A，T10A，9Mn2V	56～60
侧压板	—	45	43～48
侧刃挡板	—	T8A	54～58
拉深模压边圈	—	T8A	54～58
斜楔、滑块	—	T8A，T10A	58～62
		45	43～48
限位圈（块）	—	45	43～48
弹簧	—	65Mn，60Si2MnA	40～48

做一做：按照任务要求，了解冲压常用材料及热处理要求。

任务考核

任务名称	了解模具材料的选用	专业		组名	
班级		学号		日期	
评价指标	评价内容			分数评定	自评
信息收集能力	能有效利用网络、图书资源查找有用的相关信息等；能将查到的信息有效地传递到学习中			10 分	

续表

<table>
<tr><td>评价指标</td><td colspan="3">评价内容</td><td>分数评定</td><td>自评</td></tr>
<tr><td>感知课堂生活</td><td colspan="3">是否能在学习中获得满足感、课堂生活的认同感</td><td>5 分</td><td></td></tr>
<tr><td rowspan="2">参与态度沟通能力</td><td colspan="3">积极主动与教师、同学交流，相互尊重、理解、平等；与教师、同学之间是否能够保持多向、丰富、适宜的信息交流</td><td>5 分</td><td></td></tr>
<tr><td colspan="3">能处理好合作学习和独立思考的关系，做到有效学习；能提出有意义的问题或能发表个人见解</td><td>5 分</td><td></td></tr>
<tr><td rowspan="3">知识、能力获得情况</td><td colspan="3">冲压对模具材料的要求</td><td>20 分</td><td></td></tr>
<tr><td colspan="3">冲模材料的选用原则</td><td>20 分</td><td></td></tr>
<tr><td colspan="3">冲模常用材料及其热处理要求</td><td>20 分</td><td></td></tr>
<tr><td>辩证思维能力</td><td colspan="3">是否能发现问题、提出问题、分析问题、解决问题、创新问题</td><td>10 分</td><td></td></tr>
<tr><td>自我反思</td><td colspan="3">按时保质完成任务；较好地掌握了知识点；具有较为全面严谨的思维能力并能条理清楚明晰地表达成文</td><td>5 分</td><td></td></tr>
<tr><td colspan="4">小计</td><td>100</td><td></td></tr>
<tr><td colspan="6">总结提炼</td></tr>
<tr><td>考核人员</td><td>分值/分</td><td>评分</td><td>存在问题</td><td colspan="2">解决办法</td></tr>
<tr><td>（指导）教师评价</td><td>100</td><td></td><td></td><td colspan="2"></td></tr>
<tr><td>小组互评</td><td>100</td><td></td><td></td><td colspan="2"></td></tr>
<tr><td>自评成绩</td><td>100</td><td></td><td></td><td colspan="2"></td></tr>
<tr><td>总评</td><td>100</td><td colspan="4">总评成绩 = 指导教师评价 ×35% + 小组评价 ×25% + 自评成绩 ×40%</td></tr>
</table>

知识拓展

通过查阅相关教材、模具设计手册和中国大学慕课等网络资源，学习冲压对板料的要求及常用冲压材料的基本知识。

模块二　冲　　裁

手柄冲裁模具设计

零件名称：手柄。

零件图：如图 2－1 所示。

材料：Q235A。

材料厚度：1.2 mm。

批量：中批。

工作任务：制定该零件的冲压工艺并设计模具。

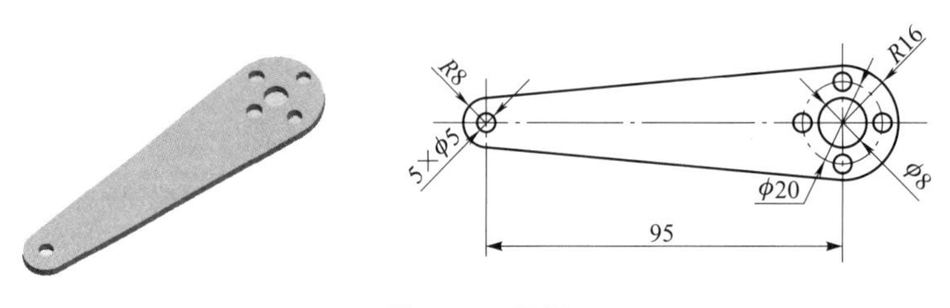

图 2－1　手柄

从广义上来说，利用冲模使材料相互分离的工序叫冲裁（见图 2－1），它包括落料、冲孔、切断、修边、切舌等工序。但一般来说，冲裁工艺主要是指落料和冲孔工序。若使材料沿封闭曲线相互分离，封闭曲线以内的部分作为冲裁件时，称为落料；而封闭曲线以外的部分作为冲裁件时，则称为冲孔。例如冲制平面垫圈，制取外形的冲裁工序称为落料，而制取内孔的工序称为冲孔。

冲裁的应用非常广泛，它既可直接冲制成品零件，又可为其他成形工序制备坯料。

根据变形机理的不同，冲裁可分为普通冲裁和精密冲裁两类。

任务描述

手柄冲裁模具总体方案设计：冲裁件工艺性分析、冲裁工艺方案确定及工艺方案制定。

学习目标

【知识目标】

(1) 掌握冲裁变形的过程;

(2) 掌握冲裁件的工艺性;

(3) 掌握冲裁工艺方案的制定。

【能力目标】

(1) 能正确分析冲裁件的结构工艺性，分析冲压件设计是否合理、是否符合冲裁件的工艺要求;

(2) 能正确制定冲裁工艺方案。

【素养素质目标】

(1) 培养分析和解决问题的能力;

(2) 培养逻辑思维能力。

任务实施

任务单　手柄冲裁模具总体方案设计

任务名称	手柄冲裁模具总体方案设计	学时		班级	
学生姓名		学生学号		任务成绩	
实训设备		实训场地		日期	
任务目的	正确制定冲裁工艺方案				
任务内容	手柄冲裁件工艺性分析、冲裁工艺方案确定及总体方案设计				
任务实施	一、手柄冲压件工艺性分析 二、手柄冲压工艺方案的确定 三、手柄冲压模具总体方案设计				
谈谈本次课程的收获，写出学习体会，给任课教师提出建议					

相关知识

一、冲裁变形过程

图 2-2 所示为简单冲裁模，上模部分由模柄 1、凸模 2 等组成，下模部分由凹模 4、下模座 5 等组成。上模部分通过模柄安装在压力机的滑块上，随滑块做上下运动；下模部分通过下模座固定在压力机的工作台上。模具的工作零件是凸模和凹模，凹模孔口的直径比凸模的直径略大，组成有一定间隙的上下刃口。将条料 3 置于凹模上，当凸模随压力机滑块向下运动时，便迅速冲穿条料进入凹模，使工件与条料分离而完成冲裁工作。如果模具间隙正常，则冲裁变形过程大致可分为以下三个阶段（见图 2-3）。

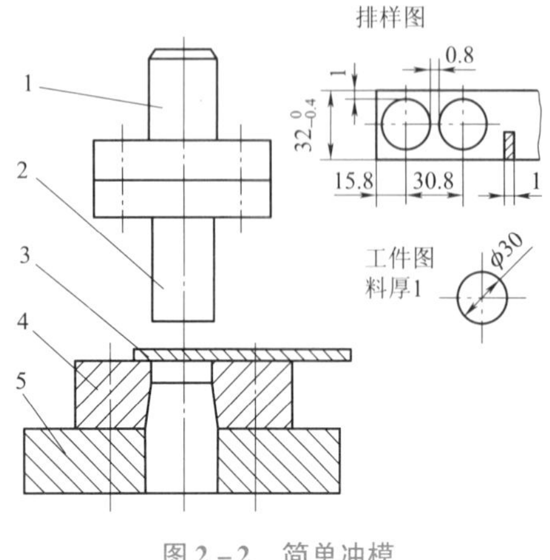

图 2－2　简单冲模

1—模柄；2—凸模；3—条料；
4—凹模；5—下模座

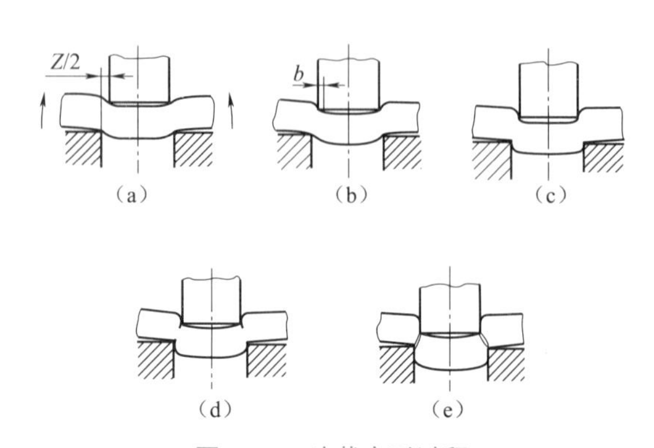

图 2－3　冲裁变形过程

(a) 弹性变形阶段；(b) 塑性变形阶段；
(c)，(d)，(e) 断裂分离阶段

1. 弹性变形阶段 [见图 2－3 (a)]

在凸模压力作用下，材料产生弹性压缩、拉伸和弯曲变形，凹模上的板料则向上翘曲，间隙越大，弯曲和上翘越严重。同时，凸模稍许挤入板料上部，板料的下部则略挤入凹模孔口，但材料内的应力未超过材料的弹性极限。

2. 塑性变形阶段 [见图 2－3 (b)]

因板料发生弯曲，凸模沿环形带 b 继续加压，当材料内的应力达到屈服极限时便开始进入塑性变形阶段。凸模挤入板料上部，同时板料下部挤入凹模孔口，形成光亮的塑性剪切面。随着凸模挤入板料深度的增大，塑性变形程度增大，变形区材料硬化加剧，冲裁变形抗力不断增大，直到刃口附近侧面的材料由于拉应力的作用出现微裂纹时，塑性变形阶段便告终，此时冲裁变形抗力达到最大值。由于凸、凹模间有间隙 Z，故在这个阶段中冲裁区还伴随着发生金属的弯曲和拉伸，间隙越大，弯曲和拉伸也越大。

3. 断裂分离阶段 [见图 2－3 (c) ～图 2－3 (e)]

材料内裂纹首先在凹模刃口附近的侧面产生，紧接着才在凸模刃口附近的侧面产生。已形成的上下微裂纹随着凸模继续压入沿最大切应力方向不断向材料内部扩展，当上下裂纹重合时，板料便被剪断分离。随后，凸模将分离的材料推入凹模孔口。

二、冲裁切断面分析

冲裁变形区的应力与变形情况及冲裁件切断面的状况如图 2－4 所示。从图 2－4 中可以看出，冲裁件的切断面具有明显的区域性特征，它由塌角、光面、毛面和毛刺四个部分组成。

(1) 塌角 a。它是由于冲裁过程中刃口附近的材料被牵连拉入变形（弯曲和拉伸）的结果。

(2) 光面 b。它是紧挨塌角并与板面垂直的光亮部分，是在塑性变形过程中凸模（或凹模）挤压切入材料，使其受到剪切应力 τ 和挤压应力 σ 的作用而形成的。

(3) 毛面 c。它是表面粗糙且带有锥度的部分，是由于刃口处的微裂纹在拉应力 σ 作用下不断扩展断裂而形成的。

(4) 毛刺 d。冲裁毛刺是在刃口附近的侧面上材料出现微裂纹时形成的，当凸模继续下行时，便使已形成的毛刺拉长并残留在冲裁件上，这也是普通冲裁中毛刺的不可避免性，但当间隙合适时，毛刺的高度很小，易于去除。

冲裁切断面上的塌角、光面、毛面和毛刺四个部分在整个断面上所占的比例不是一成不变

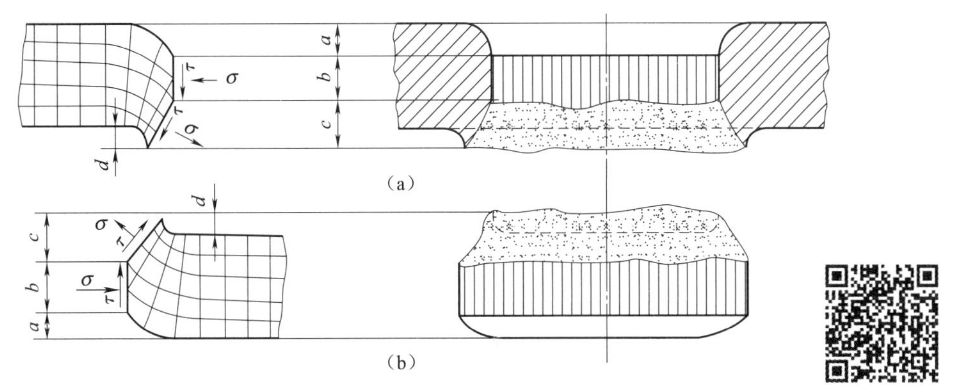

图 2－4

图 2－4　冲裁区应力、变形情况及冲裁切断面状况

a—塌角；b—光面；c—毛面；d—毛刺；σ—正应力；τ—切应力

的。塑性差的材料，断裂倾向严重，毛面增宽，而光面、塌角所占的比例较小，毛刺也较小；反之，塑性较好的材料，光面所占的比例较大，塌角和毛刺也较大，而毛面则小一些。对同一种材料来说，这四个部分的比例又会随板料厚度、冲裁间隙、刃口锐钝、模具结构和冲裁速度等各种冲裁条件的不同而变化。

三、提高冲裁件质量的途径

由冲裁切断面分析可知，要提高冲裁件的质量，就要增大光面的宽度，缩小塌角和毛刺高度，并减小冲裁件翘曲。增大光面宽度的关键在于推迟剪裂纹的发生，因而就要尽量减小材料内的拉应力成分，增强压应力成分和减小弯曲力矩。其主要途径是：减小冲裁间隙，用压料板压紧凹模面上的材料，对凸模下面的材料用顶板施加反向压力［见图 2－5（b）、图 2－5（d）和图 2－5（f）］，此外，还要合理选择搭边并注意润滑等。

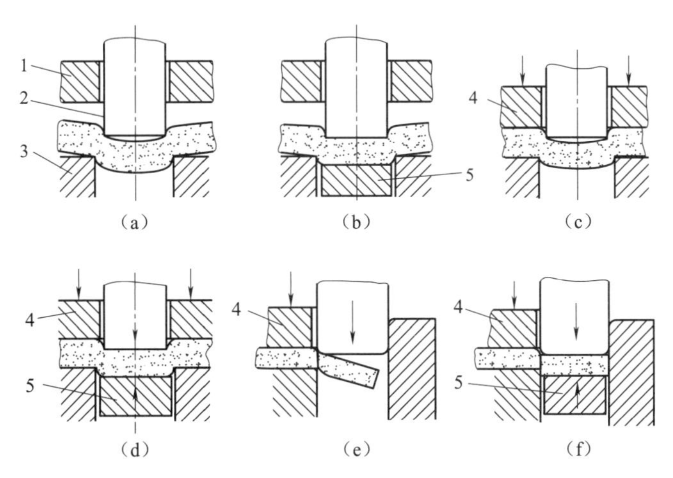

图 2－5　压料与不压料及顶料冲裁的比较

1—刚性卸料；2—凸模；3—凹模；4—弹性卸料；5—顶板

减小塌角、毛刺和翘曲的主要方法：尽可能采用合理间隙的下限值，保持模具刃口的锋利，合理选择搭边值，采用压料板和顶板等措施。

步骤一 冲裁件的工艺性分析

在编制冲压工艺规程和设计模具之前，应对冲裁件的形状、尺寸和精度等方面进行分析，并从工艺角度分析零件设计得是否合理、是否符合冲裁的工艺要求。

冲裁件的工艺性，是指冲裁件对冲裁工艺的适应性，主要有以下几个方面。

一、冲裁件的结构工艺性

（1）冲裁件的形状应力求简单、对称，有利于材料的合理利用。

（2）冲裁件内形及外形的转角处要尽量避免尖角，应以圆弧过渡（见图 2－6），以便于模具加工，减小热处理开裂，减少冲裁时尖角处的崩刃和过快磨损。圆角半径 R 的最小值参照表 2－1 选取。

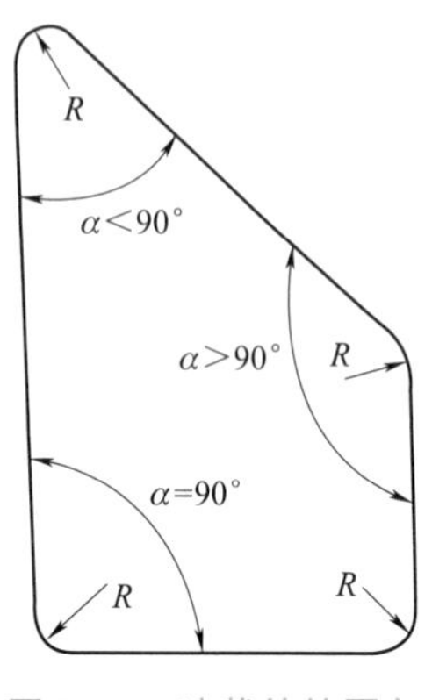

图 2－6 冲裁件的圆角

表 2－1 冲裁件最小圆角半径 R

零件种类		黄铜、铝	合金铜	软钢	备注/mm
落料	交角≥90°	0.18t	0.35t	0.25t	>0.25
	交角<90°	0.35t	0.70t	0.5t	>0.5
冲孔	交角≥90°	0.2t	0.45t	0.3t	>0.3
	交角<90°	0.4t	0.9t	0.6t	>0.6
注：t 为材料厚度					

（3）尽量避免冲裁件上过长的凸出悬臂和凹槽，悬臂和凹槽宽度也不宜过小，其许可值如图 2－7（a）所示。

（4）冲裁件的最小孔边距。为避免工件变形，孔边距不能过小，其许可值如图 2－7（a）所示。

（5）在弯曲件或拉深件上冲孔时，孔边与直壁之间应保持一定距离，以免冲孔时凸模受水平推力而折断，如图 2－7（b）所示。

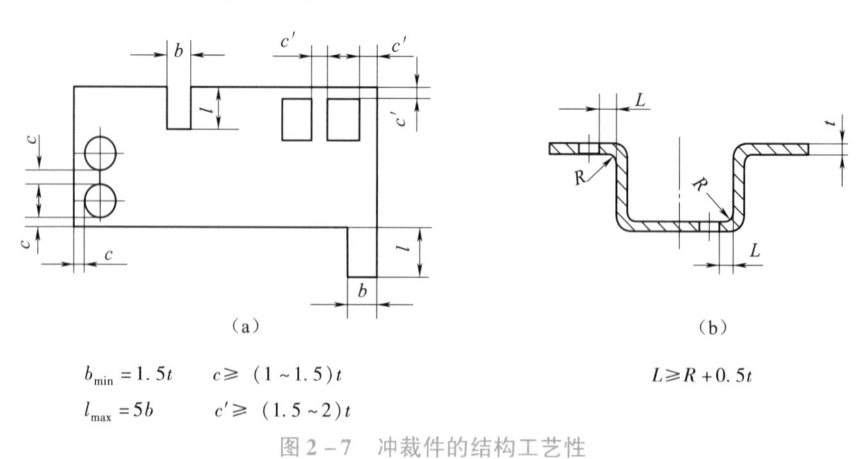

图 2－7 冲裁件的结构工艺性

（6）冲孔时，因受凸模强度的限制，孔的尺寸不应太小。用无导向凸模和有导向凸模所能冲制孔的最小尺寸分别见表 2－2 和表 2－3。

表 2－2　无导向凸模冲孔的最小尺寸

材　　料	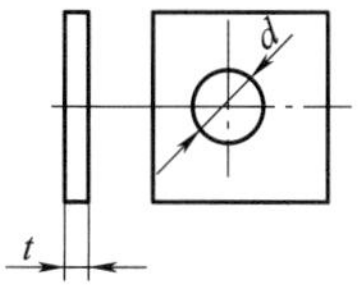 （圆孔，直径 d，料厚 t）	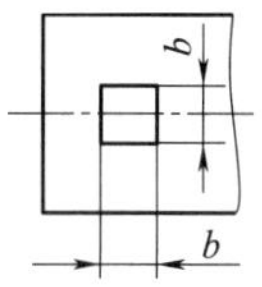 （方孔，边长 b）	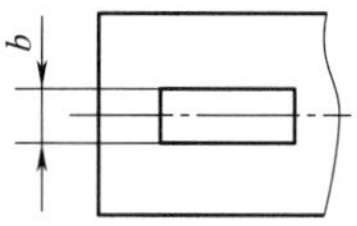 （矩形孔，宽 b）	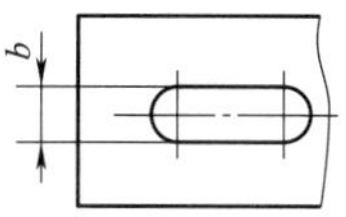 （长圆孔，宽 b）
钢 $\tau>685$ MPa	$d\geqslant1.5t$	$b\geqslant1.35t$	$b\geqslant1.2t$	$b\geqslant1.1t$
钢 $\tau\approx390\sim685$ MPa	$d\geqslant1.3t$	$b\geqslant1.2t$	$b\geqslant1.0t$	$b\geqslant0.9t$
钢 $\tau\approx390$ MPa	$d\geqslant1.0t$	$b\geqslant0.9t$	$b\geqslant0.8t$	$b\geqslant0.7t$
黄铜	$d\geqslant0.9t$	$b\geqslant0.8t$	$b\geqslant0.7t$	$b\geqslant0.6t$
铝、锌	$d\geqslant0.8t$	$b\geqslant0.7t$	$b\geqslant0.6t$	$b\geqslant0.5t$

注：t 为板料厚度；τ 为抗剪强度

表 2－3　有导向凸模冲孔的最小尺寸

材　　料	圆形（直径 d）	矩形（孔宽 b）
硬钢	$0.5t$	$0.4t$
软钢及黄铜	$0.35t$	$0.3t$
铝、锌	$0.3t$	$0.28t$

注：t 为板料厚度

二、冲裁件的精度和断面粗糙度

（1）冲裁件的经济公差等级不高于 IT11 级，一般要求落料件公差等级最好低于 IT10 级，冲孔件最好低于 IT9 级。

冲裁得到的工件的公差见表 2－4 和表 2－5。如果工件要求的公差值小于表值，冲裁后需经整修或采用精密冲裁。

（2）冲裁件的断面粗糙度与材料塑性、材料厚度、冲裁模间隙、刃口锐钝以及冲模结构等有关。当冲裁厚度为 2 mm 以下的金属板料时，其断面粗糙度 Ra 值一般可达 12.5～3.2 μm。

表 2－4　冲裁件外形与内孔尺寸公差 Δ　　mm

料厚 t	工件尺寸							
	一般精度的工件				较高精度的工件			
	<10	10～50	50～150	150～300	<10	10～50	50～150	150～300
0.2～0.5	$\frac{0.08}{0.05}$	$\frac{0.10}{0.08}$	$\frac{0.14}{0.12}$	0.20	$\frac{0.025}{0.02}$	$\frac{0.03}{0.04}$	$\frac{0.05}{0.08}$	0.08
0.5～1	$\frac{0.12}{0.05}$	$\frac{0.16}{0.08}$	$\frac{0.22}{0.12}$	0.30	$\frac{0.03}{0.02}$	$\frac{0.04}{0.04}$	$\frac{0.06}{0.08}$	0.10
1～2	$\frac{0.18}{0.06}$	$\frac{0.22}{0.10}$	$\frac{0.30}{0.16}$	0.50	$\frac{0.03}{0.03}$	$\frac{0.06}{0.06}$	$\frac{0.08}{0.10}$	0.12
2～4	$\frac{0.24}{0.08}$	$\frac{0.28}{0.12}$	$\frac{0.40}{0.20}$	0.70	$\frac{0.06}{0.04}$	$\frac{0.08}{0.08}$	$\frac{0.10}{0.12}$	0.15
4～6	$\frac{0.30}{0.10}$	$\frac{0.31}{0.15}$	$\frac{0.50}{0.25}$	1.0	$\frac{0.08}{0.05}$	$\frac{0.12}{0.10}$	$\frac{0.15}{0.15}$	0.20

注：1. 分子为外形公差，分母为内孔公差。
2. 一般精度的工件采用 IT8～IT7 级的普通冲裁模；较高精度的工件采用 IT7～IT6 级的高级冲裁模

表 2-5 冲裁件孔中心距公差 mm

料厚 t	普通冲裁			高级冲裁		
	孔距尺寸			孔距尺寸		
	<50	50~150	150~300	<50	50~150	150~300
<1	±0.10	±0.15	±0.20	±0.03	±0.05	±0.08
1~2	±0.12	±0.20	±0.30	±0.04	±0.06	±0.10
2~4	±0.15	±0.25	±0.35	±0.06	±0.08	±0.12
4~6	±0.20	±0.30	±0.40	±0.08	±0.10	±0.15
注：适用于本表数值所指的孔应同时冲出						

做一做：按照任务要求，完成手柄零件的工艺性分析：结构分析、精度分析、材料分析。

步骤二 冲裁工艺方案确定

确定冲裁工艺方案，就是确定工序顺序和工序组合。要解决这个问题，必须先了解模具的结构、特点及用途。

一、冲裁模的分类

冲裁模的形式很多，一般可按下列不同特征分类。

（1）按工序性质分类，可分为落料模、冲孔模、切断模、切边模、切舌模、剖切模、整修模、精冲模等。

（2）按工序组合程度分类，可分为以下三种。

①单工序模（常称简单模），即在一副模具中只完成一种工序，如落料、冲孔、切边等。单工序模可以由一个凸模和一个凹模组成，也可以是多个凸模和多个凹模组成。

②级进模（又称连续模），即在压力机一次行程中，在模具的不同位置上同时完成数道冲压工序。级进模所完成的同一零件的不同冲压工序是按一定顺序、相隔一定步距排列在模具的送料方向上的，压力机一次行程得到一个或数个冲压件。

③复合模，即在压力机的一次行程中，在一副模具的同一位置上完成数道冲压工序。压力机一次行程一般得到一个冲压件。

（3）按冲模有无导向装置和导向方法分类，可分为无导向的开式模和有导向的导板模、导柱模。

（4）按送料、出件及排除废料的自动化程度分类，可分为手动模、半自动模和自动模。

另外，按送料步距定位方法不同，可分为挡料销式、导正销式、侧刃式等模具；按卸料方法不同，可分为刚性卸料式和弹性卸料式等模具；按凸、凹模材料不同，可分为钢模、硬质合金模、钢带冲模、锌基合金模和橡胶冲模等。

对于一副冲模，上述几种特征可能兼有，如导柱导套导向、固定卸料、侧刃定距的冲孔落料级进模等。

二、冲裁模的组成

尽管有的冲裁模很复杂，但总是分为上模和下模两部分，上模一般固定在压力机的滑块上，并随滑块一起运动，下模固定在压力机的工作台上。

图 2-8 所示为一副典型的冲裁模具，其组成零件分类及作用如下。

（1）工作零件。它是直接进行冲裁工作的零件，是冲模中最重要的零件。

（2）定位零件。它是确定材料或工序件在冲模中正确位置的零件。

（3）压料、卸料和出件零件。这类零件起压料作用，并保证把箍在凸模上和卡在凹模孔内的废料或冲件卸掉或推（顶）出，以保证冲压工作能够继续进行。

（4）导向零件。它能保证在冲裁过程中凸模与凹模之间的间隙均匀，并保证模具各部分保持良好的运动状态。

（5）支承零件。它将上述各类零件固定于一定的部位上或将冲模与压力机连接，是冲模的基础零件。

（6）紧固零件。

（7）其他零件。其他还有弹性件和自动模传动零件等。

上述各类零件在冲裁过程中相互配合，保证冲裁工作的正常进行，从而冲出合格的冲裁件。

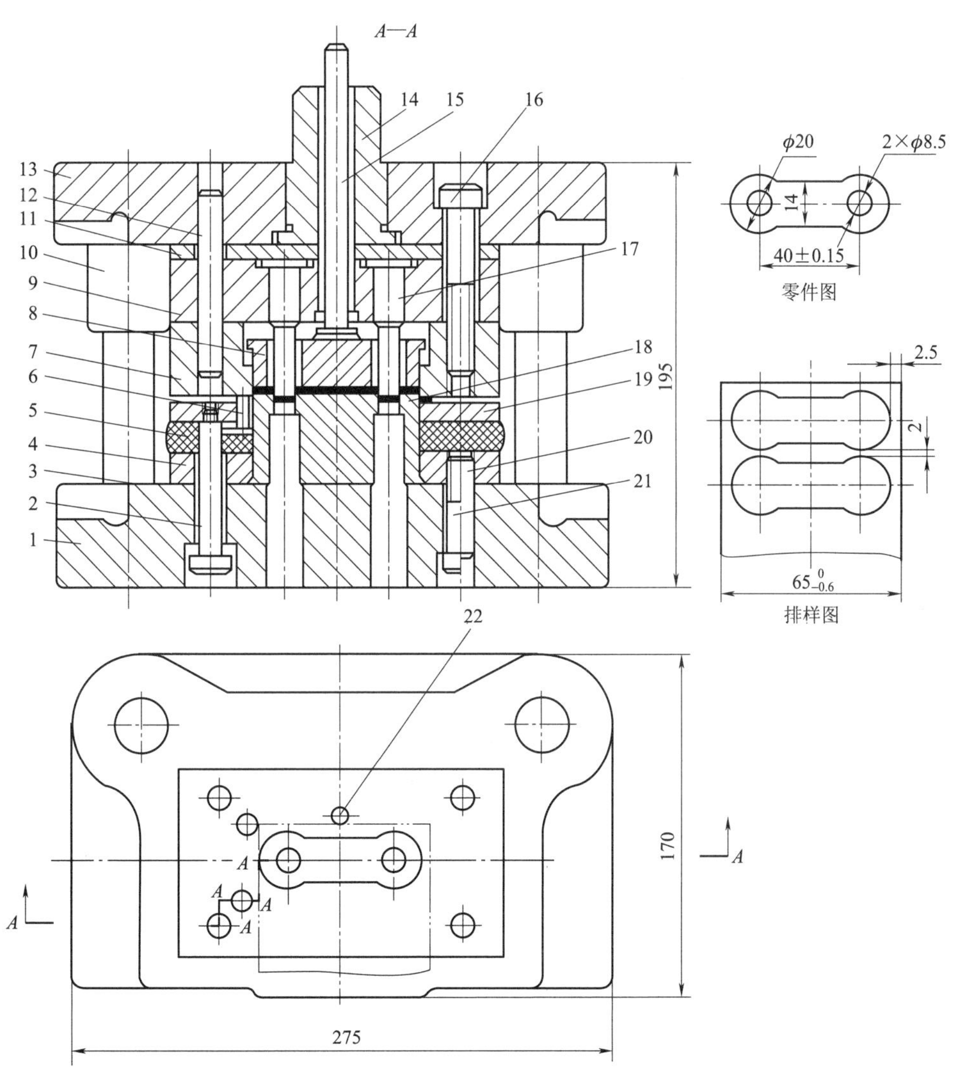

图2-8　落料冲孔复合模

1—下模座；2—卸料螺钉；3—导柱；4—凸凹模固定板；5—橡胶；6—导料销；7—落料凹模；8—推件块；9—凸模固定板；10—导套；11—垫板；12，20—销钉；13—上模座；14—模柄；15—打杆；16，21—螺钉；17—冲孔凸模；18—凸凹模；19—卸料板；22—挡料销

应该指出，不是所有的冲裁模都具备上述类零件，尤其是简单的冲裁模，但是工作零件和必要的支承件总是不可缺少的。下面分别叙述各类冲裁模的结构、工作原理、特点及应用场合。

三、典型冲裁模的结构

1. 单工序冲裁模（简单冲裁模）

1）无导向单工序冲裁模

图2－9所示为无导向简单落料模。冲模的组成零件如下：工作零件为凸模2和凹模5；定位零件为两个导料板4和定位板7，导料板对条料送进起导向作用，定位板用于限制条料的送进距离；卸料零件为两个固定卸料板3；支承零件为上模座（带模柄）1和下模座6；此外还有紧固螺钉等。上、下模之间没有直接导向关系。

该模具的冲裁过程如下：条料沿导料板送至定位板后进行冲裁，分离后的冲件靠凸模直接从凹模孔口依次推出，箍在凸模上的废料由固定卸料板刮下来。照此循环，完成冲裁工作。

该模具具有一定的通用性，通过更换凸模和凹模，调整导料板、定位板、卸料板位置，可以冲裁不同制件。另外，改变定位零件和卸料零件的结构还可用于冲孔，即成为冲孔模。

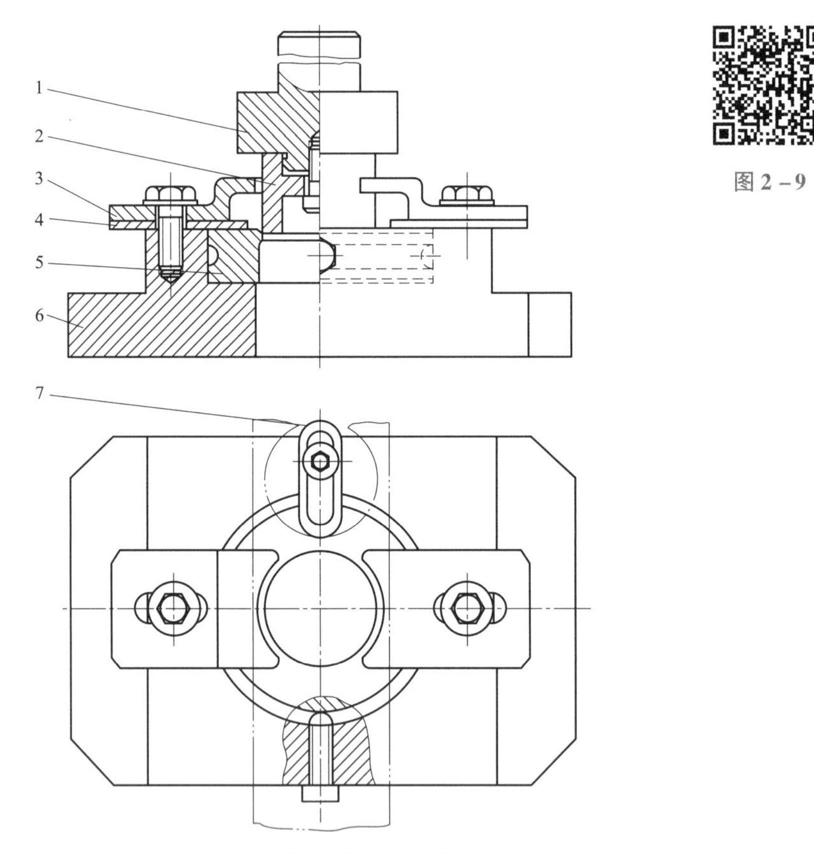

图2－9　无导向简单落料模

1—上模座；2—凸模；3—卸料板；4—导料板；5—凹模；6—下模座；7—定位板

无导向冲裁模的特点是结构简单（有的比图2－9所示模具还要简单）、质量轻、尺寸小、制造简单、成本低，但使用时安装调整凸、凹模之间的间隙较麻烦，冲裁件质量差，模具寿命低，操作不够安全。因而，无导向简单冲裁模适用于冲裁精度要求不高、形状简单、批量小的冲裁件。

2）导板式单工序冲裁模

图 2－10 所示为导板式侧面冲孔模，其上、下模的导向是依靠导板 11 与凸模 5 的间隙配合$\left(\text{一般为}\dfrac{H7}{h6}\right)$进行的，故称导板模。

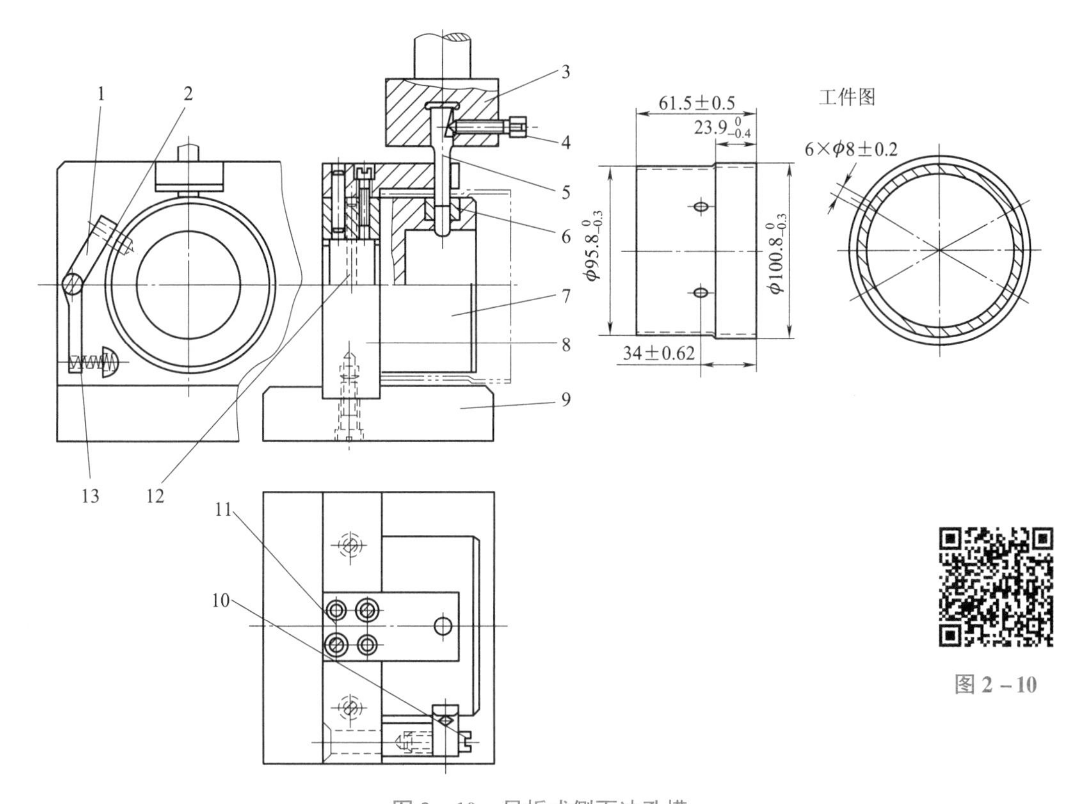

图 2－10　导板式侧面冲孔模

1—摇臂；2—定位销；3—上模座；4—螺钉；5—凸模；6—凹模；7—凹模体；8—支架；9—底座；10—螺钉；11—导板；12—销钉；13—压缩弹簧

导模板的主要特征是凸、凹模的正确配合是依靠导板导向。为了保证导向精度和导板的使用寿命，工作过程中不允许凸模离开导板，为此，要求压力机行程较小。根据这个要求，选用行程较小且可调节的偏心式冲床较合适。在结构上，为了拆装和调整间隙的方便，固定导板的两排螺钉和销钉内缘之间的距离（见俯视图）应大于上模相应的轮廓宽度。

导板模比无导向简单模的精度高，寿命也较长，使用时安装较容易，卸料可靠，操作较安全，轮廓尺寸也不大。导板模一般用于冲裁形状比较简单、尺寸不大、厚度大于 0.3 mm 的冲裁件。

如图 2－10 所示模具的最大特征是凹模 6 嵌在悬壁式的凹模体 7 上，凸模 5 由导板 11 导向，以保证与凹模的正确配合。悬臂固定在支架 8 上，并用销钉 12 固定防止转动，支架与底座 9 以$\dfrac{H7}{h6}$配合，并用螺钉紧固。凸模 5 与上模座 3 用螺钉 4 紧定，更换较方便。

工序件的定位方法是：径向和轴向以悬臂凹模体和支架定位；孔距定位由定位销 2、摇臂 1 和压缩弹簧 13 组成的定位器来完成，以保证冲出的六个孔沿圆周均匀分布。

冲压开始前拨开定位器摇臂，将工序件套在凹模体上，然后放开摇臂，凸模下冲，即冲出第一个孔。随后转动工序件，使定位销落入已冲好的第一个孔内，接着冲第二个孔。用同样的方法冲出其他孔。

该模具结构紧凑、质量轻，但在压力机一次行程内只冲一个孔，生产率低，如果孔较多，则孔距积累误差较大。因此，这种冲孔模主要用于生产批量不大、孔距要求不高的小型空心件的侧面冲孔或冲槽。

图 2－11 所示为斜楔式水平冲孔模。该模具的最大特征是依靠斜楔 1 把压力机滑块的垂直运动变为滑块 4 的水平运动，从而带动凸模 5 在水平方向上进行冲孔。凸模 5 与凹模 6 的对准依靠滑块在导向槽内的滑动来保证。斜楔的工作角度 α 以 40°～50°为宜，一般取 40°；需要较大冲裁力时，α 角也可以取 30°，以增大水平推力；如果为了获得较大的工作行程，α 角可加大到 60°。为了排除冲孔废料，应该注意开设漏料孔并与下模座漏料孔相通。滑块的复位依靠橡胶来完成，也可以靠弹簧或斜楔本身的另一工作角度来完成。

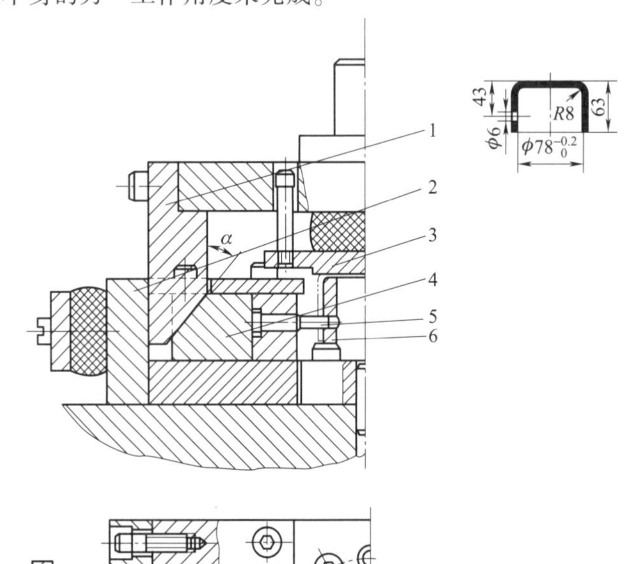

图 2－11

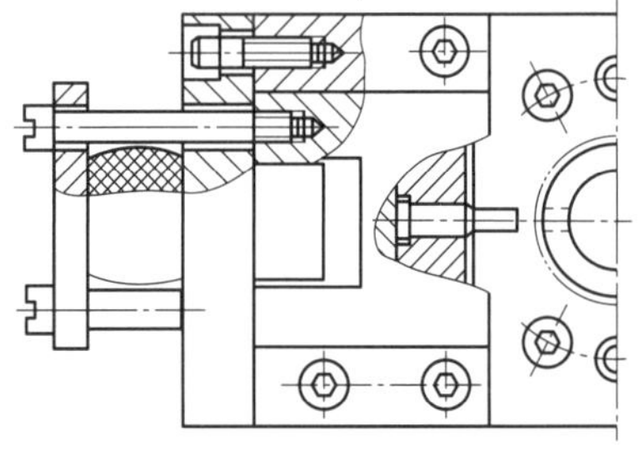

图 2－11　斜楔式水平冲孔模

1—斜楔；2—座板；3—弹压板；4—滑块；5—凸模；6—凹模

工序件以内形定位，为了保证冲孔位置的准确，弹簧板 3 在冲孔之前就把工序件压紧。该模具在压力机一次行程中冲一个孔。类似这种模，如果安装多个斜楔滑块机构，则可以同时冲多个孔，孔的相对位置由模具精度来保证；其生产率高，但模具结构较复杂，轮廓尺寸较大。这种冲模主要用于冲空心件或弯曲件等成形零件的侧孔、侧槽和侧切口等。

3）导柱式单工序冲裁模

图 2－12 所示为导柱式落料模，其上、下模的正确位置利用导柱 14 和导套 13 的导向来保证。凸、凹模在进行冲裁之前，导柱已经进入导套，从而保证了在冲裁过程中凸模 12 和凹模 16 之间间隙的均匀性。

上、下模座和导套、导柱装配组成的部件称为模架。凹模 16 用内六角螺钉和销钉与下模座 18 紧固并定位。凸模 12 用凸模固定板 5、螺钉、销钉与上模座紧固并定位，凸模背面垫上垫板 8。压入式模柄 7 装入上模座 11 并以止动销 9 防止其转动。

条料的送进定位靠两个导料螺栓 2 和挡料销 3，当条料沿导料螺栓送至挡料销后进行落料。箍在凸模上的条料靠弹压卸料装置进行卸料，弹压卸料装置由卸料板 15、卸料螺钉 10 和弹簧 4

组成。在凸、凹模进行冲裁工作之前，由于弹簧力的作用，卸料板先压住板料，上模继续下压时进行冲裁分离，此时弹簧被压缩（如图 2－12 左半边所示）。上模回程时，由于弹簧恢复，故推动卸料板把箍在凸模上的条料卸下来。

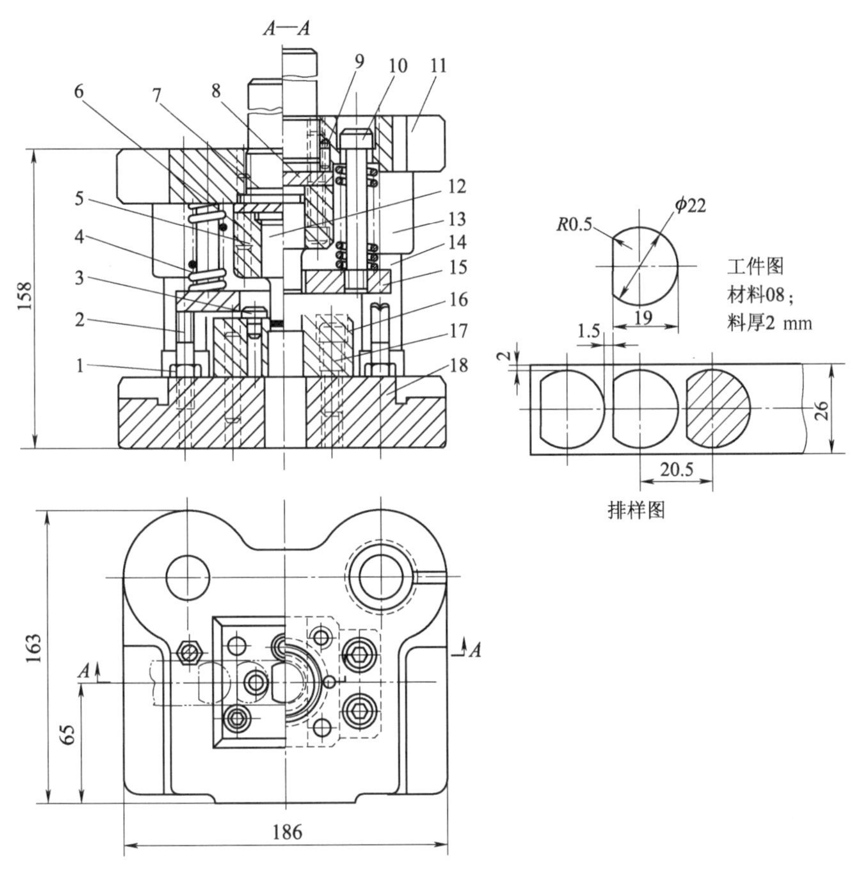

图 2－12　导柱式落料模

1—螺母；2—导料螺钉；3—挡料销；4—弹簧；5—凸模固定板；6—销钉；7—模柄；8—垫板；9—止动销；10—卸料螺钉；11—上模座；12—凸模；13—导套；14—导柱；15—卸料板；16—凹模；17—内六角螺钉；18—下模座

导柱式冲裁模的导向比导板模可靠，精度高，寿命长，使用安装方便，但轮廓尺寸较大，模具较重，制造工艺复杂，成本较高。它广泛用于生产批量大、精度要求高的冲裁件。

图 2－13 所示为导柱式冲孔模。冲件上的所有孔一次全部冲出，是多凸模的单工序冲裁模。

由于工序件是经过拉深的空心件，而且孔边与侧壁距离较近，因此采用工序件口部朝上，用定位圈 5 实行外形定位，以保证凹模有足够的强度。由于凸模长度较长，故设计时必须注意凸模的强度和稳定性问题。如果孔边与侧壁距离大，则可采用工序件口部朝下，利用凹模实行内形定位。该模具采用弹性卸料装置。冲孔模常采用弹压卸料装置是为了保证冲孔零件的平整，提高零件的质量。如果卸料力较大或为了便于自动出件，也可以采用刚性卸料结构。电机定子和转子冲片冲槽模就是采用的这种结构，如图 2－14 所示。

电机转子冲片冲槽模的特点是在工序件上一次冲出所有的槽形（故又称复式模），因而必须保证所有凸模与凹模的正确配合。为此，该模具装配时，在所有凸模与凹模配合的状态下，把凸模用低熔点合金或环氧树脂或无机粘结剂浇注固定在凸模固定板 13 上，以保证所有凸模的位置精度与相应凹模孔的一致性，从而保证凸模与凹模的正确配合。为了节约模具钢，凹模较小，它

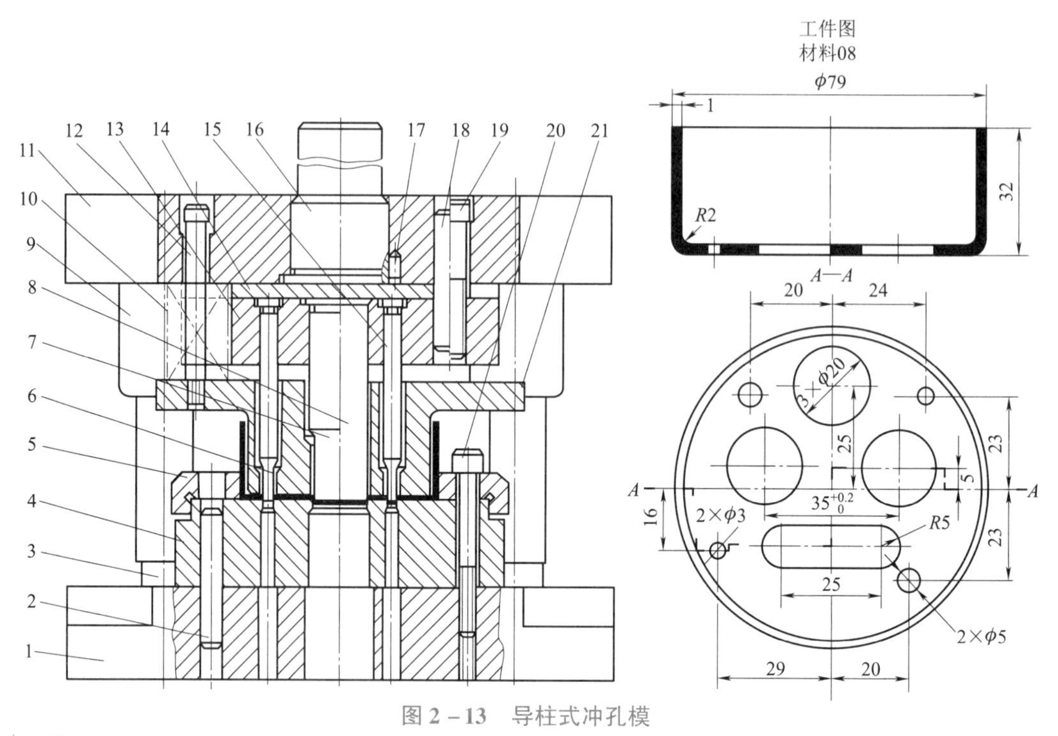

图 2-13 导柱式冲孔模

1—下模座；2，18—圆柱销；3—导柱；4—凹模，5—定位圈；6，7，8，15—凸模；9—导套；10—弹簧；11—上模座；12—卸料螺钉；13—凸模固定板；14—垫板；16—模柄；17—止动销；19，20—内六角螺钉；21—卸料板

图2-13

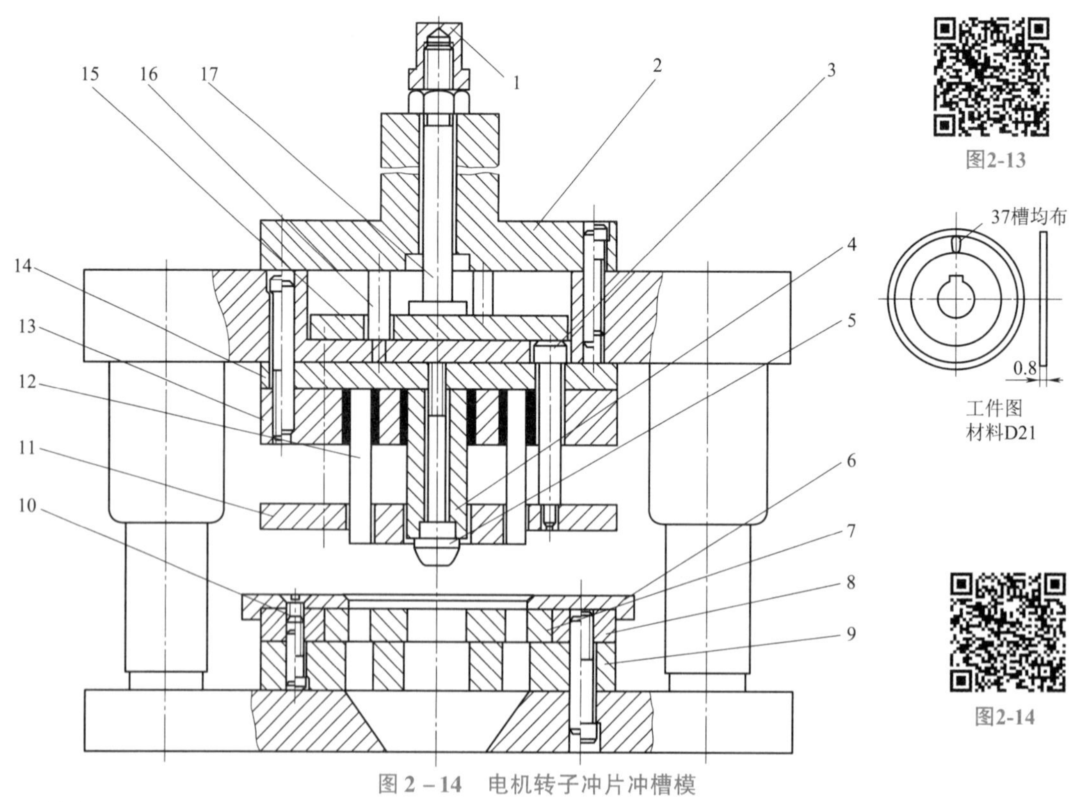

图2-14

图 2-14 电机转子冲片冲槽模

1—保护螺母；2—凸缘模柄；3—连接推杆；4—凸模；5—导正销；6—定位板；7—凹模；8—凹模套圈；9—凹模垫板；10—沉头螺钉；11—卸料板；12—凸模；13—凸模固定板；14—垫板；15—推板；16—支承柱；17—打杆

与凹模套圈 8 的配合为$\frac{U8}{h7}$。凹模套圈紧固于下模座上，中间加一块凹模垫板 9。

定位板 6 的作用是对工序件进行粗定位；导正销 5 的作用是在冲孔之前的瞬间，先插入工序件轴孔，把工序件导正（即精定位），以保证冲片上的槽形与轴孔的相对位置精度。刚性卸料装置由打杆 17、推板 15、连接推杆 3 和卸料板 11 组成。冲裁后，转子冲片箍在凸模上，随着凸模上升，当上升到接近上止点时，压力机上的打料横杆开始推动冲模上的刚性卸料装置，当凸模上升到上止点时，工序件即被卸下。此时，如果压力机装有自动出件装置，即可把冲好的转子冲片接走。

2. 级进模

级进模是一种工位多、效率高的冲模。在一副级进模上，根据冲压件的实际需要，按一定顺序安排了多个冲压工序（在级进模中称为工位）进行连续冲压。它不但可以完成冲裁工序，还可以完成成形工序，甚至是装配工序，许多需要多工序冲压的复杂冲压件可以在一副模具上完全成形，为高速自动冲压提供了有利条件。

由于级进模工位数较多，因而用级进模冲制零件，必须解决条料或带料的准确定位问题，才有可能保证冲压件的质量。根据级进模定位零件的特征，级进模有以下几种典型结构。

1）固定挡料销和导正销定位的级进模

图 2 – 15 所示为冲制垫圈的冲孔、落料级进模。冲模的工作零件包括冲孔凸模 3、落料凸

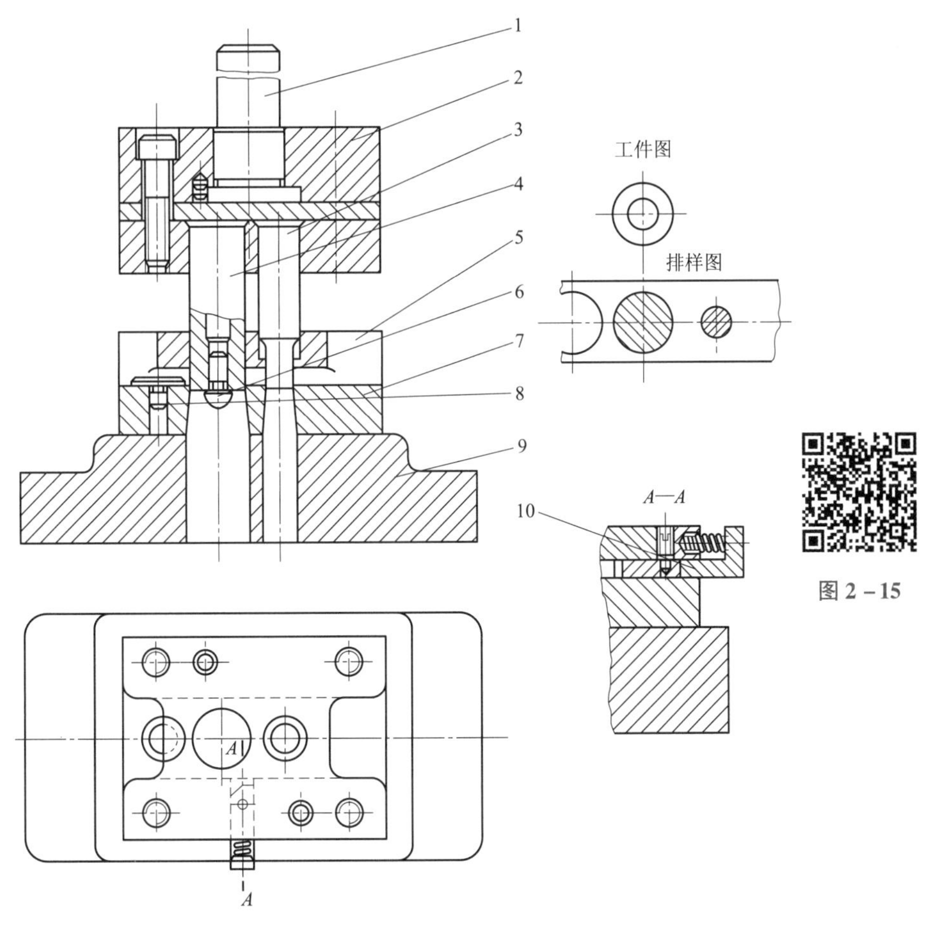

图 2 – 15　挡料销和导正销定位的级进模

1—模柄；2—上模座；3—冲孔凸模；4—落料凸模；5—导料、卸料板；6—导正销；7—凹模；8—固定挡料销；9—下模座；10—始用挡料销

模4、凹模7，定位零件包括导料、卸料板5（与导板为一整体），始用挡料销10，固定挡料销8，导正销6。工作时，以始用挡料销限定条料的初始位置，进行冲孔。始用挡料销在弹簧作用下复位后，条料再送进一个步距，以固定挡料销粗定位，落料时以装在落料凸模端面上的导正销进行精定位，以保证零件上的孔与外圆的相对位置精度。在落料的同时，在冲孔工位上又冲出孔，这样连续进行冲裁直至条料或带料冲完为止。采用这种级进模，当冲压件的形状不适合用导正销定位时（如孔径太小或孔距太小等），可在条料上的废料部分冲出工艺孔，利用装在凸模固定板上的导正销进行导正。

级进模一般都有导向装置，该模具是以导料、卸料板5与凸模间隙配合导向，并以导板进行卸料。为了便于操作，进一步提高生产率，可采用自动挡料定位或自动送料装置加定位零件定位。

图2-16所示为一种具有自动挡料的级进模（图中 D 表示零件外径）。自动挡料装置由挡料杆3、冲搭边的凸模1和凹模2组成。冲孔和落料的两次送进，由两个始用挡料销分别定位，第三次及其以后送进，由自动挡料装置定位。由于挡料杆始终不离开凹模的上平面，所以送料时，挡料杆挡住搭边，在冲孔、落料的同时，凸模1和凹模2把搭边冲出一个缺口，使条料可以继续送进一个步距，从而起到自动挡料的作用。在实际生产中，还有其他结构形式的自动挡料装置。另外，该模具设有侧压装置，通过侧压簧片5和侧压板4的作用，把条料压向对边，使条料送进方向更为准确。

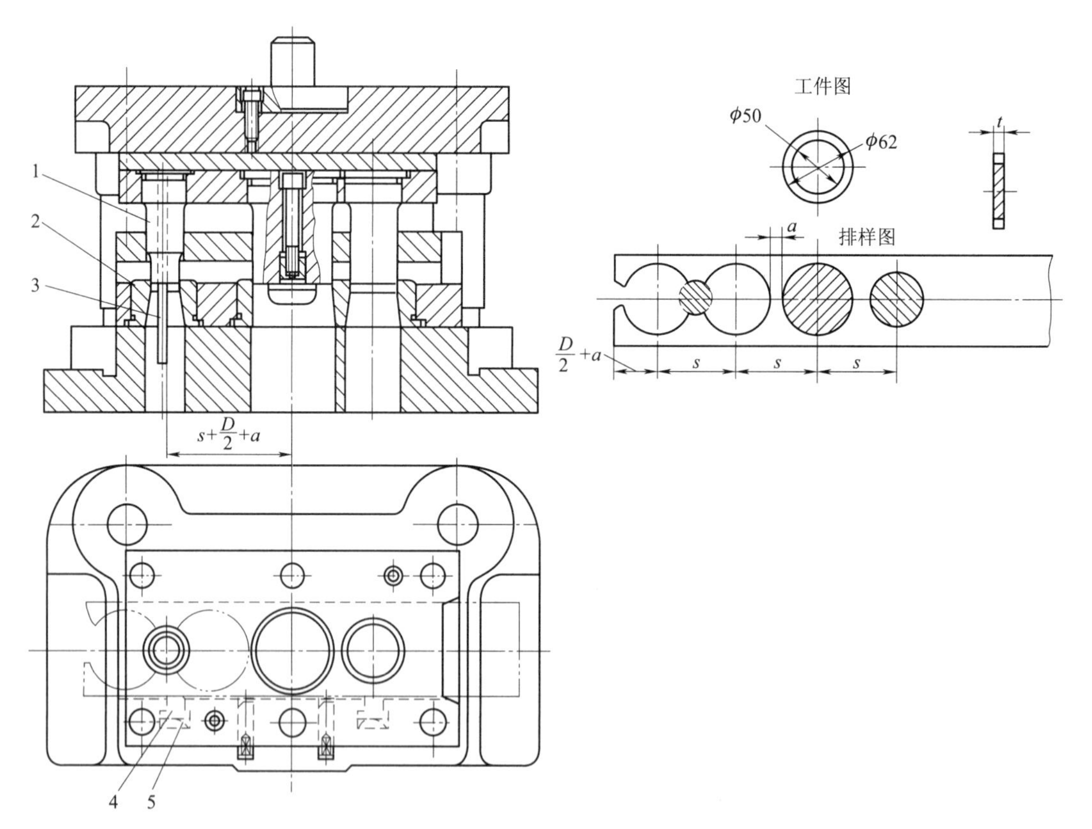

图2-16　具有自动挡料装置的级进模

1—凸模；2—凹模；3—挡料杆；4—侧压板；5—侧压簧片

2）侧刃定距的级进模

图2-17所示为双侧刃定距的冲孔落料级进模，它以侧刃16代替了始用挡料销、挡料销和

导正销控制条料送进距离（进距或称步距）。侧刃是特殊功用的凸模，其作用是在压力机每次冲压行程中，沿条料边缘切下一块长度等于步距的料边。由于沿送料方向上，在侧刃前后，两导料板间距不同，前宽后窄形成一个凸肩，所以条料上只有切去料边的部分方能通过，通过的距离即等于步距。为了减少料尾损耗，尤其是工位较多的级进模，可采用两个侧刃前后对角排列，该模具就是这样。此外，由于该模具冲裁的板料较薄（厚度为0.3 mm），又是侧刃定距，所以需要采用弹压卸料装置代替刚性卸料装置。

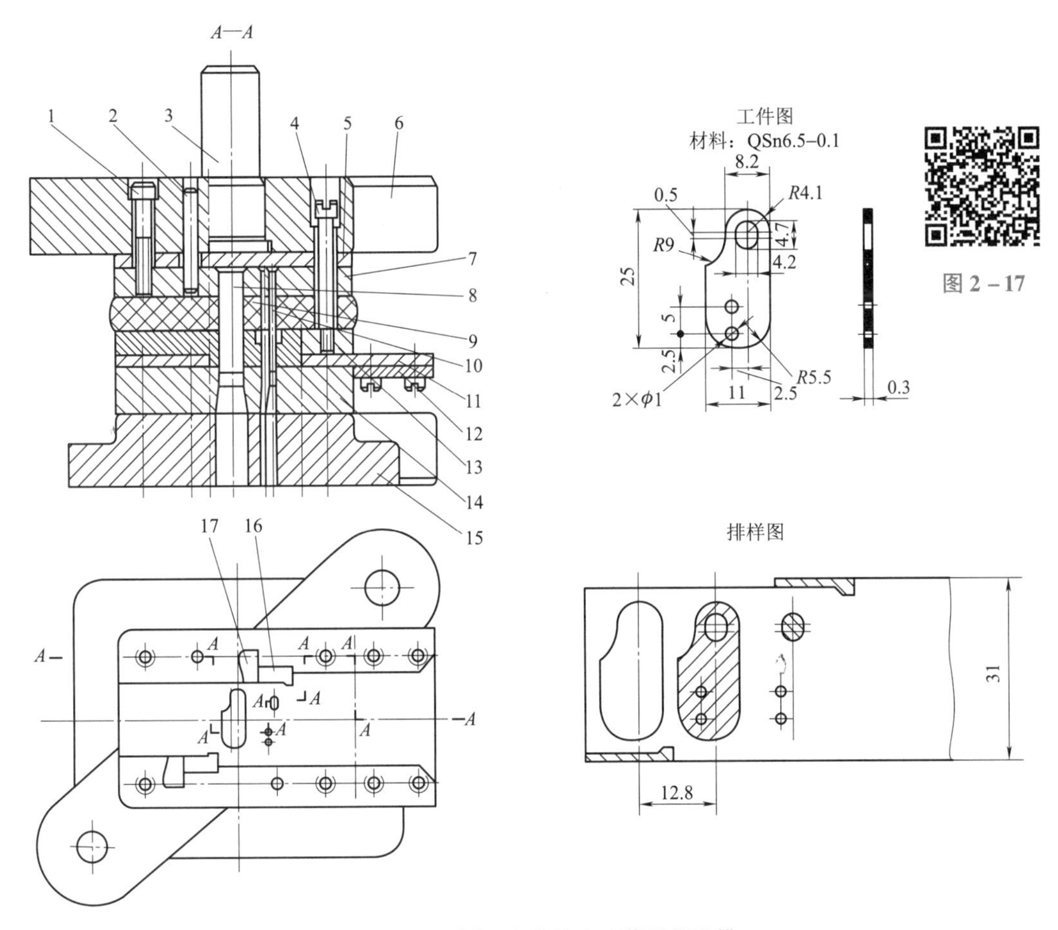

图 2－17　双侧刃定距的冲孔落料级进模

1—内六角螺钉；2—销钉；3—模柄；4—卸料螺钉；5—垫板；6—上模座；7—凸模固定板；8，9，10—凸模；11—导料板；12—承料板；13—卸料板；14—凹模；15—下模座；16—侧刃；17—侧刃挡块

x 图 2－18 所示为侧刃定距的弹压导板级进模。该模具除了具有上述侧刃定距级进模的特点外，还具有以下特点：

（1）凸模以装在弹压导板 2 中的导板镶块 4 导向，弹压导板以导柱 1、10 导向，导向准确，保证了凸模与凹模的正确配合，并且加强了凸模的纵向稳定性，避免小凸模产生纵向弯曲。

（2）凸模与固定板为间隙配合，凸模装配调整和更换较方便。

（3）弹压导板用卸料螺钉与上模连接，加上凸模与固定板是间隙配合，因此能消除压力机导向误差对模具的影响，对延长模具寿命有利。

（4）冲裁排样采用直对排，一次冲裁获得两个零件，但两零件的落料工位有一定距离，以增强凹模强度，也便于加工和装配。

这种模具用于冲压零件尺寸小而复杂、需要保护凸模的场合。

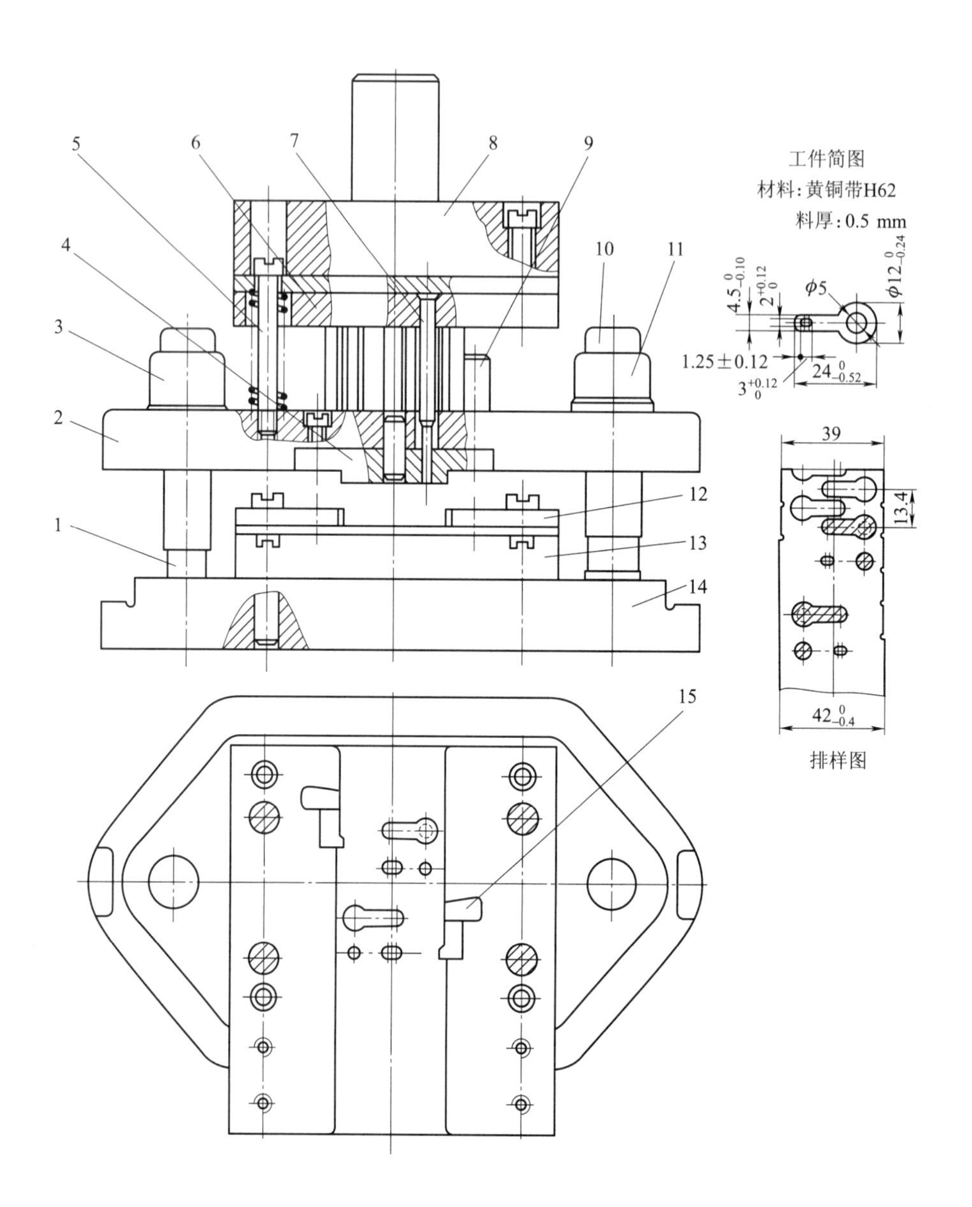

图 2-18　侧刃定距的弹压导板级进模

1，10—导柱；2—弹压导板；3，11—导套；4—导板镶块；5—卸料螺钉；6—凸模固定板；7—凸模；8—上模座；9—限位柱；12—导料板；12—凹模；14—下模座；15—侧刃挡块

比较上述两种定位方法的级进模不难看出，如果板料厚度较小，用导正销定位时孔的边缘可能被导正销摩擦压弯，因而不起正确导正和定位作用；对于窄长的冲件，步距小的不宜安装始用挡料销和挡料销；落料凸模尺寸不大时，如在凸模上安装导正销，将影响凸模强度。因此，采用挡料销加落料凸模上安装导正销定位的级进模，一般适用于冲制板料厚度大于 0.3 mm、材料较硬的冲压件和步距与落料凸模稍大的场合；否则，宜用侧刃定位。侧刃定距的级进模不存在上述问题，生产率比较高，定位准确，但材料消耗较多，冲裁力增大，模具比较复杂。在实际生产中，对于精度要求高的冲压件和多工位的级进冲裁，采用既有侧刃又有导正销定位的级进模。

总之，级进模比单工序模生产率高，减少了模具和设备的数量，工件精度较高，便于操作和实现生产自动化。对于特别复杂或孔边距较小的冲压件，用简单模或复合模冲制有困难，则可用级进模逐步冲出。但级进模轮廓尺寸较大，制造较复杂，成本较高，一般适用于大批量生产小型冲压件。

3）级进模的排样

应用级进模冲压时，排样设计十分重要，它不但要考虑材料的利用率，还应考虑零件的精度要求、冲压成形规律、模具结构及模具强度等问题。下面分别叙述这些因素对排样的要求。

（1）零件的精度对排样的要求。

零件精度要求高时，除了注意采用精确的定位方法外，还应尽量减少工位数，以减少工位积累误差；孔距公差较小的应尽量在同一工步中冲出。

（2）模具结构对排样的要求。

零件较大或零件虽小但工位较多时，应尽量减少工位数，可采用连续—复合排样法［见图2－19（a）］，以减少模具轮廓尺寸。

（3）模具强度对排样的要求。

孔壁距小的冲件，其孔要分步冲出［见图2－19（b）］；工位之间凹模壁厚小时冲件，应增设空步［见图2－19（c）］；外形复杂的冲件应分步冲出，以简化凸、凹模形状，增强其强度，以便于加工和装配［见图2－19（d）］；侧刃的位置应尽量避免导致凸、凹模局部工作而损坏刃口［见图2－19（b）］，侧刃与落料凹模刃口距离增大0.2～0.4 mm就是为了避免落料凸、凹模切下条料端部的极小宽度。

（4）零件成形规律对排样的要求。

需要弯曲、拉深、翻边等成形工序的零件，采用级进模冲压时，位于成形过程变形部位上的孔，一般应安排在成形工步之后冲出，落料或切断工步一般安排在最后工位上。

全部为冲裁工步的级进模，一般是先冲孔后落料或切断，先冲出的孔可作后续工位的定

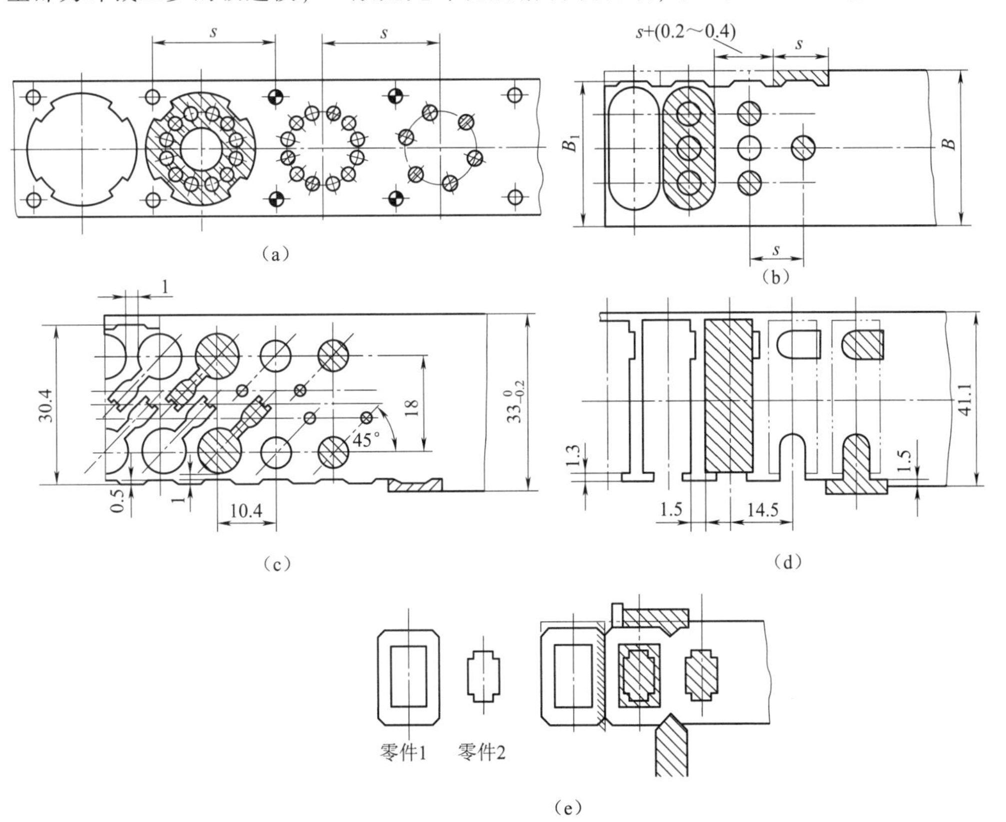

图2－19　级进模的排样设计

位孔。若该孔不适合于定位或定位精度要求较高，则应冲出辅助定位工艺孔（即导正销孔），如图 2－19（a）所示。

套料级进冲裁时［见图 2－19（e）］，按由里向外的顺序，先冲内轮廓后冲外轮廓。

3. 复合模

复合模是一种多工序的冲模，它在结构上的主要特征是有一个既是落料凸模又是冲孔凹模的凸凹模。按照复合模工作零件的安装位置不同，分为正装式复合模和倒装式复合模两种。

1）正装式复合模（又称顺装式复合模）

图 2－20 所示为正装式落料冲孔复合模，凸凹模 6 装在上模，落料凹模 8 和冲孔凸模 11 装在下模。工作时，板料以导料销 13 和挡料销 12 定位。上模下压，凸凹模外形和落料凹模 8 进行落料，落下料卡在凹模中，同时冲孔凸模与凸凹模内孔进行冲孔，冲孔废料卡在凸凹模孔内。卡在凹模中的冲件由顶件装置顶出。顶件装置由带肩顶杆 10 和顶件块 9 及装在下模座底下的弹顶器组成。当上模上行时，原来在冲裁时被压缩的弹性元件恢复，把卡在凹模中的冲件顶出凹模面。该模具采用装在下模座底下的弹顶器推动顶杆和顶件块，弹性元件高度不受模具有关空间的限制，顶件力大小容易调节，可获得较大的顶件力。卡在凸凹模内的冲孔废料由推件装置推

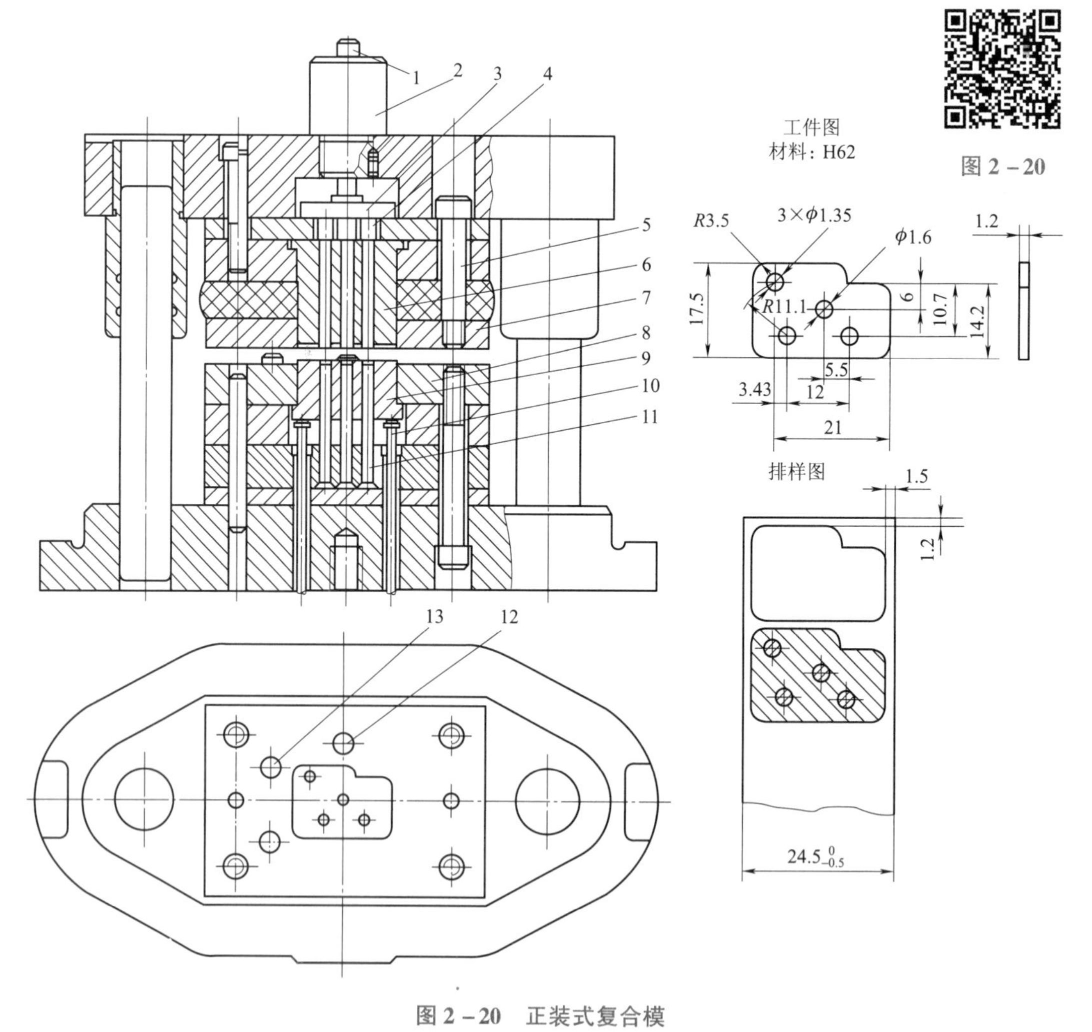

图 2－20　正装式复合模

1—打杆；2—模柄；3—推板；4—推杆；5—卸料螺钉；6—凸凹模；7—卸料板；8—落料凹模；9—顶件块；10—带肩顶杆；11—冲孔凸模；12—挡料销；13—导料销

出。推件装置由打杆1、推板3和推杆4组成，其作用是当上模上行至上止点时，把废料推出。每冲裁一次，冲孔废料被推下一次，凸凹模孔内不积存废料，胀力小，不易破裂。但冲孔废料落在下模工作面上，清除废料麻烦，尤其是孔较多时。条料由弹压卸料装置卸下。由于采用固定挡料销和导料销，故在卸料板上需钻出让位孔，或采用活动导料销或挡料销。

从上述工作过程可以看出，正装式复合模工作时，板料是在压紧的状态下分离的，冲出的冲件平直度较高。但由于弹顶器和弹压卸料装置的作用，故分离后的冲件容易被嵌入边料中影响操作，从而影响生产率。

2）倒装式复合模

图2－21所示为倒装式复合模。凸凹模18装在下模，落料凹模17及冲孔凸模14和16装在上模。

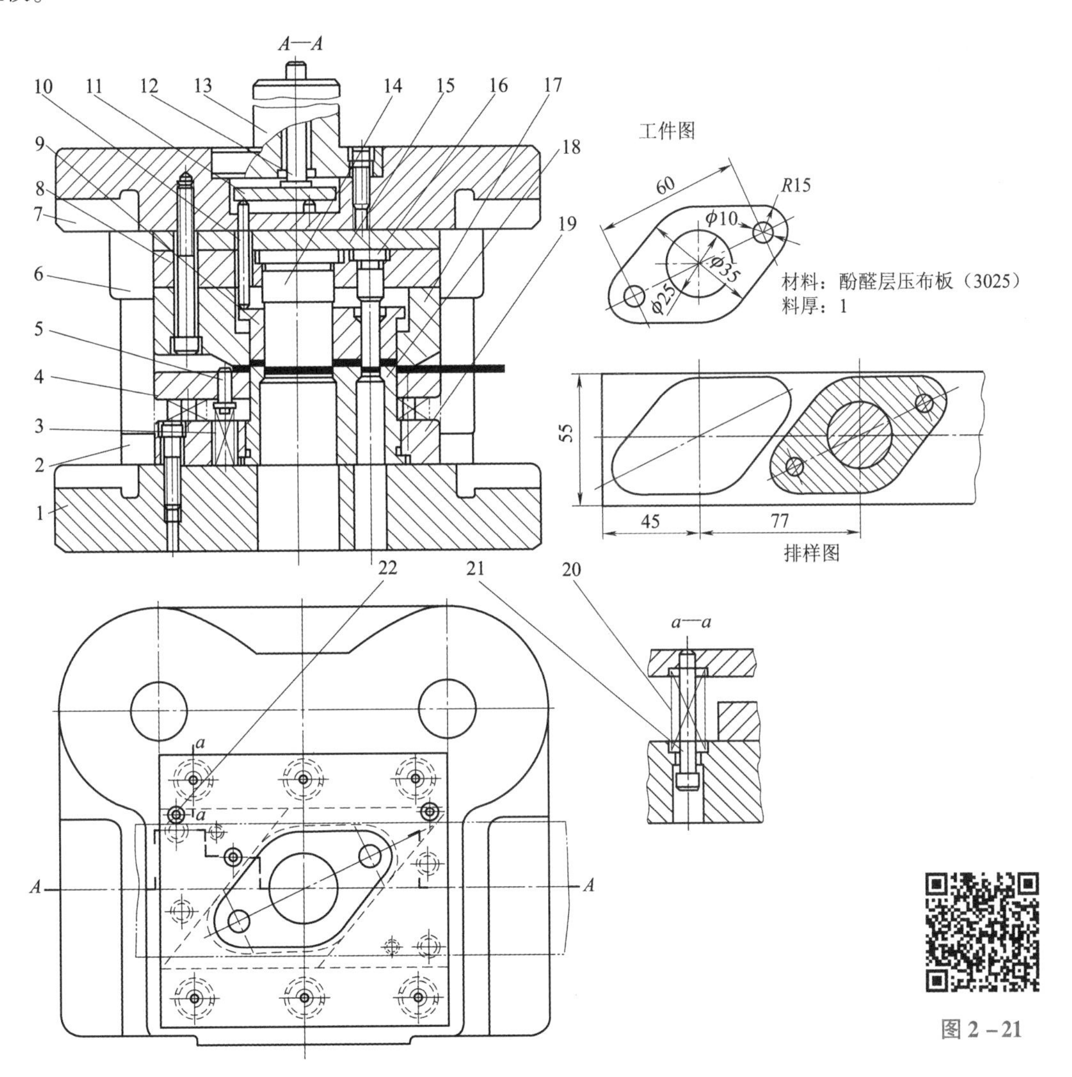

图2－21　倒装式复合模

1—下模座；2—导柱；3，20—弹簧；4—卸料板；5—活动挡料销；6—导套；7—上模座；8—凸模固定板；9—推件块；10—连接推杆；11—推板；12—打杆；13—模柄；14，16—冲孔凸模；15—垫板；17—落料凹模；18—凸凹模；19—固定板；21—卸料螺钉；22—导料销

倒装式复合模通常采用刚性推件装置把卡在凹模中的冲件推下，刚性推件装置由打杆 12、推板 11、连接推杆 10 和推件块组成。冲孔废料直接由冲孔凸模从凸凹模内孔推下，无顶件装置，结构简单，操作方便；但如果采用直刃壁凹模孔，凸凹模内有积存废料，胀力较大，当凸凹模壁厚较小时，可能导致凸凹模破裂。

板料的定位靠导料销 22 和弹簧弹顶的活动挡料销 5 来完成。非工作行程时，挡料销 5 由弹簧 3 顶起，可供定位；工作时，挡料销被压下，上端面与板料平。由于采用弹簧弹顶挡料装置，所以在凹模上不必钻相应的让位孔。但实践证明，这种挡料装置的工作可靠性较差。

采用刚性推件的倒装式复合模，板料不是处在被压紧的状态下冲裁，因而平直度不高。这种结构适用于冲裁较硬或厚度大于 0.3 mm 的板料。如果在上模内设置弹性元件，即采用弹性推件装置，就可以用于冲制材质较软的或板料厚度小于 0.3 mm，且平直度要求较高的冲裁件。

从正装式和倒装式复合模结构分析中可以看出，两者各有优缺点。正装式较适用于冲制材质较软或板料较薄、平直度要求较高的冲裁件，还可以冲制孔边距离较小的冲裁件。而倒装式不宜冲制孔边距离较小的冲裁件，但倒装式复合模结构简单，又可以直接利用压力机的打杆装置进行推件，卸件可靠，便于操作，并为机械化冲件提供了有利条件，故应用十分广泛。

总之，复合模生产率较高，冲裁件的内孔与外缘的相对位置精度高，板料的定位精度要求比级进模低，冲模的轮廓尺寸较小。但复合模结构复杂，制造精度要求高，成本高。复合模主要用于生产批量大、精度要求高的冲裁件。

做一做： 按照任务要求，完成手柄零件模具类型的确定。

步骤三　冲裁工艺方案制定

在冲裁工艺性分析的基础上，根据冲裁件的特点确定冲裁工艺方案。确定工艺方案首先要考虑的问题是确定冲裁的工序数、冲裁工序的组合以及冲裁工序顺序的安排。冲裁工序数一般容易确定，关键是确定冲裁工序的组合与冲裁工序顺序。

一、冲裁工序的组合

冲裁工序的组合方式可分为单工序冲裁、复合冲裁和级进冲裁，所使用的模具对应为单工序模、复合模和级进模。

一般组合冲裁工序比单工序冲裁生产效率高，加工的精度等级高。冲裁工序的组合方式可根据下列因素确定。

1. 根据生产批量来确定

一般来说，小批量和试制生产采用单工序模，中、大批量生产采用复合模或级进模，生产批量与模具类型的关系见表 2－6。

表 2－6　生产批量与模具类型的关系

项目	生产批量				
	单件	小批	中批	大批	大量
大型件	<1	1～2	>2～20	>20～300	>300
中型件		1～5	>5～50	>50～100	>1 000
小型件		1～10	>10～100	>100～500	>5 000

续表

项目	生 产 批 量				
	单件	小批	中批	大批	大量
模具类型	单工序模 组合模 简易模	单工序模 组合模 简易模	单工序模 级进模、复合模 半自动模	单工序模 级进模、复合模 自动模	硬质合金级进模、复合模、自动模
注：表内数字为每班年产量，单位：千件					

2. 根据冲裁件尺寸和精度等级来确定

复合冲裁得到的冲裁件尺寸精度等级高，避免了多次单工序冲裁的定位误差，并且在冲裁过程中可以进行压料，冲裁件较平整。级进冲裁比复合冲裁精度等级低。

3. 根据对冲裁件尺寸形状的适应性来确定

冲裁件的尺寸较小时，考虑到单工序送料不方便和生产效率低，常采用复合冲裁或级进冲裁。对于尺寸中等的冲裁件，由于制造多副单工序模具的费用比复合模昂贵，故采用复合冲裁；当冲裁件上的孔与孔之间或孔与边缘之间的距离过小时，不宜采用复合冲裁或单工序冲裁，宜采用级进冲裁。所以级进冲裁可以加工形状复杂、宽度很小的异形冲裁件，且可冲裁的材料厚度比复合冲裁时要大，但级进冲裁受压力机工作台面尺寸与工序数的限制，冲裁件尺寸不宜太大。各种冲裁模的对比关系参见表 2－7。

表 2－7　各种冲裁模的对比关系

模具种类 / 比较项目	单工序模		级进模	复合模
	无导向	有导向		
零件公差等级	低	一般	可达 IT13 ~ IT10 级	可达 IT10 ~ IT8 级
零件特点	尺寸不受限制厚度不限	中小型尺寸厚度较厚	小型件，l = 0.2 ~ 6 mm，可加工复杂零件，如宽度极小的异形件、特殊形状零件	形状与尺寸受模具结构与强度的限制，尺寸可以较大，厚度可达 3 mm
零件平面度	差	一般	中、小型件不平直，高质量工件需校平	由于压料冲裁的同时得到了校平，故冲件平直且有较好的剪切断面
生产效率	低	较低	工序间自动送料，可以自动排除冲件，生产效率高	冲件被顶到模具工作面上必须用手工或机械排出，生产效率稍低
使用高速自动冲床的可能性	不能使用	可以使用	可以在行程次数为每分钟 400 次或更多的高速压力机上工作	操作时出件困难，可能损坏弹簧缓冲机构，不做推荐
安全性	不安全，需采取安全措施		比较安全	不安全，需采取安全措施
多排冲压法的应用			广泛用于尺寸较小的冲件	很少采用
模具制造工作量和成本	低	比无导向的稍高	冲裁较简单的零件时，比复合模低	冲裁复杂零件时，比级进模低

4. 根据模具制造安装调整的难易和成本的高低来确定

对复杂形状的冲裁件来说，采用复合冲裁比采用级进冲裁较为适宜，因为模具制造安装调整比较容易，且成本较低。

5. 根据操作是否方便与安全来确定

复合冲裁出件或清除废料较困难，工作安全性较差，级进冲裁较安全。

综上所述，对于一个冲裁件，可以得出多种工艺方案，必须对这些方案进行比较，选取在满足冲裁件质量与生产率的前提下，模具制造成本较低、模具寿命较高、操作较方便及安全的工艺方案。

二、冲裁顺序的安排

1. 级进冲裁顺序的安排

（1）先冲孔或冲缺口，最后落料或切断，将冲裁件与条料分离。首先冲出的孔可作后续工序的定位孔。

（2）侧刃定位时，定距侧刃切边工序安排与首次冲孔同时进行（见图 2－18），以便控制送料进距。当采用两个定距侧刃时，可以安排成一前一后，也可并列安排。

2. 多工序冲裁件用单工序冲裁时的顺序安排

（1）先落料使坯料与条料分离，再冲孔或冲缺口。后继工序的定位基准要一致，以免产生定位误差及作尺寸链换算。

（2）当冲裁大小不同、相距较近的孔时，为减少孔的变形，应先冲大孔后冲小孔。

3. 高精度的小孔与精度低的大孔相距较近时的顺序安排

高精度的小孔与精度低的大孔相距较近时应先冲精度低的孔再冲精度高的孔。

4. 中心距精度较高的孔

中心距精度较高的孔在同一工位中冲出。

工艺方案确定之后，需要进行必要的工艺计算及粗选设备，为模具设计提供必要的依据。

做一做：按照任务要求，完成手柄的冲裁工艺方案制定。

任务考核

任务名称	手柄冲裁模具总体方案设计	专业		组名	
班级		学号		日期	
评价指标	评价内容			分数评定	自评
信息收集能力	能有效利用网络、图书资源查找有用的相关信息等；能将查到的信息有效地传递到学习中			10 分	
感知课堂生活	是否能在学习中获得满足感、课堂生活的认同感			5 分	
参与态度沟通能力	积极主动与教师、同学交流，相互尊重、理解、平等；与教师、同学之间是否能够保持多向、丰富、适宜的信息交流			5 分	
	能处理好合作学习和独立思考的关系，做到有效学习；能提出有意义的问题或能发表个人见解			5 分	

续表

评价指标	评价内容	分数评定	自评
知识、能力获得情况	手柄冲压件工艺性分析	20 分	
	手柄冲压件工艺方案的确定	20 分	
	手柄冲压模具总体方案设计	20 分	
辩证思维能力	是否能发现问题、提出问题、分析问题、解决问题、创新问题	10 分	
自我反思	按时保质完成任务；较好地掌握了知识点；具有较为全面严谨的思维能力并能条理清楚明晰地表达成文	5 分	
小计		100	

总结提炼				
考核人员	分值/分	评分	存在问题	解决办法
（指导）教师评价	100			
小组互评	100			
自评成绩	100			
总评	100	总评成绩 = 指导教师评价 ×35% + 小组评价 ×25% + 自评成绩 ×40%		

知识拓展

通过查阅相关教材、模具设计手册和中国大学慕课等网络资源，学习冲裁件的工艺分析及工艺方案制定。

任务二　冲压工艺计算

任务描述

手柄冲裁模具冲压工艺计算：条料宽度的确定、冲裁力的计算、压力中心的确定等。

学习目标

【知识目标】

（1）掌握冲裁条料宽度的确定；

（2）掌握冲裁力、卸料力、推料力与顶件力的计算；

（3）掌握冲裁模压力中心的计算。

【能力目标】

（1）能合理地确定冲裁件条料宽度；

（2）能正确计算冲裁力、卸料力、推料力和顶件力等，确定冲裁件的压力中心。

【素养素质目标】

（1）培养学生解决实际问题的能力；

（2）培养大局意识及把握全局的能力。

任务单　手柄冲压工艺计算

任务名称	手柄冲压工艺计算	学时		班级	
学生姓名		学生学号		任务成绩	
实训设备		实训场地		日期	
任务目的	掌握手柄冲裁模具冲压工艺计算，包括条料宽度的确定、冲裁力的计算、压力中心的确定等				
任务内容	手柄排样方式的确定、搭边值的确定、条料宽度的确定、步距的确定、材料利用率及板料的选择；冲裁力的计算、压力中心的确定等				
任务实施	一、手柄排样方式的确定 二、搭边值及条料宽度的确定 三、步距的确定 四、材料利用率及板料的选择 五、冲裁力计算及压力机的选择 六、手柄压力中心的确定				
谈谈本次课程的收获，写出学习体会，给任课教师提出建议					

步骤一　条料宽度确定

要确定条料的宽度，须先确定工件在条料（或带料）上如何分布以及工件之间、工件与条料边缘的距离。

一、排样设计

1. 排样方法

冲裁件在条料、带料或板料上的布置方法叫排样。排样正确与否将影响材料的合理利用、冲件质量、生产率、模具结构与寿命等。

根据材料的合理利用情况，排样方法可分为三种，如图 2－22 所示。

1）有废料排样［见图 2－22（a）］

沿冲件全部外形冲裁，在冲件周边都留有搭边（a、a_1），冲件尺寸完全由冲模来保证，因此精度高，模具寿命也长，但材料利用率低。

2）少废料排样［见图 2－22（b）］

沿冲件部分外形切断或冲裁，只在冲件之间或冲件与条料侧边之间留有搭边。因受剪裁条料质量和定位误差的影响，故其冲件质量稍差，同时边缘毛刺被凸模带入间隙也影响模具寿命，但材料利用率稍高，冲模结构简单。

3）无废料排样［见图2－22（c），（d）］

沿直线或曲线切断条料而获得冲件，无任何搭边。冲件的质量和模具寿命更差一些，但材料利用率最高。另外，如图2－22（c）所示，当送进步距为两倍零件宽度时，一次切断便能获得两个冲件，有利于提高劳动生产率。

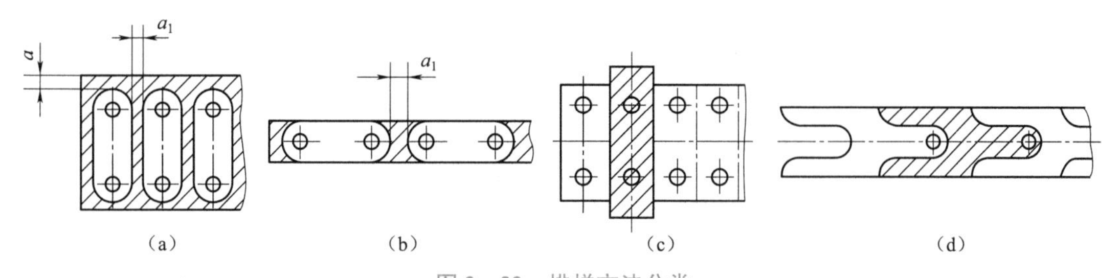

图2－22　排样方法分类

（a）有废料排样；（b）少废料排样；（c），（d）无废料排样

此外，对有废料排样及少、无废料排样还可以进一步按冲裁件在条料上的布置方法加以分类，其主要形式列于表2－8。

表2－8　有废料排样和少、无废料排样的主要形式

排样形式	有废料排样		少、无废料排样	
	简图	应用	简图	应用
直排	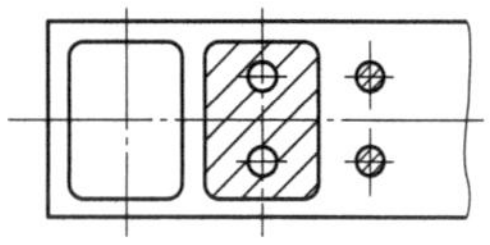	用于简单几何形状（方形、矩形、圆形）的冲件	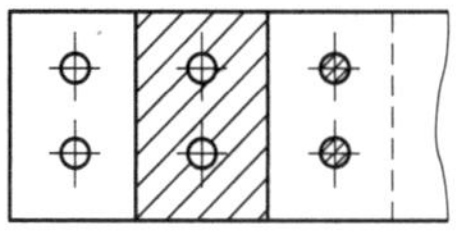	用于矩形或方形冲件
斜排	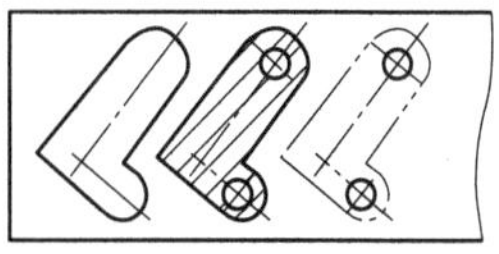	用于T形、L形、S形、十字形、椭圆形冲件	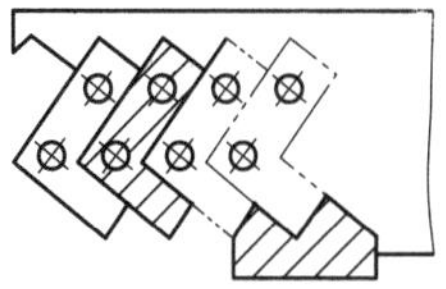	用于L形或其他形状的冲件，在外形上允许有不大的缺陷
直对排	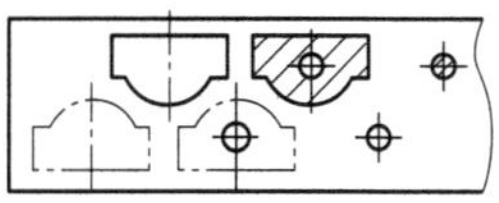	用于T形、∩形、山形、梯形、三角形、半圆形的冲件	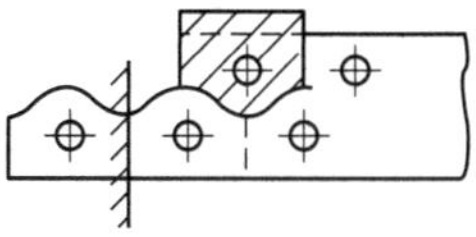	用于T形、∩形、山形、梯形、三角形冲件，在外形上允许有不大的缺陷
斜对排		用于材料利用率比直对排时高的情况	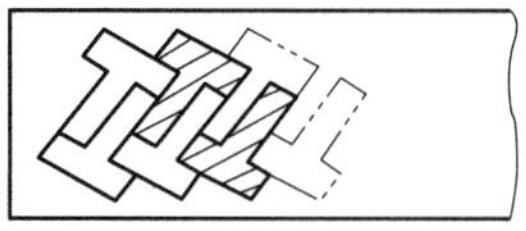	多用于T形冲件

续表

排样形式	有废料排样		少、无废料排样	
	简图	应用	简图	应用
混合排		用于材料及厚度都相同的两种以上的冲件		用于两个外形互相嵌入的不同冲件（铰链等）
多排		用于大批生产中尺寸不大的圆形、六边形、方形、矩形冲件		用于大批生产中尺寸不大的方形、矩形及六边形冲件
冲裁搭边		用于大批生产中小且窄的冲件（表针及类似的冲件）或带料的连续拉深		用于以宽度均匀的条料或带料冲制的长形件

对于形状复杂的冲件，通常用纸片剪成 3 ~ 5 个样件，然后摆出各种不同的排样方法，经过分析和计算，确定出合理的排样方案。

在实际冲压生产中，由于零件的形状、尺寸、精度要求、批量大小和原材料供应等方面的不同，不可能提供一种固定不变的合理排样方案。但在决定排样方案时应遵循的原则是：保证在最低的材料消耗和最高的劳动生产率的条件下得到符合技术条件要求的零件，同时要考虑方便生产操作、冲模结构简单、寿命长以及车间生产条件和原材料供应情况等，总之要从各方面权衡利弊，以选择出较为合理的排样方案。

2. 搭边

排样时冲裁件之间以及冲裁件与条料侧边之间留下的工艺废料叫搭边。

搭边虽然是废料，但在冲裁工艺中却有很大的作用。它补偿了定位误差和剪板误差，确保冲出合格零件。搭边可以增加条料刚度，方便条料送进，提高劳动生产率。搭边还可以避免冲裁时条料边缘的毛刺被拉入模具间隙，从而提高模具寿命。

搭边宽度对冲裁过程及冲裁件质量有很大的影响，因此一定要合理确定搭边尺寸。搭边过大时，材料利用率低；搭边过小时，搭边的强度和刚度不够，在冲裁中将被拉断，使冲裁件产生毛刺，有时甚至单边拉入模具间隙，造成冲裁力不均，损坏模具刃口。根据生产的统计，正常搭边比无搭边冲裁时的模具寿命高 50% 以上。

1）影响搭边值的因素

（1）材料的力学性能。硬材料的搭边值可小一些；软材料、脆材料的搭边值要大一些。

（2）冲裁件的形状与尺寸。冲裁件尺寸大或是有尖凸的复杂形状时，搭边值取大些。

（3）材料厚度。厚材料的搭边值要取大一些。

（4）送料及挡料方式。用手工送料，有侧压装置的搭边值可以小一些；用侧刃定距比用挡料销定距的搭边小一些。

（5）卸料方式。弹性卸料比刚性卸料的搭边小一些。

2）搭边值的确定

搭边值是由经验确定的，表 2 – 9 所示为最小搭边值的经验数据，供设计时参考。

表 2-9　最小搭边值经验数据

料厚 t/mm	圆形或圆角 $r>2t$ 的工件		矩形件边长 $l \leq 50$ mm	
	工件间 a_1	侧边 a	工件间 a_1	侧边 a
0.25 以下	1.8	2.0	2.2	2.5
0.25 ~ 0.5	1.2	1.5	1.8	2.0
0.5 ~ 0.8	1.0	1.2	1.5	1.8
0.8 ~ 1.2	0.8	1.0	1.2	1.5
1.2 ~ 1.6	1.0	1.2	1.5	1.8
1.6 ~ 2.0	1.2	1.5	1.8	2.5
2.0 ~ 2.5	1.5	1.8	2.0	2.2
2.5 ~ 3.0	1.8	2.2	2.2	2.5
3.0 ~ 3.5	2.2	2.5	2.5	2.8
3.5 ~ 4.0	2.5	2.8	2.5	3.2
4.0 ~ 5.0	3.0	3.5	3.5	4.0
5.0 ~ 12	$0.6t$	$0.7t$	$0.7t$	$0.8t$

料厚 t/mm	矩形件边长 $l>50$ mm 或圆角 $r \leq 2t$	
	工件间 a_1	侧边 a
0.25 以下	2.8	3.0
0.25 ~ 0.5	2.2	2.5
0.5 ~ 0.8	1.8	2.0
0.8 ~ 1.2	1.5	1.8
1.2 ~ 1.6	1.8	2.0
1.6 ~ 2.0	2.0	2.2
2.0 ~ 2.5	2.2	2.5
2.5 ~ 3.0	2.5	2.8
3.0 ~ 3.5	2.8	3.2
3.5 ~ 4.0	3.2	3.5
4.0 ~ 5.0	4.0	4.5
5.0 ~ 12	$0.8t$	$0.9t$

注：表列搭边值适用于低碳钢，对于其他材料，应将表中数值乘以下列系数：

中等硬度钢	0.9	软黄铜、纯铜	1.2
硬钢	0.8	铝	1.3 ~ 1.4
硬黄铜	1 ~ 1.1	非金属	1.5 ~ 2
硬铝	1 ~ 1.2		

3. 条料宽度与导料板间距离的计算

在排样方案和搭边值确定之后，就可以确定条料的宽度，进而确定导料板间的距离。由于表 2-9 所列侧面搭边值 a 已经考虑了剪料公差所引起的减小值，所以条料宽度的计算一般采用下列的简化公式。

1）有侧压装置时条料的宽度与导料板间距离（见图 2-23）

有侧压装置的模具，能使条料始终沿着导料板送进，故按下式计算：

条料宽度：

$$B_{-\Delta}^{\ 0} = (D_{max} + 2a)_{-\Delta}^{\ 0} \tag{2-1}$$

导料板间距离：

$$A = B + Z = D_{max} + 2a + Z \tag{2-2}$$

2）无侧压装置时条料的宽度与导料板间距离（见图 2-24）

无侧压装置的模具，应考虑在送料过程中因条料的摆动而使侧面搭边减少。为了补偿侧面搭边的减少，条料宽度应增加一个条料可能的摆动量，故按下式计算：

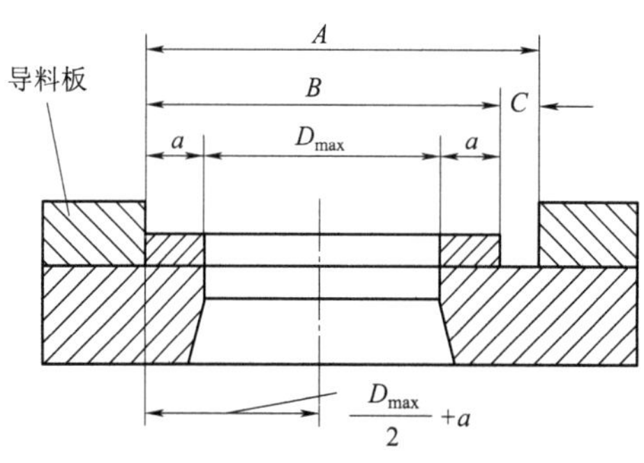

图 2-23　有侧压板的冲裁

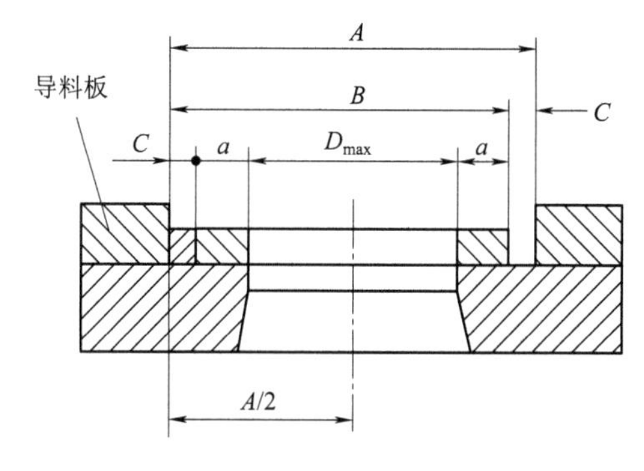

图 2-24　无侧压板的冲裁

条料宽度：

$$B_{-\Delta}^{\ 0} = (D_{max} + 2a + Z)_{-\Delta}^{\ 0} \tag{2-3}$$

导料板间距离：

$$A = B + Z = D_{max} + 2a + 2Z \tag{2-4}$$

式中　D_{max}——条料宽度方向冲裁件的最大尺寸；

a——侧搭边值，可参考表 2-9；

Δ——条料宽度的单向（负向）偏差，见表 2-10 和表 2-11；

Z——导料板与最宽条料之间的间隙，其最小值见表 2-12。

表 2-10　条料宽度偏差 Δ 参考（一）　mm

条料宽度 B/mm	材料厚度 t/mm			
	≤1	>1~2	>2~3	>3~5
≤50	0.4	0.5	0.7	0.9
50~100	0.5	0.6	0.8	1.0
100~150	0.6	0.7	0.9	1.1
150~220	0.7	0.8	1.0	1.2
220~300	0.8	0.9	1.1	1.3

表 2－11　条料宽度偏差 Δ 参考（二）　mm

条料宽度 B/mm	材料厚度 t/mm		
	≤0.5	>0.5～1	>1～2
≤20	0.05	0.08	0.10
>20～30	0.08	0.10	0.15
>30～50	0.10	0.15	0.20

表 2－12　导料板与条料之间的最小间隙 Z_{min}　mm

材料厚度 t/mm	无侧压装置			有侧压装置	
	条料宽度 B/mm			条料宽度 B/mm	
	100 以下	100～200	200～300	100 以下	100 以上
≤0.5	0.5	0.5	1	5	8
0.5～1	0.5	0.5	1	5	8
1～2	0.5	1	1	5	8
2～3	0.5	1	1	5	8
3～4	0.5	1	1	5	8
4～5	0.5	1	1	5	8

3）用侧刃定距时条料的宽度与导料板间距离（见图 2－25）

当条料的送进步距用侧刃定位时，条料宽度必须增加侧刃切去的部分，故按下式计算：

条料宽度：

$$B_{-\Delta}^{\ 0}=(L_{max}+2a'+nb_1)_{-\Delta}^{\ 0}=(L_{max}+1.5a+nb_1)_{-\Delta}^{\ 0}\quad(a'=0.75a)\tag{2-5}$$

导料板间距离：

$$B'=B+Z=L_{max}+1.5a+nb_1+Z\tag{2-6}$$

$$B_1'=L_{max}+1.5a+y\tag{2-7}$$

式中　L_{max}——条料宽度方向冲裁件的最大尺寸；

a——侧搭边值，可参考表 2－9；

n——侧刃数；

b_1——侧刃冲切的条料宽度，见表 2－13；

Z——冲切前的条料宽度与导料板间的间隙，见表 2－12；

y——冲切后的条料宽度与导料板间的间隙，见表 2－13。

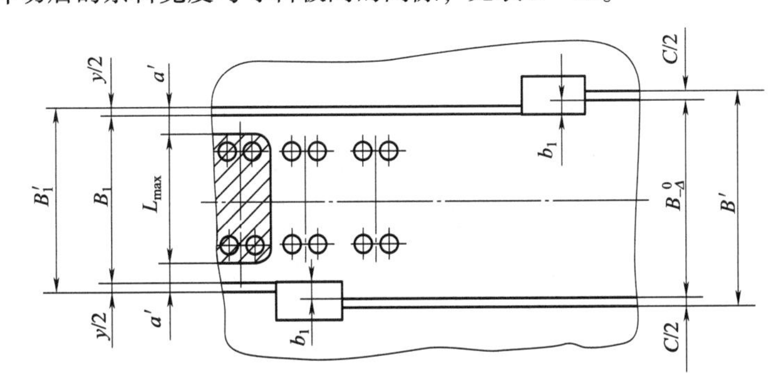

图 2－25　有侧刃的冲裁

表 2-13　b_1和 y 值　mm

条料厚度 t/mm	b_1		y
	金属材料	非金属材料	
≤1.5	1.5	2	0.10
>1.5~2.5	2.0	3	0.15
>2.5~3	2.5	4	0.20

4. 排样图

在确定条料宽度之后，还要选择板料规格，并确定裁板方法（纵向剪裁或横向剪裁）。值得注意的是，在选择板料规格和确定裁板法时，还应综合考虑材料利用率、纤维方向（对弯曲件）、操作方便和材料供应情况等。当条料长度确定后，就可以绘出排样图。如图 2-26 所示，一张完整的排样图应标注条料宽度 $B_{-\Delta}^{0}$、条料长度 L、板料厚度 t、端距 l、步距 S、工件间搭 a_1 和侧搭边 a。

排样图应绘在冲压工艺规程卡片上和冲裁模总装图的右上角。

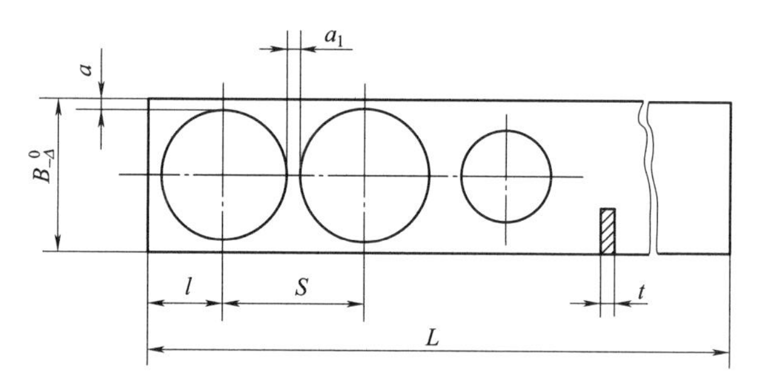

图 2-26　排样图

二、材料的合理利用

1. 材料利用率

冲裁件的实际面积与所用板料面积的百分比叫材料利用率，它是衡量合理利用材料的指标。

一个步距内的材料利用率 η（见图 2-27）可用下式表示：

$$\eta = \frac{A}{BS} \times 100\% \tag{2-8}$$

式中　A——一个步距内冲裁件的实际面积；

B——条料宽度；

S——步距。

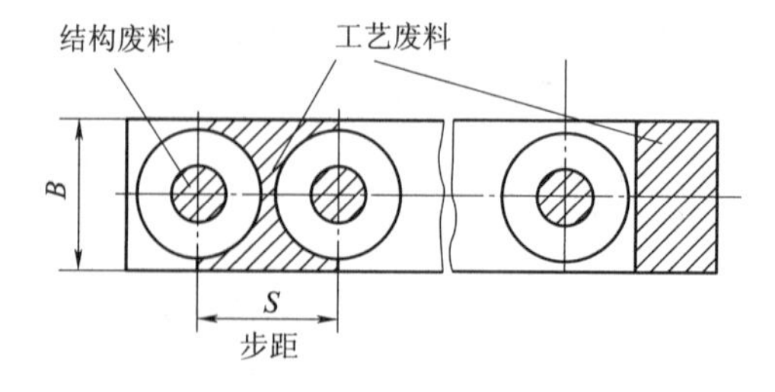

图 2-27　废料的种类

若考虑到料头、料尾和侧边余料的材料消耗，则一张板料（或带料、条料）上总的材料利用率 $\eta_{总}$ 为

$$\eta_{总}=\frac{nA_1}{LB}\times 100\% \tag{2-9}$$

式中　n——一张板料（或带料、条料）上冲裁件的总数目；

A_1——一个冲裁件的实际面积；

L——板料（或带料、条料）长度；

B——板料（或带料、条料）宽度。

η 值越大，材料的利用率就越高，在冲裁件的成本中材料费用一般占60%以上，可见材料利用率是一项很重要的经济指标。

2. 提高材料利用率的方法

冲裁所产生的废料可分为两类（见图2－27）：一类是结构废料，是由冲件的形状特点产生的；另一类是由于冲件之间和冲件与条料侧边之间的搭边，以及料头、料尾和侧边余料而产生的废料，称为工艺废料。

要提高材料利用率，主要应从减少工艺废料着手。减少工艺废料的有力措施是：设计合理的排样方案，选择合适的板料规格和合理的裁板法（减少料头、料尾和边余料），利用废料做小零件（如表2－8中的混合排样）等。

对一定形状的冲件，结构废料是不可避免的，但充分利用结构废料是可能的。当两个冲件的材料和厚度相同时，较小尺寸的冲件可在较大尺寸冲件的废料中冲制出来。如电机转子硅钢片，就是在定子硅钢片的废料中取出的，这样就使结构废料得到了充分利用。另外，在使用条件许可的情况下，当取得零件设计单位同意后，也可以改变零件的结构形状，提高材料利用率，如图2－28所示。

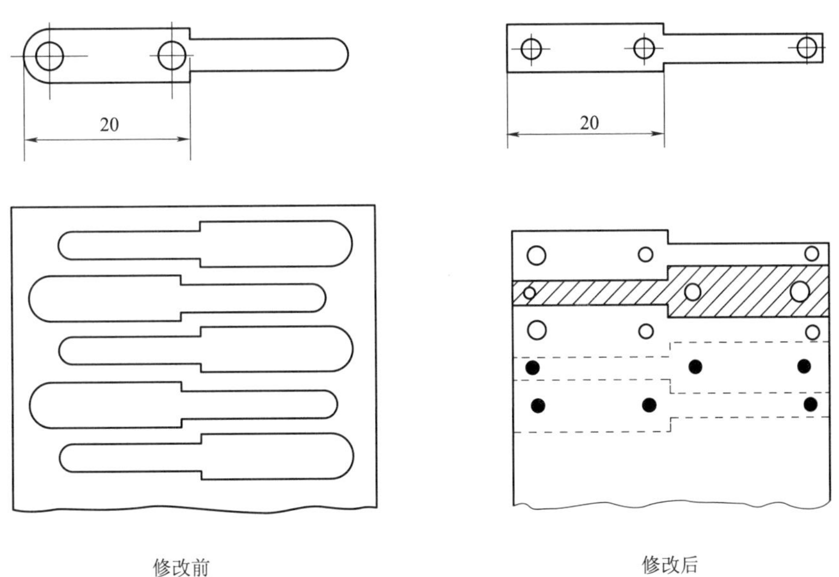

图2－28　零件形状不同材料利用情况对比

做一做： 按照任务要求，完成手柄零件排样及条料宽度确定，包括：排样方式的确定、搭边值的确定、条料宽度的确定、步距的确定、材料利用率的计算、板料的选择等。

步骤二　压力机的选择及压力中心的确定

一、冲裁力的计算

在冲裁过程中，冲裁力是随凸模进入材料的深度（凸模行程）而变化的。图 2 - 29 所示为 Q235 钢冲裁时的冲裁力变化曲线，图 2 - 29 中：OA 段是冲裁的弹性变形阶段；AB 段是塑性变形阶段；B 点为冲裁力的最大值，在此点材料开始剪裂；BC 段为断裂阶段；CD 段压力主要是用于克服摩擦力和将材料由凹模内推出。通常说的冲裁力是指冲裁力的最大值，它是选用压力机和设计模具的重要依据之一。

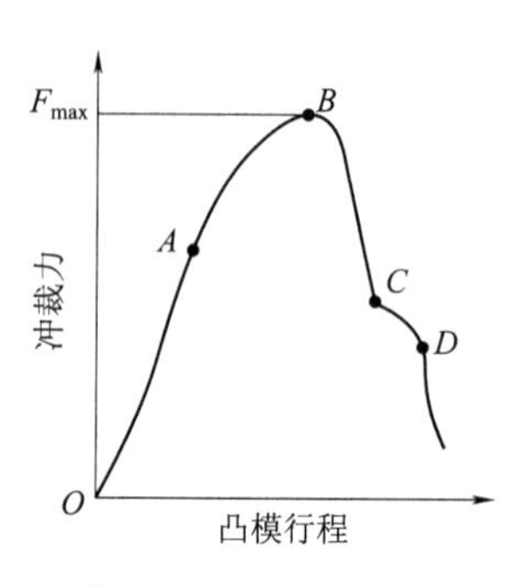

图 2 - 29　冲裁力曲线

用平刃口模具冲裁时，其冲裁力一般按下式计算：

$$F = KLt\tau_b \qquad (2-10)$$

式中　F——冲裁力；

L——凸模与坯料的接触长度；

t——材料厚度；

τ_b——材料抗剪强度

K——系数。

系数 K 是考虑到实际生产中，模具间隙值的波动和不均匀、刃口的磨损、板料力学性能和厚度波动等因素的影响而给出的修正系数，一般取 $K = 1.3$。

为计算简便，也可按下式估算冲裁力：

$$F \approx Lt\sigma_b \qquad (2-11)$$

式中　σ_b——材料的抗拉强度。

二、降低冲裁力的措施

为实现小设备冲裁大工件，或使冲裁过程平稳以减少压力机振动，常用下列方法来降低冲裁力。

1. 阶梯凸模冲裁

在多凸模的冲模中，将凸模设计成不同长度，使工作端面呈阶梯式布置（见图 2 - 30），这样各凸模冲裁力的最大峰值不同时出现，从而降低总的冲裁力。

在几个凸模直径相差较大、相距又很近的情况下，为能避免小直径凸模由于承受材料流动的侧压力而产生折断或倾斜现象，应该采用阶梯布置，即将小凸模做短一些。

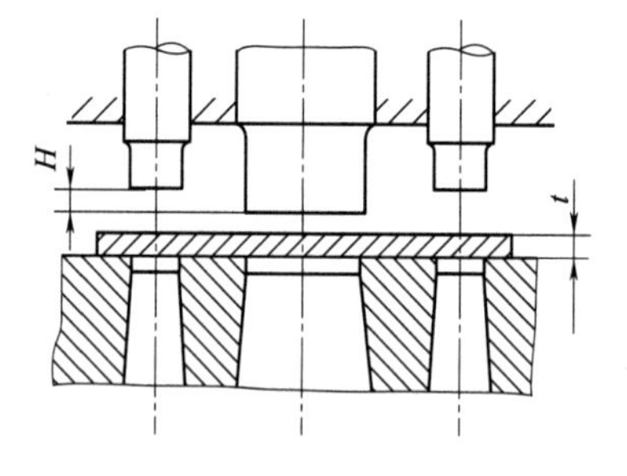

图 2 - 30　凸模的阶梯布置法

凸模间的高度差 H 与板料厚度 t 有关，即

$t < 3$ mm，　$H = t$

$t \geq 3$ mm，　$H = 0.5t$

阶梯凸模冲裁的冲裁力，一般只按产生最大冲裁力的那一个阶梯进行计算。

2. 斜刃冲裁

用平刃口模具冲裁时，沿刃口整个周边同时冲切材料，故冲裁力较大。若将凸模（或凹模）刃口平面做成与其轴线倾斜一个角度的斜刃，则冲裁时刃口就不是全部同时切入，而是逐步地将材料切离，因而能显著降低冲裁力。

各种斜刃的形式如图 2 - 31 所示。斜刃配置的原则是：必须保证工件平整，只允许废料发生弯曲变形。因此，落料时凸模应为平刃，将凹模做成斜刃［见图2－31（a）、（b）］。冲孔时则凹模应为平刃，凸模为斜刃［见图2－31（c）～（e）］。斜刃还应当对称布置，以免冲裁时模具承受单向侧压力而发生偏移，啃伤刃口［见图2－31（a）～（e）］。向一边斜的斜刃，只能用于切舌或切开［见图2－31（f）］。

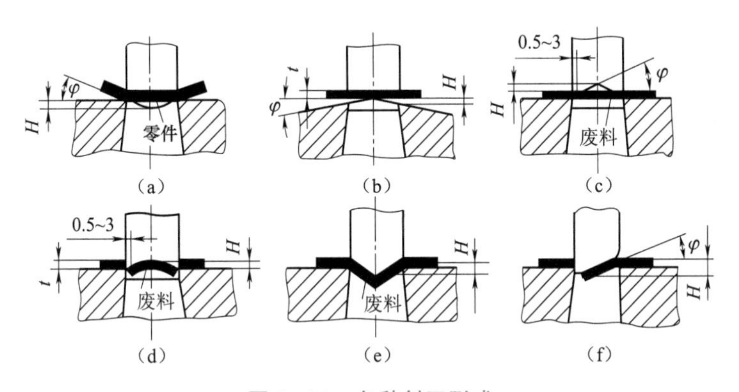

图2－31 各种斜刃形式

（a），（b）落料用；（c），（d），（e）冲孔用；（f）切舌用

斜刃模用于大型工件冲裁时，一般把斜刃布置成多个波峰的形式。

斜刃主要参数的设计：斜刃角 φ 和斜刃高度 H 与板料厚度有关，一般可按表2－14选用；其平刃部分的宽度取0.5～3 mm，如图2－31所示。

表2－14 斜刃用参数 H、φ 值

材料厚度 t/mm	斜刃高度 H	斜刃角 φ
<3	$2t$	<5°
3～10	t	<8°

斜刃冲裁力可用下面简化公式计算：

$$F_{斜}=K_{斜}Lt\tau_b \tag{2-12}$$

式中 $K_{斜}$——降低冲裁力系数，与斜刃高度 H 有关，当 $H=t$ 时，$K_{斜}=0.4\sim0.6$；当 $H=2t$ 时，$K_{斜}=0.2\sim0.4$。

斜刃冲模虽有降低冲裁力使冲裁过程平稳的优点，但模具制造复杂，刃口易磨损，修磨困难，冲件不够平整，且不适于冲裁外形复杂的冲件，因此在一般情况下尽量不用，只用于大型冲件或厚板的冲裁。

最后应当指出，采用斜刃冲裁或阶梯凸模冲裁时，所需的冲裁功并不减少，这是因为冲裁力虽然降低了，但冲裁行程却延长了。

3. 加热冲裁

材料加热后抗剪强度显著降低，从而降低了冲裁力。其冲裁力按平刃冲裁力公式计算，但材料的抗剪强度 τ_b 值应取为冲裁温度时的数值。冲裁温度通常要比加热温度低150～200 ℃。表2－15所示为钢在加热状态时的抗剪强度。

表2－15 钢在加热状态的抗剪强度 τ_b MPa

材料 \ 加热温度/℃	200	500	600	700	800	900
Q195、Q215、10、15	360	320	200	110	60	30

续表

加热温度/℃ 材料	200	500	600	700	800	900
Q235、Q255、20、25	450	450	240	130	90	60
Q275、30、35	530	520	330	160	90	70
45、45、50	600	580	380	190	90	70

编制热冲工艺时，应考虑条料不能过长，搭边应适当放大，拟定合理的加热规范和冷却规范，特别注意氧化、脱碳以及冲件冷却时的变形等。

在设计模具时，模具刃口尺寸应考虑冲裁件冷缩，冲裁间隙应适当减少，凸、凹模应选用热冲模具材料，受热部分不能设置橡皮等。

加热冲裁一般只适用于厚板或表面质量及精度要求不高的零件。

三、卸料力、推件力与顶件力的计算

在冲裁结束时，由于材料的弹性回复（包括径向弹性回复和弹性翘曲的回复）及摩擦的存在，将使冲落部分的材料梗塞在凹模内，而冲裁剩下的材料则紧箍在凸模上。为使冲裁工作继续进行，必须将箍在凸模上的料卸下，将卡在凹模内的料推出。从凸模上卸下箍着的料所需要的力称为卸料力；将梗塞在凹模内的料顺着冲裁方向推出所需要的力称为推件力；逆冲裁方向将料从凹模内顶出所需要的力称为顶件力，如图 2－32 所示。

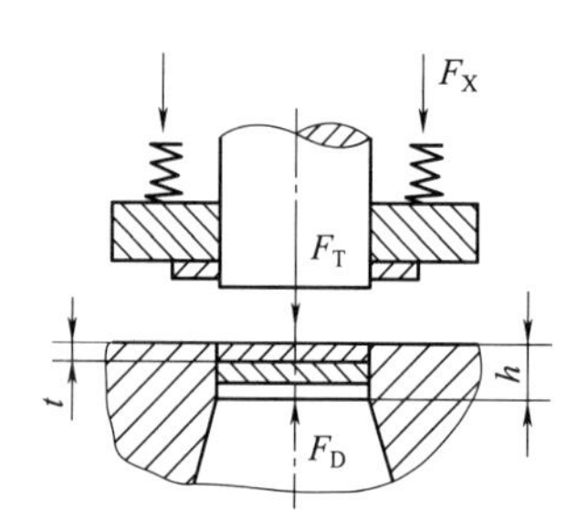

图 2－32　冲裁力曲线

卸料力、推件力和顶件力是从冲床、卸料装置或顶件装置中获得的，所以在选择设备的公称压力或设计冲模时应分别予以考虑。影响这些力的因素较多，主要有材料的力学性能、材料的厚度、模具间隙、凹模孔的结构、搭边大小、润滑情况、制件的形状和尺寸等。所以要准确地计算这些力是困难的，一般常用下列经验公式计算：

卸料力：
$$F_X = K_X F \tag{2-13}$$

推件力：
$$F_T = nK_T F \tag{2-14}$$

顶件力：
$$F_D = K_D F \tag{2-15}$$

式中　F——冲裁力；

K_X，K_T，K_D——卸料力、推件力、顶件力系数，见表 2－16；

n——同时卡在凹模内的冲裁件（或废料）数，即

$$n = \frac{h}{t}$$

式中　h——凹模孔的直刃壁高度；

t——板料厚度。

表 2－16　卸料力、推件力和顶件力系数

料厚 t/mm		K_X	K_T	K_D
钢	≤0.1	0.065～0.075	0.1	0.14
	>0.1～0.5	0.045～0.055	0.063	0.08
	>0.5～2.5	0.04～0.05	0.055	0.06
	>2.5～6.5	0.03～0.04	0.045	0.05
	>6.5	0.02～0.03	0.025	0.03

续表

料厚 t/mm	K_X	K_T	K_D
铝、铝合金	0.025 ~ 0.08	0.03 ~ 0.07	
纯铜、黄铜	0.02 ~ 0.06	0.03 ~ 0.09	
注：卸料力系数 K_X，在冲多孔、大搭边和轮廓复杂制件时取上限值			

四、压力机公称压力的确定

压力机的公称压力必须大于或等于冲压力。冲裁时的冲压力 F_Z 由冲裁力、卸料力、推件力及顶件力组成，这些力在选择压力机时哪些要考虑进去，应根据不同的模具结构分别对待。

采用弹性卸料装置和下出料方式的冲裁模时：

$$F_Z = F + F_X + F_T \tag{2-16}$$

采用弹性卸料装置和上出料方式的冲裁模时：

$$F_Z = F + F_X + F_D \tag{2-17}$$

采用刚性卸料装置和下出料方式的冲裁模时：

$$F_Z = F + F_T \tag{2-18}$$

五、冲模压力中心的确定

冲压力合力的作用点称为模具的压力中心。模具的压力中心应该通过压力机滑块的中心线。对于有模柄的冲模来说，须使压力中心通过模柄的中心线。否则，冲压时滑块就会承受偏心载荷，导致滑块导轨和模具导向部分不正常的磨损，还会使合理间隙得不到保证，从而影响制件质量和降低模具寿命甚至损坏模具。在实际生产中，可能出现冲模压力中心在冲压过程中发生变化的情况，或者由于冲件的形状特殊，从模具结构考虑不宜于使压力中心与模柄中心线相重合的情况，此时应注意使压力中心的偏离不致超出所选用压力机允许的范围。冲裁形状对称的冲件时，其压力中心位于冲件轮廓图形的几何中心；冲裁直线段时，其压力中心位于直线段的中点；冲裁圆弧线段时，其压力中心的位置（图 2－33）按下式计算：

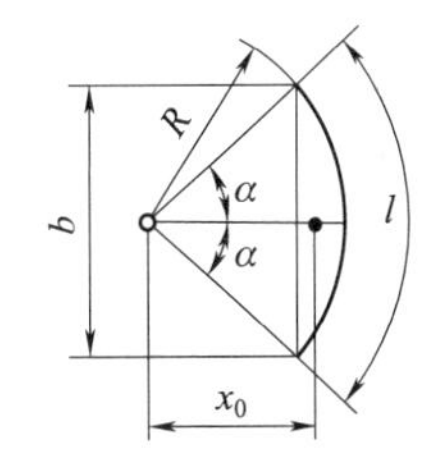

图 2－33 圆弧线段的压力中心

$$x_0 = R\frac{180° \times \sin\alpha}{\pi\alpha} \tag{2-19}$$

或

$$x_0 = R\frac{b}{l}$$

式中 l——弧长。

确定复杂形状冲裁件的压力中心和多凸模模具的压力中心，常用下面几种方法。

1. 解析法

1）多凸模冲裁时的压力中心

图 2－34 所示为冲裁多个型孔的凸模位置分布情况。

冲孔所需的冲裁力为

$$F_1 = KL_1 t\tau_b$$
$$F_2 = KL_2 t\tau_b$$
$$\vdots \qquad \vdots$$
$$F_n = KL_n t\tau_b$$

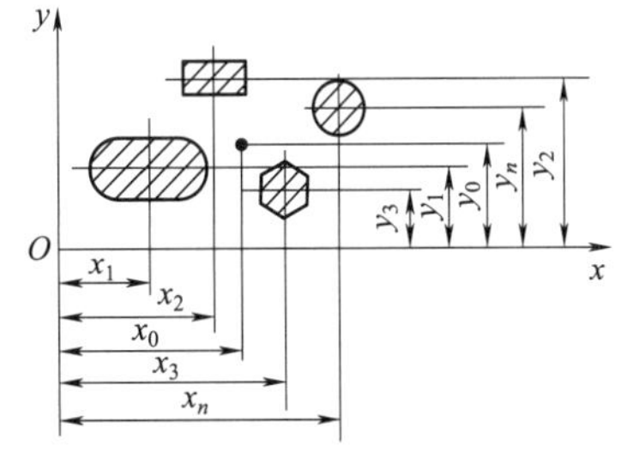

图 2－34 多凸模冲裁时的压力中心

对于平行力系，冲裁力的合力等于上述各力的代数和，即

$$F = F_1 + F_2 + \cdots + F_n$$

根据理论力学可知，合力对某轴之力矩等于各分力对同轴力矩之和。由此可求出压力中心坐标（x_0、y_0）：

$$F_1x_1+F_2x_2+\cdots+F_nx_n=(F_1+F_2+\cdots+F_n)x_0$$
$$F_1y_1+F_2y_2+\cdots+F_ny_n=(F_1+F_2+\cdots+F_n)y_0$$

即

$$x_0=\frac{F_1x_1+F_2x_2+\cdots+F_nx_n}{F_1+F_2+\cdots+F_n}=\frac{\sum_{i=1}^{n}F_ix_i}{\sum_{i=1}^{n}F_i} \tag{2-20}$$

$$y_0=\frac{F_1y_1+F_2y_2+\cdots+F_ny_n}{F_1+F_2+\cdots+F_n}=\frac{\sum_{i=1}^{n}F_iy_i}{\sum_{i=1}^{n}F_i} \tag{2-21}$$

将 F_1、F_2、…、F_n 值代入上式，此时压力中心坐标公式如下：

$$x_0=\frac{L_1x_1+L_2x_2+\cdots+L_nx_n}{L_1+L_2+\cdots+L_n}=\frac{\sum_{i=1}^{n}L_ix_i}{\sum_{i=1}^{n}L_i}$$

$$y_0=\frac{L_1y_1+L_2y_2+\cdots+L_ny_n}{L_1+L_2+\cdots+L_n}=\frac{\sum_{i=1}^{n}L_iy_i}{\sum_{i=1}^{n}L_i} \tag{2-22}$$

2）冲裁复杂形状零件时的压力中心

冲裁复杂形状零件时，其压力中心的计算公式与多凸模冲裁压力中心求解公式相同，具体求法按下面步骤进行（见图 2-35）：

（1）选定坐标轴 x 和 y。

（2）将组成图形的轮廓线划分为若干简单的线段，求出各线段的长度和各线段的重心位置。

（3）按上面公式计算出压力中心的坐标（x_0、y_0）。

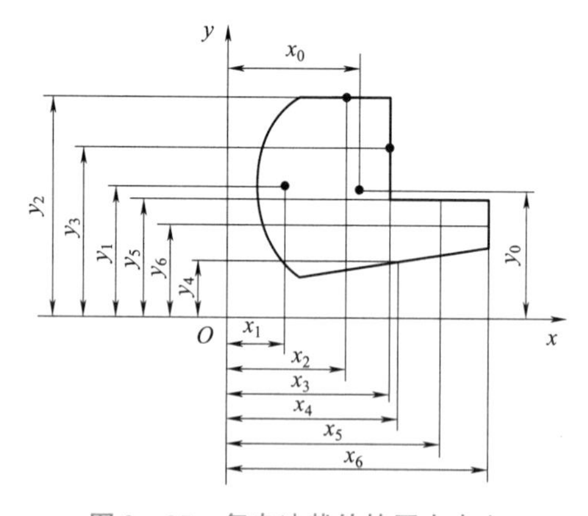

图 2-35　复杂冲裁件的压力中心

2. 作图法

作图法与解析法一样，既可求多凸模冲裁的压力中心，又可求复杂形状零件冲裁的压力中心。下面以多凸模冲裁压力中心的求解为例，作图的步骤如下（见图 2-36）：

（1）按比例画出需冲裁的轮廓图形，选定坐标轴 x 和 y；

（2）计算出或量出各图形轮廓周长 L_a、L_b、L_c，并确定其重心位置；

（3）压力中心的横坐标 x_0 的作图方法：

①在坐标系旁作一条平行于 y 轴的直线 AB，从 A 点开始，依次截取 L'_a、L'_b、L'_c(其顺序按图形至 y 轴由近到远的顺序，其长度按比例等于对应轮廓线的长度 L_a、L_b、L_c)。

②在 AB 线旁取任意点 O_1，从 O_1 点作射线 1、2、3、4，分别与代表冲裁力的各线段（L'_a、L'_b、L'_c）首尾相连。

③由各图形的重心位置出发，作 y 轴的平行线至图形外，然后以距 y 轴最近的一条平行线上任意点 Q 为起点，作射线线 1 的平行线 1′，由该起点 Q 再作射线 2 的平行线 2′，过下一交点依次作射线 3、4 的平行 3′、4′。1′线与 4′线的交点，即为压力中心的横坐标 x_0。

（4）用相同方法作出压力中心的纵坐标 y_0（注意截取线段与作图都要按距 x 轴从近到远的顺序)。

（5）纵、横坐标交点 O（x_0、y_0）即为压力中心。

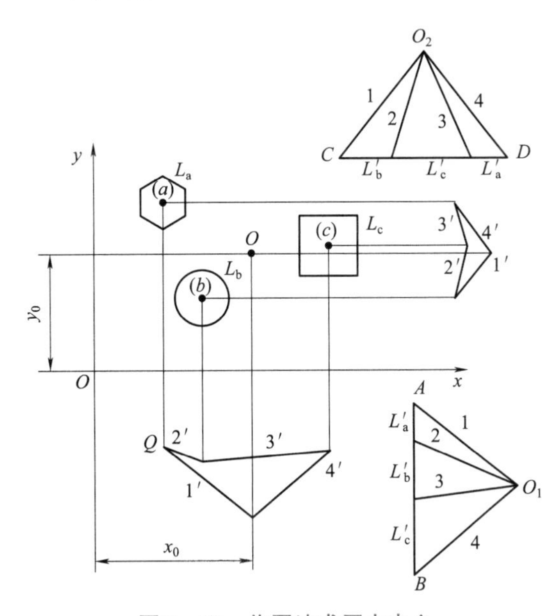

图 2－36　作图法求压力中心

3. 悬挂法

在生产中，常用简便方法确定复杂冲裁件的压力中心，悬挂法是其中一种。其具体作法是：用匀质细金属丝沿冲裁轮廓弯制成模拟件，然后用缝纫线将模拟件悬吊起来，并从吊点作铅垂线；再取模拟件的另一点，以同样的方法作另一铅垂线，两垂线的交点即为压力中心。悬挂法的理论根据是：用匀质金属丝代替均布于冲裁件轮廓的冲裁力，显然，该模拟件的重心就是冲裁的压力中心。

做一做： 按照任务要求，完成手柄零件的冲裁力、卸料力、推件力的计算及初选压力机，确定压力中心。

任务考核

任务名称	手柄冲压工艺计算	专业		组名	
班级		学号		日期	
评价指标	评价内容			分数评定	自评
信息收集能力	能有效利用网络、图书资源查找有用的相关信息等；能将查到的信息有效地传递到学习中			10 分	
感知课堂生活	是否能在学习中获得满足感、课堂生活的认同感			5 分	
参与态度沟通能力	积极主动与教师、同学交流，相互尊重、理解、平等；与教师、同学之间是否能够保持多向、丰富、适宜的信息交流			5 分	
	能处理好合作学习和独立思考的关系，做到有效学习；能提出有意义的问题或能发表个人见解			5 分	
知识、能力获得情况	手柄排样方式的确定			10 分	
	搭边值及条料宽度的确定			10 分	
	步距的确定			10 分	
	材料利用率及板料的选择			10 分	
	冲裁力的计算及压力机的选择			10 分	
	手柄压力中心的确定			10 分	
辩证思维能力	是否能发现问题、提出问题、分析问题、解决问题、创新问题			10 分	
自我反思	按时保质完成任务；较好地掌握了知识点；具有较为全面严谨的思维能力并能条理清楚明晰地表达成文			5 分	
小计				100	
总结提炼					
考核人员	分值/分	评分	存在问题	解决办法	
（指导）教师评价	100				
小组互评	100				
自评成绩	100				
总评	100	总评成绩 = 指导教师评价 ×35% + 小组评价 ×25% + 自评成绩 ×40%			

知识拓展

通过查阅相关教材、模具设计手册和中国大学慕课等网络资源，学习冲压工艺计算的相关知识。

任务三　模具零部件（非标准件）设计

任务描述

手柄冲裁模具零部件的设计：工作零件的设计与选用、定位零件的设计与选用、卸料装置的

设计与选用。

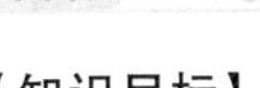

学习目标

【知识目标】

（1）掌握模具结构的组成及冲模零件的分类；

（2）掌握工作零件、定位零件、卸料零件的设计与选用。

【能力目标】

（1）能根据冲裁件合理地设计工作零件；

（2）能根据冲裁件合理地设计定位零件及卸料装置。

【素养素质目标】

（1）培养勤于思考及观察和分析问题的意识；

（2）培养严谨的工作作风。

任务实施

任务单　手柄冲裁模具零部件的设计

任务名称	手柄冲裁模具零部件的设计	学时		班级	
学生姓名		学生学号		任务成绩	
实训设备		实训场地		日期	
任务目的	掌握冲裁模具工作零件、定位零件、卸料零件的设计及选用				
任务内容	工作零件、定位零件、卸料装置的设计与选用				
任务实施	一、工作零件刃口尺寸的计算（凸模、凹模） 二、工作零件的结构设计（落料凸模、冲孔凸模、凹模） 三、定位零件的设计（导正销、导料板） 四、卸料装置的设计（卸料橡胶、卸料板、卸料螺钉的设计）				
谈谈本次课程的收获，写出学习体会，给任课教师提出建议					

相关知识

分析典型冲裁模的结构可知，尽管各类冲裁模的结构形式和复杂程度不同，组成模具的零件又多种多样，但冲模零部件一般仍可按图 2－37 分类。

应该指出，由于新型的模具结构不断涌现，尤其是自动模、多工位级进模等不断发展，所以模具零件也在增加，传动零件及用以改变运动方向的零件（如侧楔、滑板、铰链接头等）用得越来越多。

有关冲模模架、冲模模座及冲模导向装置，均有相应的国家标准（GB/T 2851—2008、GB/T 2852—2008、GB/T 2856—2008 和 GB/T 2861—2008），设计时应优先选用。

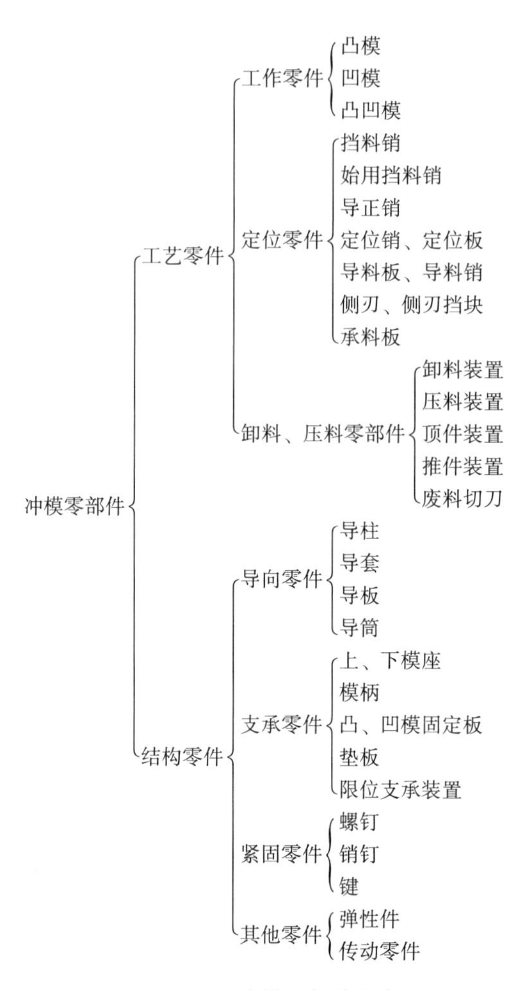

图 2－37　冲模零部件分类

步骤一　工作零件的设计

一、凸模

1. 凸模的结构形式及其固定方法

由于冲件的形状和尺寸不同，冲模的加工以及装配工艺等实际条件亦不同，所以在实际生产中使用的凸模结构形式很多。其截面形状有圆形和非圆形；刃口形状有平刃和斜刃等；结构有整体式、镶拼式、阶梯式、直通式和带护套式等。凸模的固定方法有台肩固定、铆接、螺钉和销钉固定，粘结剂浇注法固定等。

下面通过介绍圆形和非圆形凸模、大中型和小孔凸模，来分析凸模的结构形式、固定方法、特点及应用场合。

1）圆形凸模

圆形凸模有以下三种形式，如图 2－38 所示。

台阶式的凸模强度刚性较好，装配修磨方便，其工作部分的尺寸由计算而得；与凸模固定板配合部分按过渡配合（m6）制造；最大直径的作用是形成台肩，以便固定，保证工作时凸模不被拉出。图 2－38（a）用于较大直径的凸模，图 2－38（b）用于较小直径的凸模，它们适用于冲裁力和卸料力大的场合。图2－38（c）所示为快换式的小凸模，维修、更换方便。

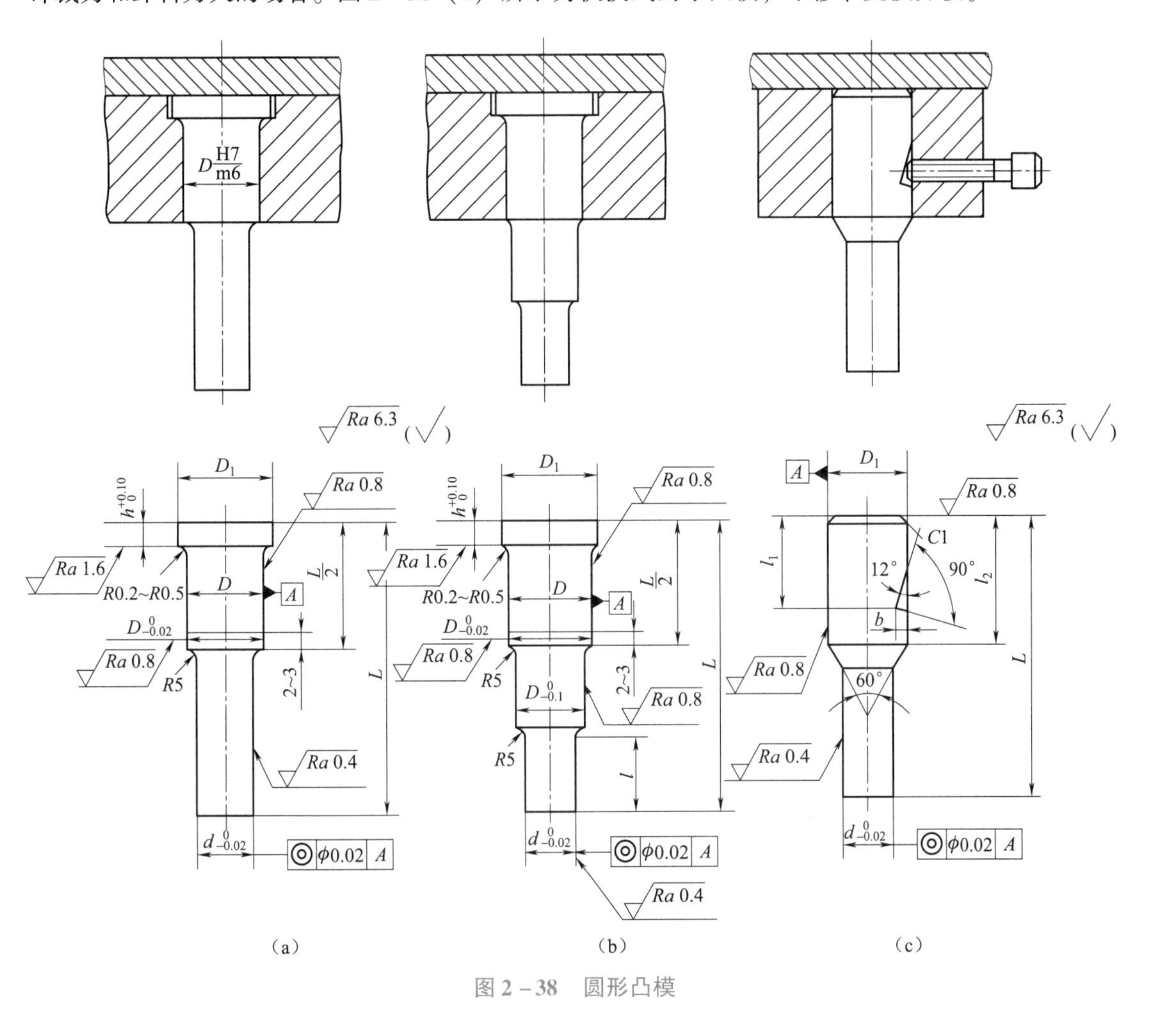

图2－38　圆形凸模

2）非圆形凸模

在实际生产中广泛应用的非圆形凸模如图2－39所示。

图2－39（a）和图2－39（b）所示为台阶式。凡是截面为非圆形的凸模，如果采用台阶式的结构，则其固定部分应尽量简化成简单形状的几何截面（圆形或矩形）。

图2－39（a）所示为台肩固定，图2－39（b）所示为铆接固定。这两种固定方法应用较广泛，但不论哪一种固定方法，只要工作部分截面是非圆形的，而固定部分是圆形的，都必须在固定端接缝处加防转销。以铆接法固定时，铆接部位的硬度较工作部分要低。

图2－39（c）和图2－39（d）所示为直通式凸模。直通式凸模用线切割加工或成形铣、成形磨削加工。截面形状复杂的凸模，广泛应用这种结构。

图2－39（d）所示为用低熔点合金浇注固定。用低熔点合金等粘结剂固定凸模的优点在于，当多凸模冲裁时（如电机定、转子冲槽孔），可以简化凸模固定板加工工艺，便于在装配时保证凸模与凹模的正确配合。

采用粘结剂固定时，凸模固定板上安装凸模的孔的尺寸较凸模大，留有一定的间隙，以便充填粘结剂。为了粘结得牢靠，在凸模的固定端或固定板相应的孔上应开设一定的槽形。常用的粘结剂有低熔点合金、环氧树脂、无机粘结剂厌氧胶等，各种粘结剂均有一定的配方，也有一定的配制方法，有的在市场上可以直接买到。

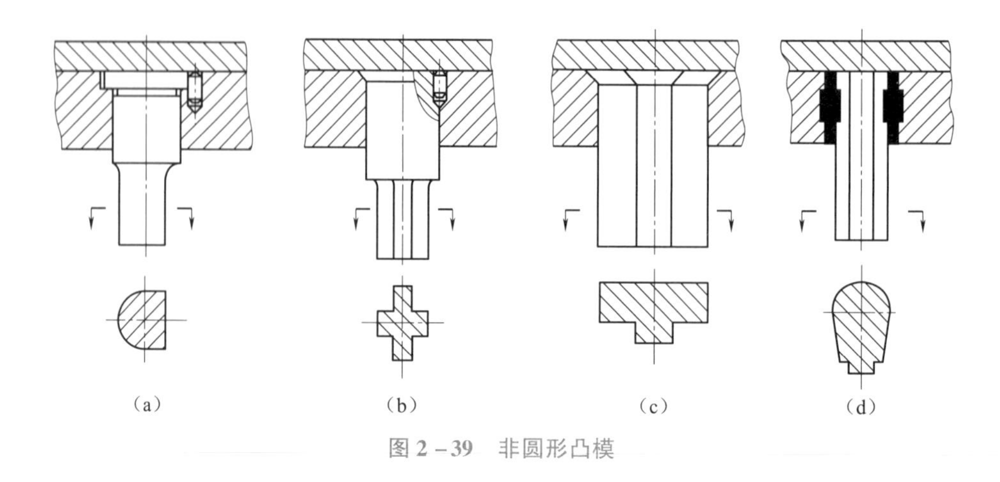

图 2-39　非圆形凸模

用粘结剂浇注法的固定方法，也可用于凹模、导柱和导套的固定。

3）大、中型凸模

大、中型的冲裁凸模，有整体式和镶拼式两种。

如图 2-40（a）所示的大、中型整体式凸模，直接用螺钉、销钉固定。

图 2-40（b）所示为镶拼式的，它不但可节约贵重的模具钢，而且可减少锻造、热处理和机械加工的困难，因而大型凸模宜采用这种结构。关于镶拼式结构的设计方法，将在后面详细叙述。

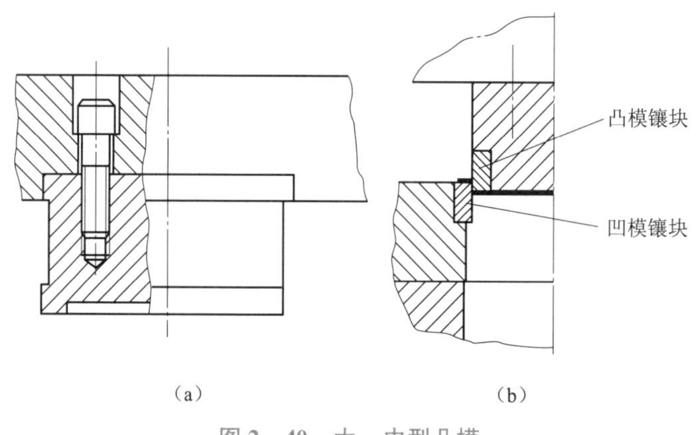

图 2-40　大、中型凸模

4）冲小孔凸模

所谓小孔，一般是指孔径 d 小于被冲板料的厚度或直径 $d<1$ mm 的圆孔和面积 $A<1$ mm^2 的异形孔，它大大超出了对一般冲孔零件的结构工艺性要求。

冲小孔的凸模强度和刚度差，容易弯曲和折断，所以必须采取措施提高它的强度和刚度，从而延长其使用寿命。其方法有以下几种：

(1) 冲孔凸模加保护与导向（见图 2-41）。

冲小孔凸模加保护与导向结构有两种，即局部保护与导向和全长保护与导向。图 2-41（a）和图 2-41（b）所示为局部导向结构，它利用弹压导板对凸模进行保护与导向。图 2-41（c）和（d）所示为以简单的凸模护套来保护凸模，并以导板导向，其效果较好。图 2-41（e）～（g）基本上是全长保护与导向，凸模护套装在卸料板或导板上，在工作过程中始终不离开上模导板、等分扇形块或上护套，模具处于闭合状态，护套上端也不碰到凸模固定板，当上模下压时，护套相对上滑，凸模从护套中相对伸出进行冲孔。这种结构避免了小凸模可能受到侧压力，防止小凸模弯曲和折断。尤其是图 2－41（f）所示结构，具有三个等分扇形槽的护套，可在固定的三个等分扇形块中滑动，使凸模始终处于三向保护与导向之中，效果较好，但结构较复杂，制造困难。而图 2－41（g）所示结构较简单，导向效果也较好。

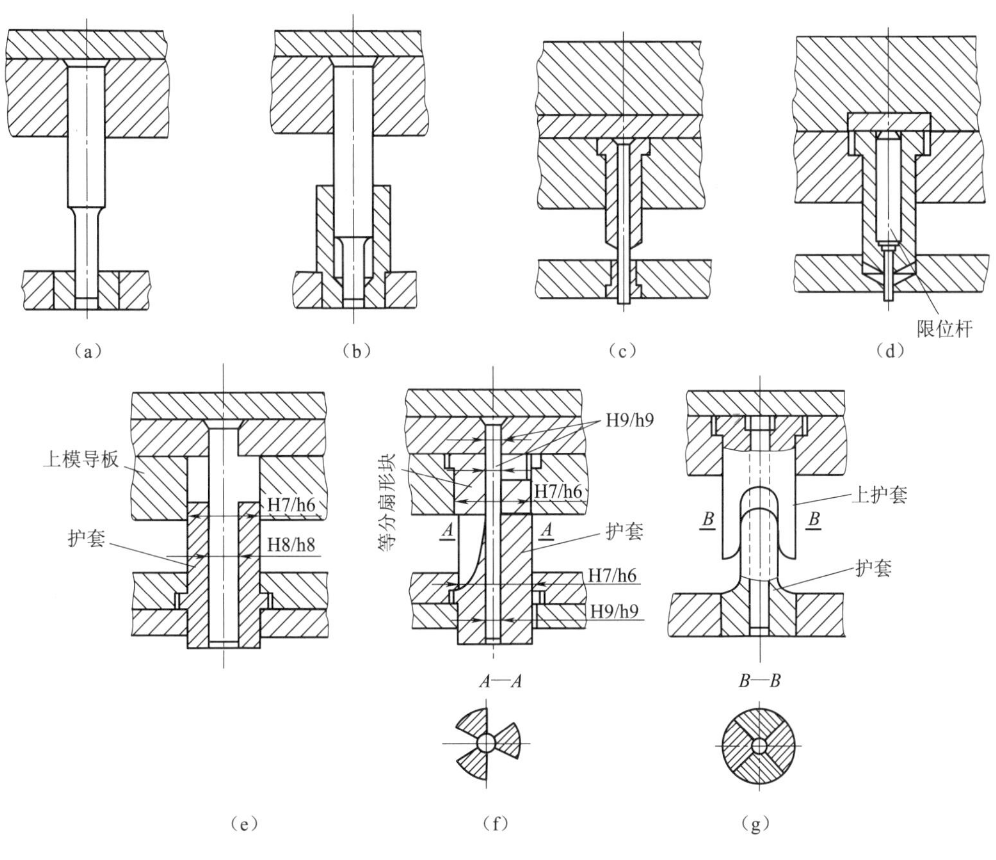

图 2－41　冲小孔凸模保护与导向结构

图 2－42 所示为凸模全长保护的弹压导板模，冲制厚 2 mm 的 Q235 钢，一次在冲裁件上同时冲出两个直径为 2 mm 的孔。弹压导板模能有效防止凸模可能受到的侧压力。

（2）采用短凸模的冲孔模。

图 2－43 所示为采用厚垫板的短凸模结构。由于凸模大为缩短，同时凸模又以卸料板为导向，因此大大提高了凸模的刚度。卸料板 5 与导板 1 用螺钉、销钉紧固定位，导板以固定板为导向，避免凸模可能承受侧压力而折断。

（3）在冲模的其他结构设计与制造上采取保护小凸模的措施。

如提高模架刚度和精度；采用较大的冲裁间隙；采用斜刃壁凹模，以减小冲裁力；取较大卸料力（一般取冲裁力的 10%）；保证凸、凹模间隙的均匀性并减小工作表面粗糙度值等。

应该指出，在实际生产中，不仅是孔的尺寸小于结构工艺性许可值，或经过校核后凸模的强度和刚度小于特定条件下的许可值时，才采取必要措施以增强凸模的强度和刚度，即使尺寸稍大于许可值的凸模，由于考虑到模具制造和使用等各种因素的影响，也要根据具体情况采取一些必要的保护措施，以增加冲模使用的可靠性。

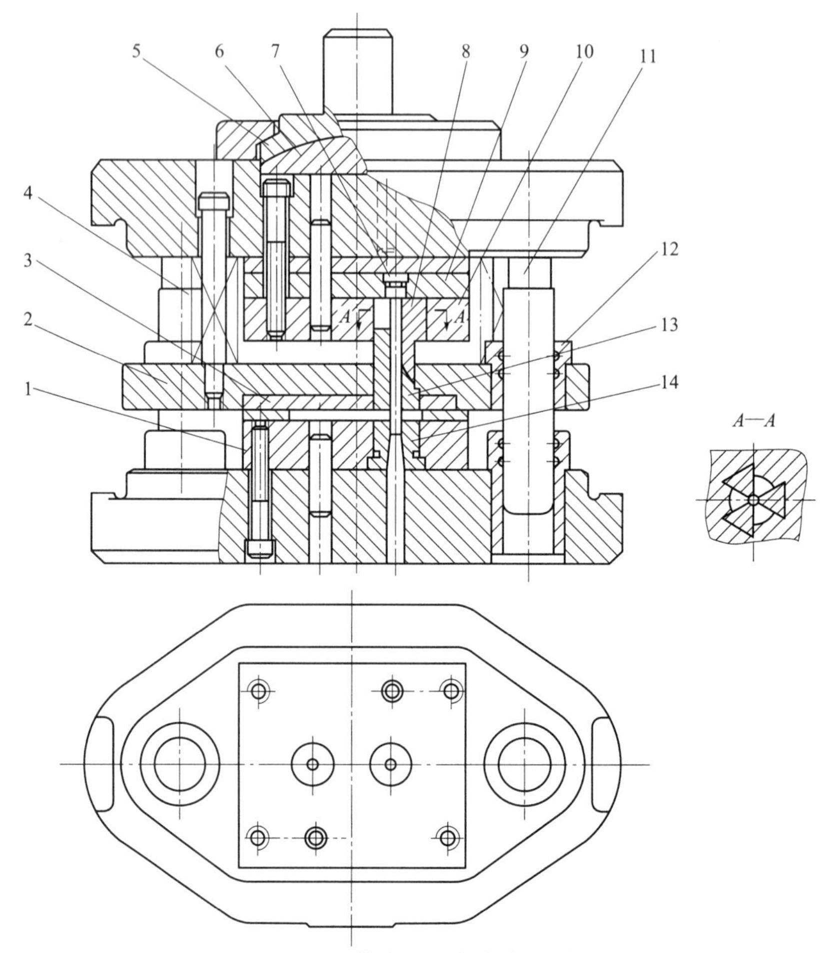

图 2-42　凸模全长保护的弹压导板模

1—凹模固定板；2—卸料板；3—托板；4—弹簧；5，6—浮动模柄；7—凸模；8—扇形块；9—凸模固定板；10—扇形块固定板；11—导柱；12—导套；13—凸模活动护套；14—带肩圆形凹模

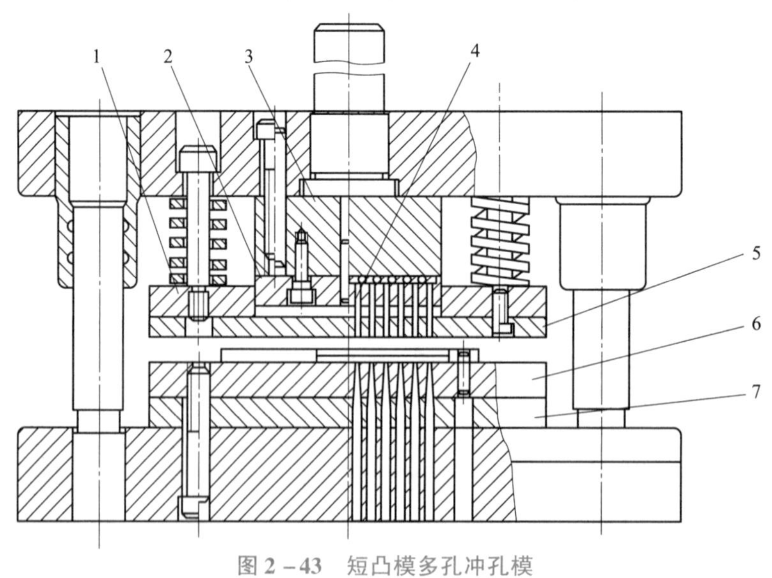

图 2-43　短凸模多孔冲孔模

1—导板；2—凸模固定板；3，7—垫板；4—凸模；5—卸料板；6—凹模

2. 凸模的有关尺寸计算

1）刃口尺寸

在计算凸模的刃口尺寸时要考虑凸、凹模之间的间隙，因此先介绍凸、凹模之间的间隙，然后介绍刃口尺寸的计算。

（1）凸、凹模间隙。

冲裁凸模和凹模之间的间隙，不仅对冲裁件的质量有极重要的影响，而且还影响模具寿命、冲裁力、卸料力和推件力等。因此，间隙是一个非常重要的工艺参数。

①间隙对冲裁件质量的影响。

冲裁件的质量主要通过切断面质量、尺寸精度和表面平面度来判断。在影响冲裁件质量的诸多因素中，间隙是主要的因素之一。

a. 间隙对断面质量的影响。图2－44形象地表示了间隙对冲裁件断面质量的影响情况。

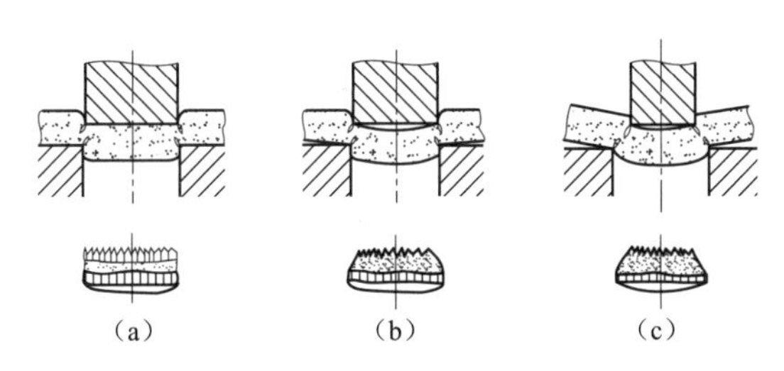

图2－44　间隙对断面质量的影响

（a）间隙过小；（b）间隙合适；（c）间隙过大

若间隙合适，则冲裁时上、下刃口处所产生的剪切裂纹基本重合，此时光面占板厚的$\frac{1}{2}$～$\frac{1}{3}$，切断面的塌角、毛刺和斜度均很小，完全可以满足一般冲裁的要求。

若间隙过小，则凸模刃口处的裂纹比合理间隙时向外错开一段距离，上、下裂纹之间的材料，随冲裁的进行将被第二次剪切，然后被凸模挤入凹模孔内。这样，在冲裁件的切断面上形成第二光面，在两个光面之间形成撕裂面，在端面出现挤长的毛刺。这种挤长毛刺虽然比合理间隙时的毛刺高一些，但易去除，而且断面的斜度和塌角小，冲裁件的翘曲小，所以只要中间撕裂不是很深，仍可使用。

若间隙过大，则凸模刃口处的裂纹比合理间隙时向内错开一段距离，材料的弯曲与拉伸增大，拉应力增大，易产生剪裂纹，塑性变形阶段较早结束，致使断面光面减小，塌角与斜度增大，形成厚而大的拉长毛刺，且难以去除，同时冲裁件的翘曲现象严重，影响生产的正常进行。

由于模具制造或装配的误差，往往造成模具间隙不均，可能在凸、凹模之间存在着间隙合适、间隙过大和间隙过小几种情况，因而将在冲裁件的整个冲裁轮廓上分布着各种情况的断面。普通冲裁毛刺的允许高度见表2－17。

表2－17　普通冲裁毛刺的允许高度　　mm

料厚 t	≈0.3	>0.3～0.5	>0.5～1.0	>1.0～1.5	>1.5～2
生产时	≤0.05	≤0.08	≤0.10	≤0.13	≤0.15
试模时	≤0.015	≤0.02	≤0.03	≤0.04	≤0.05

b. 间隙对尺寸精度的影响。冲裁断面存在区域性特征，在冲裁件尺寸的测量和使用中，都是以光面的尺寸为基准。冲裁件的尺寸精度是指冲裁件的实际尺寸与公称尺寸的差值，差值越小，则精度越高。从整个冲裁过程来看，影响冲裁件的尺寸精度有两大方面的因素：一是冲模本

身的制造偏差；二是冲裁结束后冲裁件相对于凸模或凹模尺寸的偏差。

由于冲裁时材料所受的挤压变形、纤维伸长和翘曲变形都要在冲裁结束后产生弹性回复，故当冲裁件从凹模内推出（落料）或从凸模上卸下（冲孔）时，相对于凸、凹模尺寸就会产生偏差。影响这个偏差值的因素有间隙、材料性质、工件形状与尺寸等，其中间隙值起主导作用。

凸、凹模间隙 Z 对制件尺寸精度（δ 为制件相对于模具的尺寸偏差）影响的一般规律如图 2-45 所示。曲线与 $\delta=0$ 的横轴交点表示冲裁件尺寸与模具尺寸完全一样。当间隙较大时，材料所受拉伸作用增大，冲裁后因材料的弹性回复使落料件尺寸小于凹模尺寸，冲孔件孔径大于凸模直径；当间隙较小时，则由于材料受凸、凹模侧向挤压力大，故冲裁后材料的弹性回复使落料件尺寸增大，冲孔件孔径变小。

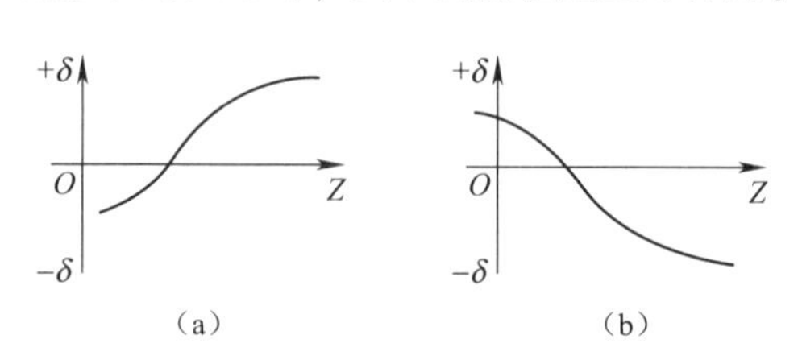

图 2-45　间隙对冲裁件精度的影响

(a) 冲孔；(b) 落料

材料性质直接决定了该材料在冲裁过程中的弹性变形量。对于比较软的材料，弹性变形量较小，冲裁后的弹性回复值亦较小，因而冲裁件的精度较高；硬的材料则正好相反。

材料的相对厚度$\frac{t}{D}$（t 为冲裁件料厚，D 为冲裁件直径）越大，弹性变形量越小，因而制件的精度也越高。

冲裁件尺寸越小，形状越简单，则精度越高。这是由于模具精度易保证，间隙均匀，冲裁件的翘曲小，以及冲裁件的弹性变形绝对量小。

应该指出，以上所讨论的冲裁件精度问题，都是在一定的模具尺寸这个前提下进行的。事实上还有一个冲模制造精度的因素，冲模的制造精度高，冲裁件的精度亦高。同时，冲模的结构形式及定位方式对冲裁件的精度也有较大影响。冲模制造精度与冲裁件精度之间的关系见表 2-18。

表 2-18　冲模制造精度与冲裁件精度之间的关系

冲模制造精度	冲裁件精度											
	材料厚度 t/mm											
	0.5	0.8	1.0	1.5	2	3	4	5	6	8	10	12
IT6 ~ IT7	IT8	IT8	IT9	IT10	IT10	—	—	—	—	—	—	—
IT7 ~ IT8	—	IT9	IT10	IT10	IT12	IT12	IT12	—	—	—	—	—
IT9	—	—	—	IT12	IT12	IT12	IT12	IT12	IT12	IT14	IT14	IT14

②间隙对冲裁力的影响。

试验证明，随间隙的增大冲裁力有一定程度的降低，但当单面间隙介于材料厚度的 5% ~ 20% 内时冲裁力的降低不超过 5% ~ 10%。因此，在正常情况下，间隙对冲裁力的影响不是很大。

间隙对卸料力、推件力的影响比较显著，随间隙增大，卸料力和推件力都将减小。一般当单面间隙增大到材料厚度的 15% ~ 25% 时卸料力几乎降到零。

③间隙对模具寿命的影响。

冲裁模常以刃口磨钝与崩刃的形式而失效。凸、凹模磨钝后，其刃口处形成圆角，冲裁件上就会出现不正常的毛刺（见图 2-46）。凸模刃口磨钝时，在落料件边缘产生毛刺；凹模刃口磨钝时，所冲孔口边缘产生毛刺；凸、凹刃口均磨钝时，则制件边缘与孔口边缘均产生毛刺。消除凸（凹）模刃口圆角的方法是修磨凸（凹）模工作端面。

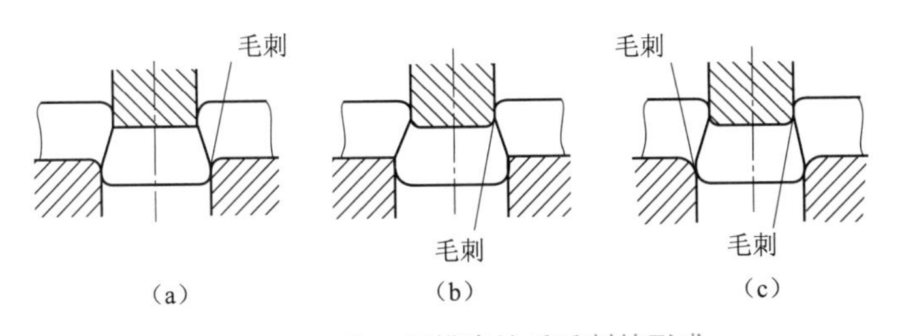

图 2-46　凸、凹模磨钝后毛刺的形成
(a) 凹模磨钝；(b) 凸模磨钝；(c) 凸、凹模均磨钝

冲裁时凸、凹模受力及磨损情况如图 2-47 所示，图中F_1、F_2分别为凸、凹模对板料的垂直作用力；F_3、F_4分别为凸、凹模对板料的侧压力；μF_1、μF_2分别为板料与凸、凹模端面的摩擦力；μF_3、μF_4分别为板料与凸、凹模侧面的摩擦力。

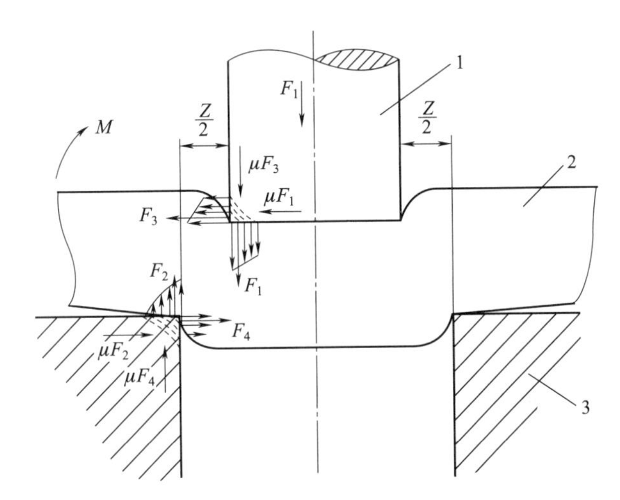

图 2-47　冲裁时凸模、凹模受力及磨损情况
1—凸模；2—工件；3—凹模

由于材料的弯曲变形，板材对模具的反作用力主要集中于凸、凹模刃口部分。当间隙过小时，垂直力和侧压力将增大，摩擦力增大，加剧模具刃口的磨损；随后二次剪切产生的金属碎屑又加剧刃口侧面的磨损；冲裁后卸料和推件时板材与凸、凹模之间的滑动摩擦还将再次造成刃口侧面的磨损，使得刃口侧面的磨损比端面的磨损大。另外，模具受到制造误差和装配精度的限制，凸模不可能绝对垂直于凹模平面，间隙也不会绝对均匀分布，过小的间隙对模具寿命极为不利，采用较大的间隙可减缓间隙不均的不利影响。所以为了减少凸、凹模的磨损，延长模具使用寿命，在保证冲裁件质量的前提下适当采用较大的间隙值是十分必要的。

(2) 冲裁模间隙值的确定。

凸模与凹模间每侧的间隙称为单面间隙，两侧间隙之和称为双面间隙。如无特殊说明，则冲裁间隙就是指双面间隙。

冲裁间隙的数值等于在同一方向上凹模与凸模刃口部分的尺寸之差（见图 2-48），它们间的关系可表示为

$$Z = D_A - d_T \tag{2-23}$$

式中　Z——冲裁间隙；

D_A——凹模刃口尺寸；

d_T——凸模刃口尺寸。

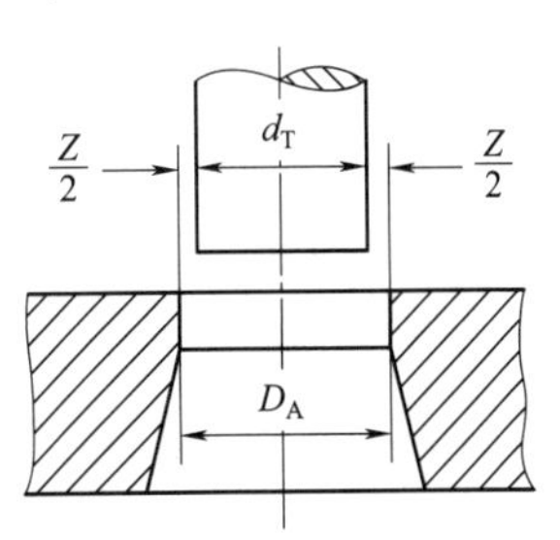

图 2-48　冲裁模间隙

①间隙值确定原则。

从上述的冲裁分析中可看出，找不到一个固定的间隙值能同时满足冲裁件断面质量最佳，尺寸精度最高，翘曲变形最小，冲模寿命最长，冲裁力、卸料力、推件力最小等各方面的要求。因此，在冲压实际生产中，主要根据冲裁件断面质量、尺寸精度和模具寿命这三个因素给间隙规定一个范围值，只要间隙在这个范围内，就能得到合格的冲裁件和较长的模具寿命。这个间隙范围就称为合理间隙，这个范围的最小值称为最小合理间隙，最大值称为最大合理间隙。

冲模在使用过程中，凸模和凹模要逐渐磨损，使间隙渐渐增大。因此，在设计和制造新模具时应采用最小的合理间隙。

②间隙值确定方法。

确定凸、凹模合理间隙的方法有理论法和查表法两种。

用理论法确定合理间隙值，是根据上下裂纹重合的原则进行计算。图 2－49 所示为冲裁过程中开始产生裂纹的瞬时状态，根据图中几何关系可求得合理间隙 Z 为

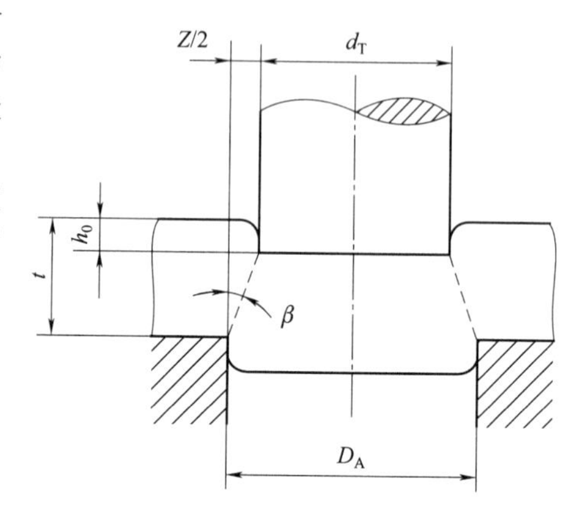

图 2－49　冲裁产生裂纹的瞬时状态

$$Z=2(t-h_0)\tan\beta=2t\left(1-\frac{h_0}{t}\right)\tan\beta \tag{2-24}$$

式中　t——材料厚度；

h_0——产生裂纹时凸模挤入材料的深度；

$\frac{h_0}{t}$——产生裂纹时凸模挤入材料的相对深度；

β——剪切裂纹与垂线间的夹角。

式（2－24）中，$\frac{h_0}{t}$和 β 的值见表 2－19。由于裂纹方向角变化不大，故由式（2－24）可知合理间隙 Z 主要决定于材料厚度 t 和凸模相对挤入深度$\frac{h_0}{t}$，然而$\frac{h_0}{t}$不仅与材料塑性有关，而且还受料厚的综合影响。总的结论是：材料厚度越大、塑性越低的硬脆材料，则所需间隙 Z 值就越大；料厚越薄、塑性越好的材料，则所需间隙 Z 值就越小。

由于理论计算法在生产中使用不方便，故常用查表法来确定间隙值，有关间隙值的数值可在一般冲压手册中查到。对于尺寸精度、断面垂直度要求高的工件，应选用较小间隙值（见表 2－20）；对于断面垂直度与尺寸精度要求不高的工件，以提高模具寿命为主，可采用大间隙值（见表 2－21）。

表 2－19　$\frac{h_0}{t}$与 β 值

材料	h_0/t		β	
	退火	硬化	退火	硬化
软钢、纯铜、软黄铜	0.5	0.35	6°	5°
中硬钢、硬黄铜	0.3	0.2	5°	4°
硬钢、硬青铜	0.2	0.1	4°	4°

表 2－20　冲载模初始双面间隙 Z（小间隙）　mm

材料厚度 t	软铝		纯铜、黄铜、软钢 $w(C)=(0.08\sim0.2)/\%$		杜拉铝、中等硬钢 $w(C)=(0.3\sim0.4)/\%$		硬钢 $w(C)=(0.5\sim0.6)/\%$	
	Z_{min}	Z_{max}	Z_{min}	Z_{max}	Z_{min}	Z_{max}	Z_{min}	Z_{max}
0.2	0.008	0.012	0.010	0.014	0.012	0.016	0.014	0.018
0.3	0.012	0.018	0.015	0.021	0.018	0.024	0.021	0.027
0.4	0.016	0.024	0.020	0.028	0.024	0.032	0.028	0.036
0.5	0.020	0.030	0.025	0.035	0.030	0.040	0.035	0.045
0.6	0.024	0.036	0.030	0.042	0.036	0.048	0.042	0.054
0.7	0.028	0.042	0.035	0.049	0.042	0.056	0.049	0.063
0.8	0.032	0.048	0.040	0.056	0.048	0.064	0.056	0.072
0.9	0.036	0.054	0.045	0.063	0.054	0.072	0.063	0.081
1.0	0.040	0.060	0.050	0.070	0.060	0.080	0.070	0.090
1.2	0.050	0.084	0.072	0.096	0.084	0.108	0.096	0.120
1.5	0.075	0.105	0.090	0.120	0.105	0.135	0.120	0.150
1.8	0.090	0.126	0.108	0.144	0.126	0.162	0.144	0.180
2.0	0.100	0.140	0.120	0.160	0.140	0.180	0.160	0.200
2.2	0.132	0.176	0.154	0.198	0.176	0.220	0.198	0.242
2.5	0.150	0.200	0.175	0.225	0.200	0.250	0.225	0.275
2.8	0.168	0.225	0.196	0.252	0.224	0.280	0.252	0.308
3.0	0.180	0.240	0.210	0.270	0.240	0.300	0.270	0.330
3.5	0.245	0.315	0.280	0.350	0.315	0.385	0.350	0.420
4.0	0.280	0.360	0.320	0.400	0.360	0.440	0.400	0.480
4.5	0.315	0.405	0.360	0.450	0.405	0.490	0.450	0.540
5.0	0.350	0.450	0.400	0.500	0.450	0.550	0.500	0.600
6.0	0.480	0.600	0.540	0.660	0.600	0.720	0.660	0.780
7.0	0.560	0.700	0.630	0.770	0.700	0.840	0.770	0.910
8.0	0.720	0.880	0.800	0.960	0.880	1.040	0.960	1.120
9.0	0.870	0.990	0.900	1.080	0.990	1.170	1.080	1.260
10.0	0.900	1.100	1.000	1.200	1.100	1.300	1.200	1.400

注：1. 初始间隙的最小值相当于间隙的公称数值。
2. 初始间隙的最大值是考虑到凸模和凹模的制造公差所增加的数值。
3. 在使用过程中，由于模具工作部分的磨损，间隙将有所增加，因而间隙的使用最大数值要超过表列数值。
4. w（C）为碳的质量分数，用其表示钢中的含碳量

表 2-21　冲裁模初始双面间隙 Z（大间隙）

mm

材料厚度 t	08、10、35、Q295、Q235A		Q345		40、50		65Mn	
	Z_{min}	Z_{max}	Z_{min}	Z_{max}	Z_{min}	Z_{max}	Z_{min}	Z_{max}
0.7	0.064	0.092	0.064	0.092	0.064	0.092	0.064	0.092
0.8	0.072	0.104	0.072	0.104	0.072	0.104	0.064	0.092
0.9	0.090	0.126	0.090	0.126	0.090	0.126	0.090	0.126
1.0	0.100	0.140	0.100	0.140	0.100	0.140	0.090	0.126
1.2	0.126	0.180	0.132	0.180	0.132	0.180	—	—
1.5	0.132	0.240	0.170	0.240	0.170	0.240	—	—
1.75	0.220	0.320	0.220	0.320	0.220	0.320	—	—
2.0	0.246	0.360	0.260	0.380	0.260	0.380	—	—
2.1	0.260	0.380	0.280	0.400	0.280	0.400	—	—
2.5	0.360	0.500	0.380	0.540	0.380	0.540	—	—
2.75	0.400	0.560	0.420	0.600	0.420	0.600	—	—
3.0	0.460	0.640	0.480	0.660	0.480	0.660	—	—
3.5	0.540	0.740	0.580	0.780	0.580	0.780	—	—
4.0	0.640	0.880	0.680	0.920	0.680	0.920	—	—
4.5	0.720	1.000	0.680	0.960	0.780	1.040	—	—
5.5	0.940	1.280	0.780	1.100	0.980	1.320	—	—
6.0	1.080	1.440	0.840	1.200	1.140	1.500	—	—
6.5	—	—	0.940	1.300	—	—	—	—
8.0	—	—	1.200	1.680	—	—	—	—

注：冲裁皮革、石棉和纸板时，间隙取 08 钢的 25%

GB/T 16743—2010《冲裁间隙》根据冲件剪切面质量、尺寸精度、模具寿命和力能消耗等因素，将冲裁间隙分成Ⅰ类（小间隙）、Ⅱ类（较小间隙）、Ⅲ类（中等间隙）、Ⅳ类（较大间隙）、Ⅴ类（大间隙）五种类型，并按材料的种类、供应状态和抗剪强度给出了五类冲裁间隙值，可参考选用。

（3）凸模与凹模刃口尺寸的确定。

凸模和凹模的刃口尺寸和公差，直接影响冲裁件的尺寸精度。模具的合理间隙值也靠凸、凹模刃口尺寸及其公差来保证。因此，正确确定凸、凹模刃口尺寸和公差，是冲裁模设计中的一项重要工作。

①凸、凹模刃口尺寸计算的依据和原则。

在冲裁件尺寸的测量和使用中，都是以光面的尺寸为基准。落料件的光面是因凹模刃口挤切材料产生的，而孔的光面是凸模刃口挤切材料产生的。故计算刃口尺寸时，应按落料和冲孔两种情况分别进行，其原则如下：

a. 落料时，因落料件光面尺寸与凹模尺寸相等（或基本一致），故应先确定凹模尺寸，即以凹模尺寸为基准。又因落料件尺寸会随凹模刃口的磨损而增大，为保证凹模磨损到一定程度仍能冲出合格零件，故落料凹模公称尺寸应取工件尺寸公差范围内的较小尺寸，而落料凸模公称尺寸则按凹模公称尺寸减最小初始间隙确定。

b. 冲孔时，因工件光面的孔径与凸模尺寸相等（或基本一致），故应先确定凸模尺寸，即以凸模尺寸为基准。又因冲孔的尺寸会随凸模的磨损而减小，故冲孔凸模公称尺寸应取工件孔尺寸公差范围内的较大尺寸，而冲孔凹模公称尺寸则按凸模基本尺寸加最小初始间隙确定。

c. 确定冲模刃口制造公差时，应根据冲裁件的公差要求。如果冲模制造公差过小，会使模具制造困难，增加成本，延长生产周期；若冲模制造公差过大，则工件可能不合格，冲模寿命降低。

②凸、凹模刃口尺寸的计算方法。

由于冲模加工方法不同，故刃口尺寸的计算方法也不同，基本上可分为两类。

a. 按凸模与凹模图样分别加工法。这种加工方法目前多用于圆形或简单规则形状（方形或矩形）的工件。冲模刃口与工件尺寸及公差分布情况如图 2－50 所示，其计算公式如下：

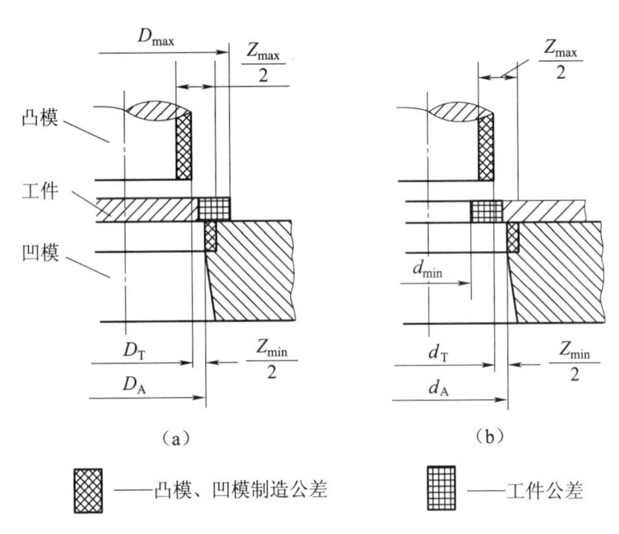

图 2－50　落料、冲孔时各部分尺寸与公差分布情况

（a）落料；（b）冲孔

落料：
$$D_A = (D_{max} - x\Delta)^{+\delta_A}_{0} \tag{2-25}$$
$$D_T = (D_A - Z_{min})^{0}_{-\delta_T} = (D_{max} - x\Delta - Z_{min})^{0}_{-\delta_T} \tag{2-26}$$

冲孔：
$$d_T = (d_{min} + x\Delta)^{0}_{-\delta_T} \tag{2-27}$$
$$d_A = (d_T + Z_{min})^{+\delta_A}_{0} = (d_{min} + x\Delta + Z_{min})^{+\delta_A}_{0} \tag{2-28}$$

式中　D_A，D_{AT}——落料凹、凸模尺寸；

d_T，d_A——冲孔凸、凹模尺寸；

D_{max}——落料件的最大极限尺寸；

d_{min}——冲孔件孔的最小极限尺寸；

Δ——冲裁件制造公差；

Z_{min}——最小初始双面间隙；

δ_T，δ_A——凸、凹模的制造公差，可查表 2－22，或取 $\delta_T \leqslant 0.4(Z_{max} - Z_{min})$、$\delta_A \leqslant 0.6(Z_{max} - Z_{min})$；

x——磨损系数，为了避免冲裁件尺寸偏向极限尺寸（落料时偏向最小尺寸，冲孔时偏向最大尺寸），x 值为 0.5～1，与工件精度有关。可查表 2－23 或按下面关系选取：工件精度 IT10 以上，$x=1$；工件精度 IT11～IT13，$x=0.75$；工件精度 IT14，$x=0.5$。

表 2－22　规则形状（圆形、方形）冲裁时凸模、凹模的制造偏差　mm

基本尺寸	凸模偏差 δ_T	凹模偏差 δ_A	基本尺寸	凸模偏差 δ_T	凹模偏差 δ_A
≤18	0.020	0.020	>180～260	0.030	0.045
>18～30	0.020	0.025	>260～360	0.035	0.050
>30～80	0.020	0.030	>360～500	0.040	0.060
>80～120	0.025	0.035	>500	0.050	0.070
>120～180	0.030	0.040			

表 2－23　磨损系数 x

料厚 t/mm	非圆形			圆形	
	1	0.75	0.5	0.75	0.5
	工件公差 Δ/mm				
≤1	<0.16	0.17～0.35	≥0.36	<0.16	≥0.16
>1～2	<0.20	0.21～0.41	≥0.42	<0.20	≥0.20
>2～4	<0.24	0.25～0.49	≥0.50	<0.24	≥0.24
>4	<0.30	0.31～0.59	≥0.60	<0.30	≥0.30

采用凸、凹模分开加工时，因要分别标注凸、凹模刃口尺寸与制造公差，所以无论是冲孔还是落料，为了保证间隙值，必须验算下列条件：

$$|\delta_T| + |\delta_A| \leqslant Z_{max} - Z_{min}$$

如果上式验算不合格，出现 $|\delta_T| + |\delta_A| > Z_{max} - Z_{min}$ 的情况，当大的不多时，可适当调整 δ_T、δ_A 的值以满足上述条件，此时凸、凹模的公差应直接按公式 $\delta_T \leqslant 0.4(Z_{max} - Z_{min})$ 和 $\delta_A \leqslant 0.6(Z_{max} - Z_{min})$ 确定；如果出现 $|\delta_T| + |\delta_A| \gg Z_{max} - Z_{min}$，则应该采用后面将要讲述的凸、凹模配作法。

凸、凹模分别加工法的优点是，凸、凹模具有互换性，制造周期短，便于成批制造；其缺点是，模具的制造公差小，模具制造困难，成本较高，特别是单件生产时，采用这种方法更不经济。

【例 2－1】 冲制图 2－51 所示垫圈，材料 Q235 钢，计算冲裁凸、凹模刃口部分的尺寸。

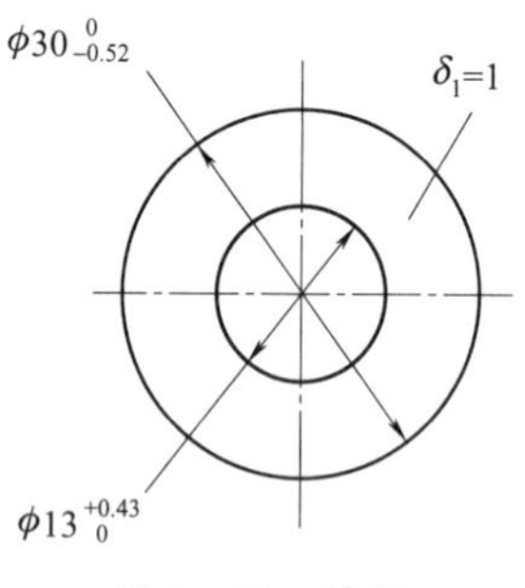

图 2－51　垫圈

解： 外形 $\phi 30_{-0.52}^{\ 0}$ mm 属于落料，内形 $\phi 13_{\ 0}^{+0.43}$ mm 属于冲孔，工件无特殊要求，工件内外形公差均为 IT14 级。

（a）落料 $\phi 30_{-0.52}^{\ 0}$ mm。

$$D_A = (D_{max} - x\Delta)_{\ 0}^{+\delta_A}$$

$$D_T = (D_A - Z_{min})_{-\delta_T}^{\ 0}$$

查表 2－21～表 2－23 得：

$$Z_{max} = 0.14 \text{ mm},\ Z_{min} = 0.100 \text{ mm}$$

$$\delta_T = 0.020 \text{ mm},\ \delta_A = 0.025 \text{ mm}$$

$$x = 0.5$$

校核间隙：

因为

$$Z_{max} - Z_{min} = 0.140 - 0.100 = 0.040 \text{ (mm)}$$

$$|\delta_T| + |\delta_A| = 0.020 + 0.025 = 0.045 \text{ (mm)} > 0.040 \text{ mm}$$

说明所取凸、凹模公差不能满足$|\delta_T|+|\delta_A|\leqslant Z_{max}-Z_{min}$的条件，但相差不大，此时可调整如下：

$$\delta_T=0.4(Z_{max}-Z_{min})=0.4\times0.040=0.016\text{ (mm)}$$

$$\delta_A=0.6(Z_{max}-Z_{min})=0.6\times0.040=0.024\text{ (mm)}$$

将已知和查表的数据代入公式，即得

$$D_A=(30-0.5\times0.52)^{+0.024}_{0}=29.74^{+0.024}_{0}\text{ (mm)}$$

$$D_T=(29.74-0.10)^{0}_{-0.016}=29.64^{0}_{-0.016}\text{ (mm)}$$

(b) 冲孔 $\phi13^{+0.43}_{0}$ mm。

查表2-22~表2-24得：

$$Z_{max}=0.14\text{ mm},\ Z_{min}=0.100\text{ mm}$$

$$\delta_T=0.020\text{ mm},\ \delta_A=0.020\text{ mm}$$

$$x=0.5$$

校核：

因为

$$|\delta_T|+|\delta_A|=0.020+0.020=0.040\text{ (mm)}=Z_{max}-Z_{min}$$

所以符合$|\delta_T|+|\delta_A|\leqslant Z_{max}-Z_{min}$条件。

将已知和查表的数据代入公式，即得

$$d_T=(13+0.5\times0.43)^{0}_{-0.020}=13.22\text{ (mm)}$$

$$d_A=(13.22+0.100)^{+0.020}_{0}=13.32^{+0.020}_{0}\text{ (mm)}$$

b. 凸模与凹模配作法。采用凸、凹模分开加工法时，为了保证凸、凹模间一定的间隙值，必须严格限制冲模制造公差，因此，造成冲模制造困难。对于冲制薄材料（因Z_{max}与Z_{min}的差值很小）的冲模，或冲制复杂形状工件的冲模，或单件生产的冲模，常常采用凸模与凹模配作的加工方法。

配作法就是先按设计尺寸制出一个基准件（凸模或凹模），然后根据基准件的实际尺寸再按间隙配制另一件。这种加工方法的特点是模具的间隙由配制保证，工艺比较简单，不必校核$|\delta_T|+|\delta_A|\leqslant Z_{max}-Z_{min}$的条件，并且还可放大基准件的制造公差，使制造容易，故目前一般工厂常常采用此方法。

根据冲裁件结构的不同，刃口尺寸的计算方法如下：

首先讨论落料情况。图2-52（a）所示为工件图，图2-52（b）所示为冲裁该工件所用落料凹模刃口的轮廓图，图中虚线表示凹模刃口磨损后尺寸的变化情况。落料时，应以凹模为基准件来配作凸模。从图2-52（b）中可看出，凹模磨损后刃口尺寸有变大、变小和不变三种情况，故凹模刃口尺寸也应分三种情况进行计算。

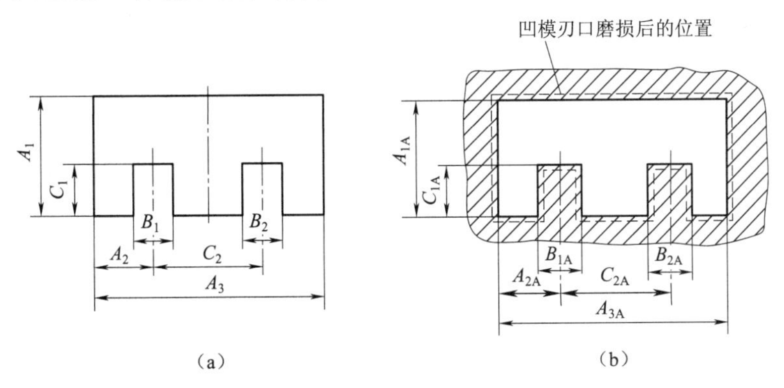

图2-52 落料凹模刃口磨损后的变化情况

（a）工件；（b）凹模刃口轮廓

凹模磨损后变大的尺寸（图 2－52 中 A_1、A_2、A_3），按一般落料凹模尺寸公式计算，即

$$A_A = (A_{max} - x\Delta)^{+\delta_A}_{0} \quad (2-29)$$

凹模磨损后变小的尺寸（图 2－52 中 B_1、B_2），按一般冲孔凸模公式计算，因它在凹模上相当于冲孔凸模尺寸，即

$$B_A = (B_{min} + x\Delta)^{0}_{-\delta_A} \quad (2-30)$$

凹模磨损后无变化的尺寸（图 2－52 中 C_1、C_2），其基本计算公式为 $C_A = (C_{min} + 0.5\Delta) \pm 0.5\delta_A$。为方便使用，随工件尺寸的标注方法不同，将其分为三种情况：

工件尺寸为 $C^{+\Delta}_{0}$ 时：

$$C_A = (C + 0.5\Delta) \pm 0.5\delta_A \quad (2-31)$$

工件尺寸为 $C^{0}_{-\Delta}$ 时：

$$C_A = (C - 0.5\Delta) \pm 0.5\delta_A \quad (2-32)$$

工件尺寸为 $C \pm \Delta'$ 时：

$$C_A = C \pm 0.5\delta'_A \quad (2-33)$$

式中 A_A，B_A，C_A——相应的凹模刃口尺寸；
A_{max}——工件的最大极限尺寸；
B_{min}——工件的最小极限尺寸；
C——工件的公称尺寸；
Δ——工件公差；
Δ'——工件极限偏差；
δ_A，$0.5\delta_A$，δ'_A——凹模制造偏差，通常 $\delta_A = \frac{\Delta}{4}$，$\delta'_A = \frac{\Delta'}{4}$。

以上是落料凹模刃口尺寸的计算方法。落料用的凸模刃口尺寸，按凹模实际尺寸配制，并保证最小间隙 Z_{min}，故在凸模上只标注公称尺寸，不标注极限偏差，同时在图样技术要求上注明："凸模刃口尺寸按凹模实际尺寸配制，保证双面间隙值为 $Z_{min} \sim Z_{max}$"。

其次讨论冲孔情况。图 2－53（a）所示为工件孔尺寸，图 2－53（b）所示为冲孔凸模刃口轮廓，图中虚线表示冲孔凸模刃口磨损后尺寸的变化情况。

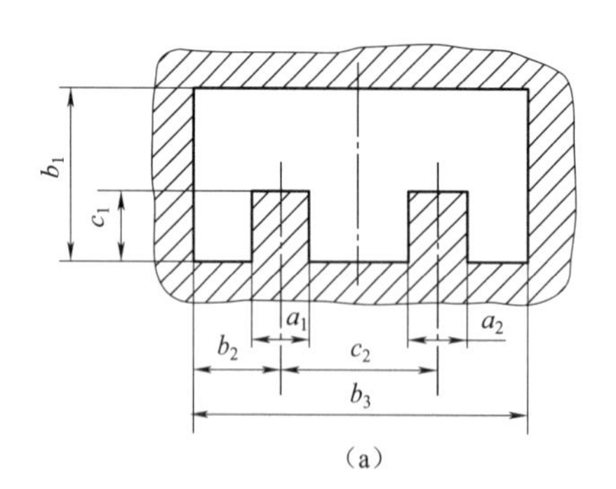

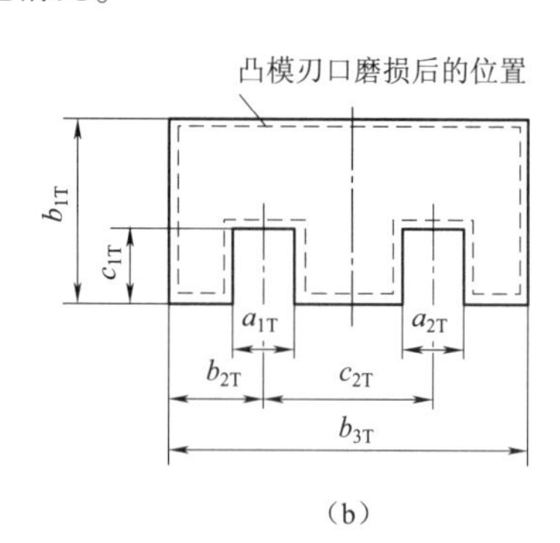

图 2－53 冲孔凸模刃口磨损后的变化情况
（a）工件孔尺寸；（b）冲孔凸模刃口轮廓

冲孔时应以凸模为基准件来配作凹模。凸模刃口尺寸的计算，同样要考虑不同的磨损情况，分别进行计算。

凸模磨损后变大的尺寸（图 2－53 中 a_1、a_2），因它在冲孔凸模上相当于落料凹模尺寸，故按落料凹模尺寸公式计算，即

$$a_T = (a_{max} - x\Delta)^{+\delta_T}_{0} \quad (2-34)$$

凸模磨损后变小的尺寸（图2-53中b_1、b_2、b_3），按冲孔凸模尺寸公式计算，即

$$b_T = (b_{min} + x\Delta)_{-\delta_T}^{0} \qquad (2-35)$$

凸模磨损后无变化的尺寸（图2-53中c_1、c_2），随工件尺寸的标注方法不同又可分为三种情况：

工件尺寸为$c_{0}^{+\Delta}$时：

$$c_T = (c + 0.5\Delta) \pm 0.5\delta_T \qquad (2-36)$$

工件尺寸为$c_{-\Delta}^{0}$时：

$$c_T = (c - 0.5\Delta) \pm 0.5\delta_T \qquad (2-37)$$

工件尺寸为$c \pm \Delta'$时：

$$c_T = c \pm 0.5\delta'_T \qquad (2-38)$$

式中　a_T，b_T，c_T——相应的凸模刃口尺寸；

a_{max}——工件的最大极限尺寸；

b_{min}——工件的最小极限尺寸；

c——工件的公称尺寸；

Δ——工件公差；

Δ'——工件极限偏差；

δ_T，$0.5\delta_T$，δ'_T——凸模制造偏差，通常$\delta_T = \dfrac{\Delta}{4}$，$\delta'_T = \dfrac{\Delta'}{4}$。

冲孔用的凹模刃口尺寸应根据凸模的实际尺寸及最小合理间隙Z_{min}配制，故在凹模上只标注公称尺寸，不标注极限偏差，同时在图样技术要求上注明："凹模刃口尺寸按凸模实际尺寸配制，保证双面间隙值$Z_{min} \sim Z_{max}$"。

【例2-2】图2-54（a）所示为某厂生产的中夹板零件图，试计算落料凹、凸模刃口尺寸。

解：考虑到工件形状较复杂，采用配作法加工凹、凸模。

凹模磨损后其尺寸变化有三种情况，如图2-54（b）所示。

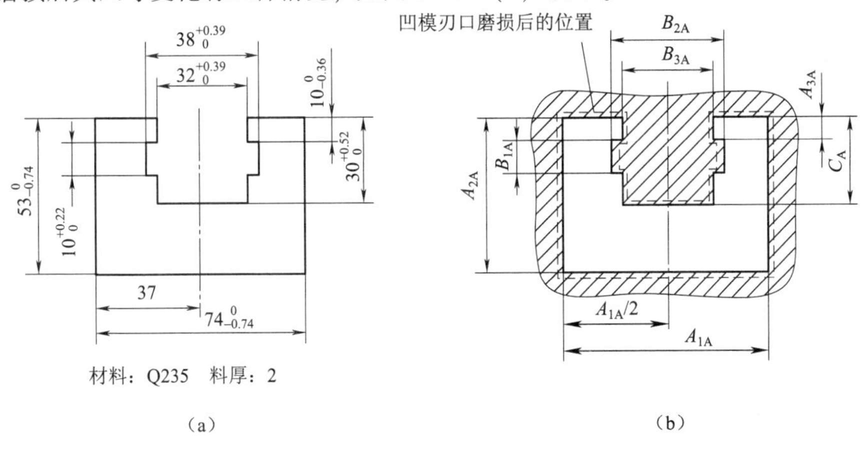

图2-54　中夹板零件图和凹模刃口磨损后的变化情况

（a）中夹板零件图；（b）凹模刃口轮廓

（a）凹模磨损后变大的尺寸：A_1、A_2、A_3。

刃口尺寸计算公式：

$$A_A = (A_{max} - x\Delta)_{0}^{+\delta_A}$$

查表2-23得x_1、$x_2 = 0.5$，$x_3 = 0.75$，即

$$A_{1A} = (74 - 0.5 \times 0.74)_{0}^{+\frac{1}{4}\times 0.74} = 73.63_{0}^{+0.19}\ (\text{mm})$$

$$A_{2A}=(53-0.5\times0.74)^{+\frac{1}{4}\times0.74}_{0}=52.63^{+0.19}_{0}\ (\text{mm})$$

$$A_{3A}=(10-0.75\times0.36)^{+\frac{1}{4}\times0.36}_{0}=9.73^{+0.09}_{0}\ (\text{mm})$$

(b) 凹模磨损后变小的尺寸：B_1、B_2、B_3。

$$B_A=(B_{min}+x\Delta)^{0}_{-\delta_A}$$

查表 2－23 得x_1、x_2、$x_3=0.75$，即

$$B_{1A}=(10+0.75\times0.22)^{0}_{-\frac{1}{4}\times0.22}=10.17^{0}_{-0.06}\ (\text{mm})$$

$$B_{2A}=(38+0.75\times0.39)^{0}_{-\frac{1}{4}\times0.39}=38.29^{0}_{-0.10}\ (\text{mm})$$

$$B_{3A}=(32+0.75\times0.39)^{0}_{-\frac{1}{4}\times0.39}=32.29^{0}_{-0.10}\ (\text{mm})$$

(c) 凹模磨损后无变化的尺寸是 C，工件尺寸为$30^{+0.52}_{0}$ mm。

刃口尺寸计算公式：

$$C_A=(C+0.5\Delta)\pm0.5\delta_A=(30+0.5\times0.52)\pm0.5\times\frac{1}{4}\times0.52=(30.26\pm0.07)\ (\text{mm})$$

查表 2－21 得 $Z_{min}=0.246$ mm，$Z_{max}=0.360$ mm。

凸模刃口尺寸按凹模实际尺寸配制，保证双面间隙值为 0.246～0.360 mm。

当用电火花加工冲模时，一般采用成形磨削的方法加工凸模与电极，然后用尺寸与凸模相同或相近的电极（有时甚至直接用凸模作电极）在电火花机床上加工凹模。因此机械加工的制造公差只适用凸模，而凹模的尺寸精度主要决定于电极精度和电火花加工间隙的误差。从实质上来说，电火花加工属于配合加工的一种工艺，一般都是在凸模上标注尺寸和制造公差，而凹模只在图样上注明："凹模刃口尺寸按凸模实际尺寸配制，保证双面间隙值为 $Z_{max}\sim Z_{min}$"。凸模的尺寸可以由前面的公式转换而得到。对于简单形状工件（圆形、方形、矩形），冲孔时：

$$d_T=(d_{min}+x\Delta)^{0}_{-\delta_T}\qquad\left(\delta_T=\frac{\Delta}{4}\right)$$

落料：

$$D_T=(D_{max}-x\Delta-Z_{min})^{0}_{-\delta_T}\qquad\left(\delta_T=\frac{\Delta}{4}\right)$$

对于复杂形状工件：冲孔时凸模刃口尺寸按式（2－34）～式（2－38）计算；落料时凸模刃口尺寸的计算按同样的原理，考虑凸模磨损后尺寸变大、变小和不变三种情况，但应注意间隙的取向。

无论是分开加工法还是配作法，在同一工步中冲出工件上的两个孔时，凹模两孔中心距L_A均可按下式计算：

$$L_A=(l_{min}+0.5\Delta)\pm0.5\delta_A\tag{2-39}$$

式中 l_{min}——工件孔距离最小极限尺寸；

Δ——工件孔距公差；

$0.5\delta_A$——凹模孔距制造偏差，取$\delta_A=\frac{\Delta}{4}$。

2）凸模长度计算

凸模长度主要根据模具结构，并考虑修磨、操作安全、装配等的需要来确定。当按冲模典型组合标准选用时，则可取标准长度，否则应该进行计算。

当采用固定卸料板和导料板冲模时［见图 2－55（a）］，其凸模长度按下式计算：

$$L=h_1+h_2+h_3+h\tag{2-40}$$

当采用弹压卸料板时，如图 2－55（b）所示，其凸模长度按下式计算：

$$L=h_1+h_2+t+h\tag{2-41}$$

式中 h_1——凸模固定板厚度；

h_2——固定卸料板厚度；

h_3——导料板厚度；

h——增加长度，它包括凸模的修磨量、凸模进入凹模的深度（0.5～1 mm）、凸模固定板与卸料板之间的安全距离等，一般取 10～20 mm；

t——材料厚度。

按照上述方法计算出凸模长度后，查看标准得出凸模实际长度。

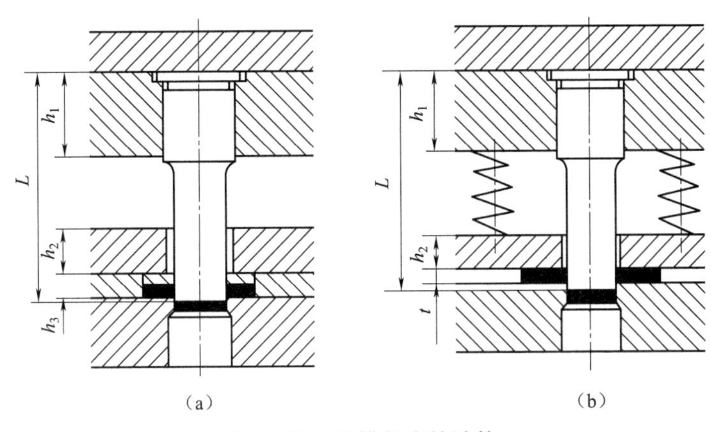

图 2－55　凸模长度的计算

3）凸模的强度与刚度校核

在一般情况下，凸模的强度和刚度是足够的，没有必要进行校核。但是当凸模的截面尺寸很小而冲裁的板料厚度较大或根据结构需要确定的凸模特别细长时，则应进行承压能力和抗纵弯曲能力的校核。

(1）承压能力的校核。

凸模承压能力按下式校核：

$$\sigma=\frac{F_Z'}{A_{min}}\leqslant[\sigma_{bc}] \tag{2-42}$$

式中　σ——凸模最小截面的压应力；

F_Z'——凸模纵向所承受的压力，它包括冲裁力和推件力（或顶件力）；

A_{min}——凸模最小截面积；

$[\sigma_{bc}]$——凸模材料的许用抗压强度。

凸模材料的许用抗压强度大小取决于凸模材料及热处理，选用时一般可参考下列数值：对于 T8A、T10A、Cr12MoV、G Cr15 等工具钢，淬火硬度为 58～62HRC 时可取 $[\sigma_{bc}]=(1.0\sim1.6)\ 10^3$ MPa；如果凸模有特殊导向，则可取 $[\sigma_{bc}]=(2\sim3)\ 10^3$ MPa。

由式（2－42）可得

$$A_{min}\geqslant\frac{F_Z'}{[\sigma_{bc}]} \tag{2-43}$$

对于圆形凸模，当推件力或顶件力为零时，有

$$d_{min}\geqslant\frac{4t\tau_b}{[\sigma_{bc}]} \tag{2-44}$$

式中　d_{min}——凸模工作部分最小直径；

t——材料厚度；

τ_b——冲裁材料的抗剪强度；

$[\sigma_{bc}]$——凸模材料的许用抗压强度。

设计时可按式（2－43）或式（2－44）校核，也可查表 2－24。表 2－24 所示为当 $[\sigma_{bc}]=$

$(1.0\sim1.6)10^3$ MPa 时计算得到的最小相对直径 $(d/t)_{min}$。

表 2-24　凸模允许的最小相对直径 $(d/t)_{min}$

冲压材料	抗剪强度 τ_b/MPa	$(d/t)_{min}$	冲压材料	抗剪强度 τ_b/MPa	$(d/t)_{min}$
低碳钢	300	0.75 ~ 1.20	不锈钢	500	1.25 ~ 2.00
中碳钢	450	1.13 ~ 1.80	硅钢片	190	0.48 ~ 0.76
黄　铜	260	0.65 ~ 1.04			
注：表值为按理论冲裁力计算结果，若考虑实际冲裁力应增加 30% 时，则用 1.3 乘表值					

（2）失稳弯曲应力的校核。

根据凸模在冲裁过程中的受力情况，可以把凸模看作压杆（见图 2-56），所以凸模不发生失稳纵弯曲的最大冲裁力可以用欧拉极限力公式确定。根据欧拉公式并考虑安全系数，可得凸模允许的最大压力为

$$F_{max}=\frac{\pi^2 EI_{min}}{n\mu^2 l_{max}^2} \tag{2-45}$$

凸模纵向实际总压力应小于允许的最大压力，即

$$F'_Z \leqslant F_{max} \tag{2-46}$$

由式（2-45）和式（2-46）可得凸模不发生纵弯曲的最大长度为

$$l_{max} \leqslant \sqrt{\frac{\pi^2 EI_{min}}{n\mu^2 F'_Z}} \tag{2-47}$$

式中　F_{max}——凸模允许的最大压力；

F'_Z——凸模所受的总压力；

E——凸模材料的弹性模量，对于钢，$E=2.2\times10^5$ MPa；

I_{min}——凸模最小截面（即刃口直径截面）的惯性矩，对于圆形凸模 $I_{min}=\frac{\pi d^4}{64}$，其中 d 为凸模工作刃口直径；

n——安全系数，淬火钢，$n=2\sim3$；

l_{max}——凸模最大允许长度；

μ——支承系数，当凸模无导向时［见图 2-56（a）、（b）］，可视为一端固定一端自由的压杆，取 $\mu=2$；当凸模有导向时［见图 2-56（c）、（d）］，可视为一端固定另一端铰支的压杆，取 $\mu=0.7$。

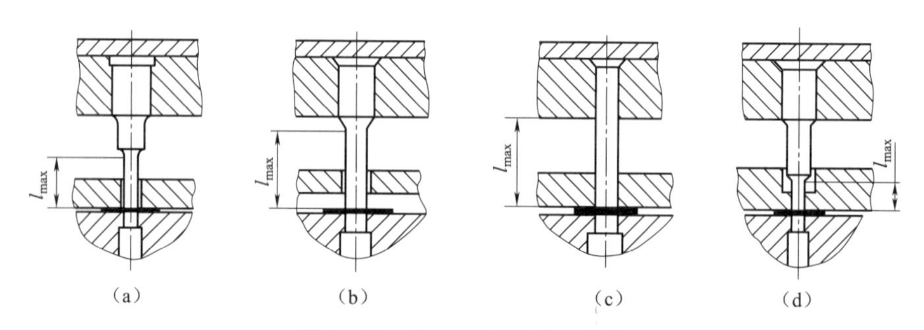

图 2-56　有导向与无导向凸模

(a)、(b) 无导向凸模；(c)、(d) 有导向凸模

把上述的 n、μ、E 值代入式（2－47）后可以得到一般截面形状的凸模不发生失稳弯曲的最大允许长度，即：

对于有导向的凸模：

$$l_{max} \leqslant 1\ 200\sqrt{\frac{I_{min}}{F'_Z}} \tag{2-48}$$

对于无导向的凸模：

$$l_{max} \leqslant 425\sqrt{\frac{I_{min}}{F'_Z}} \tag{2-49}$$

把圆形凸模刃口直径的惯性矩代入式（2－48）和式（2－49），可得圆形截面的凸模不发生失稳弯曲的极限长度，即：

对于有导向的凸模：

$$l_{max} \leqslant 270\frac{d^2}{\sqrt{F'_Z}} \tag{2-50}$$

对于无导向的凸模：

$$l_{max} \leqslant 95\frac{d^2}{\sqrt{F'_Z}} \tag{2-51}$$

上述各式中，I_{min}单位为 mm^4，d 单位为 mm；F'_Z单位为 N；l_{max}单位为 mm。

如果由于模具结构的需要，凸模的长度大于极限长度，或凸模工作部分直径小于允许的最小值，则应采用凸模加护套等办法加以保护。在实际生产中，考虑到模具制造、刃口利钝、偏载等因素的影响，即使长度不大于极限长度的凸模，为保证冲裁工作的正常进行，有的也采取保护措施。

由式（2－47）可以看出，凸模不致产生失稳弯曲的极限长度与凸模本身的力学性能、截面尺寸和冲裁力有关，而冲裁力又与冲裁板料厚度及其力学性能等有关。因此，对于小凸模冲裁较厚的板料或较硬的材料，必须注意选择凸模材料及其热处理规范，以提高凸模的力学性能。

二、凹模

凹模类型很多，凹模的外形有圆形和板形，结构有整体式和镶拼式，刃口也有平刃和斜刃。

1. 凹模外形结构及其固定方法

图 2－57（a）、图 2－57（b）所示为两种圆凹模，这两种圆形凹模尺寸都不大，直接装在凹模固定板中，主要用于冲孔。

在实际生产中，由于冲裁件的形状和尺寸千变万化，因而大量使用外形为圆形或矩形的凹模板，在其上面开设所需要的凹模孔，用螺钉和销钉直接固定在支承件上，如图 2－57（c）所示。这种凹模板已经标准化，可参考标准 JB/T 7643. 1—2008 和 JB/T 7643. 4—2008，它与标准固定板、垫板和模座等配套使用。

图 2－57（d）所示为快换式冲孔凹模固定方法。

凹模采用螺钉和销钉定位固定时，要保证螺孔（或沉孔）间、螺孔与销孔间及螺孔、销孔与凹模刃壁间的距离不能太近，否则会影响模具寿命。孔距的最小值可参考表 2－25。

2. 凹模孔口的结构形式

凹模按结构分为整体式和镶拼式，这里介绍整体式凹模。冲裁凹模的刃口形式有直筒形和锥形两种，选用刃口形式时，主要应根据冲裁件的形状、厚度、尺寸精度以及模具的具体结构来决定，其刃口形式见表 2－26。

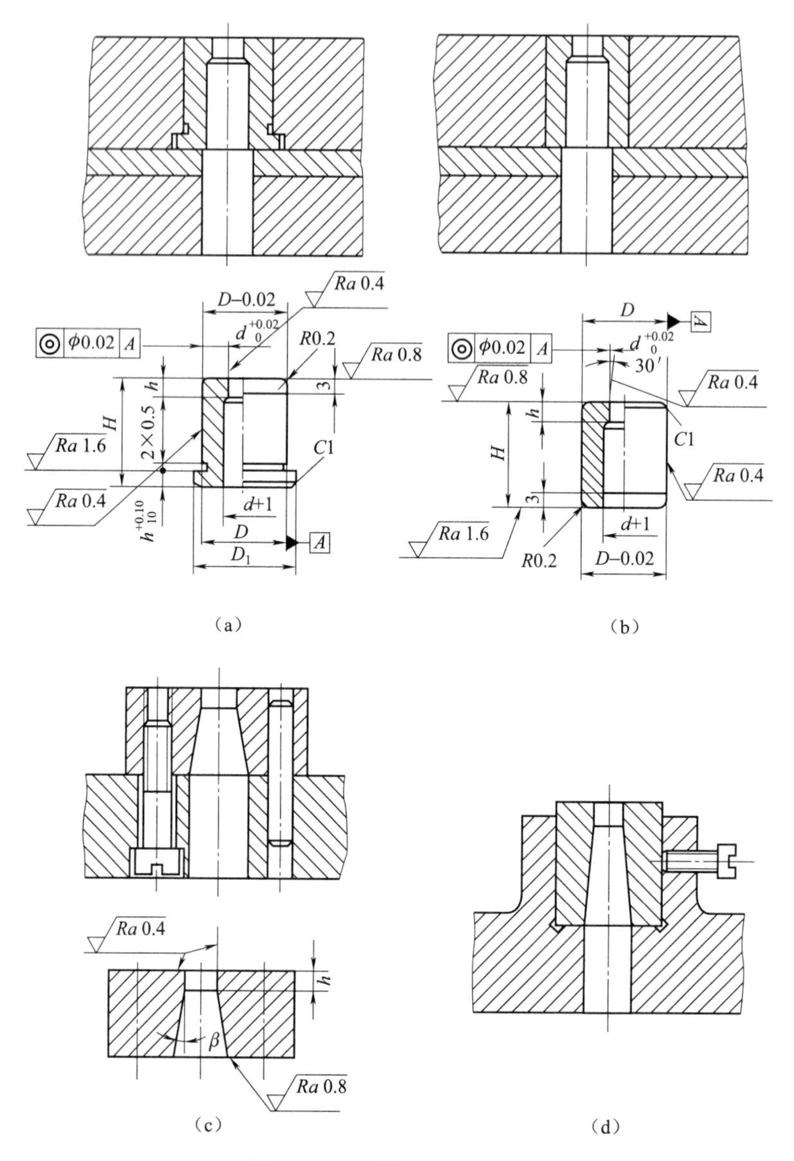

图 2-57　凹模形式及其固定

表 2-25　螺孔（或沉孔）、销孔之间及至刃壁的最小距离　　mm

简　图	销孔　沉孔　s_3　s_1　s_1　s_3　s_2　s_3　刃口　销孔　s_4　s_4							
螺钉孔	M4	M6	M8	M10	M12	M16	M20	M24

续表

<table>
<tr><td rowspan="2">s_1</td><td>淬　火</td><td colspan="11">8 ｜ 10 ｜ 12 ｜ 14 ｜ 16 ｜ 20 ｜ 25 ｜ 30</td></tr>
<tr><td>不淬火</td><td colspan="11">6.5 ｜ 8 ｜ 10 ｜ 11 ｜ 13 ｜ 16 ｜ 20 ｜ 25</td></tr>
<tr><td>s_2</td><td>淬　火</td><td colspan="11">7 ｜ 12 ｜ 14 ｜ 17 ｜ 19 ｜ 24 ｜ 28 ｜ 35</td></tr>
<tr><td rowspan="2">s_3</td><td>淬　火</td><td colspan="11">5</td></tr>
<tr><td>不淬火</td><td colspan="11">3</td></tr>
<tr><td colspan="2">销钉孔 d</td><td>2</td><td>3</td><td>4</td><td>5</td><td>6</td><td>8</td><td>10</td><td>12</td><td>16</td><td>20</td><td>25</td></tr>
<tr><td rowspan="2">s_4</td><td>淬　火</td><td>5</td><td>6</td><td>7</td><td>8</td><td>9</td><td>11</td><td>12</td><td>15</td><td>16</td><td>20</td><td>25</td></tr>
<tr><td>不淬火</td><td>3</td><td>3.5</td><td>4</td><td>5</td><td>6</td><td>7</td><td>8</td><td>10</td><td>13</td><td>16</td><td>20</td></tr>
</table>

表 2-26　冲裁凹模刃口形式及主要参数

刃口形式	序号	简　图	特点及适用范围
直筒形刃口	1	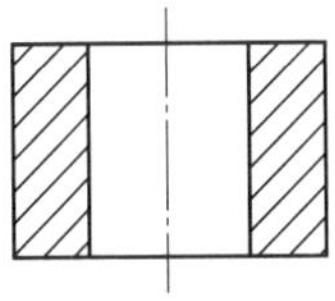	（1）刃口为直通式，强度高，修磨后刃口尺寸不变； （2）用于冲裁大型或精度要求较高的零件，模具装有顶出装置，不适用于下漏料的模具
	2	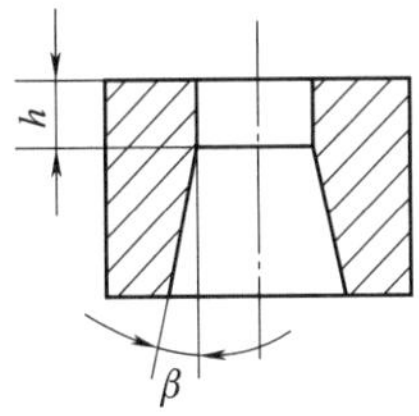 h　β	（1）刃口强度较高，修磨后刃口尺寸不变； （2）凹模内易积存废料或冲裁件，尤其是间隙较小时，刃口直壁部分磨损较快； （3）用于冲裁形状复杂或精度要求较高的零件
	3	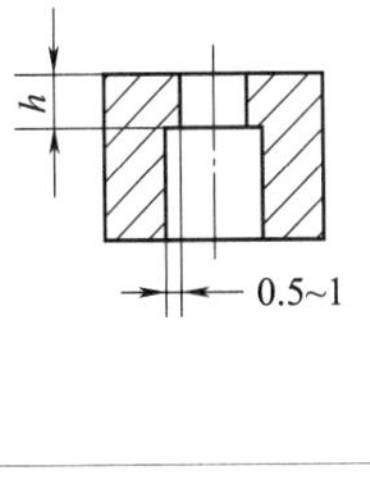 h　0.5~1	（1）刃口强度较高，修磨后刃口尺寸不变； （2）凹模内易积存废料或冲裁件，尤其是间隙较小时，刃口直壁部分磨损较快； （3）刃口直壁下面的扩大部分可使凹模加工简单，但采用下漏料方式时刃口强度不如序号 2 的刃口强度高； （4）用于冲裁形状复杂或精度要求较高的中、小型件，也可用于装有顶出装置的模具
	4	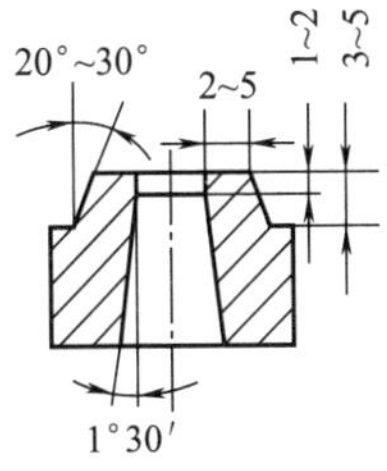 20°~30°　2~5　1~2　3~5　1°30′	（1）凹模硬度较低（有时可不淬火），一般为 40 HRC，可用于手锤敲击刃口外侧斜面，以调整冲裁间隙； （2）用于冲裁薄而软的金属或非金属零件

续表

<table>
<tr><th>刃口形式</th><th>序号</th><th>简　图</th><th colspan="4">特点及适用范围</th></tr>
<tr><td rowspan="2">锥形刃口</td><td>5</td><td>α</td><td colspan="4">（1）刃口强度较差，修磨后刃口尺寸略有增大；
（2）凹模内不易积存废料或冲裁件，刃口内壁磨损较慢；
（3）用于冲裁形状简单、精度要求不高的零件</td></tr>
<tr><td>6</td><td>α h β</td><td colspan="4">（1）刃口强度较差，修磨后刃口尺寸略有增大；
（2）凹模内不易积存废料或冲裁件，刃口内壁磨损较慢；
（3）可用于冲裁形状较复杂的零件</td></tr>
<tr><td colspan="2" rowspan="6">主要参数</td><td>材料厚度 t/mm</td><td>α/（′）</td><td>β/（°）</td><td>刃口高度 h/mm</td><td>备　注</td></tr>
<tr><td><0.5</td><td rowspan="3">15</td><td rowspan="3">2</td><td>≥4</td><td rowspan="5">α 值适用于钳工加工。采用线切割加工时，可取 α = 5′～20′</td></tr>
<tr><td>0.5～1</td><td>≥5</td></tr>
<tr><td>1～2.5</td><td>≥6</td></tr>
<tr><td>2.5～6</td><td rowspan="2">30</td><td rowspan="2">3</td><td>≥8</td></tr>
<tr><td>>6</td><td>≥10</td></tr>
</table>

3. 整体式凹模轮廓尺寸的确定

冲裁时凹模承受冲裁力和侧向挤压力的作用，由于凹模结构形式及固定方法不同，受力情况又比较复杂，故目前还不能用理论方法确定凹模轮廓尺寸。在生产中，通常根据冲裁的板料厚度和冲件的轮廓尺寸，或凹模孔口刃壁间距离，按经验公式来确定，如图 2－58 所示。

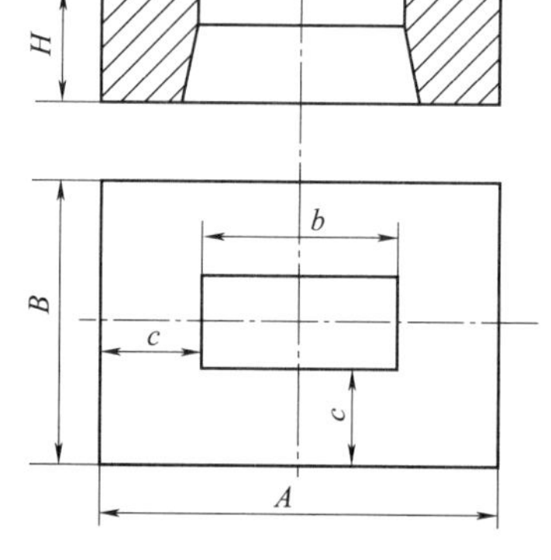

图 2－58　凹模外形尺寸的确定

凹模厚（高）度：

$$H = kb\ (\geqslant 15\ \text{mm}) \tag{2-52}$$

凹模壁厚：

$$C = (1.5 \sim 2)H(\geqslant 30 \sim 40\ \text{mm}) \tag{2-53}$$

式中　b——凹模刃口的最大尺寸（mm）；

k——凹模厚度系数，考虑板料厚度的影响，见表 2－27。

对于多孔凹模，刃口与刃口之间的距离应满足强度要求，可按复合模的凸、凹模最小壁厚进行设计。

表 2－27　凹模厚度系数 k

s	材料厚度 t		
	≤1	>1～3	>3～6
≤50	0.30～0.40	0.35～0.50	0.45～0.60
>50～100	0.20～0.30	0.22～0.35	0.30～0.45
>100～200	0.15～0.20	0.18～0.22	0.22～0.30
>200	0.10～0.15	0.12～0.18	0.15～0.22

三、凸凹模

在复合冲裁模中，凸凹模的内、外缘均为刃口。由于内、外缘之间的壁厚取决于冲裁件的孔边距，所以当冲裁件孔边距较小时必须考虑凸凹模强度。为保证凸凹模强度，其壁厚不应小于允许的最小值。如果小于允许的最小值，则凸凹模强度不够，就不宜采用复合模进行冲裁。复合模的凸凹模壁厚最小值与冲模的结构有关，正装式复合模的凸凹模壁厚可小些，倒装式复合模的凸凹模壁厚应大些，凹凸模最小壁厚一般取经验值。

积存废料的凸凹模，壁厚最小值可查表 2－28。不积存废料的凸凹模的壁厚最小值，对黑色金属等硬材料约为冲裁件板厚的 1.7 倍，但不小于 0.7 mm；对于有色金属等软材料约等于板料厚度，但不小于 0.5 mm。

表 2－28　倒装复合模的凸凹模最小壁厚 δ　　mm

简　图											
材料厚度 t	0.4	0.6	0.8	1.0	1.2	1.4	1.6	1.8	2.0	2.2	2.5
最小壁厚 δ	1.4	1.8	2.3	2.7	3.2	3.6	4.0	4.4	4.9	5.2	5.8
材料厚度 t	2.8	3.0	3.2	3.5	3.8	4.0	4.2	4.4	4.6	4.8	5.0
最小壁厚 δ	6.4	6.7	7.1	7.6	8.1	8.5	8.8	9.1	9.4	9.7	10

四、凸凹模的镶拼结构

1. 凸凹模的镶拼结构的应用场合及镶拼方法

对于大、中型的凸、凹模或形状复杂、局部薄弱的小型凸凹模，如果采用整体式结构，将给锻造、机械加工或热处理带来困难，而且当发生局部损坏时就会造成整个凸凹模的报废，因此常采用镶拼结构的凸凹模。

镶拼结构有镶接和拼接两种：镶接是将局部易磨损部分另做一块，然后镶入凹模体或凹模固定板内，如图 2－59 所示；拼接是整个凸凹模的形状按分段原则分成若干块，分别加工后拼接起来，如图 2－60 所示。

2. 镶拼结构的设计原则

凸模和凹模镶拼结构设计的依据是凸凹模形状、尺寸及其受力情况、冲裁板料厚度等。镶拼结构设计的一般原则如下：

1）力求改善加工工艺性，减少钳工工作量，提高模具加工精度

（1）尽量将形状复杂的内形加工变成外形加工，以便于切削加工和磨削，如图 2－61（a）、（b）、（d）、（g）所示。

（2）尽量使分割后拼块的形状、尺寸相同，可以几块同时加工和磨削，如图 2－61（d）、（g）、（f）所示，一般沿对称线分割可以实现这个目的。

（3）应沿转角、尖角分割，并尽量使拼块角度大于或等于 90°，如图 2－61（j）所示。

（4）圆弧尽量单独分块，拼接线应在离切点 4～7 mm 的直线处，大圆弧和长直线可以分为几块，如图 2－60 所示。

（5）拼接线应与刃口垂直，而且不宜过长，一般为 12～15 mm，如图 2－60 所示。

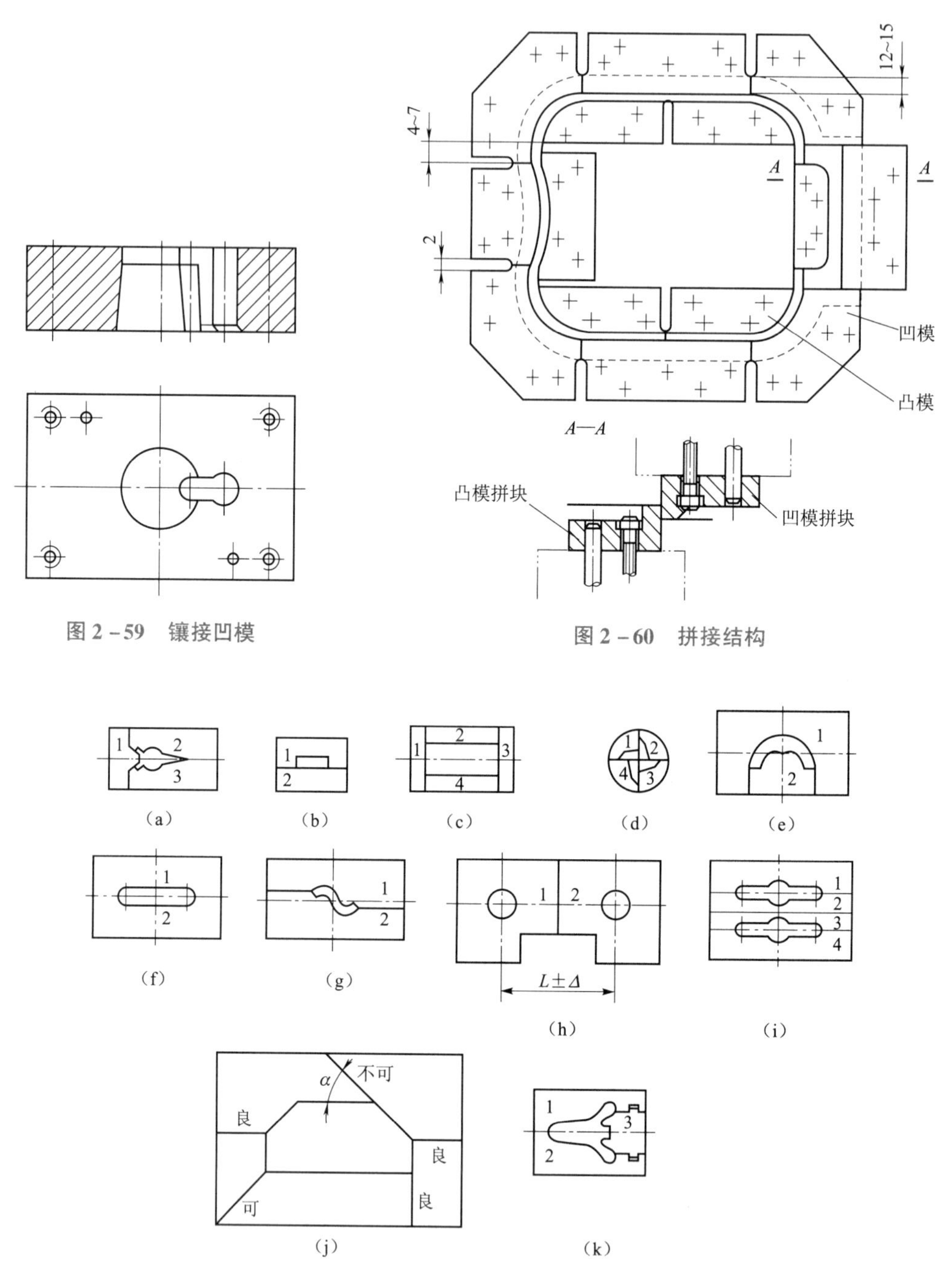

图 2-59　镶接凹模

图 2-60　拼接结构

(a) (b) (c) (d) (e) (f) (g) (h) (i) (j) (k)

图 2-61　镶拼结构实例

2）便于装配调整和维修

（1）比较薄弱或容易磨损的局部凸出或凹进部分，应单独分为一块，如图 2-59 和图 2-61（a）所示。

（2）拼块之间应能通过磨削或增减垫片方法，调整其间隙或保证中心距公差，如图 2-61（h）和图 2-61（i）所示。

（3）拼块之间应尽量以凸、凹槽形相嵌，便于拼块定位，防止在冲压过程发生相对移动，如图 2－61（k）所示。

3）满足冲压工艺要求，提高冲压件质量

凸模与凹模的拼接线应至少错开 4～7 mm，以免冲裁件产生毛刺，如图 2－60 所示；拉深模拼接线应避开材料的增厚部位，以免零件表面出现拉痕。

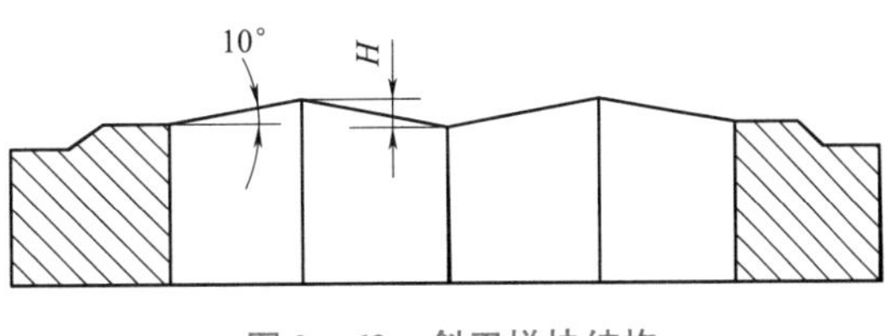

图 2－62　斜刃拼块结构

为了减小冲裁力，大型冲裁件或厚板冲裁的镶拼模可以把凸模（冲孔时）或凹模（落料时）制成波浪形斜刃，如图 2－62 所示。斜刃应对称，拼接面应取在最低或最高处，每块一个或半个波形，斜刃高度 H 一般取 1～3 倍的板料厚度。

3. 镶拼结构的固定方法

镶拼结构的固定方法主要有以下几种：

（1）平面式固定。即把拼块直接用螺钉、销钉紧固定位于固定板或模座平面上，如图 2－60 所示。这种固定方法主要用于大型的镶拼凸凹模。

（2）嵌入式固定。即把各拼块拼合后嵌入固定板凹槽内，如图 2－63（a）所示。

（3）压入式固定。即把各拼块拼合后，以过盈配合压入固定板孔内，如图 2－63（b）所示。

（4）斜楔式固定。如图 2－63（c）所示。

此外，还有用粘结剂浇注等固定方法。

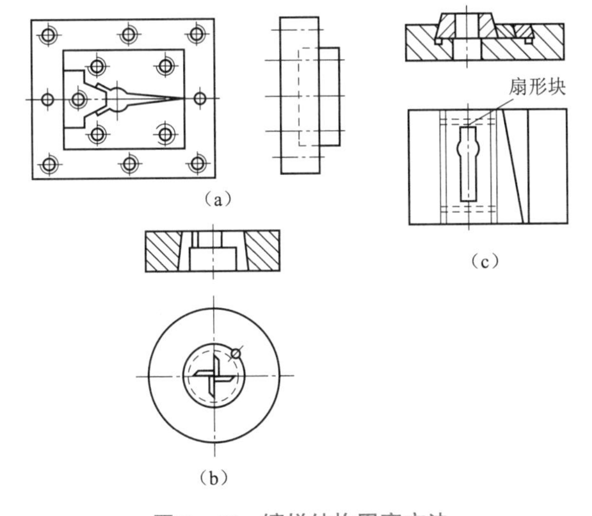

图 2－63　镶拼结构固定方法

做一做：按照任务要求，完成手柄模具的工作零件结构设计及刃口尺寸计算。

步骤二　定位零件设计与选用

为了保证模具正常工作和冲出合格冲裁件，必须保证坯料或工序件相对模具的工作刃口处于正确的位置，即必须定位。

条料在模具送料平面中必须有两个方向的限位：一是在与送料方向垂直的方向上限位，保证条料沿正确的方向送进，称为送进导向；二是在送料方向上的限位，控制条料一次送进的距离(步距)，称为送料定距。

对于块料或工序件的定位，基本上也是在两个方向上的限位，只是定位零件的结构形式与条料的有所不同而已。

属于送进导向的定位零件有导料销、导料板、侧压板等；属于送料定距的定位零件有始用挡料销、挡料销、导正销、侧刃等；属于块料或工序件的定位零件有定位销、定位板等。

定位方式及定位零件应根据坯料形式、模具结构、冲件精度和生产率的要求等进行选择。

一、送进导向方式与零件

1. 导料销

图2－20所示的复合模即为导料销送进导向的模具。导料销一般设两个，并位于条料的同一侧，从右向左送料时，导料销装在后侧；从前向后送料时，导料销装在左侧。导料销可设在凹模面上（一般为固定式的，见图2－20），也可以设在弹压卸料板上（一般为活动式的，见图2－21），还可以设在固定板或下模座平面上（导料螺钉，见图2－12）。

固定式和活动式的导料销可选用JB/T 7649.10—2008和JB/T 7649.9—2008。导料销导向定位多用于单工序模和复合模中。

2. 导料板

图2－17所示为导料板送进导向的模具，具有导板（或卸料板）的单工序模或级进模常采用这种送进导向结构。导料板一般设在条料两侧，其结构有两种：一种是标准结构［图2－64（a)］，即导料板与卸料板（或导板）分开制造；另一种是导料板与卸料板制成整体的结构［图2－64（b)］。为使条料顺利通过，两导料板间的距离应等于条料最大宽度加上一个间隙值（见排样及条料宽度计算）。导料板的高度H取决于挡料方式和板料厚度，以便于送料为原则。采用固定挡料销时，导料板的高度见表2－29。

如果只在条料一侧设置导料板，则其位置与导料销相同。

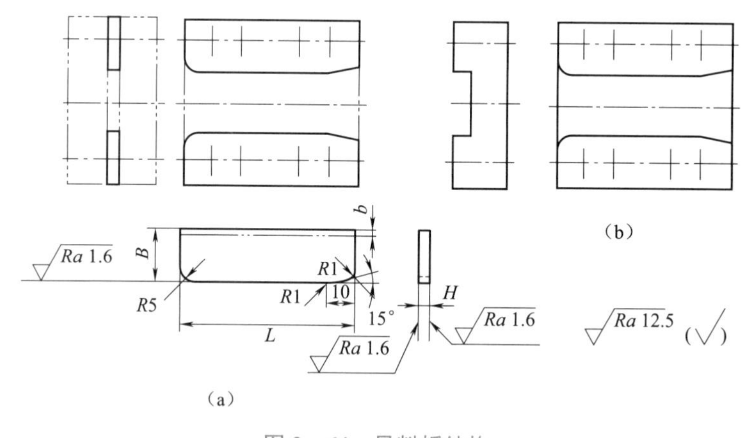

图2－64　导料板结构

表2－29　导料板高度

mm

简图	
	H h t

续表

材料厚度 t	挡料销高度 h	导料板高度 H	
		固定导料销	自动导料销
0.3～2	3	6～8	4～8
2～3	4	8～10	6～8
3～4	4	10～12	6～10
4～6	5	12～15	8～10
6～10	8	15～25	10～15

3. 侧压装置

如果条料的公差较大，为避免条料在导料板中偏摆，使最小搭边得到保证，应在送料方向的一侧装侧压装置，迫使条料始终紧靠另一侧导料板（见图 2－16）。

侧压装置的结构形式如图 2－65 所示。国家标准中的侧压装置有两种：图 2－65（a）所示为弹簧式侧压装置，其侧压力较大，宜用于较厚板料的冲裁模；图 2－65（b）所示为簧片式侧压装置，侧压力较小，宜用于板料厚度为 0.3～1 mm 的薄板冲裁模。在实际生产中还有两种侧压装置：图 2－65（c）所示为簧片压块式侧压装置，其应用场合与图 2－65（b）相似；图 2－65（d）所示为板式侧压装置，侧压力大且均匀，一般装在模具进料一端，适用于侧刃定距的级进模中。在一副模具中，侧压装置的数量和位置视实际需要而定。

应该注意的是，板料厚度在 0.3 mm 以下的薄板不宜采用侧压装置。另外，由于有侧压装置的模具，送料阻力较大，因而备有辊轴自动送料装置的模具也不宜设置侧压装置。

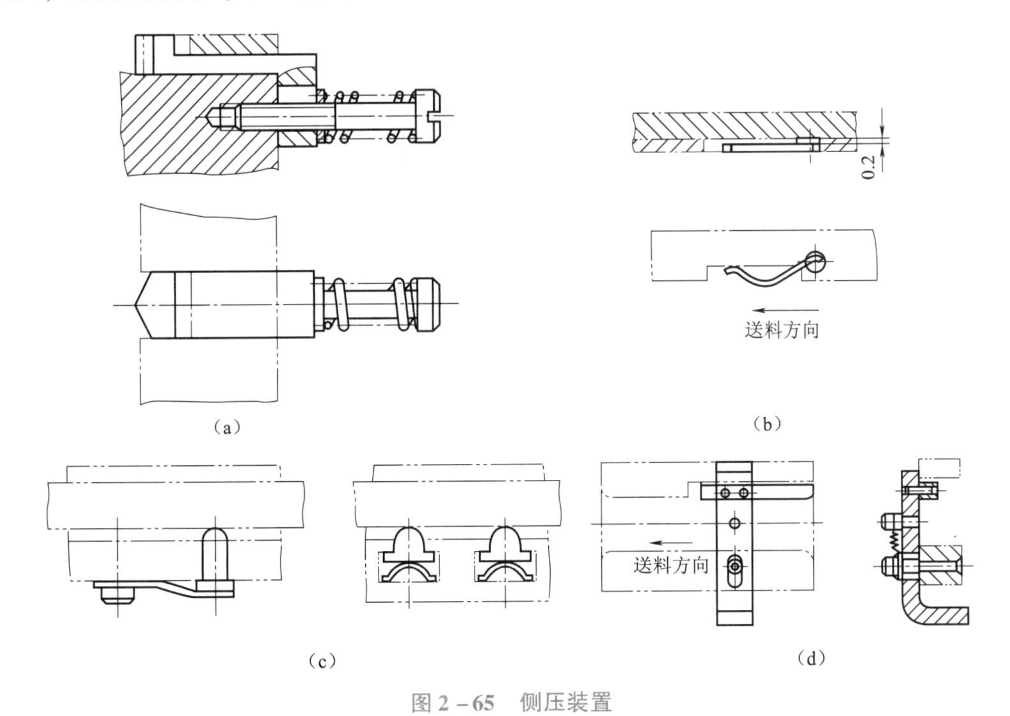

图 2－65　侧压装置

（a）弹簧式；（b）簧片式；（c）簧片压块式；（d）板式

二、送料定距方式与零件

常见限定条料送进距离的方式有两种：用挡料销挡住搭边或冲件轮廓，以限定条料送进距离的挡料销定距；用侧刃在条料侧边冲切出不同形状的缺口，以限定条料送进距离的侧刃定距。

1. 挡料销定距

根据挡料销的工作特点及作用分为固定挡料销、活动挡料销和始用挡料销。

1）固定挡料销

标准结构的固定挡料销如图 2－66（a）所示，其结构简单，制造容易，广泛用于冲制中、小型冲裁件的挡料定距；其缺点是销孔离凹模刃壁较近，削弱了凹模的强度。在部颁标准中还有一种钩形挡料销［图 2－66（b）］，这种挡料销的销孔距离凹模刃壁较远，不会削弱凹模强度。但为了防止钩头在使用过程发生转动，增加了定向销，从而增加了制造工作量。

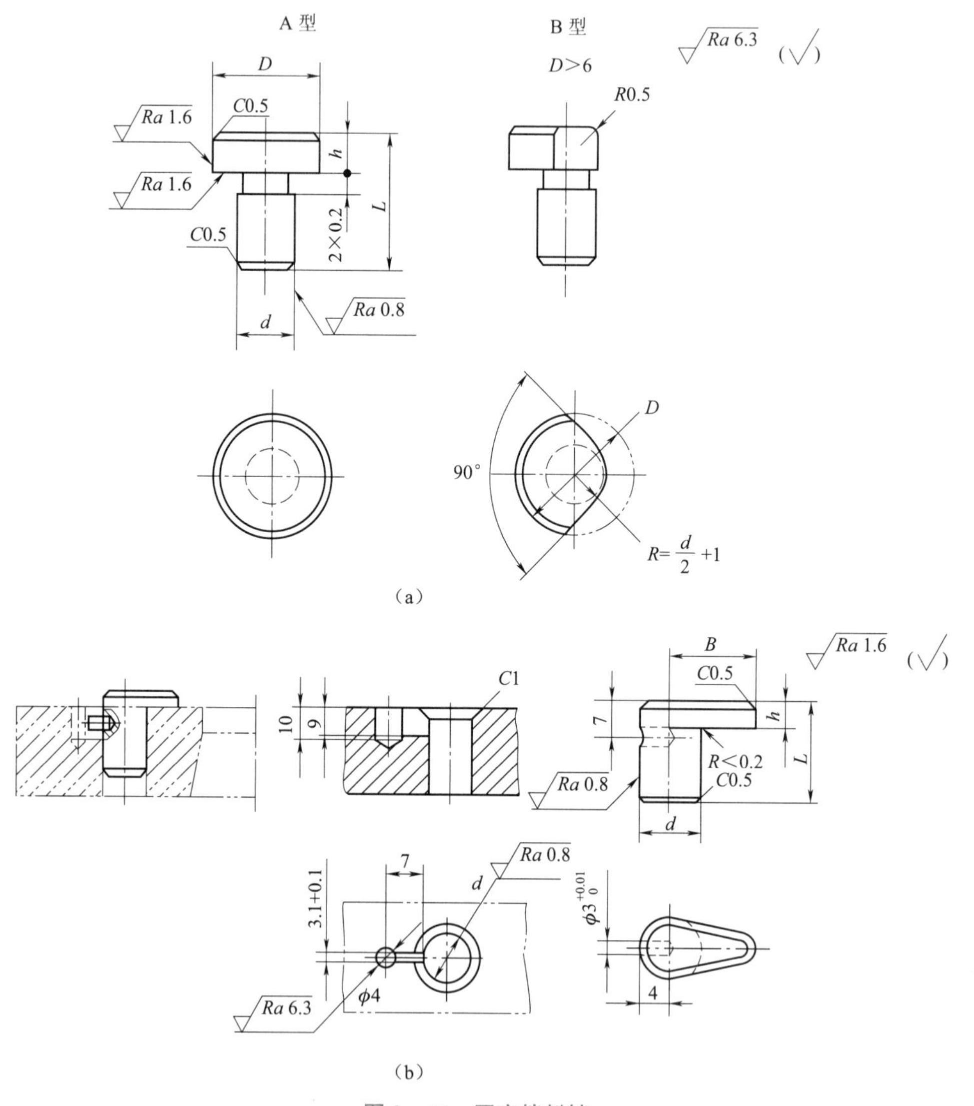

图 2－66　固定挡料销

2）活动挡料销

国家标准结构的活动挡料销如图 2－67 所示。图 2－67（a）所示为弹簧弹顶挡料装置，图 2－67（b）所示为扭簧弹顶挡料装置，图 2－67（c）所示为橡胶弹顶挡料装置，图 2－67（d）所示为回带式挡料装置。

回带式挡料装置的挡料销对着送料方向带有斜面，送料时搭边碰撞斜面使挡料销跳起并越过搭边，然后将条料后拉，挡料销便挡住搭边而定位，即每次送料都要先推后拉，做方向相反的两个动作，操作比较麻烦。

采用哪一种结构形式挡料销，需根据卸料方式、卸料装置的具体结构及操作等因素决定。回带式的常用于具有固定卸料板的模具上，其他形式的常用于具有弹压卸料板的模具上。

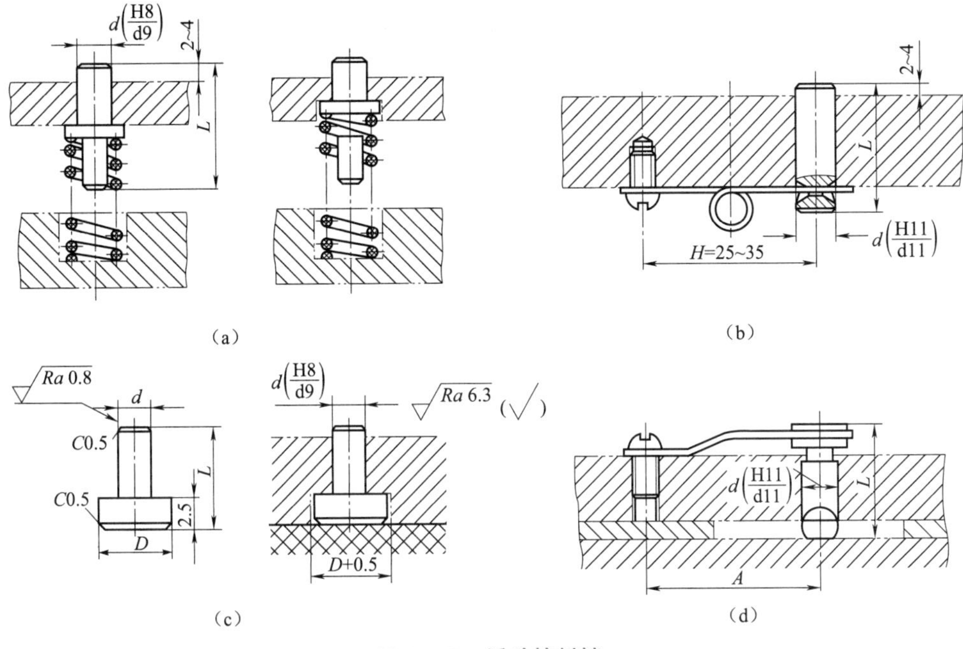

图 2－67　活动挡料销

3）始用挡料销

采用始用挡料销，为的是提高材料利用率。图 2－68 所示为标准的始用挡料销。

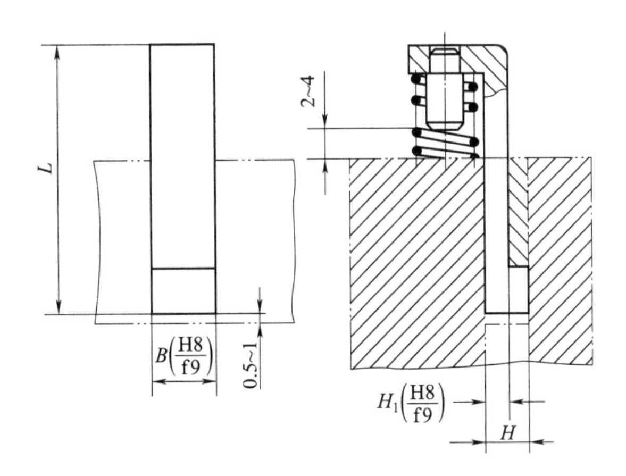

图 2－68　始用挡料销

始用挡料销一般用于以导料板送料导向的级进模（见图 2－15）和单工序模中。一副模具用几个始用挡料销，取决于冲裁排样方法及凹模上的工位安排。

2. 侧刃定距

标准中的侧刃结构如图 2－69 所示。按侧刃的工作端面形状分为平面型（Ⅰ）型和台阶型（Ⅱ）型两类。台阶型的多用于厚度为 1 mm 以上板料的冲裁，冲裁前凸出部分先进入凹模导向，以免由于侧压力导致侧刃损坏（工作时侧刃是单边冲切）。侧刃按截面形状不同可分为长方形侧刃和成形侧刃两类。图 2－69 Ⅰ A 型和Ⅱ A 型为长方形侧刃，其结构简单，制造容易，但当刃口尖角磨损后，在条料侧边形成的毛刺会影响顺利送进和定位的准确性，如图 2－70（a）所示。而采用成形侧刃，如果条料侧边形成毛刺，毛刺离开了导料板和侧刃挡板的定位面，所以送进顺利，定位准确，如图 2－70（b）所示。但这种侧刃使切边宽度增加，材料消耗增多，侧刃较复杂，制造较困难。长方形侧刃一般用于板料厚度小于 1.5 mm、冲裁件精度要求不高的送料定距，成形侧刃用于板料厚度小于 0.5 mm、冲裁件精度要求较高的送料定距。

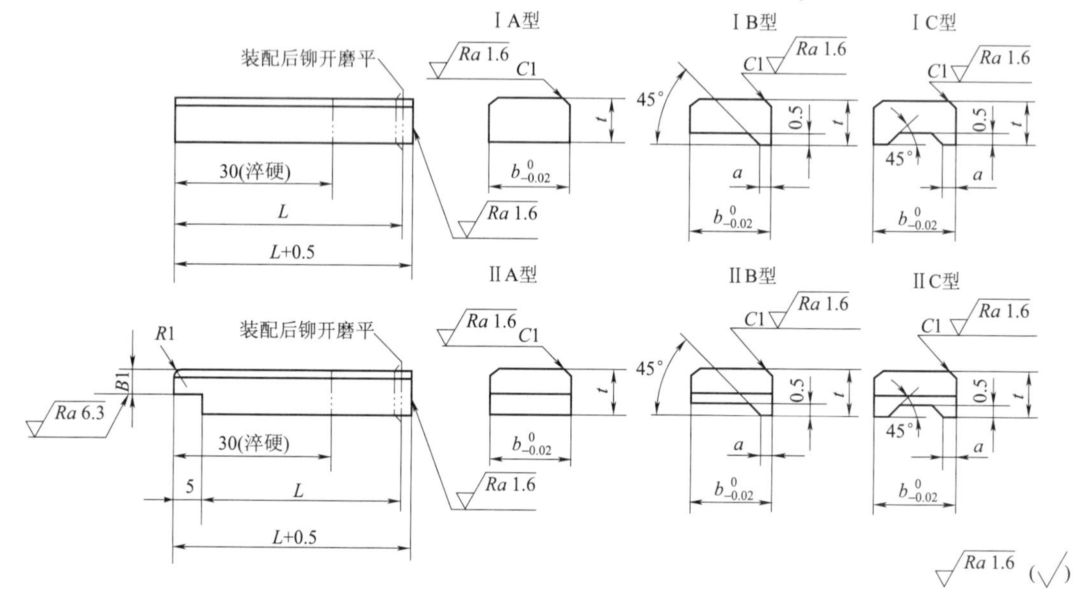

图 2－69　侧刃结构

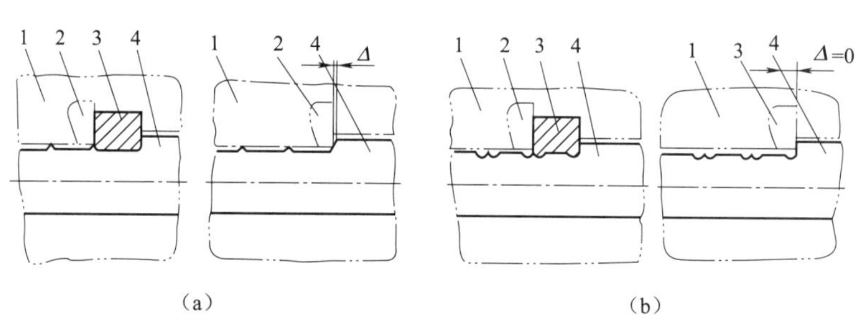

（a）　　（b）

图 2－70　侧刃定位误差比较

图 2－71 所示为尖角形侧刃，它与弹簧挡销配合使用。其工作过程为：侧刃先在料边冲一缺口，条料送进，当缺口直边滑过挡销后，再向后拉条料，至挡销直边挡住缺口为止。使用这种侧刃定距料耗少，但操作不便，生产率低，此侧刃可用于冲裁贵重金属。

在实际生产中，往往会遇到两侧边或一侧边有一定形状的冲裁件，如图 2－72 所示。对这种零件，如果用侧刃定距，则可以设计与侧边形状相应的特殊侧刃（图 2－72 中 1 和 2），这种侧刃既可定距，又可冲裁零件的部分轮廓。

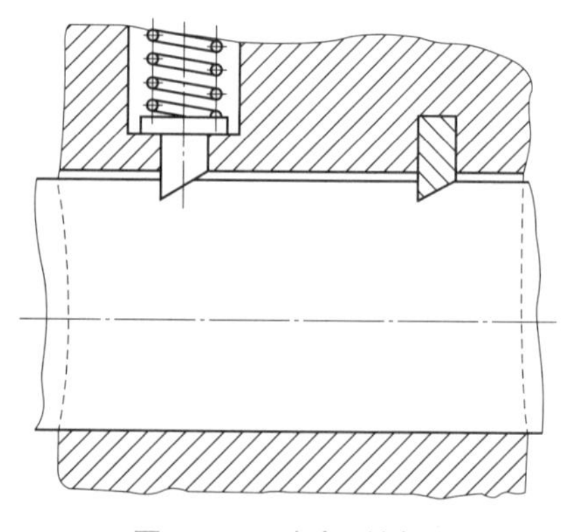

图 2－71　尖角形侧刃

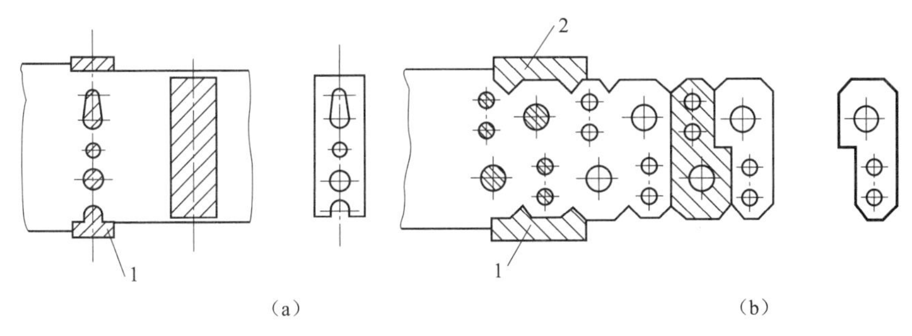

图 2-72 特殊侧刃

1，2—特殊侧刃

侧刃断面的关键尺寸是宽度 b，其他尺寸按 JB/T 7648.1—2008 中的规定。宽度 b 原则上等于送料步距，但对长方形侧刃和侧刃与导正销兼用的模具，其宽度为

$$b=[s+(0.05\sim0.1)]_{-\delta_c}^{0} \tag{2-54}$$

式中 b——侧刃宽度；

s——送进步距；

δ_c——侧刃制造极限偏差，可按公差与配合国家标准 h6 制造。

侧刃凹模按侧刃实际尺寸配制，留单边间隙。侧刃数量可以是一个，也可以是两个（见图 2-17）。两个侧刃可以在条料两侧并列布置，也可以对角布置，对角布置能够保证料尾的充分利用。

3. 导正销

使用导正销的目的是消除送进导向和送料定距或定位板等粗定位的误差，保证孔与外形相对位置公差的要求。导正销主要用于级进模（见图 2-15），也可用于单工序模（见图 2-14）；通常与挡料销配合使用，也可以与侧刃配合使用。

标准的导正销结构形式如图 2-73 所示。导正销的结构形式主要根据孔的尺寸选择。

(1) A 型用于导正 $d=2\sim12$ mm 的孔。

(2) B 型用于导正 $d\leqslant10$ mm 的孔。这种形式的导正销采用弹簧压紧结构，如果送料不正确，则可以避免导正销的损坏，其还可用于级进模上对条料工艺孔的导正。

(3) C 型导正销用于 $d=4\sim12$ mm 的孔的导正。这种导正销拆装方便，模具刃磨后导正销长度可以调节。

(4) D 型导正销用于导正 $d=12\sim50$ mm 的孔。

为了使导正销工作可靠，避免折断，导正销的直径一般应大于 2 mm，即孔径小于 2 mm 的孔不宜用导正销导正，但可另冲直径大于 2 mm 的工艺孔进行导正。

导正销的头部由圆锥形的导入部分和圆柱形的导正部分组成。导正部分的直径和高度尺寸及公差很重要。导正销的公称尺寸可按下式计算：

$$d=d_T-a \tag{2-55}$$

式中 d——导正销的公称尺寸；

d_T——冲孔凸模直径；

a——导正销与冲孔凸模直径的差值，见表 2-30。

导正销圆柱部分直径按公差与配合国家标准 h6 至制造 h9。

导正销的高度尺寸一般取 (0.5~0.8) t（t 为板料厚度）或按表 2-31 选取。

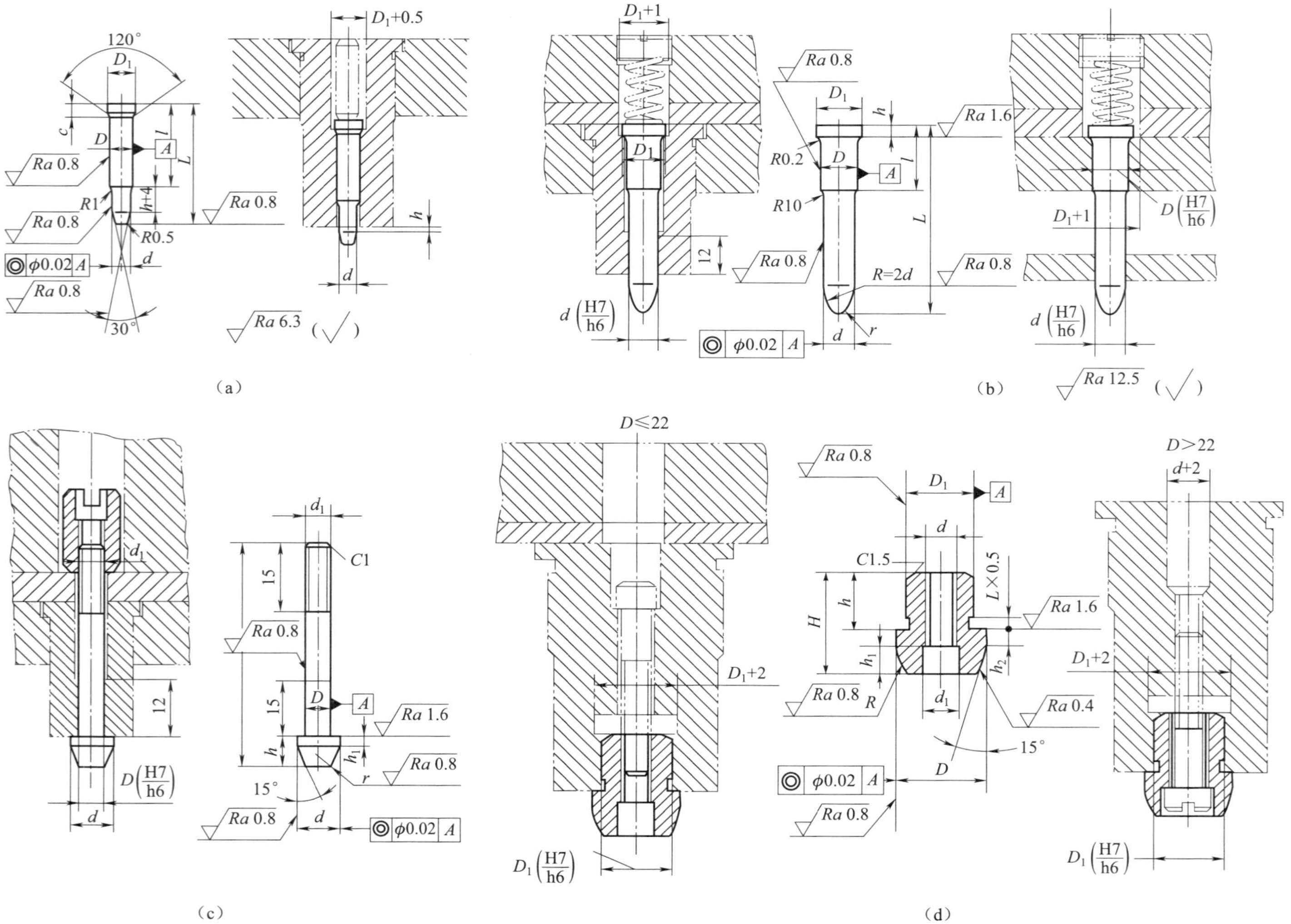

图 2-73　导正销

(a) A 型；(b) B 型；(c) C 型；(d) D 型

表 2-30　导正销直径与冲孔凸模直径的差值 a　　mm

材料厚度 t	冲孔凸模直径 d_T						
	1.5~6	>6~10	>10~16	>16~24	>24~32	>32~42	>42~60
≤1.5	0.04	0.06	0.06	0.08	0.09	0.10	0.12
>1.5~3	0.05	0.07	0.08	0.10	0.12	0.14	0.16
>3~5	0.06	0.08	0.10	0.12	0.16	0.18	0.20

表 2-31　导正销圆柱段高度 h_1　　mm

材料厚度 t	冲裁件孔尺寸 d		
	1.5~10	>10~25	>25~50
1.5 以下	1	1.2	1.5
>1.5~3	0.6t	0.8t	t
>3~5	0.5t	0.6t	0.8t

级进模常采用导正销与挡料销配合使用进行定位，挡料销只起粗定位作用，导正销进行精定位。因此，挡料销的位置必须保证导正销在导正过程中条料有少许活动的可能。它们的位置关系如图 2-74 所示。

按图 2-74（a）所示方式定位，挡料销与导正销的中心距为

$$S_1 = S - \frac{D_T}{2} + \frac{D}{2} + 0.1 = S - \left(\frac{D_T - D}{2}\right) + 0.1 \tag{2-56}$$

按图方式 2-74（b）所示方式定位，挡料销与导正销的中心距为

$$S_1' = S + \frac{D_T}{2} - \frac{D}{2} - 0.1 = S + \left(\frac{D_T - D}{2}\right) - 0.1 \tag{2-57}$$

式中　S——送料步距；

D_T——落料凸模直径；

D——挡料销头部直径；

S_1，S_1'——挡料销与落料凸模的中心距。

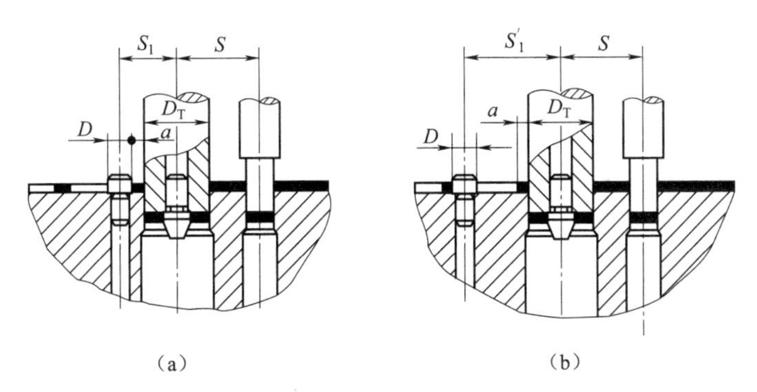

图 2-74　挡料销与导正销的位置关系

三、定位板和定位销

定位板和定位销是作为单个坯料或工序件的定位元件，其定位方式有两类：外缘定位和内孔定位，如图 2-75 所示。

定位方式是根据坯料或工序件的形状复杂性、尺寸大小和冲压工序性质等具体情况决定的。外形比较简单的冲件一般可采用外缘定位，如图 2－75（a）所示；外轮廓较复杂的一般可采用内孔定位，如图 2－75（b）所示。

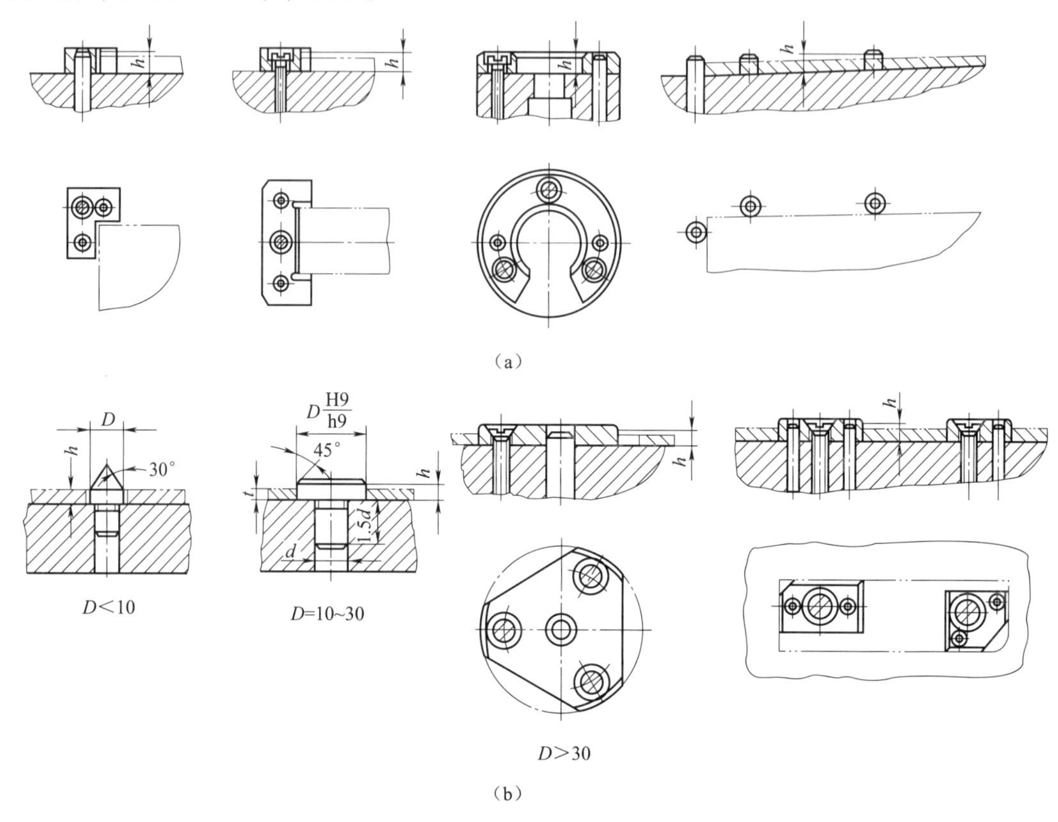

图 2－75　定位板和定位销的结构形式

（a）外缘定位；（b）内孔定位

定位板厚度或定位销高度可按表 2－32 选用。

表 2－32　定位板厚度或定位销高度

mm

材料厚度 t	<1	1~3	>3~5
高度(厚度) h	$t+2$	$t+1$	t

做一做：按照任务要求，完成手柄冲裁模具的定位零件设计及选用。

步骤三　卸料装置的设计与选用

从广义来说，卸料装置包括卸料、推件和顶件等装置，其作用是当冲模完成一次冲压之后，把冲件或废料从模具工作零件上卸下来，以便冲压工作继续进行。通常，卸料是指把冲件或废料从凸模上卸下来；推件和顶件一般是指把冲件或废料从凹模中卸下来。

一、卸料装置

卸料装置可以卸下废料（见图 2－12），也可以卸下冲件（见图 2－13），其结构形式有固定

(刚性）的、弹压的和废料切刀等。

1. 固定卸料装置

生产中常用的固定卸料装置的结构如图 2 – 76 所示。其中图 2 – 76（a）和图 2 – 76（b）所示为用于平板的冲裁卸料，图 2 – 76（a）所示卸料板与导料板为一整体，图 2 – 76（b）所示卸料板与导料板是分开的；图 2 – 76（c）和图 2 – 76（d）所示一般用于成形后的工序件的冲裁卸料。

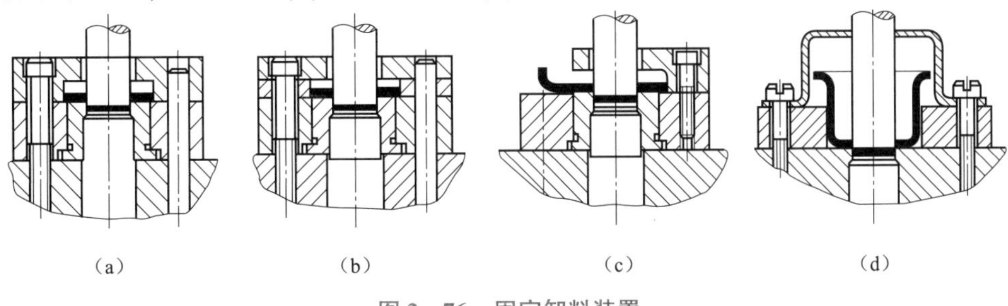

图 2 – 76　固定卸料装置

当卸料板仅起卸料作用时，凸模与卸料板的双边间隙取决于板料厚度，一般为 0.2 ~ 0.5 mm，板料薄时取小值，板料厚时取大值。当固定卸料板兼起导板作用时，一般按$\frac{H7}{h6}$配合制造，但应保证导板与凸模之间间隙小于凸、凹模之间间隙，以保证凸、凹模的正确配合。

固定卸料板的卸料力大，卸料可靠。因此，当冲裁板料较厚（大于 0.5 mm）、卸料力较大、平面度要求不是很高的冲裁件时，一般采用固定卸料装置。

2. 弹压卸料装置

常用的弹压卸料装置的结构形式如图 2 – 77 所示。弹压卸料装置的基本零件包括卸料板、弹性元件（弹簧或橡胶）和卸料螺钉等。

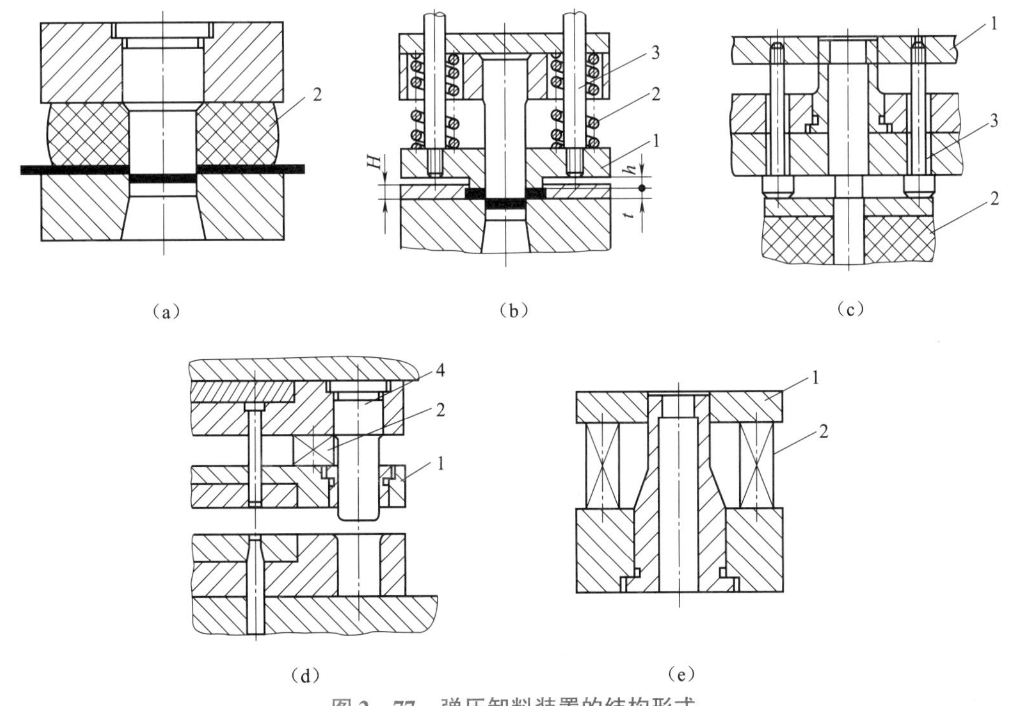

图 2 – 77　弹压卸料装置的结构形式

1—卸料板；2—弹性元件；3—卸料螺钉；4—小导柱

弹压卸料既起卸料作用又起压料作用，所得冲裁零件质量较好、平面度较高。因此，质量要求较高的冲裁件或薄板冲裁宜用弹压卸料装置。

图 2－77（a）所示为最简单的弹压卸料方法，用于简单冲裁模；图 2－77（b）所示为以导料板为送进导向的冲模中使用的弹压卸料装置。卸料板凸台部分的高度为

$$h = H - (0.1 \sim 0.3)t \qquad (2-58)$$

式中 h——卸料板凸台高度；

H——导料板高度；

t——板料厚度。

图 2－77（c）与图 2－77（e）比较，虽然同属倒装式模具上的弹压卸料装置，但前者的弹性元件装在下模座之下，卸料力大小容易调节。

图 2－77（d）所示为以弹压卸料板作为细长小凸模的导向，卸料板本身又以两个以上的小导柱导向，以免弹压卸料板产生水平摆动，从而保护小凸模不被折断。在实际生产中，如果一副模具中还有两个以上直径较大的凸模，则可用它来代替小导柱对卸料板进行导向，其效果与小导柱相同。在小孔冲模、精密冲模和多工位级进模中，图 2－79（d）所示的结构是常用的。

弹压卸料板与凸模的单边间隙可根据冲裁板料厚度按表 2－33 选定。在级进模中，特别小的冲孔凸模与卸料板的单边间隙可将表列数值适当加大。当卸料板起导向作用时，卸料板与凸模按$\frac{H7}{h6}$配合制造，但其间隙应比凸、凹模间隙小。此时，凸模与固定板以$\frac{H7}{h6}$或$\frac{H8}{h7}$配合。此外，在模具开启状态，卸料板应高出模具工作零件刃口 0.3～0.5 mm，以便顺利卸料。

表 2－33 弹压卸料板与凸模间隙

mm

材料厚度 t	<0.5	0.5～1	>1
单边间隙 Z	0.05	0.1	0.15

3. 废料切刀卸料装置

对于落料或成形件的切边，如果冲件尺寸大或板料厚度大，卸料力大，往往采用废料切刀代替卸料板，将废料切开而卸料。如图 2－78 所示，当凹模向下切边时，同时把已切下的废料压向废料切刀上，从而将其切开。冲件形状简单的冲裁模，一般设两个废料切刀；对于冲件形状复杂的冲裁模，可以用弹压卸料加废料切刀进行卸料。

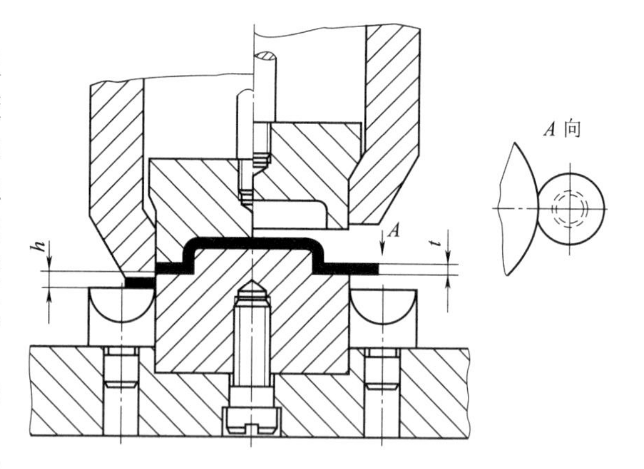

图 2－78 废料切刀工作原理

图 2－79 所示为标准中的废料切刀的结构。

图 2－79（a）所示为圆废料切刀，用于小型模具和切薄板废料；图 2－79（b）所示为方形废料切刀，用于大型模具和切厚板废料。废料切口的刃口长度应比废料宽度大些，刃口比凸模刃口低，其值 h 为板料厚度的 2.5～4 倍，并且不小于 2 mm（见图 2－78）。

二、推件与顶件装置

推件和顶件的目的都是从凹模中卸下冲件或废料。一般把装在上模内的称为推件，装在下模内的称为顶件。

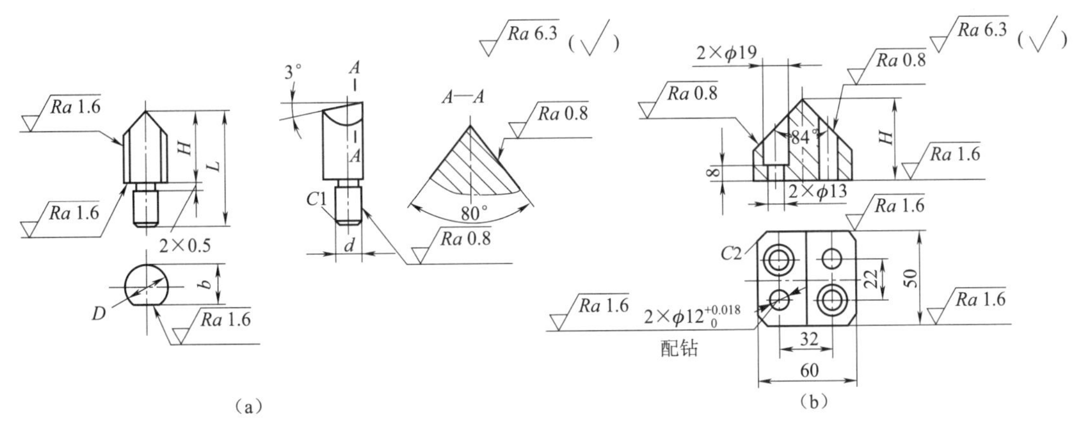

图 2－79　废料切刀的结构

1. 推件装置

推件装置一般是刚性的。其基本零件有打杆、推板、连接推杆和推件块，如图 2－80（a）所示。有的刚性推件装置不需要推板和连接推杆组成中间传递结构，而由打杆直接推动推件块，甚至直接由打杆推件，如图 2－80（b）所示。

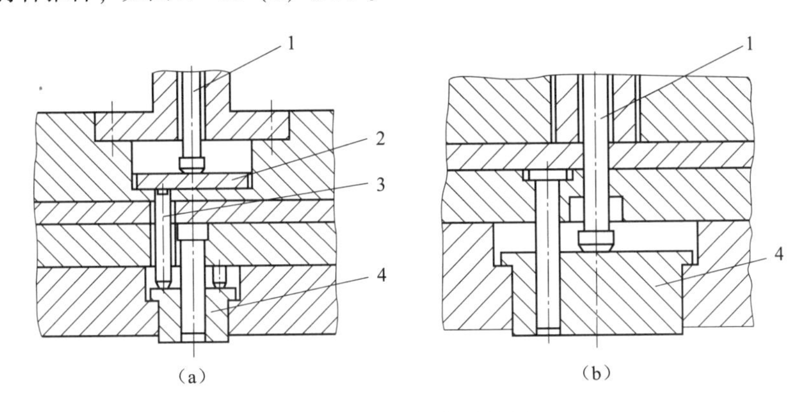

图 2－80　刚性推件装置

1—打杆；2—推板；3—连接推杆；4—推件块

为使刚性推件装置能够正常工作，推力必须均衡。为此，连接推杆需要 2～4 根，且分布均匀、长短一致。推板安装在上模座内。在复合模中，为了保证冲孔凸模的支承刚度和强度，推板的平面形状尺寸只要能够覆盖到连接推杆，本身刚度又足够，不必设计得太大，以减小安装推板的孔不至于太大。图 2－81 所示为标准推板的结构，设计时可根据实际需要选用。

由于刚性推件装置推件力大，工作可靠，所以应用十分广泛，不但用于倒装式冲模中的推件，而且也用于正装式冲模中的卸件或推出废料，尤其是冲裁板料较厚的冲裁模，宜用这种推件装置。

对于板料较薄且平面度要求较高的冲裁件，宜用弹性推件装置，如图 2－82 所示，它以弹性元件的弹力代替打杆给予推件块的推力。采用这种结构，冲件质量较高，但冲件容易嵌入边料中，取出冲件麻烦。

应该注意的是，弹性推件装置中弹性元件的弹力必须足够，必要时应选择弹力较大的聚氨酯橡胶、碟形弹簧等。根据模具结构的具体情况，可以把弹性元件装在推板之上［见图 2－82（a）］，也可以装在推件块之上［见图 2－82（b）］。

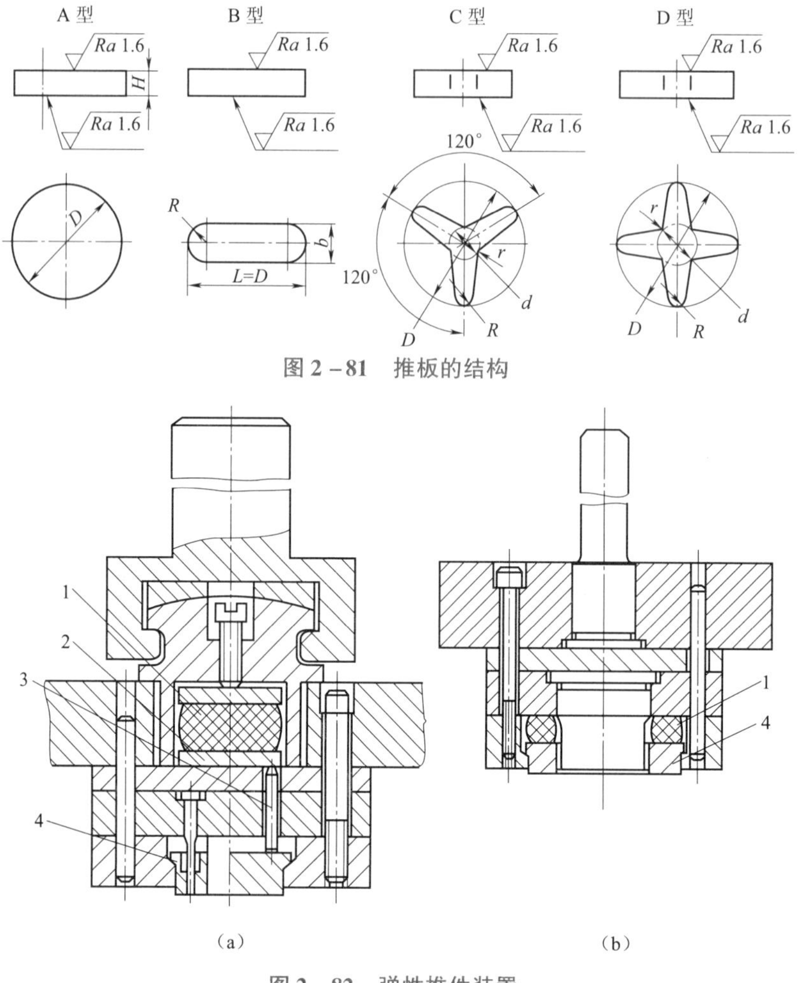

图 2-81　推板的结构

图 2-82　弹性推件装置

1—橡胶；2—推件块；3—连接推杆；4—推板

2. 顶件装置

顶件装置一般是弹性的。图 2-20 所示即为弹性顶件的正装式复合模。顶件装置的典型结构如图 2-83 所示，其基本零件是顶杆、顶件块和装在下模底下的弹顶器。这种结构的顶件力容易调节，工作可靠，冲裁件平面度较高。但冲件容易嵌入边料中，产生与弹性推件同样的问题。

弹顶器可以做成通用的，其弹性元件是弹簧或橡胶。大型压力机本身具有气垫，可作为弹顶器。

推件块或顶件块在冲裁过程中是在凹模中运动的零件，对它有以下要求：模具处于闭合状态时，其背后有一定空间，以备修磨和调整；模具处于开启状态时，必须顺利复位，工作面高出凹模平面，以便继续冲裁；它与凹模和凸模的配合应保证顺利滑动，不发生互相干涉。为此，推件块和顶件块与凹模为间隙配合，其外形尺寸一般按公差与配合国家标准 h8 制造，也可以根据板料厚度取适当间隙。

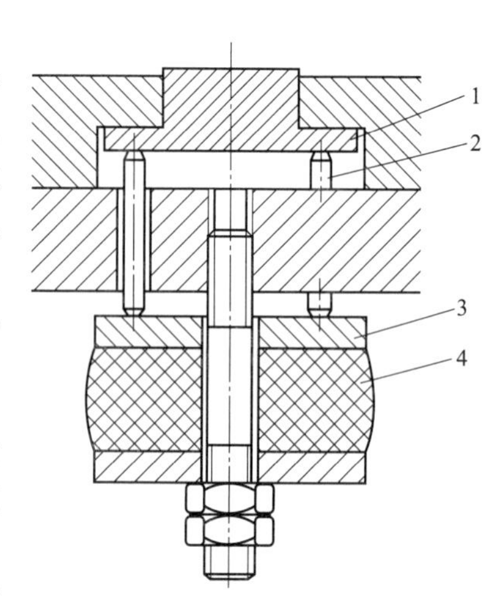

图 2-83　弹性顶件装置

1—顶件块；2—顶杆；3—托板；4—橡胶

推件块和顶件块与凸模的配合一般呈较松的间隙配合，也可以根据板料厚度取适当的间隙。

三、弹簧和橡胶的选用与计算

1. 弹簧的选用与计算

在冲模的卸料装置中，常用的弹簧是圆柱螺旋压缩弹簧和碟形弹簧。以下为圆柱螺旋弹簧的选用与计算方法。

卸料弹簧的选择原则如下。

（1）卸料弹簧的预压力应满足下式：

$$F_0 \geqslant \frac{F_x}{n} \tag{2-59}$$

式中 F_0——弹簧预压状态的压力；

F_x——卸料力；

n——弹簧数量。

（2）弹簧最大许可压缩量应满足下式：

$$\Delta H_2 \geqslant \Delta H$$

$$\Delta H = \Delta H_0 + \Delta H' + \Delta H''$$

式中 ΔH_2——弹簧最大许可压缩量；

ΔH——弹簧实际总压缩量；

ΔH_0——弹簧预压缩量；

$\Delta H'$——卸料板的工作行程，一般取 $\Delta H' = t + 1$，t 为板料厚度；

$\Delta H''$——凸模刃磨量和调整量，可取 5～10 mm。

（3）选用的弹簧能够合理地布置在模具的相应空间。

卸料弹簧选择与计算步骤如下：

（1）根据卸料力和模具安装弹簧的空间大小，初定弹簧数量 n，计算出每个弹簧应有的预压力 F_0 并满足式（2-59）。

（2）根据预压力 F_0 和模具结构预选弹簧规格，选择时应使弹簧的最大工作负荷 F_2 大于 F_0。

（3）计算预选的弹簧在预压力 F_0 作用下的预压缩量 ΔH_0，公式为

$$\Delta H_0 = \frac{F_0}{F_2}\Delta H_2 \tag{2-60}$$

也可以直接在弹簧最大压缩特性曲线上根据 F_0 查出 ΔH_0（见图 2-84）。

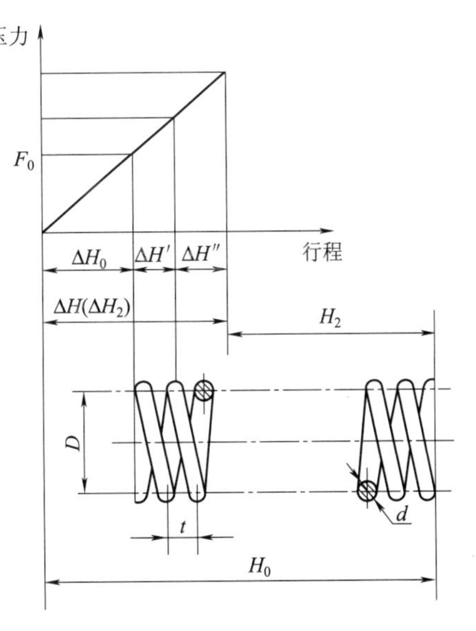

图 2-84 弹簧特性曲线

（4）校核弹簧最大允许压缩量是否大于实际工作总压缩量，即 $\Delta H_2 \geqslant \Delta H_0 + \Delta H' + \Delta H''$。如果不满足上述关系，则必须重新选择弹簧规格，直到满足为止。

【例 2-3】 如果采用图 2-77（e）所示的卸料装置，冲裁板厚为 1 mm 的低碳钢垫圈，设冲裁卸料力为 1 000 N，试选用和计算所需要的卸料弹簧。

解：（1）根据模具安装位置拟选 4 个弹簧，每个弹簧的预压力为

$$F_0 = \frac{F_x}{n} = \left(\frac{1\,000}{4}\right)\text{N} = 250\ \text{N}$$

（2）查有关弹簧规格，初选弹簧规格为 25 mm × 4 mm × 55 mm。其具体参数是：$D = 25$ mm，$d = 4$ mm，$t = 6.4$ mm，$F_2 = 533$ N，$\Delta H_2 = 14.7$ mm，$H_0 = 55$ mm，

$n = 7.7$，$f = 1.92$ mm。

（3）计算 ΔH_0。

$$\Delta H_0 = \left(\frac{\Delta H_2}{F_2}\right)F_0 = \left(\frac{14.7}{533}\right)\times 250 \text{ mm} = 6.9 \text{ mm}$$

（4）校核。

设 $\Delta H' = 2$ mm，$\Delta H'' = 5$ mm，则

$$\Delta H \geqslant \Delta H_0 + \Delta H' + \Delta H'' = 13.9 \text{ mm}$$

由于 $14.7 > 13.9$，即 $\Delta H_2 > \Delta H$，所以所选弹簧是合适的，其特性曲线如图 2－85 所示。

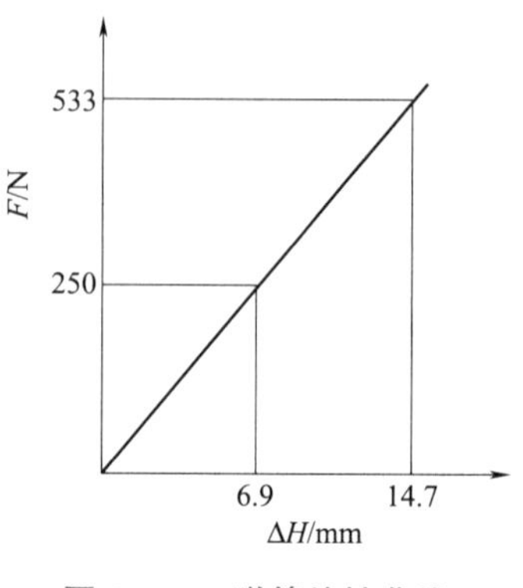

图 2－85　弹簧特性曲线

2. 橡胶的选用与计算

橡胶允许承受的负荷较大，安装调整灵活方便，是冲裁模中常用的弹性元件。

1）橡胶的选用和计算原则

（1）为保证橡胶正常工作，应使橡胶在预压缩状态下的预压力满足下式：

$$F_0 \geqslant F_x \tag{2-61}$$

式中　F_0——橡胶在预压缩状态下的压力；

F_x——卸料力。

（2）为保证橡胶不过早失效，其允许最大压缩量不应超过其自由高度的 45%，一般取

$$\Delta H_2 = (0.35 \sim 0.45)H_0 \tag{2-62}$$

式中　ΔH_2——橡胶允许的总压缩量；

H_0——橡胶的自由高度。

橡胶预压缩量一般取自由高度的 10% ~15%，即

$$\Delta H_0 = (0.1 \sim 0.15)H_0 \tag{2-63}$$

式中　ΔH_0——橡胶预压缩量。

因此

$$\Delta H_1 = \Delta H_2 - \Delta H_0 (0.25 \sim 0.35)H_0 \tag{2-64}$$

而

$$\Delta H_1 = \Delta H' + \Delta H''$$

式中　$\Delta H'$——卸料板的工作行程，$\Delta H' = t + 1$，t 为板料厚度；

$\Delta H''$——凸模刃口修磨量。

（3）橡胶高度与直径之比应按下式校核：

$$0.5 \leqslant \frac{H_0}{D} \leqslant 1.5 \tag{2-65}$$

式中　D——橡胶外径。

2）橡胶选用与计算步骤

（1）根据工艺性质和模具结构确定橡胶性能、形状和数量。冲裁卸料用较硬橡胶，拉深压料用较软橡胶。

（2）根据卸料力求橡胶横截面尺寸。

橡胶产生的压力按下式计算：

$$F_{xy} = Ap \tag{2-66}$$

所以橡胶横截面积为

$$A = \frac{F_{xy}}{p} \tag{2-67}$$

式中　F_{xy}——橡胶所产生的压力，设计时取大于或等于卸料力 F_x（即F_0）；

p——橡胶所产生的单位面积压力，与压缩量有关，其值可按图 2－86 确定，设计时取预压量下的单位压力；

A——橡胶横截面积。

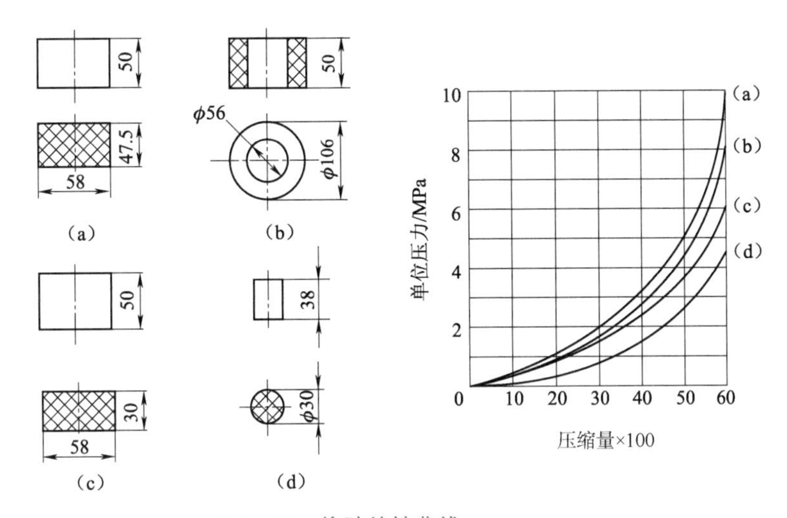

图 2-86 橡胶特性曲线

(a)、(c) 矩形；(b) 圆筒形；(d) 圆柱形

设计时也可以按表 2-34 计算出橡胶横截面尺寸。

表 2-34 橡胶的截面尺寸

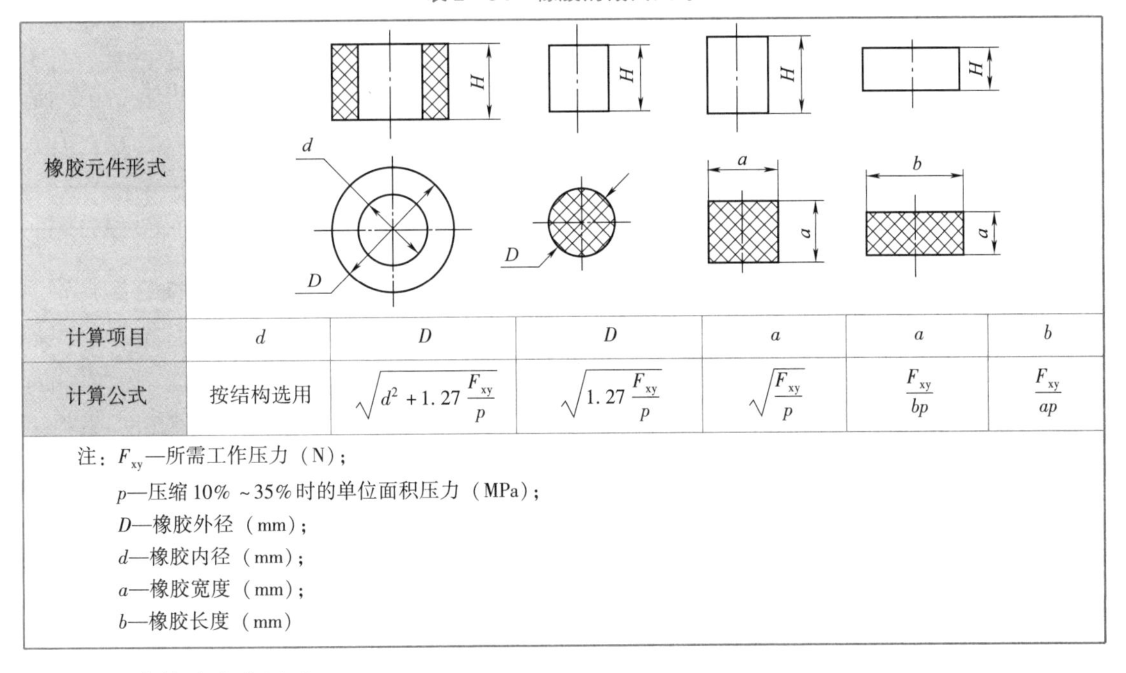

橡胶元件形式						
计算项目	d	D	D	a	a	b
计算公式	按结构选用	$\sqrt{d^2+1.27\frac{F_{xy}}{p}}$	$\sqrt{1.27\frac{F_{xy}}{p}}$	$\sqrt{\frac{F_{xy}}{p}}$	$\frac{F_{xy}}{bp}$	$\frac{F_{xy}}{ap}$

注：F_{xy}—所需工作压力（N）；
p—压缩 10% ~35%时的单位面积压力（MPa）；
D—橡胶外径（mm）；
d—橡胶内径（mm）；
a—橡胶宽度（mm）；
b—橡胶长度（mm）

（3）求橡胶高度尺寸。

$$H_0=\frac{\Delta H_1}{0.25\sim0.35} \tag{2-68}$$

（4）校核橡胶高度与直径之比。

橡胶高度与直径之比。如果超过 1.5，则应把橡胶分成若干块，在其间垫以钢垫圈；如果小于 0.5，则应重新确定其尺寸。

还应校核最大相对压缩变形量是否在许可的范围内。如果橡胶高度是按允许相对压缩量求出，则不必校核。

聚氨酯橡胶具有高的强度、高弹性、高耐磨性和易于机械加工的特性，在冲模中的应用越来越多。图 2－87 所示为国家标准的聚氨酯弹性体，使用时可根据模具空间尺寸和卸料力大小，并参照聚氨酯橡胶块的压缩量与压力的关系，适当选择聚氨酯弹性体的形状和尺寸。如果需要用非标准形状的聚氨酯橡胶，则应进行必要的计算。聚氨酯橡胶的压缩量一般为 10% ~35% 。

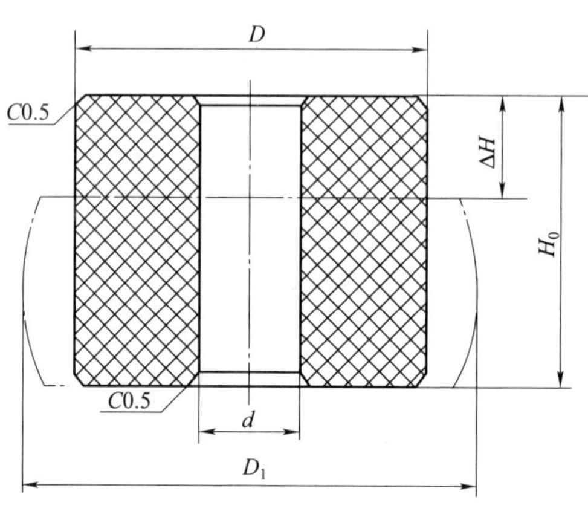

图 2－87　聚氨酯弹性体

做一做： 按照任务要求，完成手柄冲裁模具的卸料装置的设计及选用。

任务考核

任务名称	手柄冲裁模具零部件的设计	专业		组名	
班级		学号		日期	
评价指标	评价内容			分数评定	自评
信息收集能力	能有效利用网络、图书资源查找有用的相关信息等；能将查到的信息有效地传递到学习中			10 分	
感知课堂生活	是否能在学习中获得满足感、课堂生活的认同感			5 分	
参与态度沟通能力	积极主动与教师、同学交流，相互尊重、理解、平等；与教师、同学之间是否能够保持多向、丰富、适宜的信息交流			5 分	
	能处理好合作学习和独立思考的关系，做到有效学习；能提出有意义的问题或能发表个人见解			5 分	
知识、能力获得情况	工作零件刃口尺寸计算（凸模、凹模）			20 分	
	工作零件的结构设计（落料凸模、冲孔凸模、凹模）			20 分	
	定位零件的设计（导正销、导料板）			10 分	
	卸料装置设计（卸料橡胶、卸料板、卸料螺钉的设计）			10 分	
辩证思维能力	是否能发现问题、提出问题、分析问题、解决问题、创新问题			10 分	
自我反思	按时保质完成任务；较好地掌握了知识点；具有较为全面严谨的思维能力并能条理清楚明晰地表达成文			5 分	
小计				100	

续表

总结提炼				
考核人员	分值/分	评分	存在问题	解决办法
（指导）教师评价	100			
小组互评	100			
自评成绩	100			
总评	100	总评成绩 = 指导教师评价 ×35% + 小组评价 ×25% + 自评成绩 ×40%		

知识拓展

通过查阅相关教材、模具设计手册和中国大学慕课等网络资源，学习工作零件的设计、定位零件的设计及卸料装置的设计与选用的相关知识。

任务四　模架和标准件选用

任务描述

手柄冲裁模具模架、模柄、其他支承零件的设计及选择。

学习目标

【知识目标】

(1) 掌握模架的分类、规格及用途；

(2) 掌握其他支承零件的选择。

【能力目标】

(1) 能根据模具结构合理选择模架；

(2) 能合理选择其他支承零件。

【素养素质目标】

(1) 培养踏实学习的态度；

(2) 培养逻辑思维能力。

任务实施

任务单　手柄冲裁模模架和标准件选用

任务名称	手柄冲裁模模架和标准件选用	学时		班级	
学生姓名		学生学号		任务成绩	
实训设备		实训场地		日期	
任务目的	掌握冲裁模模架及其他支承零件的设计及选用				

续表

任务内容	模架的设计与选用、模柄的设计与选用、凸模固定板及垫板的设计与选用、紧固件的选用及冲模组合结构的选择
任务实施	一、模架的选择 二、模柄的选择 三、凸模固定板和垫板的设计及选用 四、紧固件的选择 五、冲模组合结构的选择
谈谈本次课程的收获，写出学习体会，给任课教师提出建议	

步骤一 模　　架

一、模架

根据国家标准，模架主要有两大类：一类是由上模座、下模座、导柱、导套组成的导柱模模架；另一类是由弹压导板、下模座、导柱、导套组成的导板模模架。模架及其组成零件已经标准化，并对其规定了一定的技术条件。

1. 导柱模模架

导柱模模架按导向结构形式分滑动导向和滚动导向两种。滑动导向模架的精度等级分为Ⅰ级和Ⅱ级，各级对导柱、导套的配合精度及上模座上平面对下模座下平面的平行度、导柱轴心线对下模座下平面的垂直度等都规定了一定的公差等级。滚动导向模架的精度等级分为0Ⅰ级和0Ⅱ级，对这两级也都规定了一定的公差等级。这些技术条件保证了整个模架具有一定的精度，这也是保证冲裁间隙均匀性的前提。有了这一前提，加上工作零件的制造精度和装配精度达到一定的要求，整个模具达到一定的精度就有了基本的保证。

滑动导向模架的结构形式有6种，如图2-88所示。滚动导向模架有4种，如图2-89所示，即与滑动导向模架相应的有对角导柱模架、中间导柱模架、四角导柱模架和后侧导柱模架。

对角导柱模架、中间导柱模架、四角导柱模架的共同特点是：导向装置都是安装在模具的对称线上，滑动平稳，导向准确可靠。所以要求导向精确可靠的都采用这3种结构形式。对角导柱模架上、下模座，其工作平面的横向尺寸 L 一般大于纵向尺寸 B，常用于横向送料的级进模及纵向送料的单工序模或复合模。中间导柱模架只能纵向送料，一般用于单工序模或复合模。四角导柱模架常用于精度要求较高或尺寸较大的冲件的生产及大批量生产用的自动模。

后侧导柱模架的特点是导向装置在后侧，横向和纵向送料都比较方便，但如果有偏心载荷，压力机导向又不精确，就会造成上模歪斜，导向装置和凸、凹模都容易磨损，从而影响模具寿命。此模架一般用于较小的冲模。

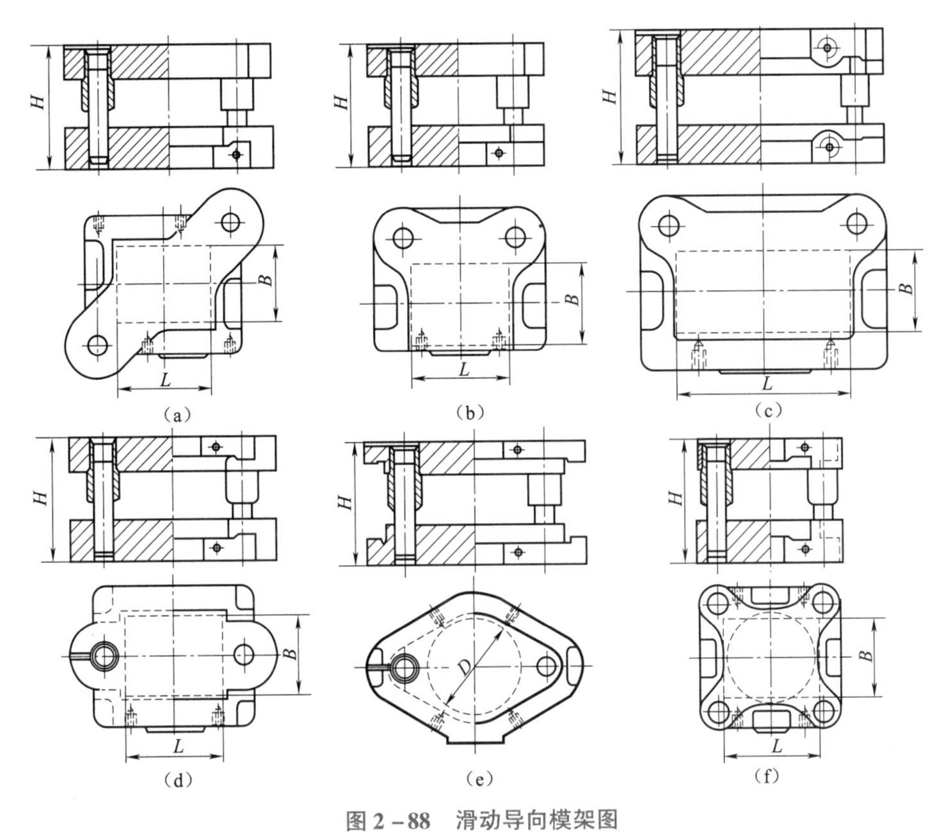

图 2－88　滑动导向模架图

（a）对角导柱模架；（b）后侧导柱模架；（c）后侧导柱窄形模架；（d）中间导柱模架；（e）中间导柱圆形模架；（f）四角导柱模架

（a）　　（b）

图 2－89　滚动导向模架

（a）对角导柱模架；（b）中间导柱模架

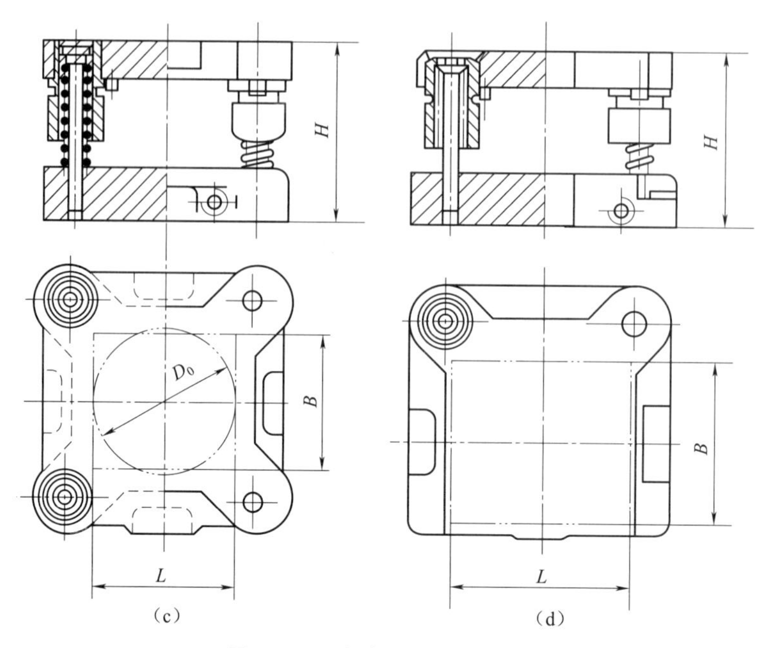

图 2-89　滚动导向模架（续）

（c）四导柱模架；（d）后侧导柱模架

2. 导板模模架

导板模模架有两种结构形式，如图 2-90 所示。

导板模模架的特点是：作为凸模导向用的弹压导板与下模座以导柱导套为导向构成整体结构。凸模与固定板是间隙配合而不是过渡配合，因而凸模在固定板中有一定的浮动量。这种结构形式可以起到保护凸模的作用，一般用于带有细凸模的级进模（见图 2-18）。实际上，弹压导板模架在生产中应用并不多，在实际生产中，尤其是在多工位级进模中，采用如图 2-77（d）所示的结构形式也会起到保护凸模的作用。

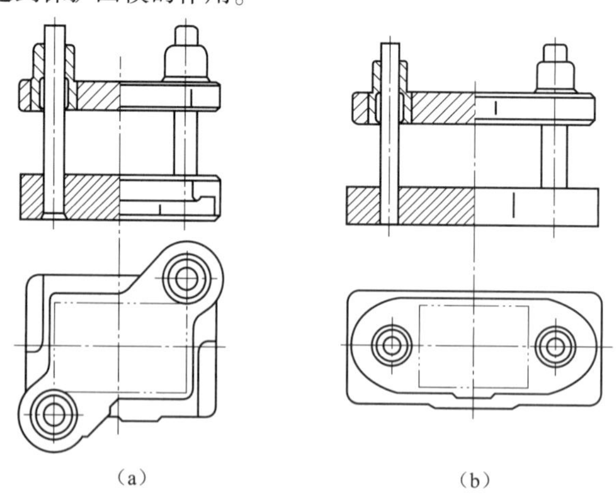

图 2-90　导板模模架

（a）对角导柱弹压模架；（b）中间导柱弹压模架

二、导向装置

对生产批量较大、零件公差要求较高、寿命要求较长的模具，一般都采用导向装置。导向装置有多种结构形式，常用的有导柱导套导向和导板导向两种。

图 2－91 所示为标准的导柱结构。

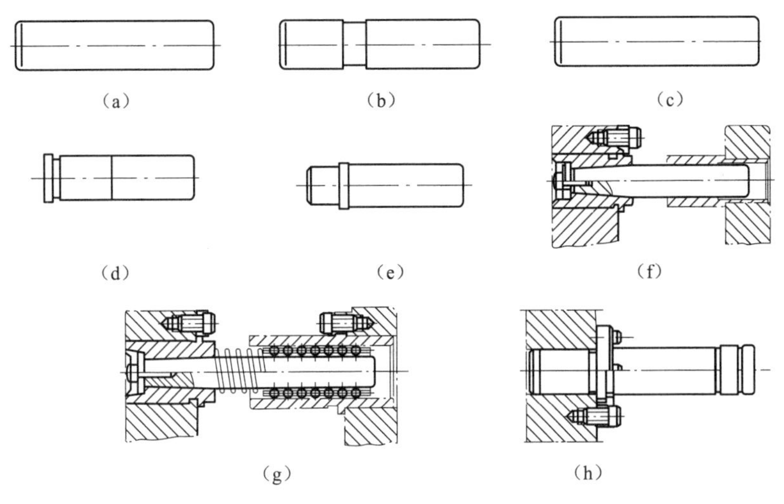

图 2－91 导柱形式

(a) A 型导柱；(b) B 型导柱；(c) C 型导柱；(d) A 型小导柱；(e) B 型小导柱；(f) A 型可拆卸导柱；(g) B 型可拆卸导柱；(h) 压圈固定导柱

图 2－92 所示为标准的导套结构形式。

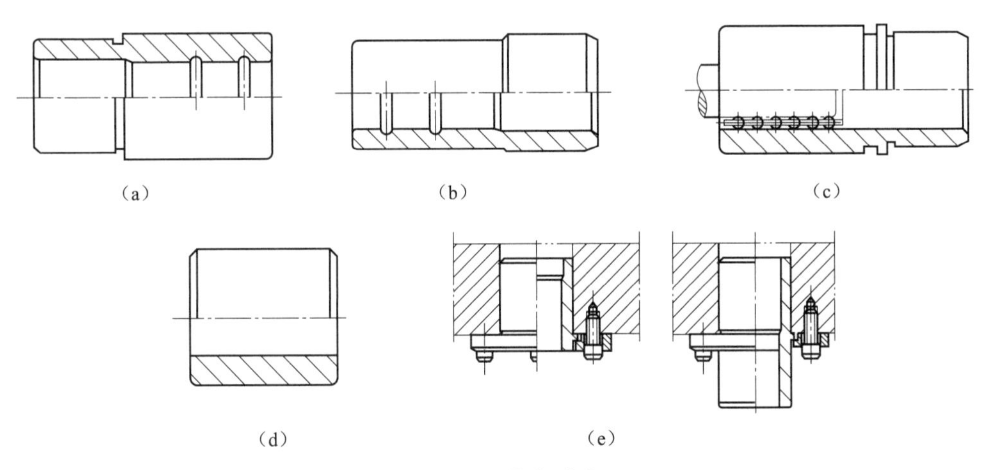

图 2－92 导套形式

(a) A 型导套；(b) B 型导套；(c) C 型导套；(d) 小导套；(e) 压圈固定导套

A 型、B 型、C 型导柱是常用的，尤其是 A 型导柱，其结构简单，制造方便，但与模座为过盈配合，装拆麻烦。A 型和 B 型可卸导柱与衬套为锥度配合并用螺钉和垫圈紧固；衬套又与模座以过渡配合并用压板和螺钉紧固，其结构复杂，制造麻烦，但可卸式导柱或可卸式导套在磨损后可以及时更换，便于模具的维修和刃磨。

A 型导柱、B 型导柱和 A 型可拆卸导柱一般与 A 型或 B 型导套配套用于滑动导向，导柱与导套按$\frac{H7}{h6}$或$\frac{H6}{h5}$配合，其配合间隙必须小于冲裁间隙，冲裁间隙小的一般应按$\frac{H6}{h5}$配合，间隙较大的按$\frac{H7}{h6}$配合。C 型导柱与 B 型可卸导柱公差和表面粗糙度较小，与 C 型导套配套，用于滚动导向。压圈固定导柱与压圈固定导套的尺寸较大，用于大型模具上，拆卸方便。导套用压板固定或压圈固定时，导套与模座为过渡配合，避免了用过盈配合而产生对导套内孔尺寸的影响。这是精密导向的特点。

A型和B型小导柱与小导套配套使用，一般用于卸料板导向等结构上。

导柱、导套与模座的装配方式及要求按国家标准规定。但要注意，在选定导向装置及其零件标准之后，根据所设计模具的实际闭合高度，一般应符合图2-93所示的要求，并保证有足够的导向长度。

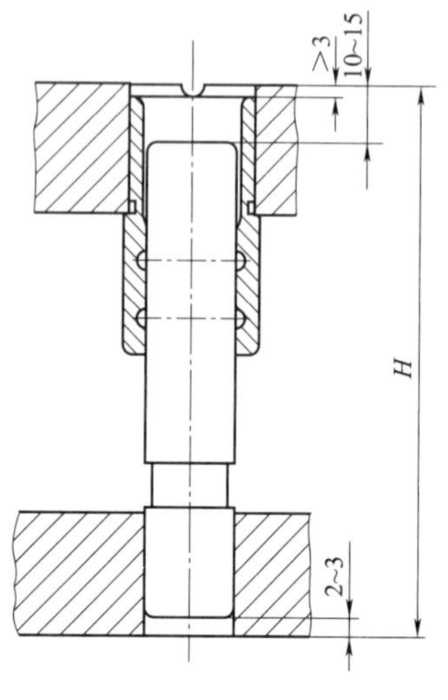

图2-93 导柱和导套

H—模具闭合高度

导板导向装置分为固定导板和弹压导板导向两种。导板的结构已经标准化。

滚动导向是一种无间隙导向，精度高，寿命长。滚珠导向装置及钢球保持器如图2-94所示。滚动导向装置及其组成零件均已标准化。

滚珠在导柱和导套之间应保证导套内径与导柱在工作时有0.01~0.02 mm的过盈量，故

$$d_1 = d + 2d_2 - (0.01 \sim 0.02)\ \text{mm} \qquad (2-69)$$

式中 d_1——导套内径；

d——导柱直径；

d_2——滚珠直径。

为保证滚动导向装置在工作时钢球保持器不脱离导柱和导套，即导柱、导套在压力机全行程中始终起导向作用，则保持器的高度按下式校核：

$$H = \frac{s}{2} + (3 \sim 4)\frac{b}{2} \qquad (2-70)$$

式中 H——钢球保持器高度；

s——压力机行程；

b——滚珠中心距，如图2-94所示。

钢球为$\phi3 \sim \phi4$ mm的滚珠（0Ⅰ级），保持器用铝合金2A11（LY11）、黄铜H62或尼龙制造。

滚动导向用于精密冲裁模、硬质合金模、高速冲模以及其他精密模具。

总之，冲模的导向十分重要，选用时应根据生产批量，冲压件的形状、尺寸及公差等要求，冲裁间隙大小，制造和装拆等因素全面考虑，合理选择导向装置的类型和具体结构形式。

三、上、下模座

上、下模座的作用是直接或间接地安装冲模的所有零件，分别与压力机滑块和工作台连接，传递压力。因此，必须十分重视上、下模座的强度和刚度。模座因强度不足会产生破坏；如果刚度不足，工作时会产生较大的弹性变形，导致模具的工作零件和导向零件迅速磨损。

在选用和设计时应注意以下几点：

（1）尽量选用标准模架，而标准模架的型式和规格就决定了上、下模座的型式和规格。如果需要自行设计模座，则圆形模座的直径应比凹模板直径大30~70 mm，矩形模座的长度应比凹模板长度大40~70 mm，其宽度可以略大或等于凹模板的宽度。模座的厚度可参照标准模座确定，一般为凹模板厚度的1.0~1.5倍，以保证有足够的强度和刚度。对于大型非标准模座，还必须根据实际需要，按铸件工艺性要求和铸件结构设计规范进行设计。

（2）所选用或设计的模座必须与所选压力机的工作台和滑块的有关尺寸相适应，并进行必要的校核。例如，下模座尺寸应比工作台孔尺寸每边大40~50 mm等。

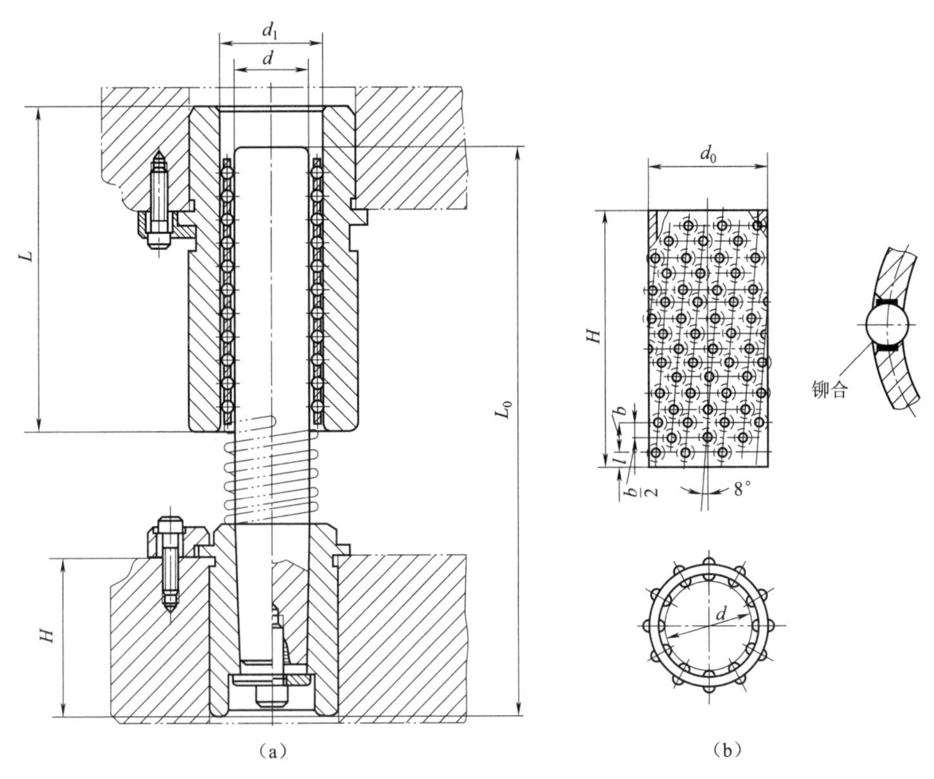

图 2-94　滚动导向装置及钢球保持器

(a) 滚动导向装置；(b) 钢球保持器

(3) 模座材料视工艺力大小和模座的重要性选用，一般的模座选 HT200，精密模具的模座选用 ZG310-570。

做一做：按照任务要求，完成手柄冲裁模具模架的选择。

步骤二　其他支撑零件

一、模柄

中、小型模具一般是通过模柄固定在压力机滑块上。模柄是作为上模与压力机滑块连接的零件，对它的基本要求是：一要与压力机滑块上的模柄孔正确配合，安装可靠；二是与上模正确、可靠连接。标准的模柄形式如图 2-95 所示。

压入式模柄与上模座孔以$\frac{H7}{h6}$配合并加销钉以防转动，主要用于上模座较厚而又没有开设推板孔或上模比较重的场合（见图 2-13 件 16）。旋入式模柄是通过螺纹与上模座连接，并加螺钉防松，主要用于中、小型有导柱的模具上（见图 2-20 件 2）。凸缘模柄是用 3~4 个螺钉紧固于上模座，主要用于大型模具或上模座中开设推板孔的中、小型模具（见图 2-14 件 2）。浮动模柄的主要特点是压力机的压力通过凹球面模柄和凸球面垫块传递到上模，以消除压力机导向误差对模具导向精度的影响，主要用于硬质合金模等精密导柱模。对于推入式活动模柄，压力机压力通过模柄接头、凹球面垫块和活动模柄传递到上模，它也是一种浮动模柄。因模柄一面开通（呈 U 形），所以在使用时导柱、导套不宜离开，它主要用于精密模具上［见图 2-82（a）］。槽形模柄和通用

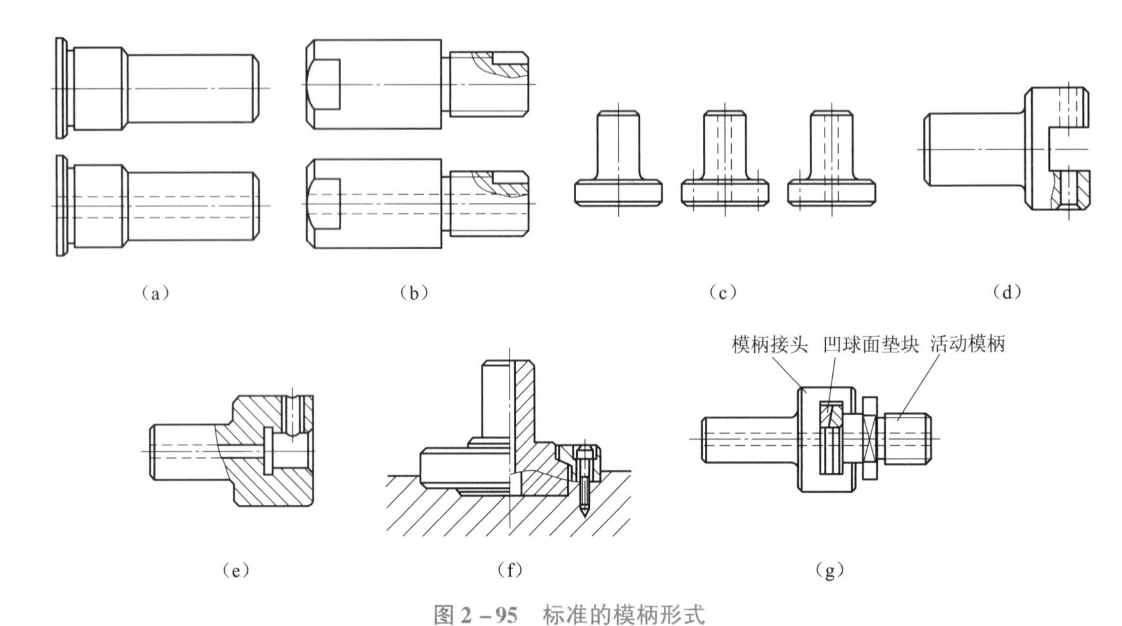

（a）　（b）　（c）　（d）

（e）　（f）　（g）

图 2－95　标准的模柄形式

（a）压入式模柄；（b）旋入式模柄；（c）凸缘模柄；

（d）槽形模柄；（e）通用模柄；（f）浮动模柄；（g）推入式活动模柄

模柄都是用于直接固定凸模，也可以称为带模座的模柄，主要用于简单模中，更换凸模方便。

二、凸模固定板和垫板

凸模固定板的作用是将凸模（凸凹模）连接固定在正确位置上。标准凸模固定板有圆形、矩形和单凸模固定板等多种型式，选用时应根据凸模固定和紧固件合理布置的需要确定其轮廓尺寸，其厚度一般为凹模厚度的 60%～80%。

凸模固定板与凸模为过渡配合$\left(\dfrac{H7}{m6}\right)$，压装后将凸模端面与固定板一起磨平。对于弹压导板等模具，浮动凸模与固定板采用间隙配合。

垫板的作用是直接承受凸模的压力，以防模座被凸模头部压陷，从而影响凸模的正常工作。是否需要用垫板，可按下式校核：

$$p=\frac{F'_Z}{A} \tag{2-71}$$

式中　p——凸模头部端面对模座的单位面积压力；

F'_Z——凸模承受的总压力；

A——凸模头部端面支承面积。

如果头部端面上的单位面积压力 p 大于模座材料的许用压应力，则需要在凸模头部支承面上加一块硬度较高的垫板（图 2－13 中件 14）；如果凸模头部端面上的单位面积压力 p 不大于模座材料的许用压应力，则可以不加垫板（见图 2－9）。据此，凸模较小而冲裁力较大时，一般需加垫板；凸模较大时，一般可以不加垫板。

模座材料的许用压应力见表 2－35。

表 2－35　模座材料的许用压应力

模板材料	$[\sigma_{bc}]$/MPa
铸铁 HT250	90～140
铸钢 ZG310－570	110～150

做一做：按照任务要求，完成手柄冲裁模具模柄、凸模固定板及垫板的设计及选用。

步骤三　紧　固　件

螺钉、销钉在冲模中起紧固定位作用，设计时主要是确定它的规格和紧定位置。

螺钉、销钉的种类繁多，应根据实际需要选用。螺钉最好选用内六角的，它紧固牢靠，螺钉头不外露，模具外形美观。螺钉、销钉规格应根据冲压工艺力大小、凹模厚度等确定。螺钉规格的选用可参照表 2－36。销钉常用圆柱形的，同一个组合一般不少于两个。

表 2－36　螺钉规格选用

凹模厚度/mm	≤13	>13～19	>19～25	>25～32	>35
螺钉规格	M4、M5	M5、M6	M6、M8	M8、M10	M10、M12

螺钉拧入的深度不能太浅，否则紧固不牢靠；也不能太深，否则拆装工作量大。圆柱销钉配合深度一般不小于其直径的两倍，也不宜太深。

做一做：按照任务要求，完成手柄冲裁模具的螺钉和销钉的选用。

步骤四　冲模的组合结构

为了便于模具的专业化生产，国家、行业曾规定了冲模的标准组合结构。图 2－96 所示为冲模典型组合结构，各种典型组合结构还可细分为不同的形式，以适应冲压加工的实际需要。

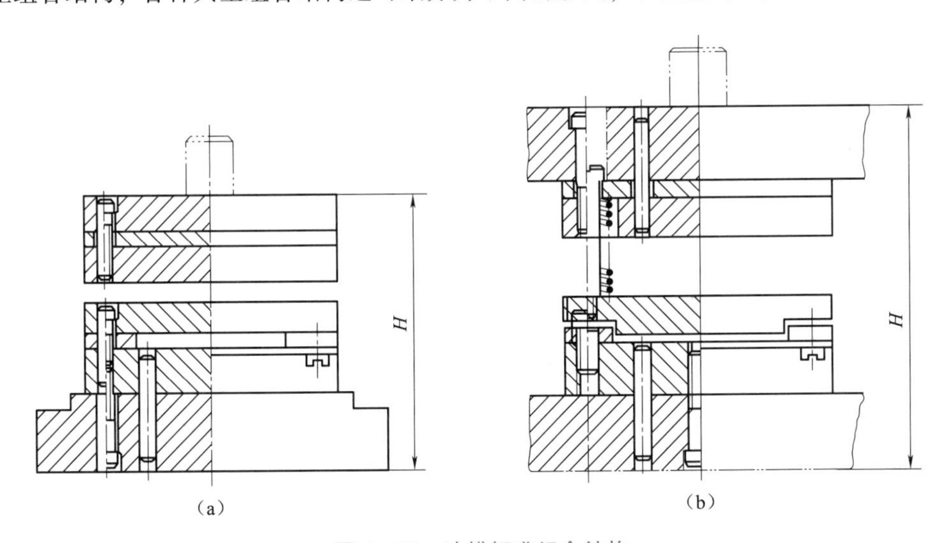

图 2－96　冲模标准组合结构

(a) 固定卸料典型组合；(b) 弹压卸料典型组合

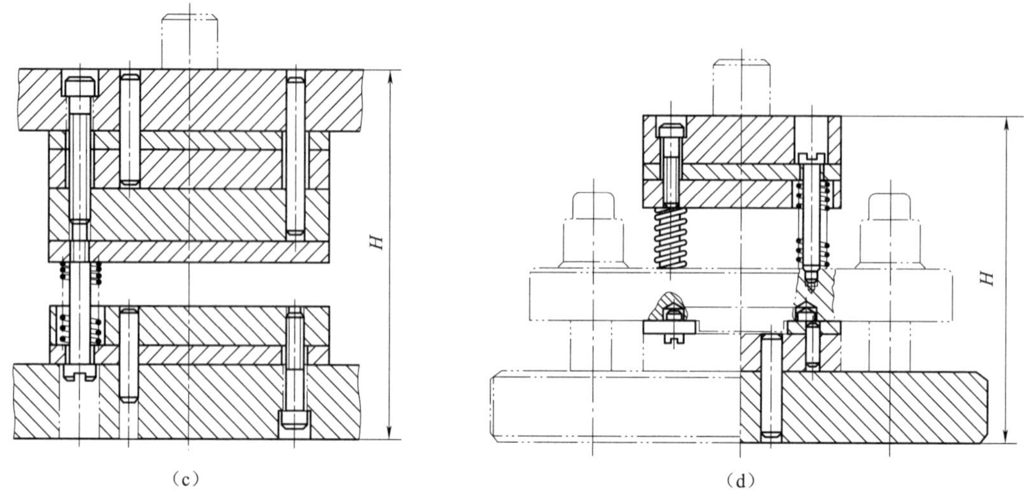

图2－96　冲模标准组合结构（续）

（c）复合模典型组合；（d）导板模典型组合

做一做：按照任务要求，完成手柄冲裁模具组合结构的选择。

任务考核

任务名称	手柄冲裁模模架和标准件选用	专业		组名	
班级		学号		日期	
评价指标	评价内容			分数评定	自评
信息收集能力	能有效利用网络、图书资源查找有用的相关信息等；能将查到的信息有效地传递到学习中			10分	
感知课堂生活	是否能在学习中获得满足感、课堂生活的认同感			5分	
参与态度沟通能力	积极主动与教师、同学交流，相互尊重、理解、平等；与教师、同学之间是否能够保持多向、丰富、适宜的信息交流			5分	
	能处理好合作学习和独立思考的关系，做到有效学习；能提出有意义的问题或能发表个人见解			5分	
知识、能力获得情况	模架的选择			20分	
	模柄的设计及选用			10分	
	凸模固定板和垫板的设计及选用			10分	
	紧固件的选择			10分	
	冲模组合结构的选择			10分	
辩证思维能力	是否能发现问题、提出问题、分析问题、解决问题、创新问题			10分	
自我反思	按时保质完成任务；较好地掌握了知识点；具有较为全面严谨的思维能力并能条理清楚明晰地表达成文			5分	
小计				100	

续表

总结提炼				
考核人员	分值/分	评分	存在问题	解决办法
（指导）教师评价	100			
小组互评	100			
自评成绩	100			
总评	100	总评成绩＝指导教师评价×35%＋小组评价×25%＋自评成绩×40%		

知识拓展

通过查阅相关教材、模具设计手册和中国大学慕课等网络资源，学习标准模架、其他支承零件、紧固件的选用、冲模的组合结构等相关知识。

任务五 模具装配图和零件图的绘制

任务描述

手柄冲裁模具装配图和零件图的绘制。

学习目标

【知识目标】

掌握装配图及零件图的绘制。

【能力目标】

能够综合应用所需理论知识，绘制模具装配图及零件图。

【素养素质目标】

培养综合分析问题、解决问题的能力。

任务实施

任务单 手柄冲裁模模架和标准件选用

任务名称	手柄冲裁模具装配图和零件图的绘制	学时		班级	
学生姓名		学生学号		任务成绩	
实训设备		实训场地		日期	
任务目的	掌握冲裁模具装配及零件图的绘制方法和技术要求				
任务内容	绘制手柄冲裁模具的装配图和零件图				

续表

任务实施	一、绘制手柄冲裁模具的总装配体 二、绘制冲裁模具的各个零部件图
谈谈本次课程的收获，写出学习体会，给任课教师提出建议	

任务考核

任务名称	手柄冲裁模具装配图和零件图的绘制	专业		组名	
班级		学号		日期	
评价指标	评价内容			分数评定	自评
信息收集能力	能有效利用网络、图书资源查找有用的相关信息等；能将查到的信息有效地传递到学习中			10 分	
感知课堂生活	是否能在学习中获得满足感、课堂生活的认同感			5 分	
参与态度沟通能力	积极主动与教师、同学交流，相互尊重、理解、平等；与教师、同学之间是否能够保持多向、丰富、适宜的信息交流			5 分	
	能处理好合作学习和独立思考的关系，做到有效学习；能提出有意义的问题或能发表个人见解			5 分	
知识、能力获得情况	手柄冲裁模具总装配图			20 分	
	工作零件			10 分	
	定位零件			10 分	
	卸料零件			10 分	
	模架及支承零件			10 分	
辩证思维能力	是否能发现问题、提出问题、分析问题、解决问题、创新问题			10 分	
自我反思	按时保质完成任务；较好地掌握了知识点；具有较为全面严谨的思维能力并能条理清楚明晰地表达成文			5 分	
小计				100	
总结提炼					
考核人员	分值/分	评分	存在问题	解决办法	
（指导）教师评价	100				
小组互评	100				
自评成绩	100				
总评	100	总评成绩 = 指导教师评价 ×35% + 小组评价 ×25% + 自评成绩 ×40%			

知识拓展

通过查阅相关教材、模具设计手册和中国大学慕课等网络资源，学习模具装配图的绘制方法、主要技术要求、零件图等相关知识。

模块三　弯　　曲

任务描述 

托架弯曲模具设计。

零件名称：托架。

零件图：如图 3-1 所示。

材料：08 冷轧钢板。

材料厚度：1.5 mm。

批量：年产量 2 万件。

工作任务：制定该零件的冲压工艺并设计模具。

弯曲是指把材料（包括板料、毛坯料、管材、型材、棒料等）沿弯曲线弯曲成一定形状和角度的冲压工序，它是冲压生产基本成形工序之一，应用非常广泛。图 3-2 所示为弯曲成形常见的一些典型零件。

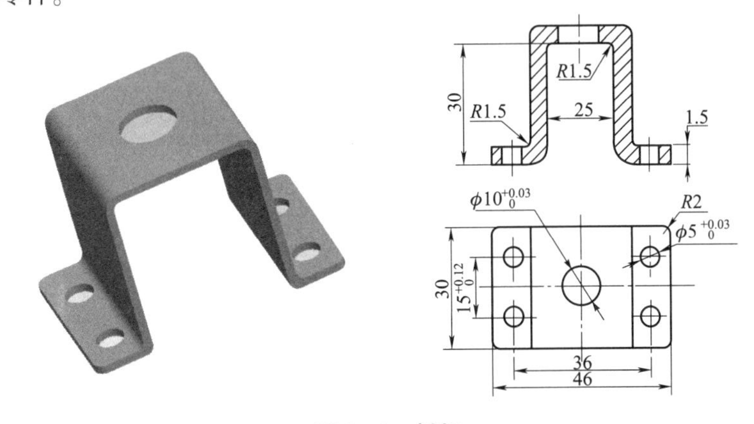

图 3-1　托架

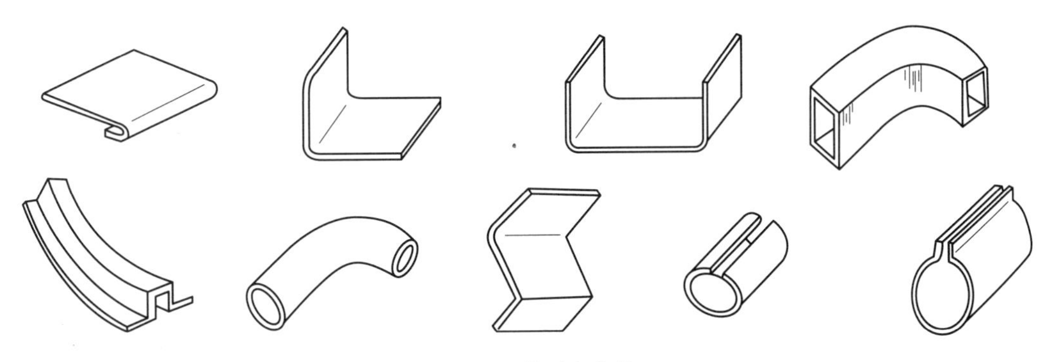

图 3-2　典型弯曲件

根据弯曲成形所使用的模具与设备的不同，弯曲方法通常可分为模具压弯、弯板机折弯、拉弯机拉弯、滚弯机滚弯等。虽然弯曲用的毛坯种类较多，所使用的设备工具亦不相同，但其变形过程及特点是有共同规律的。本模块主要介绍普通板料压弯工艺和通用冲床使用的弯曲模具设计。

任务一 弯曲模具总体方案设计

任务描述

完成托架弯曲模具的总体方案设计，内容包括弯曲变形过程分析、最小弯曲半径、弯曲件的工艺性及弯曲工艺方案的确定。

学习目标

【知识目标】

(1) 认识和理解弯曲变形的过程及特点；

(2) 掌握常见弯曲件的弯曲模结构。

【能力目标】

(1) 能合理选用最小弯曲半径；

(2) 能分析弯曲件的结构工艺性；

(3) 能设计弯曲件的弯曲工艺方案。

【素养素质目标】

(1) 培养辩证分析能力；

(2) 培养逻辑思维能力。

任务实施

任务单　托架弯曲模具总体方案设计

任务名称	弯曲模具总体方案设计	学时		班级	
学生姓名		学生学号		任务成绩	
实训设备		实训场地		日期	
任务目的	正确制定弯曲模具工艺方案				
任务内容	托架弯曲件工艺性分析、弯曲工艺方案确定及工艺方案制定				
任务实施	一、托架弯曲件工艺性分析 二、托架弯曲工艺方案的确定 三、托架弯曲模具总体方案设计				
谈谈本次课程的收获，写出学习体会，给任课教师提出建议					

相关知识

一、弯曲变形过程

V 形件弯曲是最基本的弯曲变形方式，其他复杂形状件的弯曲可以看作由多个 V 形弯曲组成，其变形机理与 V 形弯曲基本相同。因此以最简单的 V 形件为例，分析板料的弯曲变形过程。

1. 弹性弯曲阶段

弯曲前，毛坯定位在凹模开口面上，凸模随着压力机滑块向下运动，开始进行弯曲。如图 3－3（a）所示，凸模最先接触板料中部，同时在凹模开口面与板料接触形成左右 2 个支承点，因此在凸、凹模的作用力下板料内部形成了弯矩，使板料弯曲，产生弹性变形，弹性弯曲毛坯直边与凹模工作面逐渐靠近。

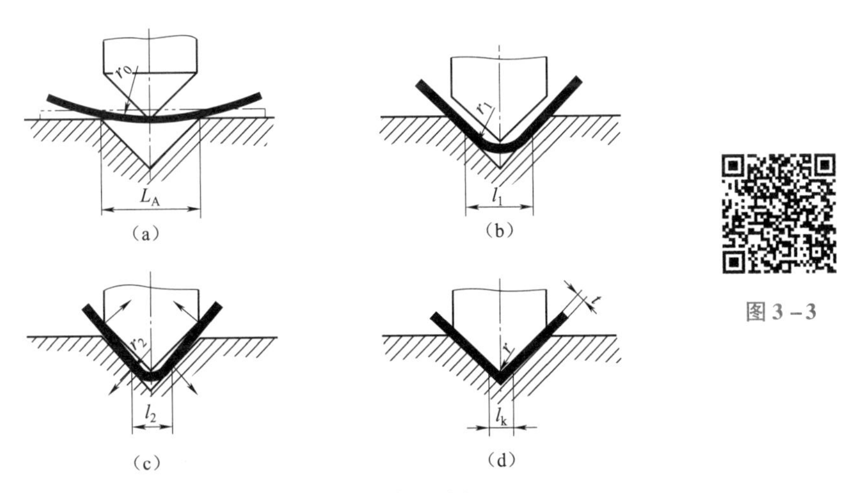

图 3－3　V 形件弯曲变形过程

2. 塑性弯曲阶段

凸模继续下压，弯曲夹角与弯曲半径不断减小，凹模对板料的支承点不断向内移动，毛坯弯曲变形区逐渐缩小，直到与凸模三点接触。随着继续下压与板料三点接触时，正向弯曲阶段结束，开始了正、反向弯曲阶段。中间部位材料在凸模的作用下继续正向弯曲，毛坯两侧直边部分材料朝反方向弯曲，直到与凸模、凹模的圆角和直壁恰好完全接触，即完成弹—塑性弯曲阶段变形。生产中通常把上述阶段所完成的变形称为自由弯曲。

由于前阶段的弹性变形在压力消失后会产生弯曲回弹，影响制件的尺寸精度。因此，在自由弯曲结束后，凸模再继续下压使已成形的制件与凸、凹模贴紧压力增大，以校正定形。

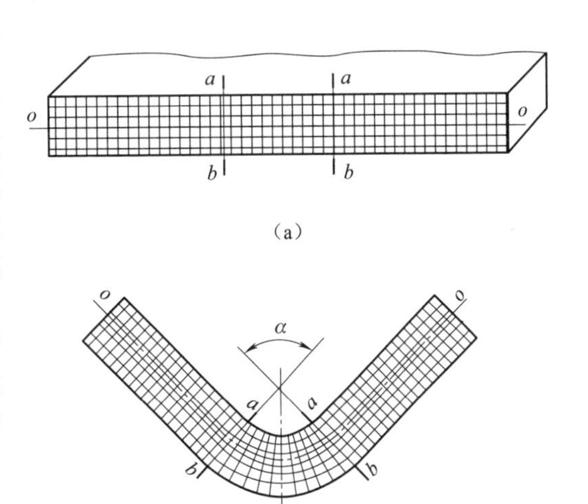

图 3－4　弯曲前后坐标网络的变化

二、塑性弯曲变形区的应力、应变状态

观察变形后位于工件侧壁的坐标网格变化（见图 3－4），可以看出：在弯曲中心角的范围

内，正方形网格变成了扇形，而板料的立边部分，除靠近圆角的直边处网格略有微小变化外，其余仍保持原来的正直形方格。可见塑性变形区主要在弯曲件的圆角部分；弯曲前$\overline{aa}=\overline{bb}$，弯曲后$\widehat{ab}<\overline{aa}$，$\widehat{bb}>\overline{bb}$，说明弯曲后内缘区域的金属切向受压而缩短，外缘区域的金属切向受拉而伸长，由内、外表面至板料中心，其缩短和伸长的程度逐渐变小。从内区的缩短过渡到外区的伸长，其间必有一层金属，它的长度在变形前后保持不变，此层称为应变中性层。

从弯曲变形区域的横截面变化来看，变形有两种情况：窄板$\left(\frac{B}{t}<3\right)$弯曲时，内区宽度增加，外区宽度减小，原矩形断面变成了扇形［见图3－5（a）］；宽板$\left(\frac{B}{t}>3\right)$弯曲时，横截面几乎不变，仍为矩形［见图3－5（b）］。

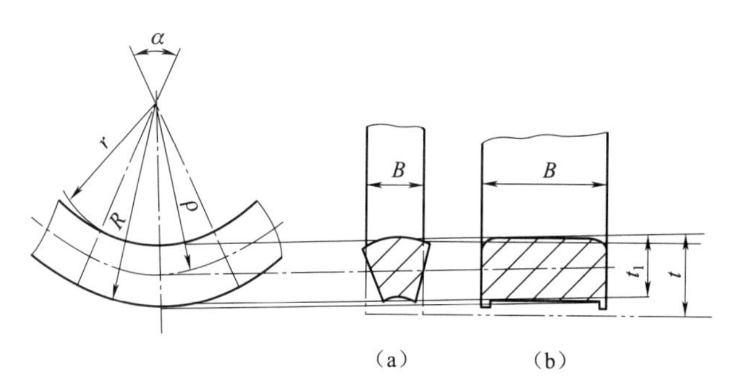

图3－5　弯曲变形区断面变化情况

由此可见，板料在塑性弯曲时，随相对宽度$\frac{B}{t}$的不同，其应力、应变的性质也不同，见表3－1。

表3－1　板料弯曲时的应力应变状态

相对宽度	变形区域	应力应变状态分析		
		应力状态	应变状态	特　点
窄板 $B/t<3$	内区（压区）	σ_t σ_θ	ε_t ε_θ ε_ϕ	平面应力状态，立体应变状态
	外区（拉区）	σ_t σ_θ	ε_t ε_θ ε_ϕ	
宽度 $B/t>3$	内区（压区）	σ_t σ_θ σ_ϕ	ε_t ε_θ	立体应力状态，平面应变状态
	外区（拉区）	σ_t σ_θ σ_ϕ	ε_t ε_θ	

1. 应变状态

切向ε_θ：弯曲变形区内区纤维缩短，切向应变为拉应变；外区纤维伸长，切向应变为压应变，并且该应变为绝对值最大的主应变。

径向ε_t：因弯曲变形时，绝对值最大的主应变是切向应变ε_θ，根据塑性变形体积不变的条件可知，必然引起另外两个方向产生与ε_θ符号相反的应变。由此可以判断：在弯区的内区，因切向主应变ε_θ为压应变，所以径间应变ε_t为拉应变；在弯曲的外区，因切向主应变ε_θ为拉应变，故径向应变ε_t为压应变。

宽度方向ε_φ：根据相对宽度$\frac{B}{t}$的不同，分两种情况，对于$\frac{B}{t}<3$的窄板，因金属在宽度方向可以自由变形，故在内区，宽度方向应变ε_φ与切向应变ε_θ符号相反，为拉应变，在外区，ε_φ则为压应变；对于$\frac{B}{t}>3$的宽板，由于宽度方向受到材料彼此之间的制约作用，不能自由变形，故可以近似认为无论是内区还是外区，其宽度方向的应变$\varepsilon_\varphi=0$。

由此可见，窄板弯曲时的应变状态是立体的，而宽板弯曲的应变状态是平面的。

2. 应力状态

切向σ_θ：内区受压，外区受拉。

径向σ_t：塑性弯曲时，由于变形区曲度增大，以及金属各层之间的相互挤压作用，从而引起变形区内的径向压应力σ_t，在板料表面$\sigma_t=0$，由表及里逐渐递增，至应力中性层处达到了最大值。

宽度方向σ_φ：对于窄板，由于宽度方向可以自由变形，因而无论是内区还是外区，$\sigma_\varphi=0$；对于宽板，因为宽度方向受到材料的制约作用，$\sigma_\varphi\neq 0$。内区由于宽度方向的伸长受阻，所以σ_φ为压应力；外区由于宽度方向的收缩受阻，所以σ_φ为拉应力。

从应力状态来看，窄板弯曲时的应力状态是平面的，宽板则是立体的。

综上所述，将板料弯曲时的应力应变状态归纳于表3-1。

三、变形程度及其表示方法

塑性弯曲必先经过弹性弯曲阶段。在弹性弯曲时，受拉的外区与受压的内区以中性层为界，中性层恰好通过剖面的重心，其应力应变为零。假定弯曲内表面圆角半径为r，中性层的曲率半径为$\rho=r+\frac{t}{2}$，弯曲中心角α（见图3-6），则距中性层y处的切向应变ε_θ为

$$\varepsilon_\theta=\ln\frac{(\rho+y)\alpha}{\rho\alpha}=\ln\left(1+\frac{y}{\rho}\right)\approx\frac{y}{\rho}$$

切向应力σ_θ为

$$\sigma_\theta=E\varepsilon_\theta=E\frac{y}{\rho}$$

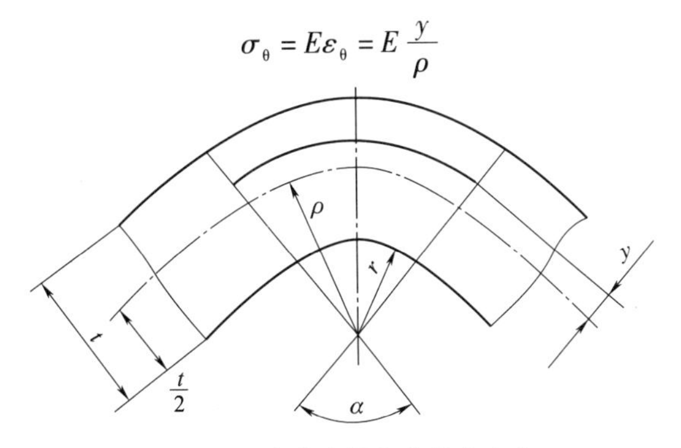

图3-6 弯曲半径和弯曲中心角

由上式可见，材料切向应变 ε_θ 和应力 σ_θ 的大小只取决于比值$\frac{y}{\rho}$，而与弯曲中心角 α 无关。在弯曲变形区的内、外表面，切向应力与切向应变绝对值最大，$\sigma_{\theta\max}$ 与 $\varepsilon_{\theta\max}$ 为

$$\varepsilon_{\theta\max} = \pm\frac{\frac{t}{2}}{r+\frac{t}{2}} = \pm\frac{1}{1+2\frac{r}{t}}$$

$$\sigma_{\theta\max} = \pm E\varepsilon_{\theta\max} = \pm\frac{E}{1+2\frac{r}{t}}$$

若材料的屈服强度为 σ_s，则弹性弯曲的条件为

$$|\sigma_{\theta\max}| = \frac{E}{1+2\frac{r}{t}} \leqslant \sigma_s$$

或

$$\frac{r}{t} \geqslant \frac{1}{2}\left(\frac{E}{\sigma_s}-1\right)$$

$\frac{r}{t}$称为相对弯曲半径，$\frac{r}{t}$越小，板料表面的切向变形程度 $\varepsilon_{\theta\max}$ 越大。因此，生产中常用$\frac{r}{t}$来表示板料弯曲变形程度的大小。

$\frac{r}{t} > \frac{1}{2}\left(\frac{E}{\sigma_s}-1\right)$时，仅在板料内部引起弹性变形，称为弹性弯曲。变形区内切向应力分布如图 3－7（a）所示；当$\frac{r}{t}$减小到$\frac{1}{2}\left(\frac{E}{\sigma_s}-1\right)$时，板料变形区的内、外表面首先屈服，开始塑性变形，如果$\frac{r}{t}$继续减小，塑性变形部分由内、外表面向中心逐步地扩展，弹性变形部分则逐步缩小，变形由弹性弯曲过渡为弹—塑性弯曲；一般当$\frac{r}{t}\leqslant 4$ 时，弹性变形区已很小，可以近似认为弯曲变形区为纯塑性弯曲，切向应力的变化分布如图 3－7（b）和图 3－7（c）所示。

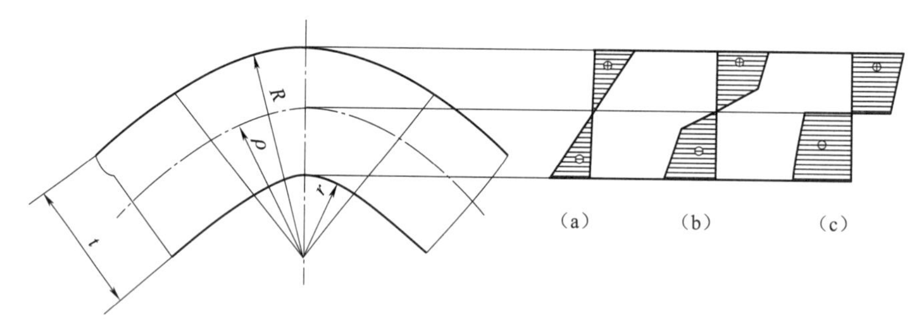

图 3－7　坯料弯曲变形区内切向应力的分布

（a）弹性弯曲；（b）弹—塑性弯曲；（c）纯塑性弯曲

四、板料弯曲的变形特点

1. 中性层的内移

中性层的曲率半径和弯曲变形程度有关。当变形程度较小$\left(\frac{r}{t}较大\right)$时，应变中性层与弯曲

板料截面中心的轨迹相重合，即$\rho = r + \frac{t}{2}$；当变形程度比较大$\left(\frac{r}{t}较小\right)$时，由于径向压应力$\sigma_t$的作用，此时应变中性层不再通过板料截面的中心，而向内侧移动。另外，由于弯曲时板厚的变薄，也会使应变中性层的曲率半径小于$r + \frac{t}{2}$。

2. 变形区板料厚度变薄和长度增加

如表3-1所示，拉区使板料减薄，压区使板料加厚。但由于中性层向内移动，拉区扩大，压区减小，板料的减薄将大于板料的加厚，整个板料便出现变薄现象（见图3-5）。$\frac{r}{t}$越小（变形程度越大），变薄现象也越严重，变薄后的厚度$t_1 = \eta t$（η为变薄系数）。

弯曲所用坯料一般属于宽板，由于宽度方向没有变形，因而变形区厚度的减薄必然导致长度的增加。$\frac{r}{t}$越小，增长量越大。

3. 弯曲后的翘曲与剖面畸变

1）翘曲变形

细而长的板料弯曲件，弯曲后纵向产生翘曲变形（见图3-8）。这是因为沿折弯线方向工件的刚度小，发生塑性弯曲时，外区宽度方向的压应变和内区的拉应变将得以实现，结果使折弯线翘曲。当弯曲短而粗的弯曲件时，沿工件纵向刚度大，宽向应变被抑制，翘曲则不明显。

2）剖面的畸变现象

对于窄板弯曲，剖面畸变如图3-5（a）所示；对管材、型材弯曲后的剖面畸变如图3-9所示，这种现象是由径向压应力σ_t所引起的。另外，在薄壁管的弯曲中，还会出现内侧面因受到压应力σ_θ的作用而失稳起皱的现象。因此，弯曲管件时管中应加填料或芯棒。

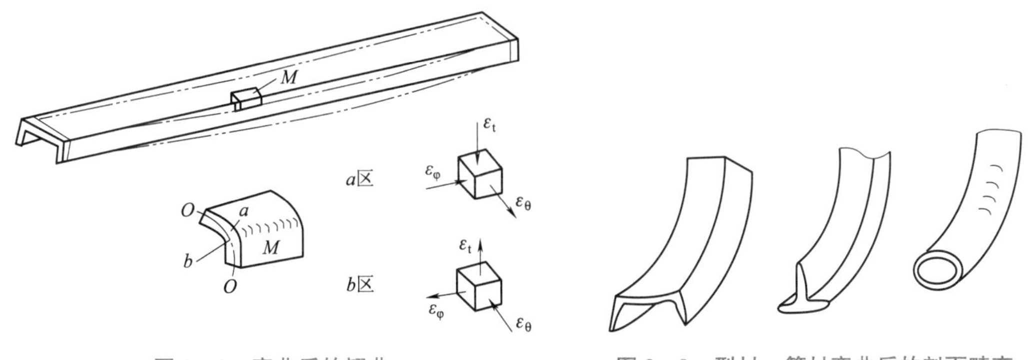

图3-8　弯曲后的翘曲　　　　图3-9　型材、管材弯曲后的剖面畸变

五、最小弯曲半径

从上面的分析可知，相对弯曲半径r/t越小，弯曲时切向变形程度越大；当r/t小到一定值后，则板料的外面将超过材料的最大许可变形而产生裂纹。在板料不发生破坏的条件下所能弯成零件内表面的最小圆角半径称为最小弯曲半径r_{min}，用它来表示弯曲时的成形极限。

1. 影响最小弯曲半径的因素

1）材料的力学性能

材料的塑性越好，塑性变形的稳定性越强（均匀伸长率δ_b越大），许可的最小弯曲半径就越小。

2）材料表面和侧面的质量

当板料表面和侧面（剪切断面）的质量较差时，容易造成应力集中并降低塑性变形的稳定性，使材料过早地破坏。对于冲裁或剪裁坯料，若未经退火，由于切断面存在冷变形硬化层，就会使材料塑性降低。在上述的情况下应选用较大的最小弯曲半径 r_{min}。

3）弯曲线的方向

轧制钢板具有纤维组织，顺纤维方向的塑性指标高于垂直纤维方向的塑性指标。当工件的弯曲线与板料的纤维方向垂直时，可具有较小的最小弯曲半径，如图 3－10（a）所示；反之，工件的弯曲线与材料的纤维平行时，其最小弯曲半径则大，如图 3－10（b）所示。因此，在弯制$\frac{r}{t}$较小的工件时，其排样应使弯曲线尽可能垂直于板料的纤维方向，若工件有两个互相垂直的弯曲线，则应在排样时使两个弯曲线与板料的纤维方向成 45°的夹角［见图 3－10（c）］；而在$\frac{r}{t}$较大时，可以不考虑纤维方向。

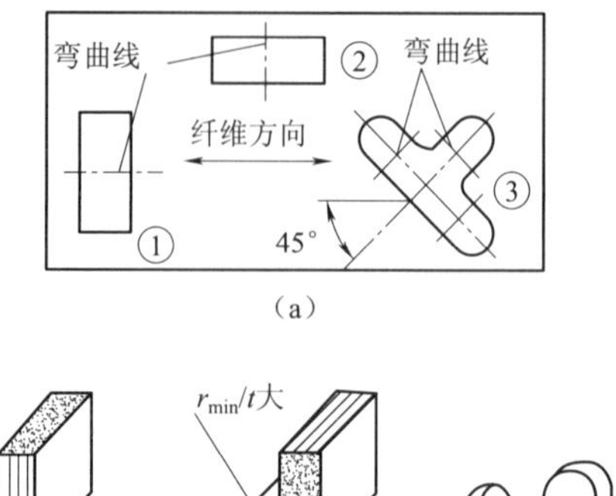

（a）

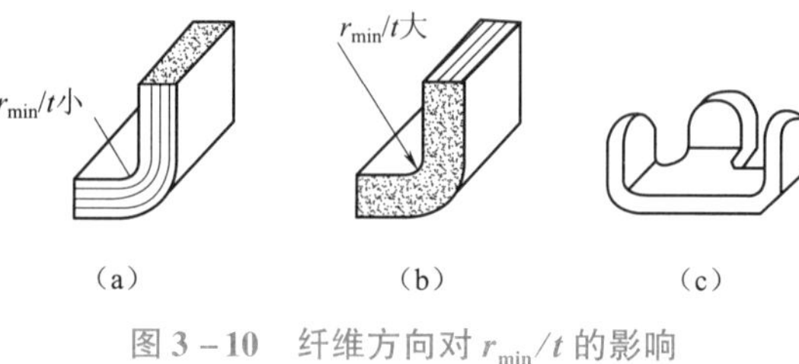

（a）　（b）　（c）

图 3－10　纤维方向对 r_{min}/t 的影响

4）弯曲中心角 α

理论上弯曲变形区外表面的变形程度只与$\frac{r}{t}$有关，而与弯曲中心角 α 无关。但实际上，由于接近圆角的直边部分也产生一定的切向伸长变形（即扩大了弯曲变形区的范围），从而使变形区的变形得到一定程度的减轻，所以最小弯曲半径可以小些。弯曲中心角越小，变形分散效应越显著，而当 $\alpha > 70°$时，其影响明显减弱。

2. 最小弯曲半径r_{min}的数值

由上述可知，最小弯曲半径是受各方面因素综合影响的一个工艺参数，因此其数值一般由生产中的试验方法所确定。最小弯曲半径r_{min}部分数值可参见表 3－2。

表 3－2　最小弯曲半径r_{min}

材料	退火状态		冷作硬化状态	
	弯曲线的位置			
	垂直纤维	平行纤维	垂直纤维	平行纤维
08、10、Q195、Q215	0.1t	0.4t	0.4t	0.8t
15、20、Q235	0.1t	0.5t	0.5t	1.0t
25、30、Q255	0.2t	0.6t	0.6t	1.2t
35、40、Q275	0.3t	0.8t	0.8t	1.5t
45、50	0.5t	1.0t	1.0t	1.7t
55、60	0.7t	1.3t	1.3t	2.0t
铝	0.1t	0.35t	0.5t	1.0t
纯铜	0.1t	0.35t	1.0t	2.0t
软黄铜	0.1t	0.35t	0.35t	0.8t
半硬黄铜	0.1t	0.35t	0.5t	1.2t
磷铜	—	—	1.0t	3.0t

注：1. 当弯曲线与纤维方向成一定角度时，可采用垂直和平行纤维方向二者的中间值；
2. 在冲裁或剪切后没有退火的毛坯弯曲时，应作为硬化的金属选用；
3. 弯曲时应使毛刺的一边处于弯曲角的内侧；
4. 表中 t 为板料厚度

3. 提高弯曲极限变形程度的措施

在一般情况下，不宜采用最小弯曲半径。当工件的弯曲半径小于表 3－2 所列数值时，为提高弯曲极限变形程度，常采取以下措施：

(1) 经冷变形硬化的材料，可采用热处理的方法恢复其塑性，再进行弯曲。

(2) 清除冲裁毛刺。当毛刺较小时也可以使有毛刺的一面处于弯曲受压的内缘（即有毛刺的一面朝向弯曲凸模），以免应力集中而开裂。

(3) 对于低塑性的材料或厚料，可采用加热弯曲。

(4) 采取两次弯曲的工艺方法，即第一次采用较大的弯曲半径，然后退火；第二次再按工件要求的弯曲半径进行弯曲。这样可使变形区域扩大，减小了外层材料的伸长率。

(5) 对于较厚材料的弯曲，如结构允许，可以采取先在弯角内侧开槽后再进行弯曲的工艺，如图 3－11 所示。

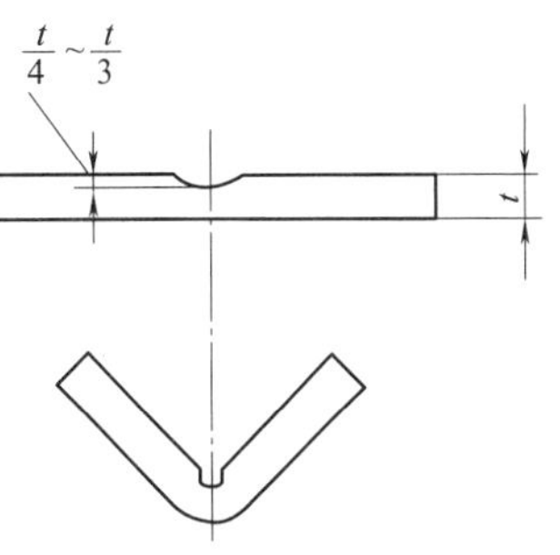

图 3－11　开槽后再弯曲

步骤一　弯曲件的工艺性

一、弯曲件的精度

弯曲件的精度一般受坯料的定位、模具精度、弯曲回弹等因素的影响。普通弯曲件尺寸公差等级一般在 IT13 级以下，弯曲角度公差 $\Delta\alpha > 15'$，否则需要增加整形工序。

二、弯曲件的材料

若弯曲材料具有较好的塑性，则有利于弯曲件形状尺寸准确，且回弹较小，不易发生开裂等，如软钢（含 C% 不大于 0.2）、黄铜、铝等材料。而对于一些脆性较大的材料，如磷青铜、铍青铜、弹簧钢等，其最小相对弯曲半径较大，不利于成形，因此需采取相应的工艺措施。对非金属材料件的弯曲，若脆性大（如有机玻璃），则需软化处理。

三、弯曲件的结构工艺性

1. 弯曲半径

一般要求弯曲半径不能小于其最小弯曲半径，以免发生开裂等工艺问题。若实际情况要求弯曲半径很小，则可采用前面所述的提高弯曲极限变形程度的一些方法。弯曲半径也不宜过大，否则会增加回弹量而影响其成形精度。

2. 弯曲件的形状

弯曲件的形状对称，弯曲半径左右一致，则弯曲时坯料受力平衡而无滑动，如图 3－12（a）所示；如果弯曲件不对称，由于摩擦阻力不均匀，故坯料在弯曲过程中会产生滑动，造成偏移，如图 3－12（b）所示。

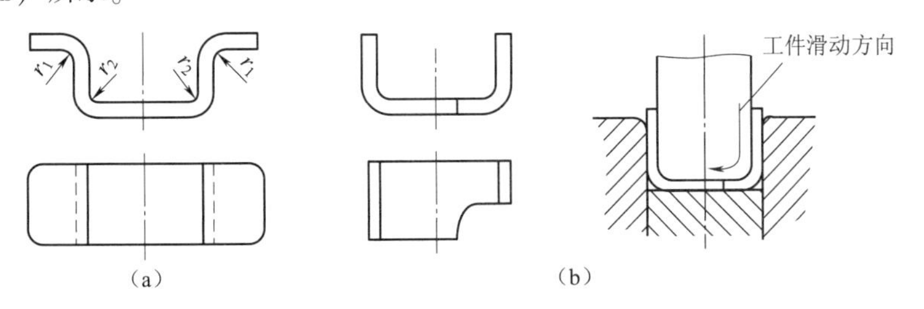

图 3－12　形状对称和不对称的弯曲件

3. 弯曲件的直边高度

当进行直角弯曲时，若弯曲件直边高度 h 过短，则不能保证其直边平直度，所以通常情况下要求弯曲件直边高度 $h>(r+2t)$，如图 3 – 13（a）所示；否则需先开槽再弯曲，或者弯曲前先增加直边长度，弯曲后再去掉多余的材料，如图 3 – 13（b）所示。

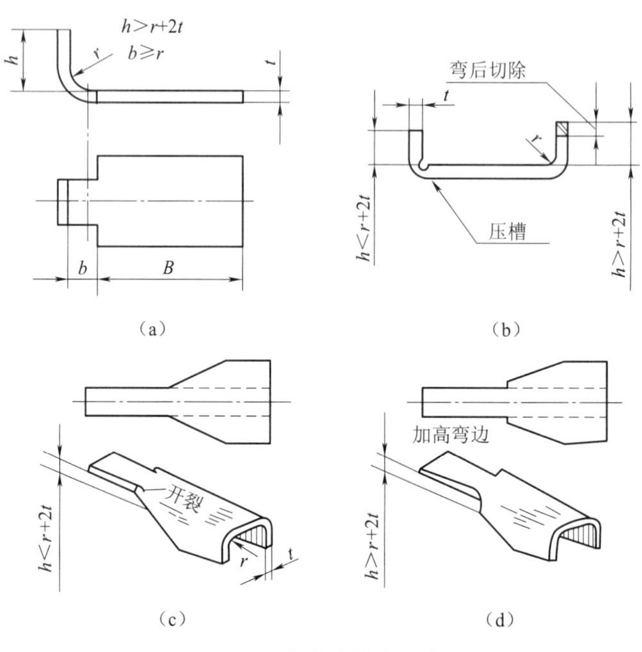

图 3 – 13　弯曲件的弯边高度

4. 防止弯曲根部裂纹的工件结构

在局部弯曲某一段边缘时，为避免弯曲根部撕裂，应减小不弯曲部分的长度 B，使其退出弯曲线之外，即 $b\geq r$，如图 3 – 13（a）所示。如果零件长度不能减小，则应在弯曲部分与不弯曲部分之间切槽［见图 3 – 14（a）］或在弯曲前冲出工艺孔［见图 3 – 14（b）］。

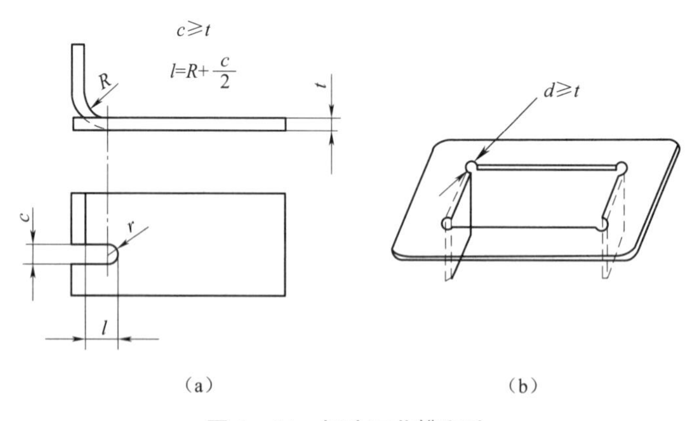

图 3 – 14　加冲工艺槽和孔

5. 弯曲件孔边距离

当弯曲件带孔时，一般先冲孔再弯曲，但若孔位于弯曲变形区以内或附近，则会造成孔的变形。因此，应尽量使孔处于弯曲变形区之外，如图 3 – 15（a）所示。孔边距安全距离 L 与材料

厚度 t 相关，通常按以下原则确定：当 $t<2$ mm 时，$L \geqslant t$；当 $t \geqslant 2$ mm 时，$L \geqslant 2t$。

若弯曲件不能满足以上要求，则可先弯曲后冲孔；如果工件结构允许，则可采取冲缺口或开工艺槽的方法，如图 3-15（c）所示。另外还可在弯曲线内预先冲出工艺孔，以转移工件孔的变形范围，使工件孔不发生变形，如图 3-15（b）所示。

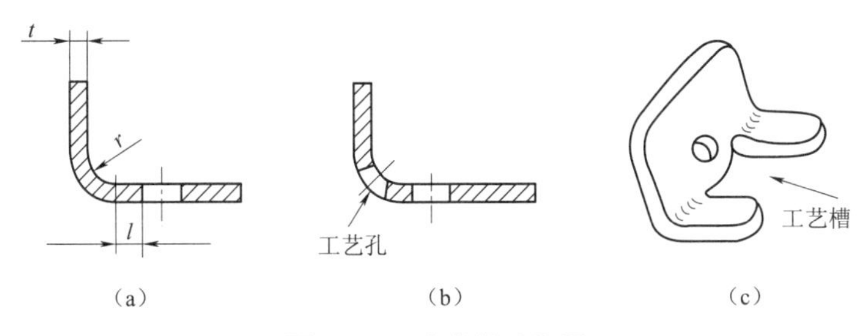

图 3-15　弯曲件孔边距

6. 添加连接带和定位工艺孔

弯曲件变形区附近有缺口时，若先从坯料上冲出缺口再弯曲，则弯曲时会出现叉口，甚至无法成形。因此应在缺口处补加连接带，弯曲后再将连接带切除，如图 3-16（a）和图 3-16（b）所示。

为保证坯料在弯曲模内准确定位，或防止在弯曲过程中坯料的偏移，最好在坯料上预先增添定位工艺孔，如图 3-16（b）和图 3-16（c）所示。

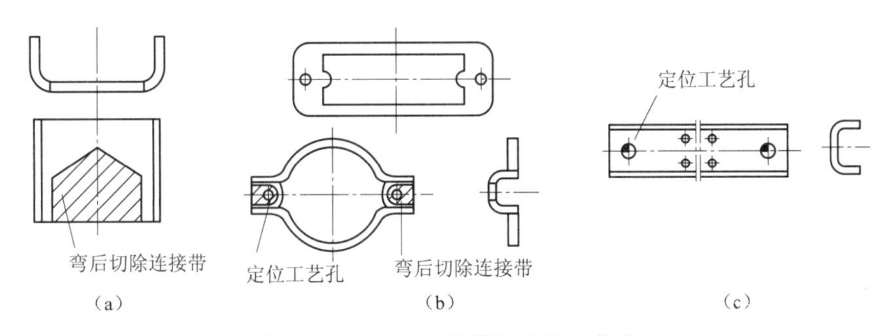

图 3-16　添加连接带和定位工艺孔

7. 尺寸标注

尺寸标注对弯曲件的工艺性有很大的影响。例如，图 3-17 所示为弯曲件中孔位置尺寸的三种标注方法，对于图 3-17（a）所示的标注法，孔的位置精度不受坯料展开长度和回弹的影响，将大大简化工艺设计。因此，在不要求弯曲件有一定装配关系时，应尽量考虑冲压工艺的方便来标注尺寸。

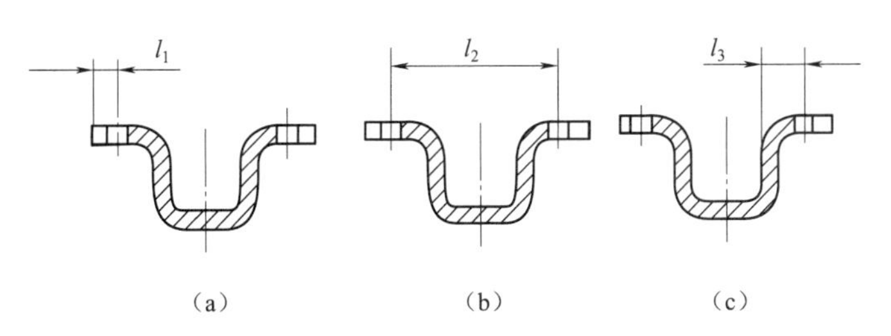

图 3-17　尺寸标注对弯曲件工艺性的影响

做一做：按照任务要求，完成托架零件的工艺性分析：精度分析、材料分析、结构工艺性分析。

步骤二　弯曲工艺方案确定

一、弯曲件的工序安排

生产中多数弯曲件不能一次弯曲成形，因此需要安排多次弯曲工序，而工序安排的好坏将直接影响到工件质量、模具结构、生产效率、废品率和生产成本等，所以在进行工序安排时应依据零件的生产批量、零件的形状和材料、零件的尺寸及精度等因素综合考虑。

1. 弯曲件的工序安排原则

（1）对于形状简单的弯曲件，如 V 形、U 形、Z 形等工件，如图 3－18 所示，可以一次弯曲成形；对于形状复杂的弯曲件，一般需要采用两次或多次弯曲成形。

（2）对于批量大或尺寸较小的弯曲件，应尽可能采用一套模具完成所有工序（如复合模或多工位级进模），力求操作方便、定位准确和提高生产效率。

（3）弯曲时一般先弯外角，后弯内角。前次弯曲应考虑后次弯曲的定位，后次弯曲不应使前次弯曲部分变形。

（4）当弯曲件的几何形状不对称时，为避免压弯时坯料偏移，应尽量采用成对弯曲，然后再切成两件的工艺，如图 3－19 所示。

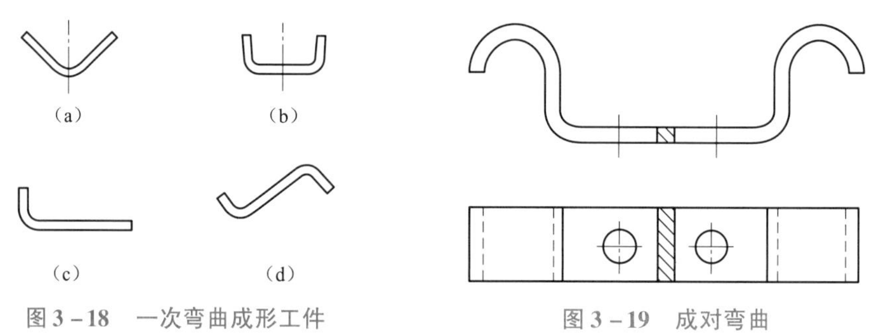

图 3－18　一次弯曲成形工件

（a）V 形；（b）U 形；（c）L 形；（d）Z 形

图 3－19　成对弯曲

2. 典型弯曲件的工序安排

图 3－20～图 3－22 所示分别为两次弯曲、三次弯曲以及多次弯曲成形的实例。

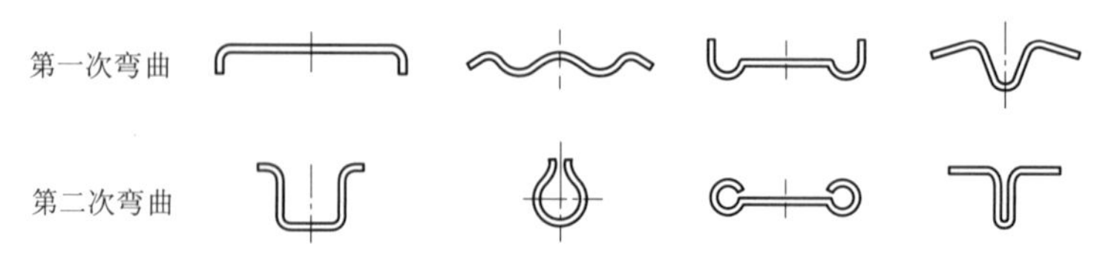

图 3－20　两次弯曲成形

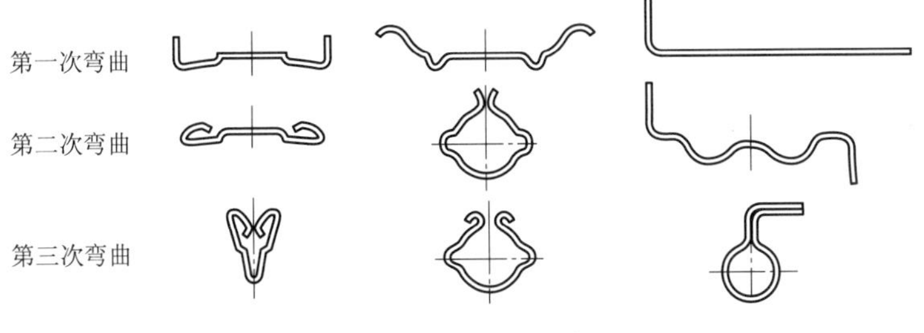

图 3－21　三次弯曲成形

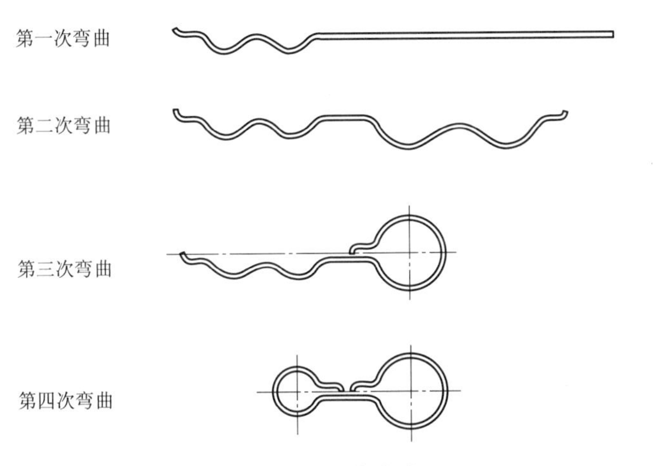

图 3－22　四次弯曲成形

二、常见弯曲件的弯曲模具结构

弯曲模的结构设计需考虑多方面的因素，如工件生产批量、制件形状、精度要求，并结合弯曲工序的合理安排等。按照工件的复杂程度可分为简单弯曲模和复杂弯曲模，简单弯曲模主要用于形状简单、单一运动方向的情况，如 V 形、L 形、U 形件等的弯曲；复杂弯曲模适用于工件弯角较多、形状复杂、大批量要求的模具结构，一般其运动方向为 2 个或 2 个以上。

按照弯曲工序的安排可分为单工序模具、复合弯曲模具与级进弯曲模等。下面介绍一些常见且比较典型的弯曲件模具结构。

1. 单工序弯曲模

1）V 形件弯曲模

图 3－23（a）所示为简单的 V 形件弯曲模，其特点是结构简单、通用性好。但弯曲时坯料容易偏移，影响工件精度

图 3－23（b）～图 3－23（d）所示分别为带有定位尖、顶杆、V 形顶板的模具结构，可以防止坯料滑动，提高工件精度。

如图 3－23（e）所示的 V 形弯曲模，由于有顶板及定料销，故可以有效防止弯曲时坯料的偏移，得到边长差的偏差仅为 ±0.1 mm 的工件。反侧压块的作用是平衡左边弯曲时产生的水平侧向力。

图 3－24 所示为 V 形件精弯模，两块活动凹模 4 通过转轴 5 铰接，由定位板 3（或定位销）固定在活动凹模上。弯曲前顶杆 7 将转轴顶到最高位置，使两块活动凹模成一平面。在弯曲过程中坯料始终与活动凹模和定位板接触，以防止弯曲过程中坯料的偏移。这种结构特别适用于有精确孔位的小零件、坯料不易放平稳的带窄条的零件以及没有足够压料面的零件。

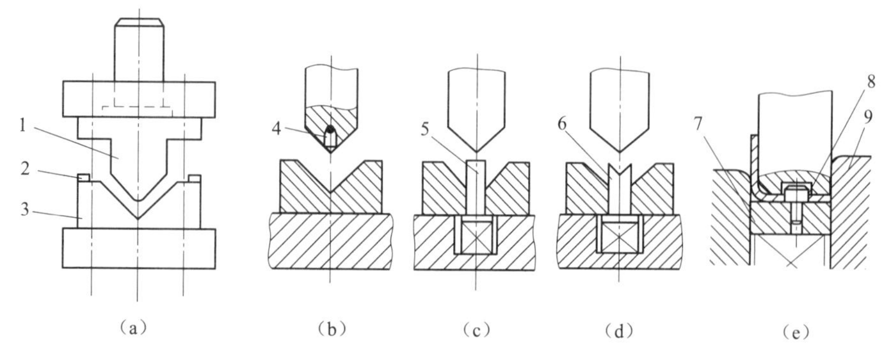

图 3－23　V 形件弯曲模的一般结构形式

1—凸模；2—定位板；3—凹模；4—定位尖；5—顶杆；6—V 形顶板；7—顶板；8—定料销；9—反侧压块

2）U 形件弯曲模

根据弯曲件的要求，常用的 U 形件弯曲模有图 3－25 所示的几种结构形式。图 3－25（a）所示为无底凹模，用于底部不要求平整的制件。图 3－25（b）所示弯曲模用于底部要求平整的弯曲件。图 3－25（c）所示弯曲模用于料厚公差较大而外侧尺寸要求较高的弯曲件，其凸模为活动结构，可随料厚自动调整凸模横向尺寸。图 3－25（d）所示弯曲模用于料厚公差较大而内侧尺寸要求较高的弯曲件，凹模两侧为活动结构，可随料厚自动调整凹模的横向尺寸。图 3－25（e）所示为 U 形精弯模，两侧的凹模活动镶块用转轴分别与顶板铰接，弯曲前顶杆将顶板顶出凹模面，同时顶板与凹模活动镶块成一平面，镶块上有定位销供工序件定位之用；弯曲时工序件与凹模活动镶块一起运动，这样就保证了两侧孔的同轴。图 3－25（f）所示为弯曲件两侧壁厚变薄的弯曲模。

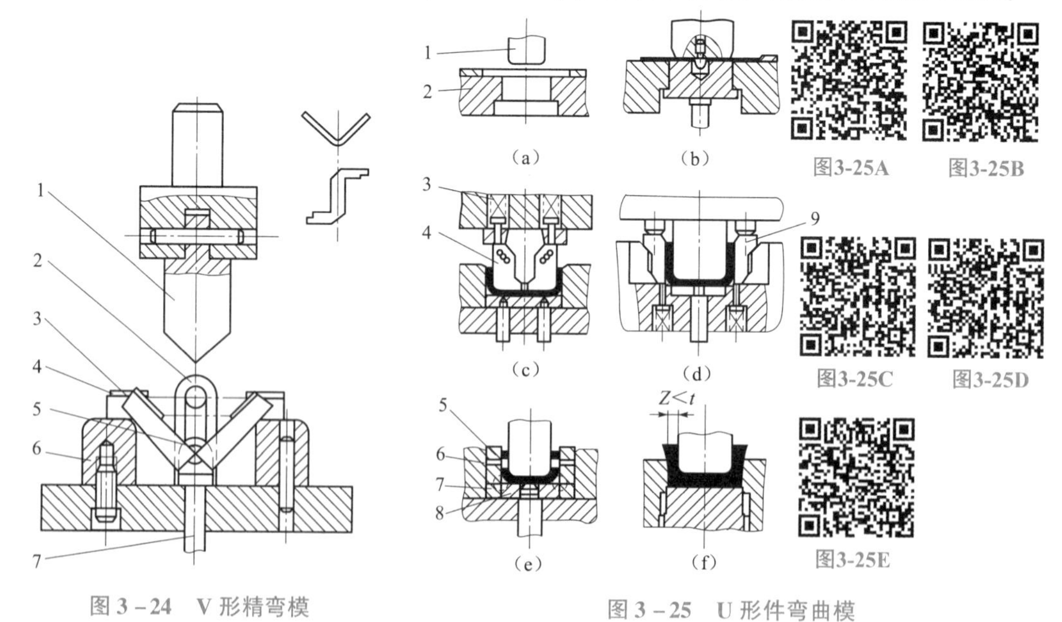

图 3－24　V 形精弯模

1—凸模；2—支架；3—定位板（或定位销）；4—活动凹模；5—转轴；6—支承板；7—顶杆

图 3－25　U 形件弯曲模

1—凸模；2—凹模；3—弹簧；4—凸模活动镶块；5、9—凹模活动镶块；6—定位销；7—转轴；8—顶板

图 3-26 所示为弯曲角小于 90°的 U 形件弯曲模。弯曲时，凸模 1 在凹模圆角处先将坯料压弯成 90°U 形件，凸模带动 U 形件继续下压，两侧的转动凹模在力矩的作用下发生转动，最后压弯成与凸模和转动凹模尺寸一致的小于 90°U 形工件，并能在冲程末端校正工件。凸模回程时，弹簧使转动凹模复位，工件沿垂直于主视图的方向从凸模上取下。

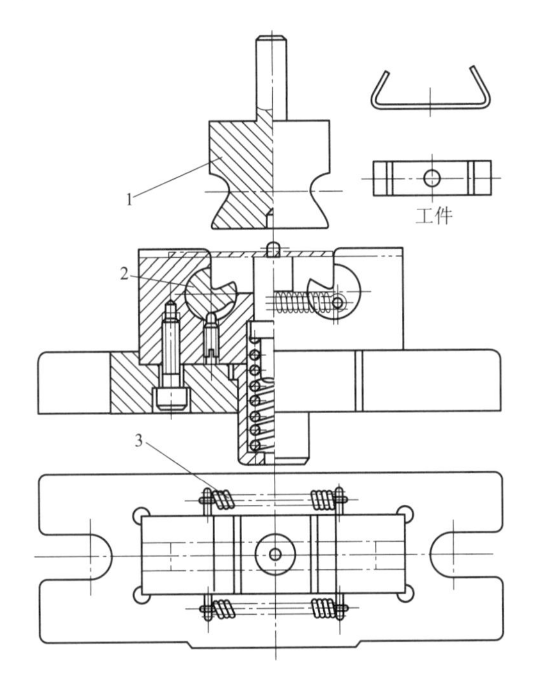

图 3-26

图 3-26　弯曲角小于 90°的 U 形弯曲模

1—凸模；2—转动凹模；3—弹簧

3）几形件弯曲模

几形弯曲件可以一次弯曲成形，也可以二次弯曲成形。

图 3-27 所示为一次成形弯曲模。从图 3-27（a）中可以看出，在弯曲过程中由于凸模肩部妨碍了坯料的转动，加大了坯料通过凹模圆角的摩擦力，使弯曲件侧壁容易擦伤和变薄，故成形后弯曲件两肩部与底面不易平行，如图 3-27（c）所示。特别是材料厚、弯曲件直壁高、圆角半径小时，这一现象更为严重。

图 3-28 所示为两次成形弯曲模，由于采用两副模具弯曲，避免了一次成形中的问题，提高了弯曲件质量。但从图 3-28（b）中可以看出，只有弯曲件高 $H>(12\sim15)t$ 时，才能使凹模保持足够的强度。

图 3-27　　图 3-28B

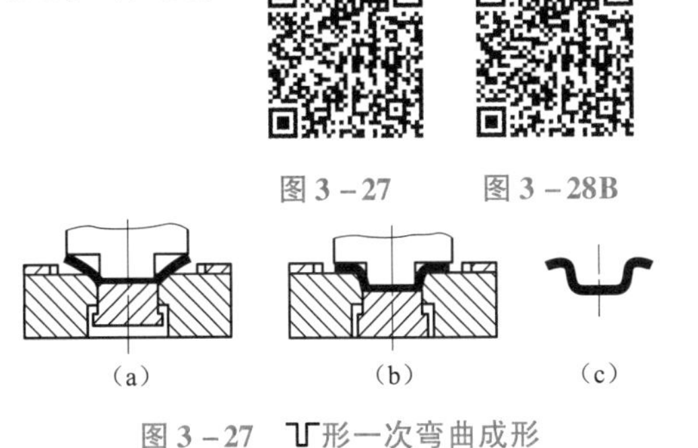

图 3-27　几形一次弯曲成形

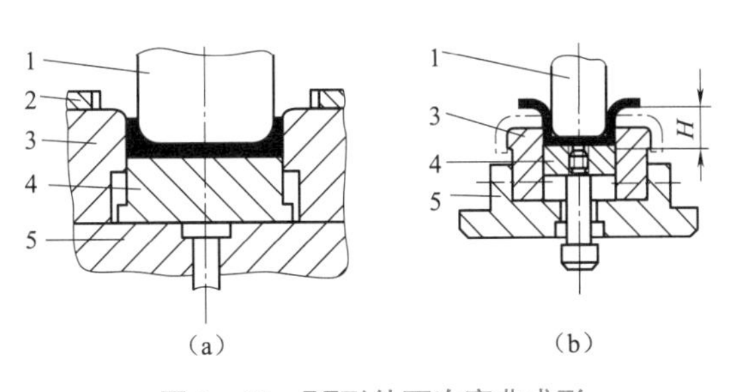

图 3-28　几形件两次弯曲成形

（a）首次弯曲；（b）二次弯曲

1—凸模；2—定位板；3—凹模；4—顶板；5—下模座

图 3 - 29 所示为在一副模具中完成两次弯曲的⊔形件复合弯曲模。凸凹模下行，先将坯料压弯成 U 形，凸凹模继续下行，与活动凸模作用，最后压弯成形。这种结构需要凹模下腔空间较大，以方便工件侧边的转动。

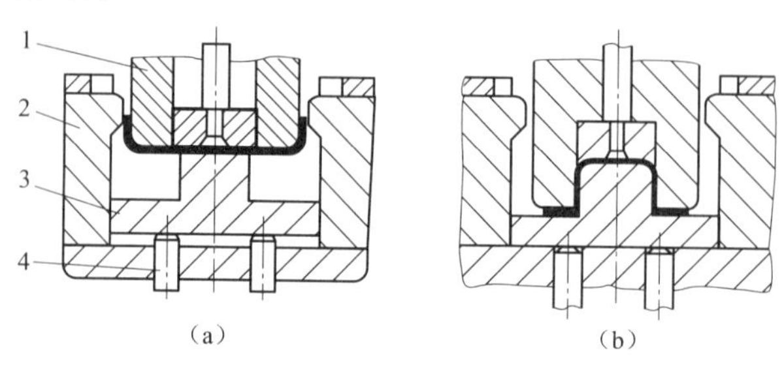

图 3 - 29　⊔形两次复合弯曲

1—凸凹模；2—凹模；3—活动凸模；4—顶杆

图 3 - 30 所示为摆动式复合弯曲模具的结构。弯曲时，凹模随上模下行，利用活动凸模的弹性力先将坯料沿内部的角弯成 U 形。上模继续下行，当凹模底部与推板 5 接触时，强制推动活动凸模 2 向下运动，与活动凸模 2 相连的活动摆块 3 因力矩产生转动，将 U 形件竖直边沿外角弯曲，最后成形为⊔形件。该模具结构相对较复杂。

4）Z 形件弯曲模

Z 形件弯曲的简单模具结构如图 3 - 31（a）所示，但该模具无压料装置，坯料在压弯过程中容易产生偏移，因此只适合于要求不高的工件。

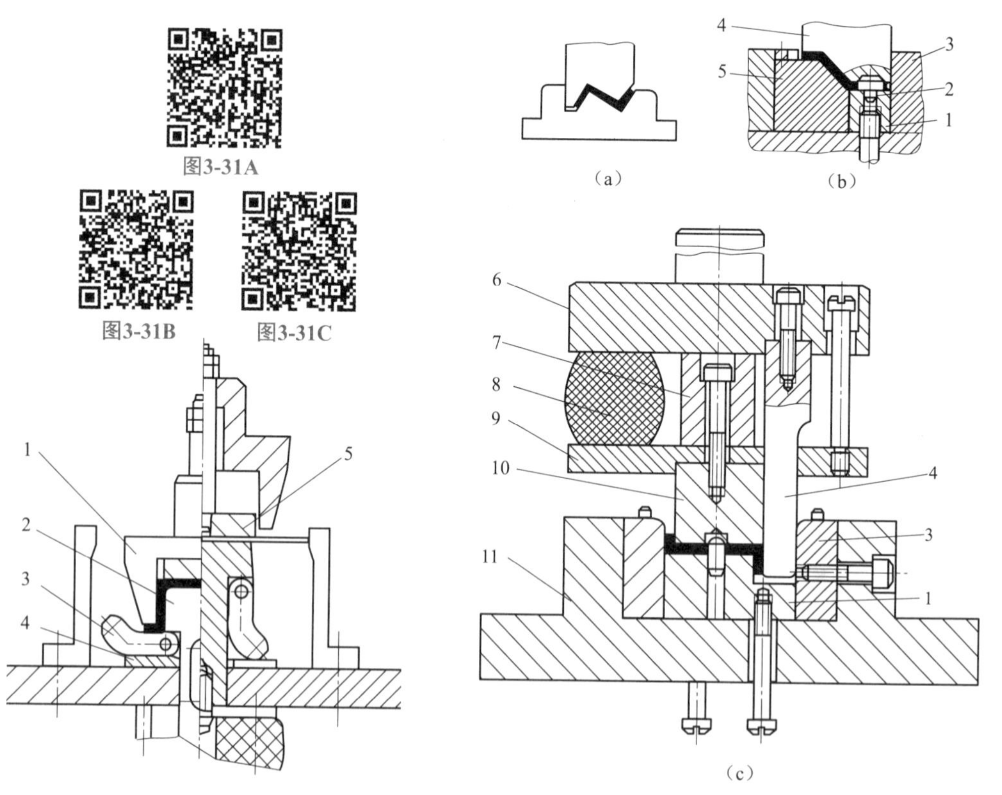

图 3 - 30　带摆块的⊔形件弯曲模

1—凹模；2—活动凸模；3—摆块；4—垫板；5—推板

图 3 - 31　Z 形件弯曲模

1—顶板；2—定位销；3—反侧压块；4—凸模；5—凹模；6—上模座；7—压块；8—橡皮；9—凸模托板；10—活动凸模；11—下模座

如图 3－31（b）所示的 Z 形件压弯模具有压料板和定位销，能防止坯料的滑动，并且反侧压块 3 也能阻挡坯料由于凸、凹模之间水平方向的错移力而产生的偏移。

图 3－31（c）所示为活动式 Z 形件弯曲模。弯曲前，由于橡胶 8 的弹性回复作用使活动凸模 10 位于与凸模 4 下端面平齐的位置，下模的顶板 1 由于弹顶器的作用位于凹模口部，坯料定位在凹模面上。弯曲时，上模下行，活动凸模与顶板将坯料压紧，由于橡胶 8 产生的弹压力大于顶板 1 下方弹顶器所产生的弹顶力，故活动凸模推动顶板下移，在凹模左侧圆角处使坯料左端完成 L 形弯曲。上模继续下行，推动顶板接触到下模座时，顶板停止下行，橡胶 8 开始压缩，凸模 4 继续向下运动，将坯料右侧沿顶板台阶上的圆角向下弯曲成形。当压块 7 随着橡胶压缩与上模座接触时，Z 形件得以校正成形。

5）圆形件弯曲模

圆形件弯曲根据其尺寸大小可分为小圆弯曲与大圆弯曲两种情况。

（1）圆直径 $d \leqslant 5$ mm 的小圆弯曲件。

小圆件弯曲一般先采用 V 形件弯曲模将坯料弯成 180°圆弧半径的 U 形，再用另一套模具将 U 形弯成圆形。如图 3－32 所示，两套模具结构均较简单，但由于工件小，分 2 次弯曲操作不方便，因此可将两道工序合并。

图 3－32（b）所示为两道工序合并的带斜锲小圆弯曲模。上模下行，芯轴 3 先将坯料压弯成 U 形，上模继续下行，斜锲 7 推动活动凹模 8 向芯轴水平靠拢，将 U 形件弯成圆形。

图 3－32（b）也是一次小圆弯曲模。上模下行，压板下压滑块，滑块带动芯轴将坯料先弯成 U 形，上模继续下行，凸模再将 U 形弯成圆形。

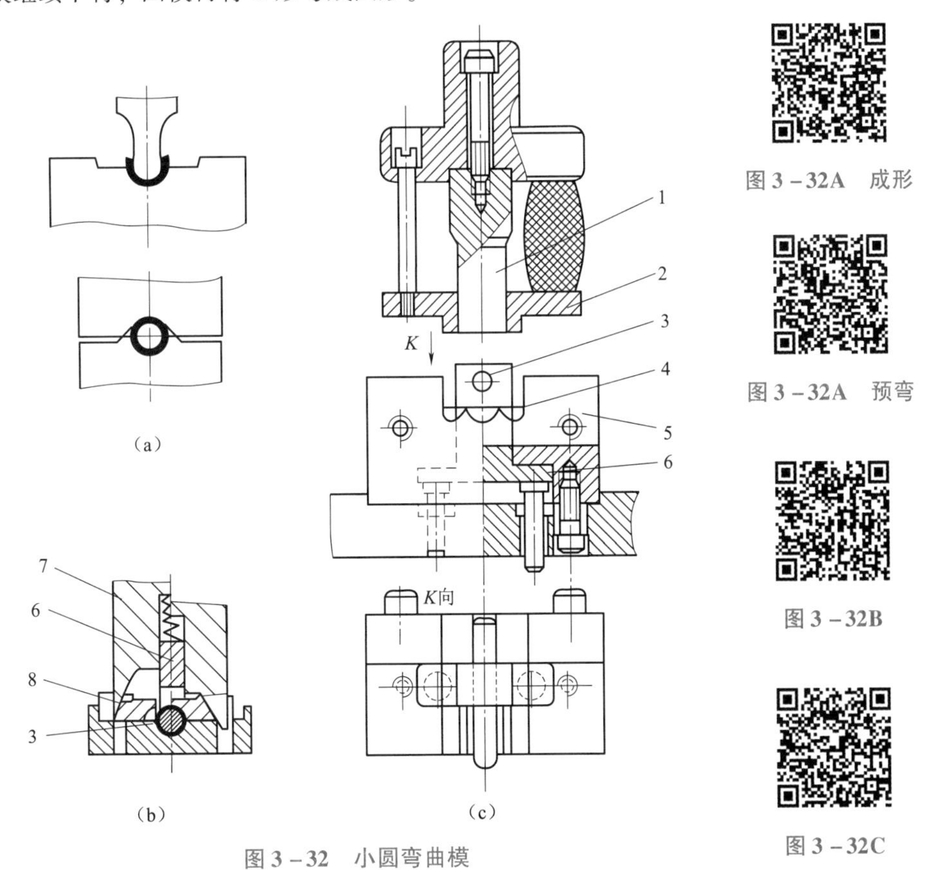

图 3－32 小圆弯曲模

1—凸模；2—压板；3—芯轴；4—坯料；5—凹模；6—滑块；7—楔模；8—活动凹模

（2）圆直径 $d \geqslant 20$ mm 的大圆弯曲件。

大圆件可采用三道工序弯曲成形，如图 3－33 所示，但这种方法生产效率较低，适合于材料厚度较大的工件。

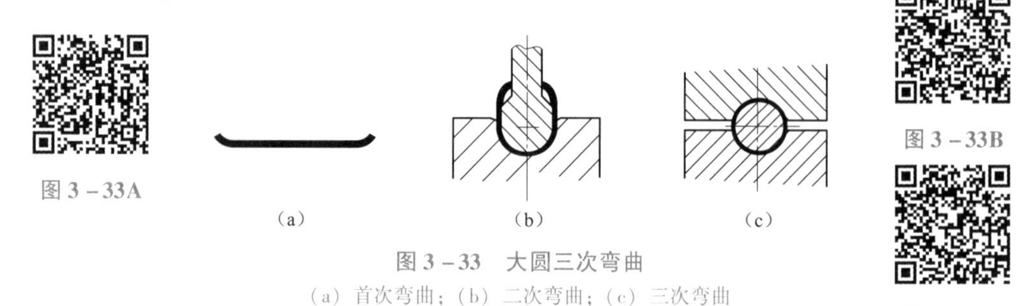

图 3－33　大圆三次弯曲

（a）首次弯曲；（b）二次弯曲；（c）三次弯曲

图 3－34 所示为两道工序弯曲大圆件的方法，一般先预弯成三个 120°圆弧的波浪形，再弯成圆形，弯曲完成后可顺凸模轴向方向取出工件。

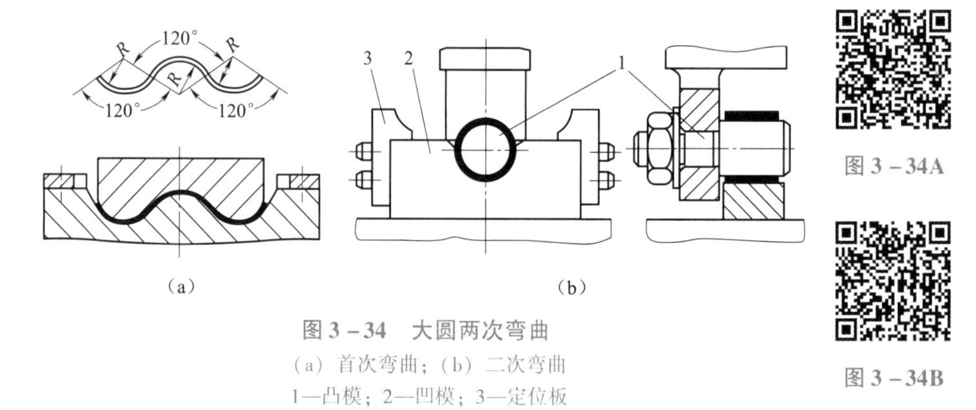

图 3－34　大圆两次弯曲

（a）首次弯曲；（b）二次弯曲

1—凸模；2—凹模；3—定位板

图 3－35（a）所示为带摆动凹模的模具结构一次弯曲成形圆件。凸模下行，先在摆动凹模 3 口部将坯料压弯成 U 形，凸模继续下行，使摆动凹模 3 产生转动，使 U 形件成形为圆形。弯曲完成后，推开支撑 1 将工件沿凸模轴向方向取出。该模具结构生产效率较高，但由于回弹在工件接缝处留有间隙和少量直边，故工件精度较差，模具结构也较复杂。

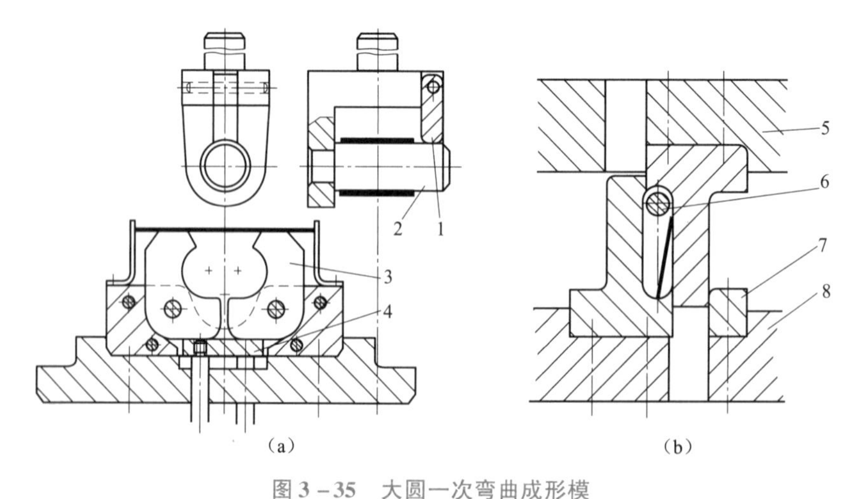

图 3－35　大圆一次弯曲成形模

1—支撑；2—凸模；3—摆动凹模；4—顶板；5—上模座；6—芯棒；7—反侧压块；8—下模座

图 3－35（b）所示为坯料绕芯轴卷制圆形的方法。反侧压板的作用是为凸模导向，并平衡上、下模之间水平方向的错移力。模具结构简单，工件的圆度较好，但需要行程较大的压力机。

6）铰链件弯曲模

铰链件的常见形式及其弯曲工序的安排如图 3－36 所示，先进行预弯，然后采用推圆法卷圆成形。其模具结构如图 3－37 所示，图 3－37（a）所示为预弯模；图 3－37（b）所示为立式卷圆模，其结构简单；图 3－37（c）所示为卧式卷圆模，其结构相对复杂，但工件成形质量较好。

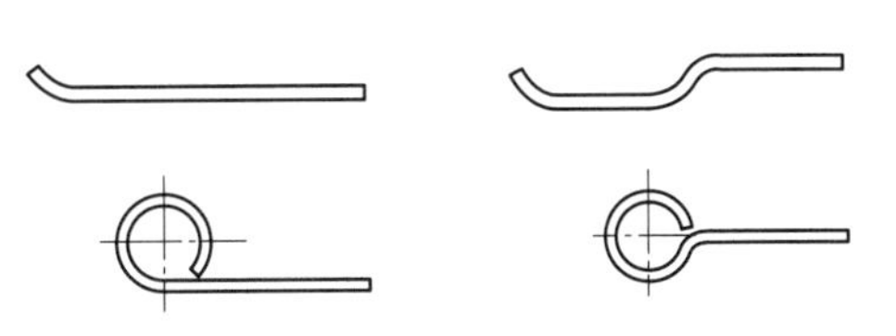

图 3－36　铰链件弯曲件的工序安排

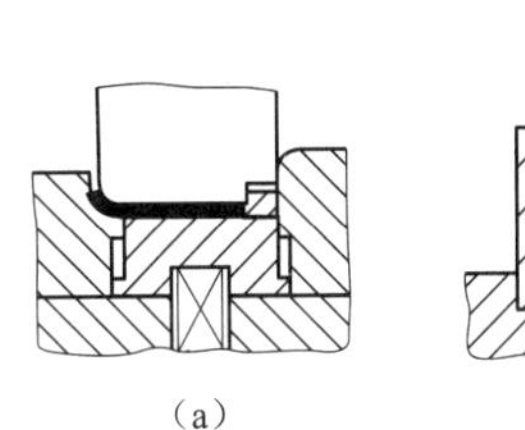

(a)

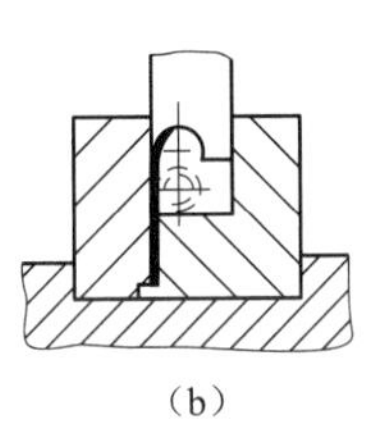

(b)

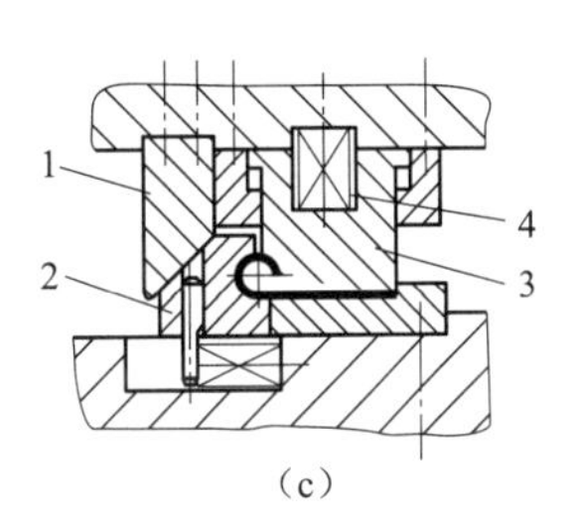

(c)

图 3－37　铰链件弯曲模

1—斜楔；2—凹模；3—凸模；4—弹簧

7）其他形状工件的弯曲模

除了前面所述一些基础形状工件的弯曲模以外，还有很多其他复杂程度不一的弯曲件，其成形模具的品种繁多。因此设计时应根据工件的形状、尺寸、精度要求、材料性能以及生产批量、模具技术等多方面因素综合考虑，以确定合理的模具结构。以下介绍几种其他形状弯曲件的模具结构。

图 3－38 所示为滚轴式弯曲模结构。上模下行，凸模先将定位在凹模面上的坯料弯成 U 形；上模继续下行，作用于滚轴使其转动，将 U 形件成形为图 3－38 所示的工件。凸模回程时，拉簧外力消失，弹性回复使滚轴回转，以便于取出工件。

图 3－39 所示为带摆动凸模的弯曲模。上模下行时，凸模先将平板坯料弯成⎍形，上模继续下行，活动凸模 1 向内摆动将⎍形件弯成图 3－39 所示形状的工件。

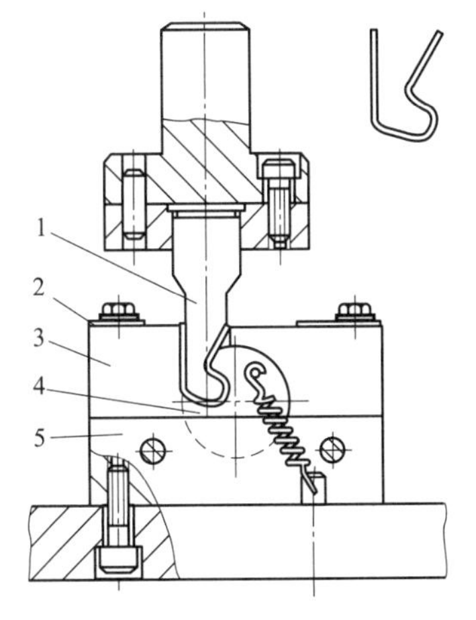

图 3－38　滚轴式弯曲模

1—凸模；2—定位板；3—凹模；4—滚轴；5—挡板

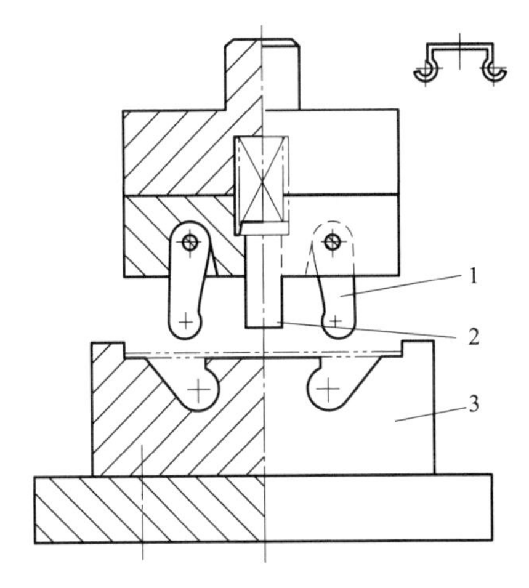

图 3－39　带摆动凸模弯曲模

1—摆动凸模；2—压料装置；3—凹模

图 3－40 所示为带活动凹模的阶梯形件弯曲模结构。

2. 复合弯曲模

对于中小尺寸的多工序弯曲件，还可采用复合模成形。在压力机一次行程内，在模具同一位置上可完成落料、弯曲、冲孔等工序。图 3－41（a）和图 3－41（b）所示为切断、弯曲复合模结构简图，图 3－41（c）所示为落料、弯曲、冲孔工序复合模简图。

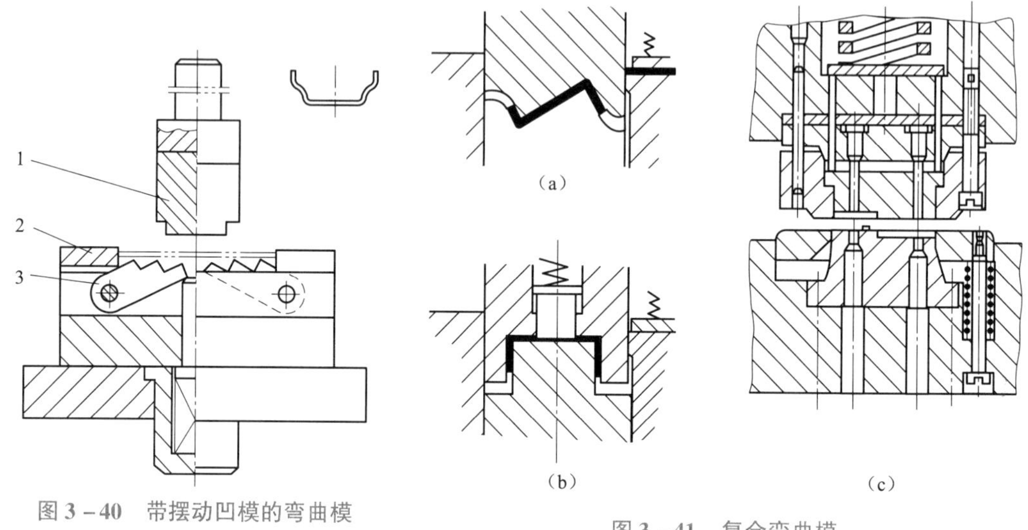

图 3－40　带摆动凹模的弯曲模

1—凸模；2—定位板；3—摆动凹模

图 3－41　复合弯曲模

3. 级进弯曲模

对于批量大、尺寸较小的弯曲件，为了提高生产效率、操作安全、保证质量等，可以采用级进弯曲模进行冲裁、压弯、切断等连续工艺成形。

图 3－42 所示为冲孔、切断、弯曲级进模具。条料以导料板导向并以刚性卸料板下面送至挡块 5 右侧定位。上模下行时，条料被凸凹模 3 切断并随即将所切断的坯料压弯成形，与此同时冲孔凸模 2 在条料上冲出孔。上模回程时，卸料板卸下条料，推件杆 4 则在弹簧的作用下推出工件，获得侧壁带孔的 U 形弯曲件。

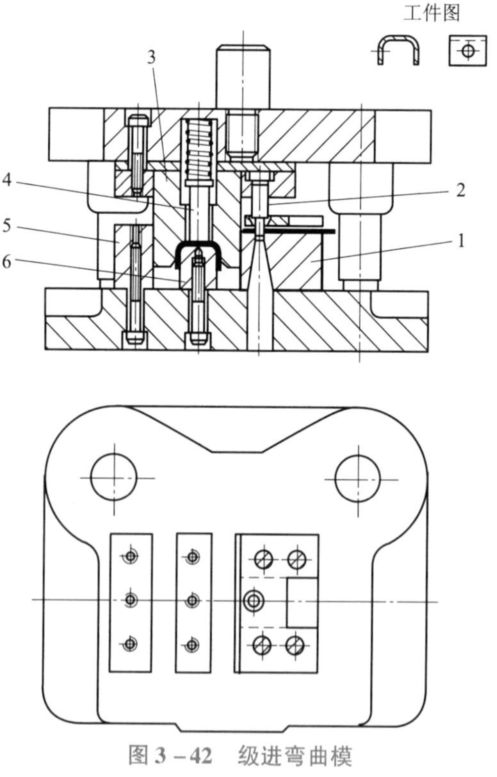

图 3－42　级进弯曲模

1—冲孔凹模；2—冲孔凸模；3—凸凹模；4—推件杆；5—挡块；6—弯曲凸模

三、弯曲模结构设计应注意的问题

（1）为了防止板料弯曲时发生偏移，模具结构应具备可靠的定位和压料装置。

弯曲模常用定位销定位，如图 3－25（b）所示。当定位销装在顶板上时，应注意防止顶板与凹模之间产生窜动［见图 3－23（e）、图 3－31（b）］，其适用于工件有孔的情形。

当工件无孔时可采用定位尖［见图 3－23（b）］、顶杆［见图 3－23（c）、图 3－42］、顶板［见

图 3－23（d）、图 3－28］等措施防止坯料发生偏移。

（2）模具结构不应妨碍坯料在合模过程中应有的转动和移动，如图 3－27 所示。

（3）模具结构应能保证弯曲时产生的水平方向的错移力得到平衡，如图 3－23（e）、图 3－31（b）、图 3－35（b）所示。

（4）冲床块到下死点时，应使毛坯得到校正。

（5）弯回弹量大的材料，应考虑模具试模修理的可能性。

> **做一做：** 按照任务要求，完成托架零件弯曲工艺方案的制定。

任务考核

<table>
<tr><td>任务名称</td><td>托架弯曲模具总体方案设计</td><td>专业</td><td></td><td>组名</td><td></td></tr>
<tr><td>班级</td><td></td><td>学号</td><td></td><td>日期</td><td></td></tr>
<tr><td>评价指标</td><td colspan="3">评价内容</td><td>分数评定</td><td>自评</td></tr>
<tr><td>信息收集能力</td><td colspan="3">能有效利用网络、图书资源查找有用的相关信息等；能将查到的信息有效地传递到学习中</td><td>10 分</td><td></td></tr>
<tr><td>感知课堂生活</td><td colspan="3">是否能在学习中获得满足感、课堂生活的认同感</td><td>5 分</td><td></td></tr>
<tr><td rowspan="2">参与态度沟通能力</td><td colspan="3">积极主动与教师、同学交流，相互尊重、理解、平等；与教师、同学之间是否能够保持多向、丰富、适宜的信息交流</td><td>5 分</td><td></td></tr>
<tr><td colspan="3">能处理好合作学习和独立思考的关系，做到有效学习；能提出有意义的问题或能发表个人见解</td><td>5 分</td><td></td></tr>
<tr><td rowspan="3">知识、能力获得情况</td><td colspan="3">托架弯曲件工艺性分析</td><td>20 分</td><td></td></tr>
<tr><td colspan="3">托架弯曲工艺方案的确定</td><td>20 分</td><td></td></tr>
<tr><td colspan="3">托架弯曲模具总体方案设计</td><td>20 分</td><td></td></tr>
<tr><td>辩证思维能力</td><td colspan="3">是否能发现问题、提出问题、分析问题、解决问题、创新问题</td><td>10 分</td><td></td></tr>
<tr><td>自我反思</td><td colspan="3">按时保质完成任务；较好地掌握了知识点；具有较为全面严谨的思维能力并能条理清楚明晰地表达成文</td><td>5 分</td><td></td></tr>
<tr><td colspan="4">小计</td><td>100</td><td></td></tr>
<tr><td colspan="6">总结提炼</td></tr>
<tr><td>考核人员</td><td>分值/分</td><td>评分</td><td>存在问题</td><td colspan="2">解决办法</td></tr>
<tr><td>（指导）教师评价</td><td>100</td><td></td><td></td><td colspan="2"></td></tr>
<tr><td>小组互评</td><td>100</td><td></td><td></td><td colspan="2"></td></tr>
<tr><td>自评成绩</td><td>100</td><td></td><td></td><td colspan="2"></td></tr>
<tr><td>总评</td><td>100</td><td colspan="4">总评成绩＝指导教师评价×35%＋小组评价×25%＋自评成绩×40%</td></tr>
</table>

知识拓展

通过查阅相关教材、模具设计手册和中国大学慕课等网络资源，学习弯曲件的工艺分析及工艺方案制定。

任务二 弯曲模具设计的工艺计算

任务描述

完成如图 3－1 所示零件的弯曲工艺计算，包括坯料尺寸计算和弯曲力计算。

学习目标

【知识目标】

（1）掌握回弹现象及控制回弹的措施；

（2）掌握弯曲件坯料尺寸和弯曲力计算方法。

【能力目标】

（1）能分析回弹的影响因素；

（2）能正确计算弯曲件的坯料尺寸及弯曲力大小。

【素养素质目标】

（1）培养辩证分析能力；

（2）培养逻辑思维能力。

任务实施

任务单　托架弯曲工艺计算

任务名称	托架弯曲工艺计算	学时		班级	
学生姓名		学生学号		任务成绩	
实训设备		实训场地		日期	
任务目的	掌握托架弯曲模具工艺计算，包括坯料尺寸、弯曲力计算及回弹值的确定等				
任务内容	托架弯曲件的坯料长度计算、压力计算及压力机的选择、回弹值的确定				
任务实施	一、托架弯曲件的坯料长度计算 二、弯曲应力的计算及压力机的选择 三、回弹值确定及提出减小回弹影响的措施				
谈谈本次课程的收获，写出学习体会，给任课教师提出建议					

步骤一　弯曲件坯料尺寸的计算

一、弯曲中性层位置的确定

板料塑性弯曲时，从理论上说，由于变形区内厚度方向变形不均，故中性层是一抛物面。但理论计算的实用价值不大（因为弯曲精度一般在IT13级以下），为了计算方便，生产中常用经验公式确定。中性层的位置（见图3-43）以曲率半径ρ表示。

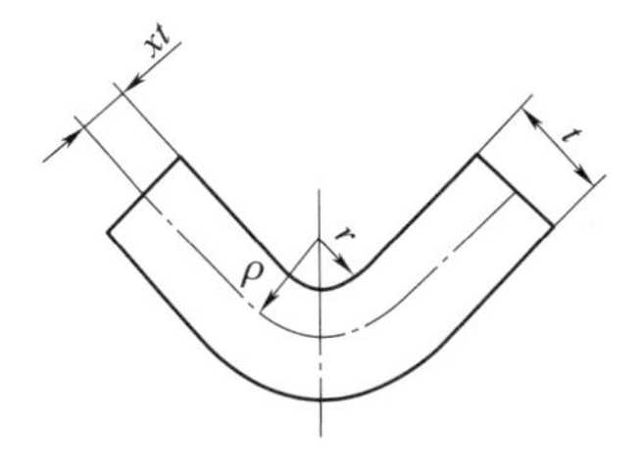

图3-43　中性层位置

$$\rho = r + xt$$

式中　x——中性层位移系数，见表3-3。

r——零件的内弯曲半径；

t——材料厚度。

表3-3　中性层位移系数x值

r/t	0.1	0.2	0.3	0.4	0.5	0.6	0.7	0.8	1	1.2
x	0.21	0.22	0.23	0.24	0.25	0.26	0.28	0.3	0.32	0.33
r/t	1.3	1.5	2	2.5	3	4	5	6	7	≥8
x	0.34	0.36	0.38	0.39	0.4	0.42	0.44	0.46	0.48	0.5

由中性层定义可知，弯曲件变形区的坯料长度等于中性层的长度，可作为弯曲件坯料尺寸计算的依据。

二、弯曲件坯料尺寸的计算

对于形状比较简单、尺寸精度要求不高的弯曲件，可直接采用下面介绍的方法计算坯料长度。而对于形状比较复杂或精度要求高的弯曲件，在利用下述公式初步计算坯料长度后，还需反复试弯、不断修正，才能最后确定坯料的形状及尺寸。

1. 圆角半径$r>0.5t$的弯曲件

按照中性层展开原理可知，弯曲件坯料长度等于工件直边长度与中性层圆弧长度之和，如图3-44所示，即

$$L = \sum L_i + \sum A_i$$

式中　L_i——各直边长度；

A_i——各中性层圆弧长度，

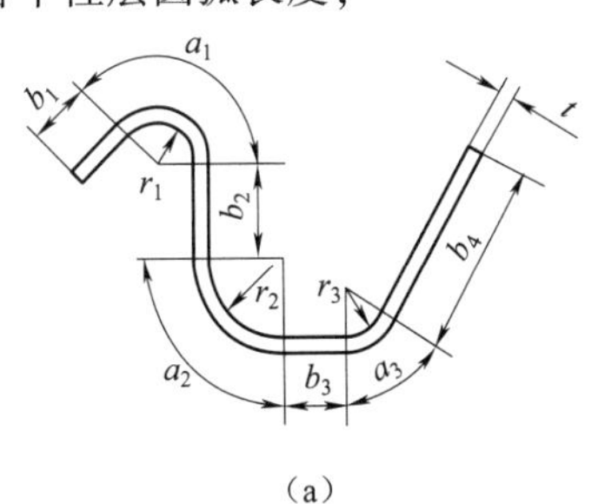

（a）

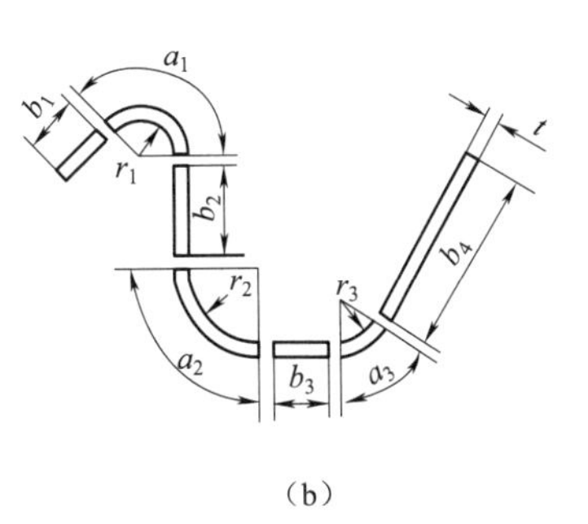

（b）

图3-44　展开长度

$$A_i = \frac{\pi\alpha}{180°}(r + xt)$$

2. 圆角半径 $r<0.5t$ 的弯曲件

对于 $r<0.5t$ 的弯曲件，由于弯曲变形时不仅制件的圆角变形区严重变薄，而且与其相邻的直边部分也变薄，故应按变形前后体积不变的原则确定坯料长度。通常采用表 3－4 所列的经验公式计算。

表 3－4 $r<0.5t$ 的弯曲件坯料长度计算公式

简图	计算公式	简图	计算公式
	$L_z = l_1 + l_2 + 0.4$		$L_z = l_1 + l_2 + l_3 + 0.6t$（一次同时弯曲两个角）
	$l_z = l_1 + l_2 - 0.43$		$L_z = l_1 + 2l_2 + 2l_3 + t$（一次同时弯曲四个角）
			$L_z = l_1 + 2l_2 + 2l_3 + 1.2t$（分为两次弯曲四个角）

3. 铰链弯曲

对于 $r=(0.6\sim3.5)t$ 的铰链件（见图 3－45），通常采用推卷的成形方法（见图 3－37），推卷过程中材料会产生增厚，中性层外移，其坯料长度可按下式近似计算：

$$L_z = l + 1.5\pi(r + x_1 t) + r \approx l + 5.7r + 4.7x_1 t$$

式中　l——直线段的长度；

r——铰链内长度；

x_1——中性层位移系数，见表 3－5。

表 3－5　卷边时中性层位移系数 x_1 值

r/t	>0.5～0.6	>0.6～0.8	>0.8～1	>1～1.2	>1.2～1.5	>1.5～1.8	>1.8～2	>2～2.2	>2.2
x_1/mm	0.76	0.73	0.7	0.67	0.64	0.61	0.58	0.54	0.5

【例 3－1】计算图 3－46 所示弯曲件坯料的展开长度。

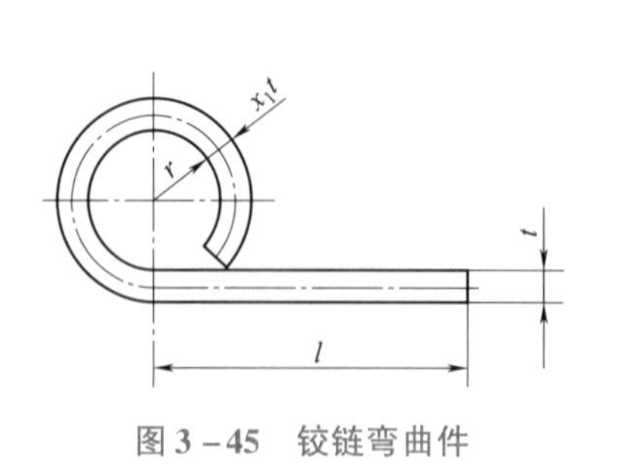

图 3－45　铰链弯曲件

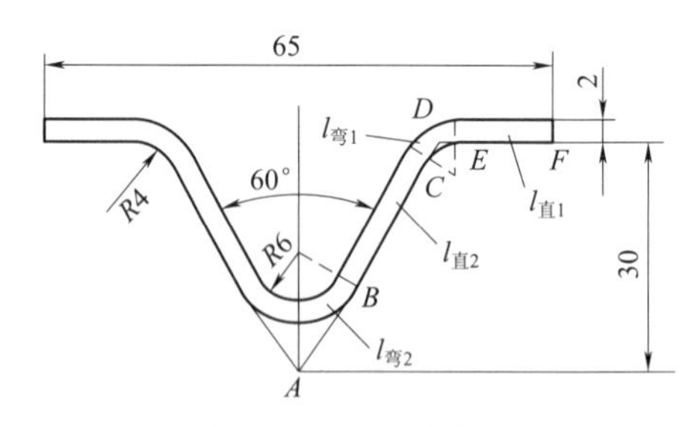

图 3－46　V 形支架

解：工件弯曲半径 $r>0.5t$，故坯料展开长度公式为

$$L_z = 2(l_{直1} + l_{直2} + l_{弯1} + l_{弯2})$$

查表 3－4，当 $\frac{r}{t}=2$ 时，$x=0.38$；当 $\frac{r}{t}=3$ 时，$x=0.4$。

根据图 3－46 可得：

$$l_{直1}=EF=[32.5-(30\tan30°+4\tan30°)]=12.87\ (\mathrm{mm})$$

$$l_{直2}=BC=\left[\frac{30}{\cos30°}-(8\tan60°+4\tan30°)\right]=18.47\ (\mathrm{mm})$$

$$l_{弯1}=\frac{\pi}{180}(r+xt)=\frac{\pi\times60}{180}\times(4+0.38\times2)=4.98\ (\mathrm{mm})$$

$$l_{弯2}=\frac{\pi}{180}(r+xt)=\frac{\pi\times60}{180}\times(6+0.4\times2)=7.12\ (\mathrm{mm})$$

则坯料展开长度 L_z 为

$$L_z=2\times(12.87+18.47+4.98+7.12)=86.88\ (\mathrm{mm})$$

做一做： 按照任务要求，完成托架弯曲件的坯料尺寸计算。

步骤二　弯曲件的回弹

一、回弹现象

与所有塑性变形一样，塑性弯曲时伴随有弹性变形。当外载荷去除后，塑性变形被保留下来，而弹性变形会完全消失，使弯曲件的形状和尺寸发生变化而与模具尺寸不一致，这种现象叫回弹。由于弯曲时内、外区切向应力方向不一致，因而弹性回复方向也相反，即外区弹性缩短而内区弹性伸长，这种反向的弹性回复加剧了工件形状和尺寸的改变。所以与其他变形工序相比，弯曲过程的回弹现象是一个影响弯曲件精度的重要问题，弯曲工艺与弯曲模设计时应认真考虑。

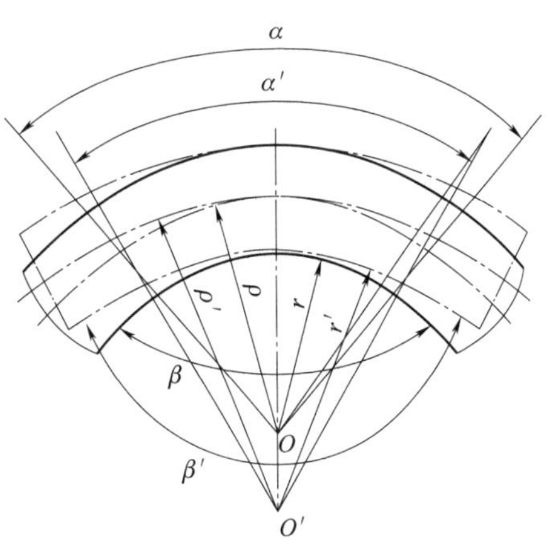

图 3－47　弯曲变形的回弹

弯曲回弹的表现形式有以下两个方面，如图 3－47 所示。

1. 曲率减小

卸载前弯曲中性层的半径为 ρ，卸载后增加至 ρ'，曲率则由卸载前的 $\frac{1}{\rho}$ 减小至卸载后的 $\frac{1}{\rho'}$。如以 ΔK 表示曲率的减小量，则

$$\Delta K=\frac{1}{\rho}-\frac{1}{\rho'}$$

2. 弯曲中心角减小

卸载前弯曲变形区的弯曲中心角为 α，卸载后减小至 α'，所以弯曲中心角的减小值 $\Delta\alpha$ 为

$$\Delta\alpha=\alpha-\alpha'$$

弯曲角（弯曲件两直边的夹角，它与弯曲中心角互为补角）的增大量，即

$$\Delta\beta=\beta'-\beta$$

ΔK 与 $\Delta\alpha$（或 $\Delta\beta$）即为弯曲件的回弹量。

二、影响回弹的因素

1. 材料的力学性能

由金属变形特点可知，卸载时弹性恢复的应变量与材料的屈服强度成正比，与弹性模量成

反比，即$\frac{\sigma_s}{E}$越大，回弹越大。例如图 3－48（a）所示的两种材料，屈服强度基本相同，但弹性模量不同（$E_1 > E_2$），在弯曲变形程度相同的条件下$\left(\frac{r}{t}相同\right)$，退火软钢在卸载时的弹性回复变形小于软锰黄铜，即$\varepsilon_1' < \varepsilon_2'$。又如图 3－48（b）所示的两种材料，其弹性模量基本相同，而屈服强度不同，在弯曲变形程度相同的条件下，经冷变形硬化而屈服强度较高的软钢在卸载时的弹性回复变形大于屈服强度较低的退火软钢，即$\varepsilon_4' > \varepsilon_3'$。

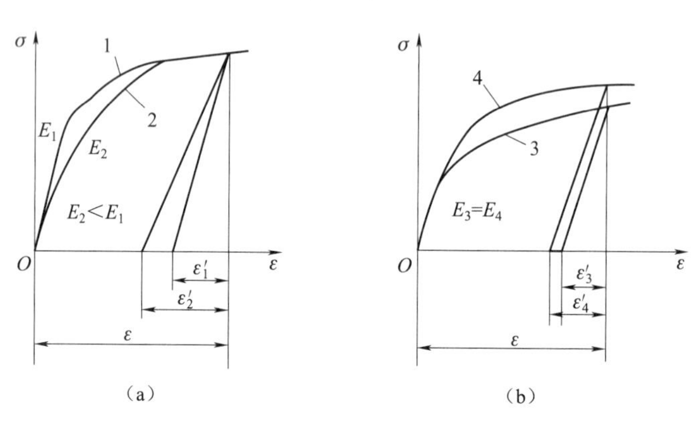

图 3－48　材料的力学性能对回弹值的影响

1，3—退火软钢；2—软锰黄铜；4—经冷变形硬化的软钢

2. 相对弯曲半径$\frac{r}{t}$

$\frac{r}{t}$越大，弯曲变形程度越小，中性层两侧的纯弹性变形区增加越多，如图 3－7（b）所示。另外，塑性变形区总变形中弹性变形所占的比例也增大$\left(从图 3－49 中\frac{r}{t}的几何关系可以证明\frac{\varepsilon_1'}{\varepsilon_2'} > \frac{\varepsilon_1}{\varepsilon_2}\right)$，故相对弯曲半径$\frac{r}{t}$越大，则回弹越大。这也是$\frac{r}{t}$很大的工件不易弯曲成形的原因。

3. 弯曲中心角 α

α 越大，变形区的长度越长，回弹累积值也越大，故回弹角 $\Delta\alpha$ 越大。

4. 弯曲方式及弯曲模

在无底凹模内做自由弯曲时（见图 3－50），回弹最大；在有底凹模内作校正弯曲时（见图 3－2），回弹较小，其原因如下：

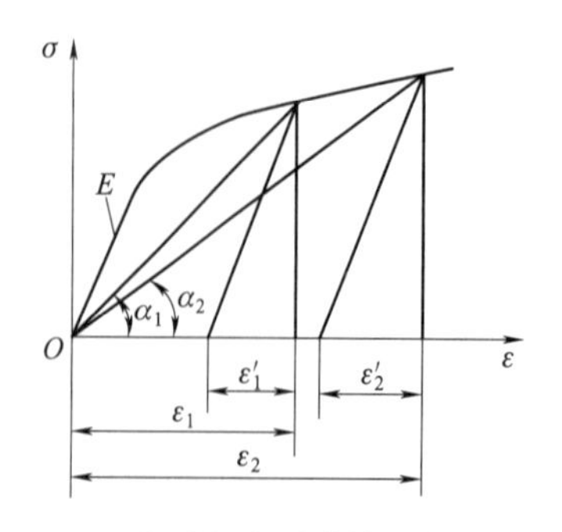

图 3－49　变形程度对弹性回复值的影响

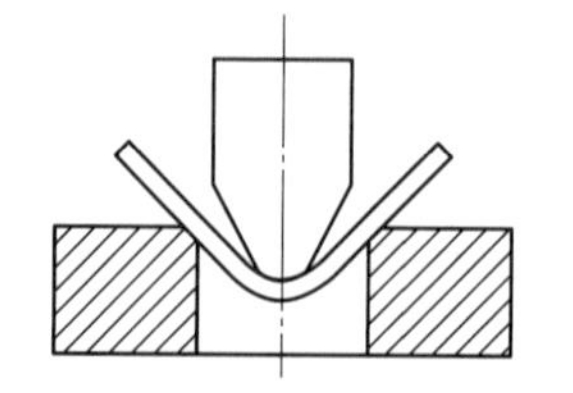

图 3－50　无底凹模内的自由弯曲

（1）从坯料直边部分的回弹来看，由于凹模 V 形面对坯料的限制作用，当坯料与凸模三点接触后，随凸模的继续下压，坯料的直边部分则向相反的方向变形，弯曲终了时可以使产生了一定曲率的直边重新压平，并与凸模完全贴合。卸载后弯曲件直边部分的回弹方向是朝向 V 形闭合方向（负回弹），而圆角部分的回弹方向则是朝向 V 形张开方向（正回弹），两者回弹方向相反。

（2）从圆角部分的回弹来看，由于板料受凸、凹模压缩的作用，不仅弯曲变形外区的拉应力有所减小，而且在外区中性层附近还出现与内区同号的压缩应力，随着校正力的增加，压应力区向板材的外表面逐步扩展，致使板料的全部或大部分断面均出现压缩应力，于是圆角部分的内、外区回弹方向一致，故校正弯曲圆角部分的回弹比自由弯曲时大为减小。

综上所述，校正弯曲时圆角部分的较小正回弹与直边部分负回弹的抵消，回弹可能出现正、零或负三种情况。

在弯曲 U 形件时，凸、凹模之间的间隙对回弹有较大的影响，间隙越大，回弹角也就越大，如图 3－51 所示。

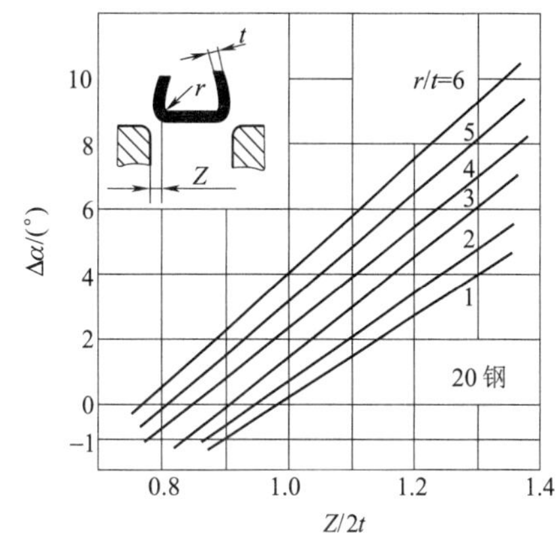

图 3－51　间隙对回弹的影响

5. 工件的形状

一般而言，弯曲件越复杂，一次弯曲成形角的数量越多，则弯曲时各部分互相牵制作用越大，弯曲中拉伸变形的成分越大，故回弹量就越小。例如，一次弯曲成形⊓⊔形时，⊓⊔形件的回弹量较 U 形件小，U 形件又较 V 形件小。

三、回弹值的确定

为了得到形状与尺寸精确的工件，通常先根据经验数值和简单的计算初步确定模具工作部分尺寸，然后在试模时进行修正。

1. 小变形程度 $\left(\frac{r}{t} \geqslant 10\right)$ 自由弯曲时的回弹值

当相对弯曲半径 $\frac{r}{t} \geqslant 10$ 时，卸载后弯曲件的角度和圆角半径变化都较大（见图 3－52），在此种情况下，凸模工作部分的圆角半径和角度可按下式进行计算：

$$r_T = \frac{r}{1 + 3\frac{\sigma_s r}{Et}}$$

$$\alpha_T = \frac{r}{r_T}\alpha$$

式中　r_T——凸模工作部分的圆角半径；

r——弯曲件的圆角半径；

α_T——凸模圆角部分中心角；

α——弯曲件圆角部分中心角；

σ_s——弯曲件材料的屈服点；

E——弯曲件材料的弹性模量；

t——弯曲件材料厚度。

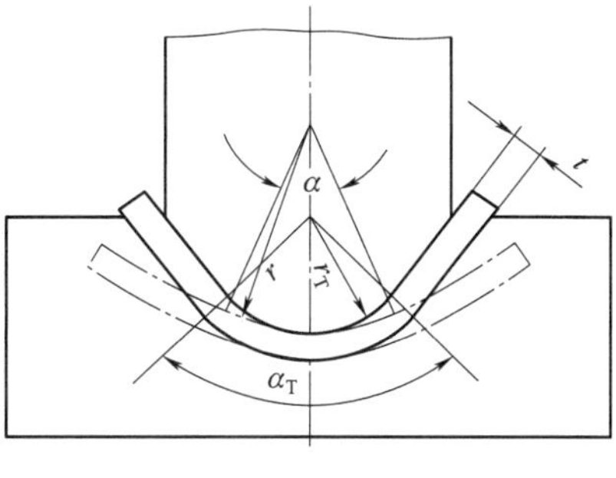

图 3－52　相对弯曲半径较大

2 大变形程度 $\left(\frac{r}{t} < 5\right)$ 自由弯曲时的回弹值

当相对弯曲半径 $\frac{r}{t} < 5$ 时，卸载后弯曲件圆角半径的变化很小，可以不予考虑，而仅考虑弯

曲中心角的回弹变化。表3－6所示为自由弯曲V形件弯曲中心角为90°时部分材料的平均回弹角。

表3－6 单角自由弯曲90°时的平均回弹角 $\Delta\alpha_{90}$

材 料	r/t	材料厚度 t/mm		
		<0.8	0.8～2	>2
软钢 $\sigma_b=350$ MPa	<1	4°	2°	0°
黄铜 $\sigma_b\leqslant350$ MPa	1～5	5°	3°	1°
铝和锌	>5	6°	4°	2°
中硬钢 $\sigma_b=(400\sim500)$ MPa	<1	5°	2°	0°
硬黄铜 $\sigma_b=(350\sim400)$ MPa	1～5	6°	3°	1°
硬青铜	>5	8°	5°	3°
硬钢 $\sigma_b>550$ MPa	<1	7°	4°	2°
	1～5	9°	5°	3°
	>5	12°	7°	6°
硬铝 LY12	<2	2°	3°	4°30′
	2～5	4°	6°	8°30′
	>5	6°30′	10°	14°

当弯曲件弯曲中心角不为90°时，其回弹角可用下式计算：

$$\Delta\alpha=\frac{\alpha}{90}\Delta\alpha_{90}$$

式中 $\Delta\alpha$——弯曲件的弯曲中心角为 α 时之回弹角（°）；

α——弯曲件的弯曲中心角（°）；

$\Delta\alpha_{90}$——弯曲中心角为90°时的回弹角（见表3－6）（°）。

3. 校正弯曲时的回弹值

校正弯曲时的回弹值一般由试验公式得出，符号如图3－53所示，公式见表3－7。

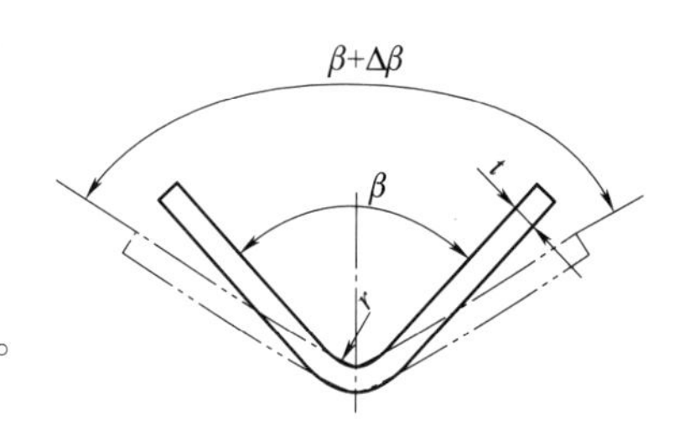

图3－53 V形件校正弯曲区的回弹

表3－7 V形件校正弯曲时的回弹角 $\Delta\beta$

材料	弯曲角 β			
	30°	60°	90°	120°
08、10、Q195	$\Delta\beta=0.75r/t-0.39$	$\Delta\beta=0.58r/t-0.80$	$\Delta\beta=0.43r/t-0.61$	$\Delta\beta=0.36r/t-1.26$
15、20、Q215、Q235	$\Delta\beta=0.69r/t-0.23$	$\Delta\beta=0.64r/t-0.65$	$\Delta\beta=0.434r/t-0.36$	$\Delta\beta=0.37r/t-0.58$
25、30、Q255	$\Delta\beta=1.59r/t-1.03$	$\Delta\beta=0.95r/t-0.94$	$\Delta\beta=0.78r/t-0.79$	$\Delta\beta=0.46r/t-1.36$
35、Q275	$\Delta\beta=1.51r/t-1.48$	$\Delta\beta=0.84r/t-0.76$	$\Delta\beta=0.79r/t-1.62$	$\Delta\beta=0.51r/t-1.71$

四、减小回弹的措施

由于在塑性变形的同时，伴随着弹性变形，所以很难完全消除回弹，生产中可采取一些措施来减小回弹，以提高弯曲件的尺寸精度。一般可从以下几方面考虑。

1. 弯曲件的合理设计

（1）尽量避免选用过大的相对弯曲半径 $\frac{r}{t}$。在不影响工件外观要求的情况下，可在弯曲变形区压制加强筋，如图 3 - 54 所示，以提高工件的刚度，抑制回弹。

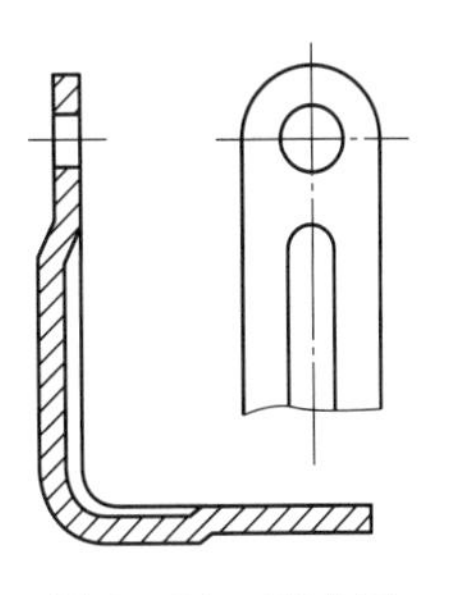

图 3 - 54　弯曲区压制的加强筋

（2）尽量选用$\dfrac{\sigma_s}{E}$小、力学性能稳定和板料厚度波动小的材料。

2. 采用适当的弯曲工艺

（1）采用校正弯曲代替自由弯曲。

（2）对于冷作硬化材料，弯曲前先退火，使其屈服点 σ_s 降低，以减小回弹，弯曲完成后再淬硬。对回弹较大的材料，必要时可采用加热弯曲。

（3）弯曲相对弯曲半径很大的工件时，由于变形程度很小，其回弹量很大，甚至无法成形，此时可采用拉弯工艺，拉弯用模具如图 3 - 55 所示。拉弯的特点是在弯曲之前先使坯料承受一定的拉伸应力，其数值使坯料截面内的应力稍大于材料的屈服强度。随后在拉力作用的同时进行弯曲。图 3 - 56 所示为工件在拉弯中沿截面高度的应变分布。图 3 - 56（a）所示为拉伸时的应变，图 3 - 56（b）所示为普通弯曲时的应变，图 3 - 56（c）所示为拉弯总的合成应变，图 3 - 56（d）所示为卸载时的应变，图 3 - 56（e）所示为最后的永久变形。从图 3 - 56（d）中可看出，拉弯卸载时坯料内、外区弹性回复方向一致，故大大减小了工件的回弹，所以拉弯主要用于长度和曲率半径都比较大的零件。

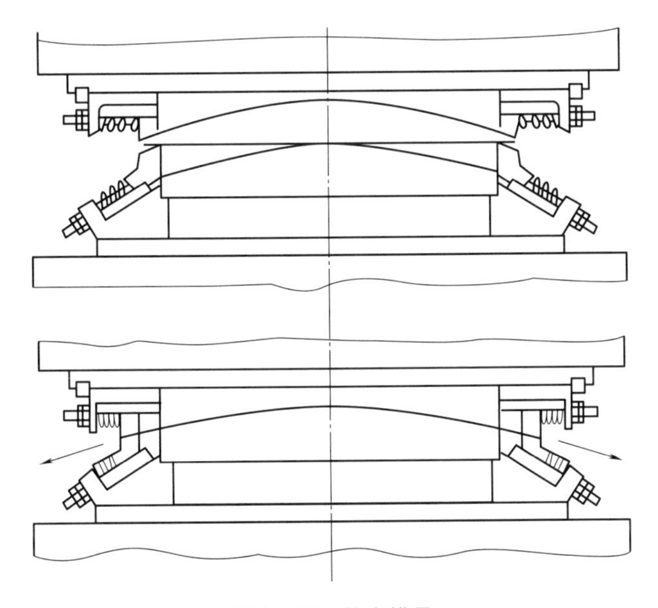

图 3 - 55　拉弯模具

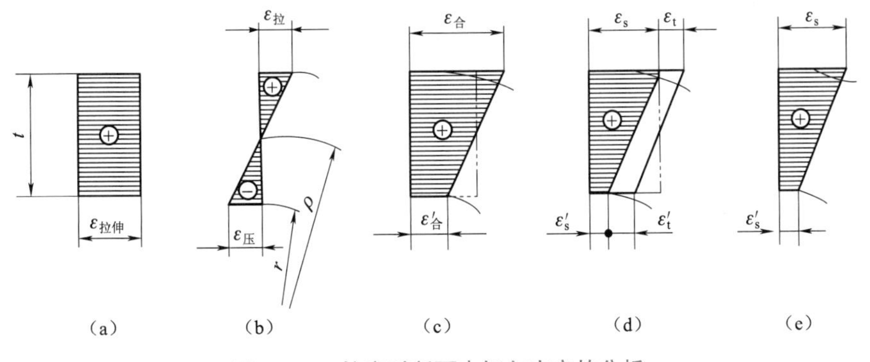

图 3 - 56　拉弯时断面内切向应变的分析

3. 合理设计弯曲模

（1）对于较硬材料（如45、50、Q275和H62（硬）等），可根据回弹值对模具工作部分的形状和尺寸进行修正。

（2）对于软材料（如Q215、Q235、10、20和H62（软）等），当其回弹角小于5°时，可在模具上做出补偿角并取较小的凸、凹模间隙，如图3－57所示。

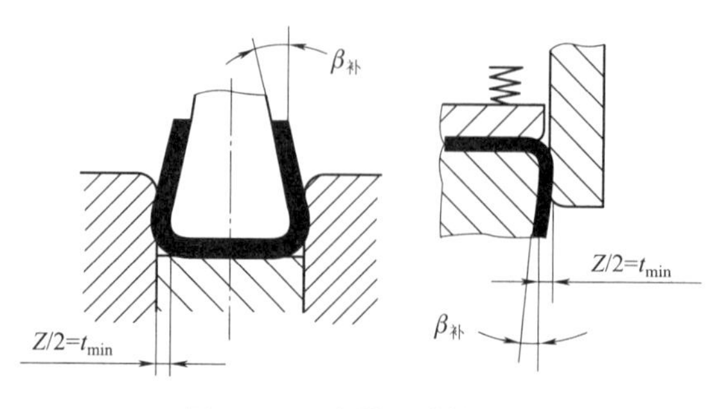

图3－57　克服回弹措施Ⅰ

（3）对于厚度在0.8 mm以上的软材料，当相对弯曲半径不大时，可把凸模做成图3－58（a）和图3－58（b）所示的结构，使凸模的作用力集中在变形区，以改变应力状态，达到减小回弹的目的，但易产生压痕。

此外，也可采用凸模角减小2°～5°的方法来减小接触面积，减小回弹后可使压痕减轻，如图3－58（c）所示；还可将凹模角度减小2°，以此减小回弹，又能减小弯曲件的纵向翘曲度，如图3－58（d）所示。

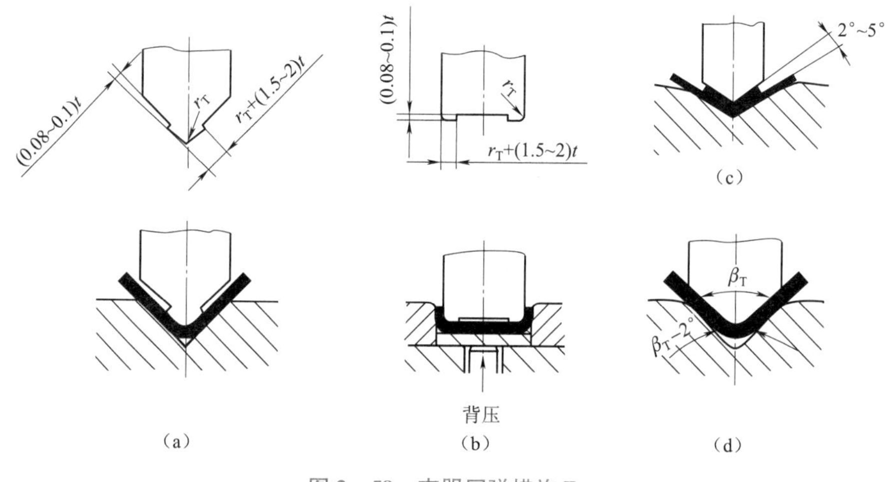

图3－58　克服回弹措施Ⅱ

（4）对于U形件弯曲，减小回弹常用的方法还有：当相对弯曲半径较小时，可采取增加背压的方法［见图3－58（b）］；当相对弯曲半径较大时，可采取将凸模端面和顶板表面做成一定曲率的弧形［见图3－59（a）］。这两种方法的实质都是使底部产生的负回弹和角部产生的正回弹互相补偿。另一种克服回弹的有效方法是采用摆动式凹模，而凸模侧壁应有补偿回弹角$\Delta\beta$［见图3－59（b）］，当材料厚度负偏差较大时，可设计成凸、凹模间隙可调的弯曲模［见图3－59（c）］。

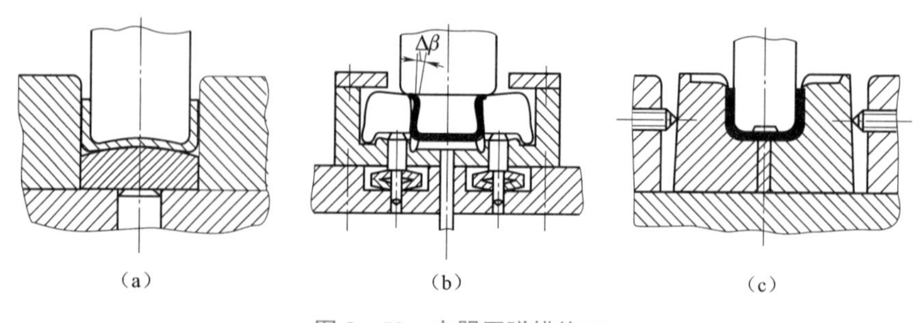

图3－59　克服回弹措施Ⅲ

（5）在弯曲件直边端部纵向加压，使弯曲变形的内、外区都成为压应力区而减少回弹，可得到精确的弯边高度，如图3－60所示。

（6）用橡胶或聚氨酯代替刚性金属凹模能减小回弹，即通过调节凸模压入橡胶或聚氨酯凹模的深度，控制弯曲力的大小，以获得满足精度要求的弯曲件，如图3－61所示。

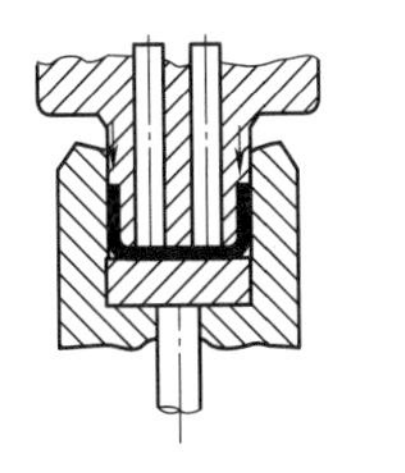

图3－60　坯料端部加压弯曲

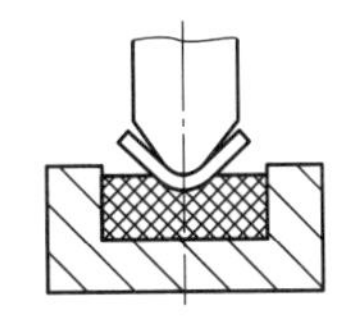
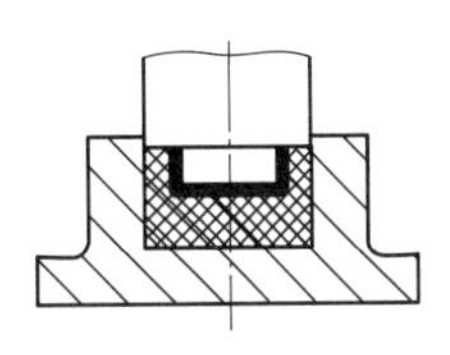

图3－61　软凹摸弯曲

做一做： 按照任务要求，计算托架弯曲件的回弹值，并提出减小回弹的措施。

步骤三　弯曲力的计算

一、自由弯曲时的弯曲力

弯曲力是设计弯曲模与选择压力机的重要依据之一。弯曲力的大小与毛坯尺寸、材料性能、弯曲方式、模具结构等多因素相关，因此难以得到准确的计算值，在生产中常采用经验公式来确定。

V形件弯曲力：

$$F_{自} = \frac{0.6KB\,t^2\sigma_b}{r+t}$$

U形件弯曲力：

$$F_{自} = \frac{0.7KB\,t^2\sigma_b}{r+t}$$

式中　$F_{自}$——自由弯曲在行程结束时的弯曲力；

B——弯曲件的宽度；

t——弯曲件的材料厚度；

r——弯曲件的内侧弯曲半径；

σ_b——材料的抗拉伸强度；

K——安全系数，一般取$K=1.3$。

二、校正弯曲时的弯曲力

校正弯曲力为

$$F_{校} = Ap$$

式中　A——校正部分的投影面积；

p——单位面积校正力，其值见表3－8。

表3－8　单位面积校正力p　MPa

材料	料厚t/mm		材料	料厚t/mm	
	<3	3～10		<3	3～10
铝	30～40	50～60	10～20钢	80～100	100～120
黄铜	60～80	80～100	25～35钢	100～120	120～150

三、顶件力或压料力

弯曲顶件力或压料力可近似取自由弯曲力的30%～80%，即

$$F_{D}=(0.3\sim0.8)F_{自}$$

四、压力机公称压力的确定

有压料自由弯曲时，压力机公称压力为

$$F_{压机}\geqslant1.3(F_{自}+F_{D})$$

校正弯曲时，弯曲力比顶料力和压力料大得多，因此可只考虑弯曲力，即取

$$F_{压机}\geqslant1.3F_{校}$$

做一做： 按照任务要求，完成托架弯曲件的弯曲力、顶件力或压料力、压力机公称压力的计算。

任务考核

任务名称	托架弯曲工艺计算	专业		组名	
班级		学号		日期	
评价指标	评价内容			分数评定	自评
信息收集能力	能有效利用网络、图书资源查找有用的相关信息等；能将查到的信息有效地传递到学习中			10分	
感知课堂生活	是否能在学习中获得满足感、课堂生活的认同感			5分	
参与态度沟通能力	积极主动与教师、同学交流，相互尊重、理解、平等；与教师、同学之间是否能够保持多向、丰富、适宜的信息交流			5分	
	能处理好合作学习和独立思考的关系，做到有效学习；能提出有意义的问题或能发表个人见解			5分	
知识、能力获得情况	托架弯曲件的坯料长度计算			20分	
	弯曲力计算及压力机选择			20分	
	回弹值确定及减小回弹的措施			20分	
辩证思维能力	是否能发现问题、提出问题、分析问题、解决问题、创新问题			10分	
自我反思	按时保质完成任务；较好地掌握了知识点；具有较为全面严谨的思维能力并能条理清楚明晰地表达成文			5分	
小计				100	

总结提炼				
考核人员	分值/分	评分	存在问题	解决办法
（指导）教师评价	100			
小组互评	100			
自评成绩	100			
总评	100	总评成绩＝指导教师评价×35%＋小组评价×25%＋自评成绩×40%		

知识拓展

通过查阅相关教材、模具设计手册和中国大学慕课等网络资源，学习弯曲工艺计算的相关知识。

任务三　弯曲模具零部件（非标准件）设计

任务描述

设计弯曲模工作部分的尺寸，包括凸模与凹模圆角半径、工作深度、凸模与凹模的间隙、U 形件弯曲凸、凹模的横向尺寸及公差等。

学习目标

【知识目标】

掌握弯曲模工作部分的尺寸设计方法。

【能力目标】

能合理设计弯曲模工作部分的尺寸。

【素养素质目标】

（1）培养辩证分析能力；

（2）培养科学严谨的思维。

任务实施

任务单　托架弯曲模具工作部分的尺寸设计

任务名称	托架弯曲模具工作部分的尺寸设计	学时		班级	
学生姓名		学生学号		任务成绩	
实训设备		实训场地		日　期	
任务目的	掌握弯曲模具工作部分的尺寸设计方法				
任务内容	弯曲模具工作部分的圆角半径、深度、间隙及横向尺寸等				
任务实施	一、凸、凹模的圆角半径设计 二、凹模的工作深度设计 三、凸、凹模的间隙设计 四、U 形件弯曲凸、凹模的横向尺寸及公差设计				
谈谈本次课程的收获，写出学习体会，给任课教师提出建议					

相关知识

步骤一　工作部分的尺寸设计

一、弯曲凸模的圆角半径

弯曲凸模圆角半径不能过小，也不能过大，过小会造成材料拉裂，过大则回弹量增大。一般当相对弯曲半径较小（$r/t<5\sim8$）但不小于最小相对弯曲半径时，取弯曲凸模半径r_T等于弯曲件的内圆角半径r；当相对弯曲半径r/t小于最小相对弯曲半径时，取首次r_T大于r_{min}，即先弯成比最小弯曲半径r_{min}大的圆角半径，然后再用整形工序整形，达到工件尺寸要求。

当相对弯曲半径较大（$r/t>5\sim8$）时，先计算回弹值，凸模圆角半径在试模时做修正。

二、弯曲凹模的圆角半径

弯曲凹模的圆角半径r_A对弯曲力和工件形状尺寸精度都有明显的影响。r_A过大，会影响坯料的准确定位；r_A过小，则坯料在拉入凹模过程中阻力增大，使毛坯表面擦伤和变薄。在对称弯曲时，凹模两边的半径还应保持一致，否则在弯曲时容易发生材料偏移，影响工件的形状精度。在生产中，r_A一般由材料厚度t确定：

当$t\leqslant2$ mm，$r_A=(3\sim6)t$；

当$t>2\sim4$ mm，$r_A=(2\sim3)t$；

当$t>4$ mm，$r_A=2t$。

V形件凹模底部开槽时，其校正弯曲凹模底部圆角半径为

$$r'_A=(0.6\sim0.8)(r_T+t)$$

三、弯曲凹模的工作深度

弯曲凹模工作深度l_0是弯曲模结构重要参数之一。对于V形件凹模，l_0通常用凹模斜壁长度来表示，如图3－62（a）所示。l_0不能过小，否则无法对材料变形区实行完全校正弯曲；l_0亦不能过大，不然会浪费模具材料，并增大压力机的工作行程。确定l_0值的原则：在保证完成已变形区校正弯曲的前提下，尽可能取较小值，并同时注意凹模开口宽度L_A不能大于坯料长度，否则会影响坯料在凹模上的定位，使工件在弯曲过程中发生偏移。

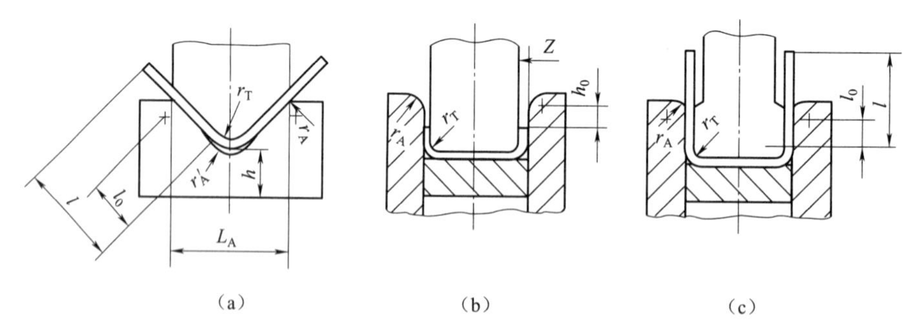

图3－62　弯曲模工作部分尺寸

生产中V形件弯曲凹模的工作深度尺寸l_0及底部最小壁厚h一般采用经验查表3－9确定，查表依据为工件直边长度l与材料厚度t。

表 3－9　弯曲 V 形件的凹模深度 L_0 及底部最小厚度 h　　mm

弯曲件的边长 l	材料厚度					
	≤2		2～4		>4	
	h	L_0	h	L_0	h	L_0
10～25	20	10～15	22	15	—	—
>25～50	22	15～20	27	25	32	30
>50～75	27	20～25	32	30	37	35
>75～100	32	25～30	37	35	42	40
>100～150	37	30～35	42	40	47	50

对于 U 形件弯曲，当工件直边高度不大或平面度要求较高时，凹模工作深度应大于弯曲件直边高度，如图 3－62（b）所示，凹模工作深度 h_0 值见表 3－10；当工件直边高度较大，对其平面度要求不太高时，可采用如图 3－62（c）所示的凹模结构及尺寸，凹模工作深度 l_0 值见表 3－11。

表 3－10　弯曲 U 形件凹模的 h_0 值　　mm

材料厚度 t	≤1	1～2	2～3	3～4	4～5	5～6	6～7	7～8	8～10
h_0	3	4	5	6	8	0	15	20	25

表 3－11　弯曲 U 形件的凹模深度 l_0　　mm

弯曲件边长 l	材料厚度 t				
	<1	1～2	>2～4	>4～6	>6～10
<50	15	20	25	30	35
50～75	20	25	30	35	40
75～100	25	30	35	40	40
100～150	30	35	40	50	50
150～200	40	45	55	65	65

四、凸、凹模的间隙

对 V 形件弯曲模，凸、凹模间的间隙是靠调整压力机闭合高度来控制的，设计时可不考虑。对于 U 形件弯曲模，设计时则应适当选择间隙值，其单边间隙 $Z/2$ 一般按照以下经验公式计算：

$$Z/2 = t_{max} + Ct = t + \Delta + Ct$$

式中　Z——弯曲模凸、凹模双边间隙；

t——工件材料厚度（公称尺寸）；

Δ——材料厚度的正偏差；

C——间隙系数，可查表 3－12。

表 3－12　U 形件弯曲模凸、凹模的间隙系数 C 值　　mm

弯曲高度 H	弯曲件宽度 $B≤2H$				弯曲件宽度 $B>2H$				
	材料厚度 t								
	<0.5	0.6～2	2.1～4	4.1～5	<0.5	0.6～2	2.1～4	4.1～7.5	7.6～12
10	0.05	0.05	0.04	—	0.10	0.10	0.08	—	—
20	0.05	0.05	0.04	0.03	0.10	0.10	0.08	0.06	0.06
35	0.07	0.05	0.04	0.03	0.15	0.10	0.08	0.06	0.06

续表

弯曲高度 H	弯曲件宽度 $B \leq 2H$				弯曲件宽度 $B > 2H$				
	材料厚度 t								
	<0.5	0.6~2	2.1~4	4.1~5	<0.5	0.6~2	2.1~4	4.1~7.5	7.6~12
50	0.10	0.07	0.05	0.04	0.20	0.15	0.10	0.06	0.06
70	0.10	0.07	0.05	0.05	0.20	0.15	0.10	0.10	0.08
100	—	0.07	0.05	0.05	—	0.15	0.10	0.10	0.80
150	—	0.10	0.07	0.05	—	0.20	0.15	0.10	0.10
200	—	0.10	0.07	0.07	—	0.20	0.15	0.15	0.10

当弯件精度要求较高时，其间隙应适当缩小，即 $Z = t$。

五、U 形件弯曲凸、凹模的横向尺寸及公差

U 形件弯曲凸、凹模横向尺寸计算原则为：工件标注外形尺寸时［见图 3－63（a）和图 3－63（b）］，应以凹模为基准件，间隙取在凸模上；工件标注内形尺寸时［见图 3－63（c）和图 3－63（d）］，应以凸模为基准件，间隙取在凹模上。其尺寸计算公式如下。

1. 尺寸标注在外形上［见图 3－63（a）和图 3－63（b）］

凹模尺寸：

$$L_A = (L_{max} - 0.75\Delta)^{+\delta_A}_{0}$$

凸模尺寸：

$$L_T = (L_A - Z)^{0}_{-\delta_T}$$

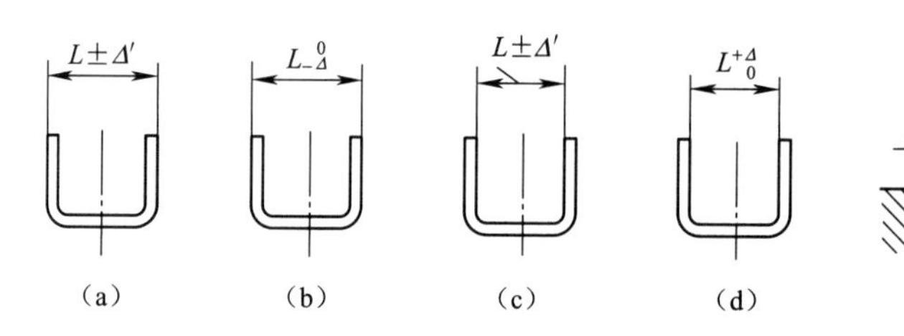

图 3－63　U 形件横向尺寸标注及模具尺寸

2. 尺寸标注在内形上［见图 3－63（c）和图 3－63（d）］

凸模尺寸：

$$L_T = (L_{min} + 0.75\Delta)^{0}_{-\delta_T}$$

凹模尺寸：

$$L_A = (L_T + Z)^{+\delta_A}_{0}$$

式中　L_T，L_A——凸、凹模横向尺寸；

L_{max}——弯曲件横向最大极限尺寸；

L_{min}——弯曲件横向最小极限尺寸；

Δ——弯曲件横向尺寸偏差，对称偏差时 $\Delta = 2\Delta'$；

δ_T，δ_A——凸、凹模的制造公差，可采用 IT7～IT9 级精度，一般取凸模的精度比凹模精度高一级。

做一做：按照任务要求，完成托架零件的工作部分尺寸计算。

任务考核

任务名称		专业		组名	
班级		学号		日期	
评价指标	评价内容			分数评定	自评
信息收集能力	能有效利用网络、图书资源查找有用的相关信息等；能将查到的信息有效地传递到学习中			10 分	
感知课堂生活	是否能在学习中获得满足感、课堂生活的认同感			5 分	
参与态度沟通能力	积极主动与教师、同学交流，相互尊重、理解、平等；与教师、同学之间是否能够保持多向、丰富、适宜的信息交流			5 分	
	能处理好合作学习和独立思考的关系，做到有效学习；能提出有意义的问题或能发表个人见解			5 分	
知识、能力获得情况	托架弯曲模具凸、凹模圆角半径设计			15 分	
	托架弯曲模具凹模工作深度设计			15 分	
	托架弯曲模具凸、凹模间隙设计			15 分	
	托架弯曲模具凸、凹模横向尺寸及公差设计			15 分	
辩证思维能力	是否能发现问题、提出问题、分析问题、解决问题、创新问题			10 分	
自我反思	按时保质完成任务；较好地掌握了知识点；具有较为全面严谨的思维能力并能条理清楚明晰地表达成文			5 分	
小计				100	
总结提炼					
考核人员	分值/分	评分	存在问题	解决办法	
（指导）教师评价	100				
小组互评	100				
自评成绩	100				
总评	100	总评成绩 = 指导教师评价 ×35% + 小组评价 ×25% + 自评成绩 ×40%			

知识拓展

通过查阅相关教材、模具设计手册和中国大学慕课等网络资源，学习弯曲件工作零件设计的相关知识。

模块四 拉 深

任务描述

圆筒形拉深模具设计。
零件名称：圆筒。
零件图：如图 4－1 所示。
材料：08 冷轧钢板。
材料厚度：1 mm。
批量：大批量。
工作任务：制定该零件的冲压工艺并设计模具。

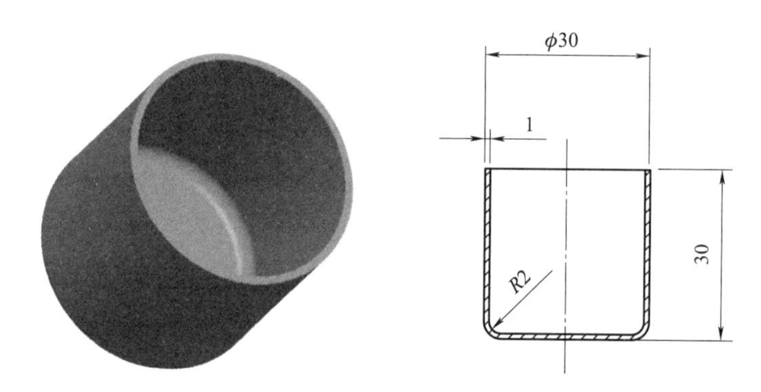

图 4－1　圆筒

拉深是利用拉深模使平板坯料（工序件）变成开口空心件（图 4－1）的冲压工序。拉深可以制成筒形、阶梯形、盒形、球形、锥形及其他复杂形状的薄壁零件，从轮廓尺寸为几毫米、厚度仅为 0.2 mm 的小零件到轮廓尺寸达 2～3m、厚度 200～300 mm 的大型零件。

任务一　总体方案设计

任务描述

圆筒形拉深模具设计总体方案设计：冲裁件工艺性分析、冲裁工艺方案确定及工艺方案制定、模具总体结构形式确定。

学习目标

【知识目标】

(1) 能正确分析拉深件的结构特点和技术要求；

(2) 能对筒形拉深进行合理的工艺性分析；

(3) 能合理地选择筒形拉深件的拉深工艺方案；

(4) 能合理地确定模具的总体结构形式。

【能力目标】

(1) 能综合运用冲裁方案和模具总体架构；

(2) 能结合机械制图基础正确地表达。

【素养素质目标】

(1) 根据实例分析能举一反三；

(2) 思路开阔，设计过程敢于创新；

(3) 从根本看问题，透过问题看本质。

任务实施

任务单　圆筒形拉深模具设计总体方案设计

任务名称	圆筒形拉深模具设计 总体方案设计	学时		班级	
学生姓名		学生学号		任务成绩	
实训设备		实训场地		日期	
任务目的	正确制定拉深工艺方案				
任务内容	圆筒形拉深件工艺性分析、工艺方案确定及工艺方案制定、总体方案确定				
任务实施	一、圆筒形拉深件工艺性分析 二、圆筒形拉深件工艺方案确定 三、圆筒形拉深件模具总体方案设计				
谈谈本次课程的收获，写出学习体会，给任课教师提出建议					

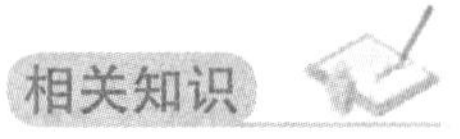

相关知识

一、拉深基本原理

1. 拉深变形过程及特点

1）拉深变形过程

图 4－2 所示为平板圆形坯料变为筒形件的变形过程示意图。拉深凸模和凹模与冲裁模不同，它们都有一定的圆角而不是锋利的刃口，其间隙一般稍大于板料厚度。

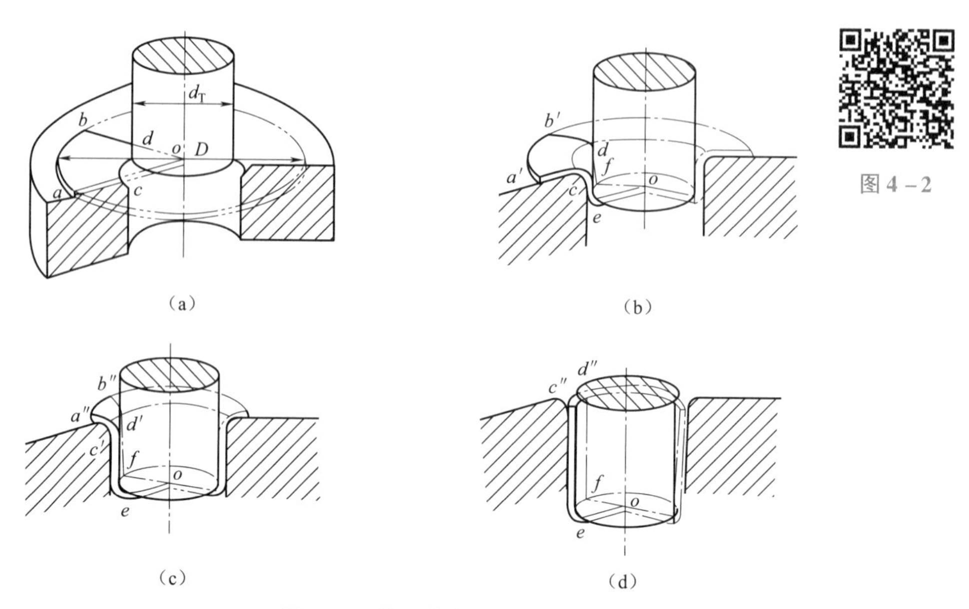

图4－2　拉深的变形过程

为了说明拉深坯料变形过程，在平板坯料上，沿直径方向画出一个局部的扇形区域 oab，如图4－2（a）所示。当凸模下压时，将坯料拉入凹模，扇形 oab 变为以下三部分：筒底部分——oef；筒壁部分——$cdef$；凸缘部分——$a'b'cd$。当凸模继续下压时，筒底部分基本不变，凸缘部分的材料继续转变为筒壁，筒壁部分逐步增高，凸缘部分逐步缩小，直至全部变为筒壁。可见坯料在拉深过程中，变形主要是集中在凹模面上的凸缘部分，可以说拉深过程就是凸缘部分逐步缩小转变为筒壁的过程。坯料的凸缘部分是变形区，底部和已形成的侧壁为传力区。

为了进一步说明拉深时金属变形过程，可以进行以下试验：在圆形平板坯料上画许多间距都等于 a 的同心圆和分度相等的辐射线，由这些同心圆和分度辐射线组成网格，如图4－3（a）所示。拉深后网格变化情况如图4－3（b）所示，筒形件底部的网格基本上保持原来的形状［见图4－3（d）］，而筒壁上的网格与坯料凸缘（即外径为 D、内径为 d 的环形部分）上的网格比较发生了很大的变化，原来直径不等的同心圆变为筒壁上直径相等的圆，其间距增大了，越靠近筒形件口部增大越多，即由原来的 a 变为 a_1、a_2、a_3、…，且 $a_1 > a_2 > a_3 > \cdots > a$；原来分度相等的辐射线变成筒壁上的垂直平行线，其间距缩小了，越近筒形件口部缩小越多，即由原来的 $b_1 > b_2 > b_3 > \cdots > b$ 变为 $b_1 = b_2 = b_3 = \cdots = b$。如果拿一个小单元来看，在拉深前是扇形［见图4－3（a）］，其面积为 A_1，拉深后变为矩形［见图4－3（b）］，其面积为 A_2。实践证明，拉深后板料厚度变化很小，因此可以近似认为拉深前后小单元的面积不变，即 $A_1 = A_2$。

为什么拉深前扇形小单元变为拉深后的矩形呢？这是由于坯料在模具的作用下金属内部产生了内应力，对一个小单元来说［见图4－3（c）］，径向受拉应力 σ_1 作用，切线方向受压应力 σ_3 作用，因而径向产生拉伸变形，切向产生压缩变形，径向尺寸增大，切向尺寸减小，结果形状由扇形变为矩形。当凸缘部分的材料变为筒壁时，外缘尺寸由初始的 πD 逐渐缩短变为 πd；而径向尺寸由初始的$\dfrac{D-d}{2}$逐步伸长变为高度 H，$H > \dfrac{D-d}{2}$。

综上所述，拉深变形过程可概括如下：在拉深过程中，由于外力的作用，坯料凸缘区内部的各个小单元体之间产生了相互作用的内应力，径向为拉应力 σ_1，切向为压应力 σ_3。在 σ_1 和 σ_3 的共同作用下，凸缘部分金属材料产生塑性变形，径向伸长，切向压缩，且不断被拉入凹模中变为筒壁，最后得到直径为 d、高度为 H 的薄壁件。

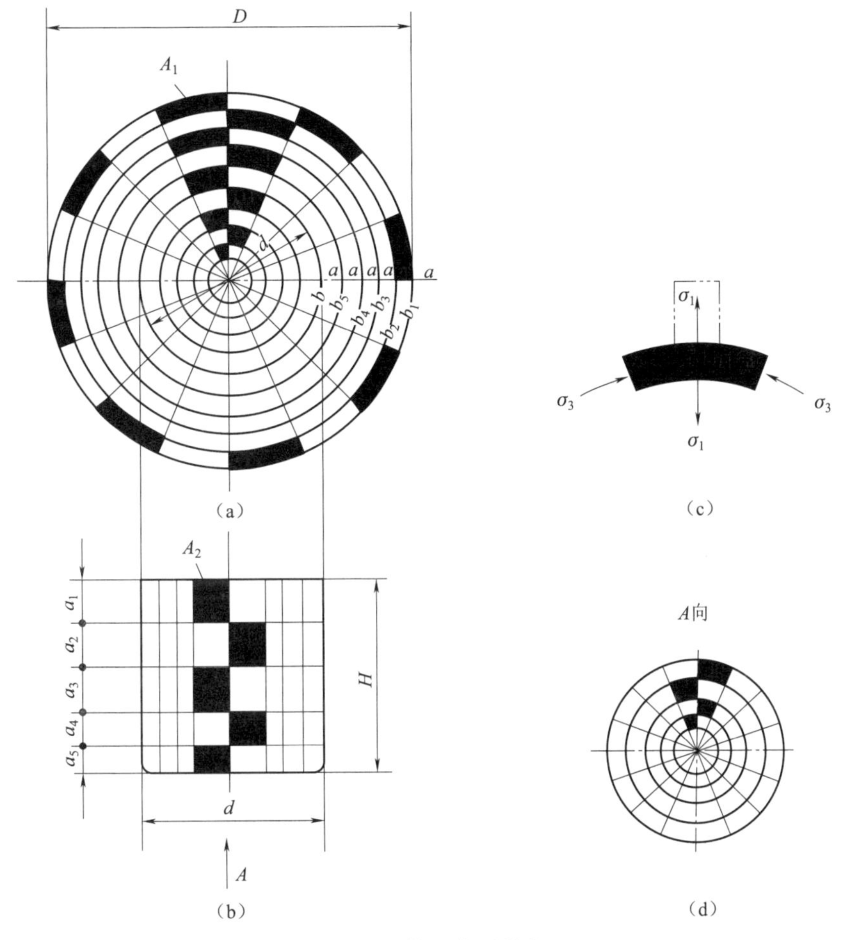

图 4-3　拉深变形特点

2）拉深件种类及变形特点

前面分析了圆筒形件的拉深变形过程。实际上，拉深件的种类很多，由于其几何形状不同，因而变形区的位置、变形的性质及坯料各部分的应力、应变状态和分布规律等都有相当大的差别，有些甚至是本质上的区别。表 4-1 所示为拉深件的分类及其变形特点。

表 4-1　拉深件分类

拉深件名称			拉深件简图	变形特点
直壁类拉深件	轴对称零件	圆筒形件		1. 拉深过程中变形区是坯料的凸缘部分，其余部分是传力区。 2. 坯料变形区在切向压应力和径向拉应力的作用下产生切向压缩与径向伸长的一向受压、一向受拉的变形。 3. 极限变形程度主要受坯料传力区承载能力的限制
		带凸缘圆筒件		
		阶梯形件		

续表

<table>
<tr><th colspan="3">拉深件名称</th><th>拉深件简图</th><th>变形特点</th></tr>
<tr><td rowspan="4">直壁类拉深件</td><td rowspan="4">非轴对称零件</td><td>盒形件</td><td>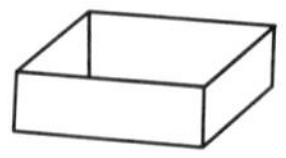</td><td rowspan="3">1. 变形性质同前，差别仅在于一向受压、一向受拉的变形在坯料周边上分布不均匀，圆角部分变形大，直边部分变形小。
2. 在坯料周边上，变形程度大与变形程度小的部分存在互相影响和作用</td></tr>
<tr><td>带凸缘盒形件</td><td>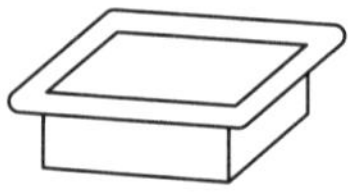</td></tr>
<tr><td>其他形状零件</td><td>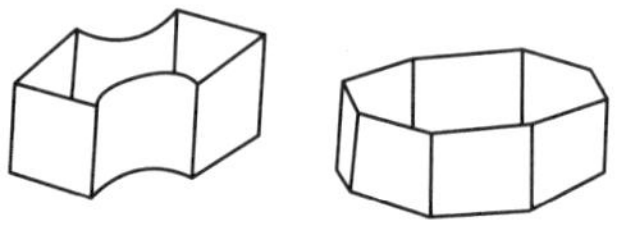</td></tr>
<tr><td>曲面凸缘零件</td><td></td><td>除具有前项相同的变形性质外，还有以下特点：
1. 因零件各部分高度不同，在拉深开始时有严重的不均匀变形。
2. 拉深过程中坯料变形区内还会发生剪切变形</td></tr>
<tr><td rowspan="5">曲面类拉深件</td><td rowspan="3">轴对称零件</td><td>球面类零件</td><td></td><td rowspan="3">拉深时坯料变形区由两部分组成：
1. 坯料外部是一向受压、一向受拉的变形。
2. 坯料的中间部分是两向拉应力的胀形变形区</td></tr>
<tr><td>锥形零件</td><td></td></tr>
<tr><td>其他曲面零件</td><td></td></tr>
<tr><td rowspan="2">非轴对称零件</td><td>平面凸缘零件</td><td>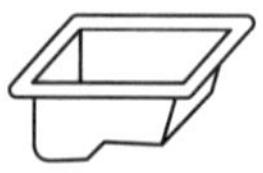</td><td rowspan="2">1. 拉深时坯料变形区也是由外部的拉深变形区和内部的胀形变形区所组成，但这两种变形在坯料中分布不均匀。
2. 曲面凸缘零件拉深时，在坯料外周变形区还有剪切变形</td></tr>
<tr><td>曲面凸缘零件</td><td>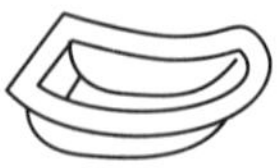</td></tr>
</table>

2. 拉深过程中坯料内的应力与应变状态

在实际生产中，拉深工艺出现质量问题的形式主要是凸缘变形区的起皱和传力区的拉裂。凸缘区起皱显然是由于切向压应力引起板料失去稳定而产生弯曲；传力区的拉裂是由于拉应力超过抗拉强度引起板料断裂。同时，拉深变形区板料有所增厚，而传力区板料有所变薄。这些现象表明，在拉深过程中，坯料内各区的应力、应变状态是不同的，因而出现的问题也不同。为了更好地解决上述问题，必须研究拉深过程中坯料内各区的应力与应变状态。

图4－4所示为拉深过程中某一瞬间坯料的应力应变的分布情况。根据应力与应变的分布，把处于某一瞬间的坯料划分为五个区。在图4－4中：

σ_1 与 ε_1 分别代表坯料径向的应力（σ_ϕ）和应变（ε_ϕ）；

σ_2 与 ε_2 分别代表坯料厚度方向的应力（σ_t）和应变（ε_t）；

σ_3 与 ε_3 分别代表坯料切向的应力（σ_θ）和应变（ε_θ）；

1）凸缘的平面部分［见图4－4（a）、（b）、（c）］

凸缘的平面部分是拉深的主要变形区，材料在径向拉应力 σ_1 和切向压应力 σ_3 的共同作用下产生切向压缩与径向伸长变形而逐渐被拉入凹模。在厚度方向，由于压边圈的作用，产生了压应

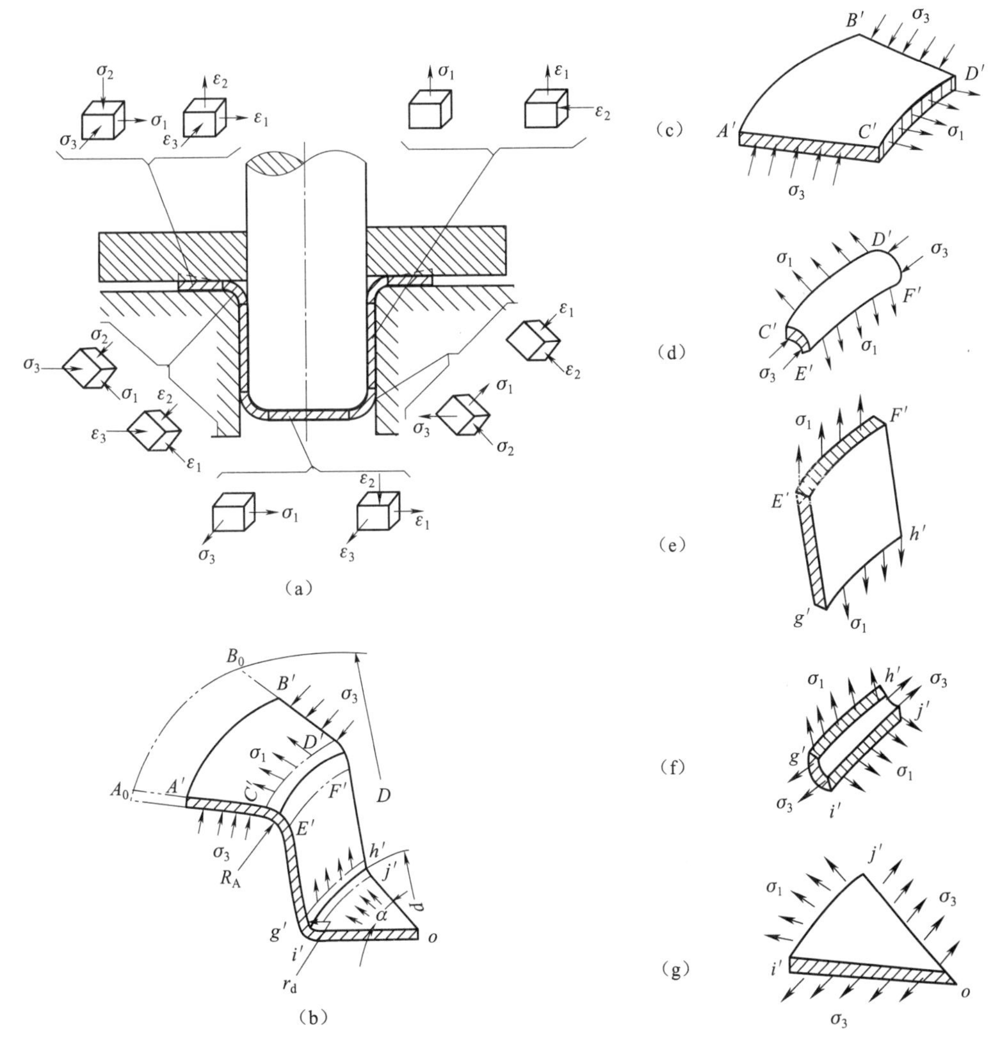

图4－4　拉深过程的应力与应变状态

力 σ_2。通常 σ_1 和 σ_3 的绝对值比 σ_2 大得多。厚度方向的变形决定于径向拉应力 σ_1 与切向压应力 σ_3 之间的比例关系，一般在材料产生切向压缩与径向伸长的同时，厚度有所增加，越接近外缘，板料增厚越多。如果不压料（$\sigma_2=0$）或压料力较小（σ_2 小），则板料增厚比较大。当拉深形程度较大、板料又比较薄时，则在坯料的凸缘部分，特别是外缘部分，在切向压应力 σ_3 的作用下可能失稳而拱起，形成起皱。

2）凸缘的圆角部分［见图 4－4（a）、（b）、（d）］

凸缘的圆角部分位于凹模圆角处，切向受压应力而压缩，径向受拉应力而伸长，厚度方向受到凹模圆角的压力和弯曲作用。由于这里切向压应力值 σ_3 不大，而径向拉应力最大，而且凹模圆角越小，则弯曲变形程度越大，弯曲引起的拉应力越大，所以有可能出现破裂。该部分也是变形区，但其变形次于凸缘平面部分的过渡区。

3）筒壁部分［见图 4－4（a）、（b）、（e）］

筒壁部分拉深时形成的侧壁部分，是已经结束了塑性变形阶段的已变形区。这个区受单向拉应力的作用，变形是拉伸变形。

4）底部圆角部分［见图 4－4（a）、（b）、（f）］

底部圆角部分是与凸模圆角接触的部分，它从拉深开始一直承受径向拉应力和切向拉应力的作用，并且受到凸模圆角的压力和弯曲作用，因而这部分材料变薄最严重，尤其是与侧壁相切的部位，此处最容易出现拉裂，是拉深的“危险断面”。

5）筒底部分［见图 4－4（a）、（b）、（e）］

筒底部分材料与凸模底面接触，在拉深开始时即被拉入凹模，并在拉深的整个过程中保持其平面形状。它受双向拉应力作用，变形是双向拉伸变形。但这部分材料基本上不产生塑性变形或者只产生不大的塑性变形。筒壁、底部圆角、筒底这三部分的作用是传递拉深力，把凸模的作用力传递到变形区（凸缘部分），使之产生足以引起拉深变形的径向拉应力，即传力区。

从拉深过程中坯料应力与应变的分析可见，值得注意的有以下两点：

（1）在拉深过程中，坯料各区的应力与应变是很不均匀的，即使在凸缘变形区内也是这样，越靠近外缘，变形程度越大，板料增厚也越多。因而，当凸缘部分全部转变为侧壁时，拉深件的壁厚就不均匀。从图 4－5 中可以看出，拉深件下部壁厚略有变薄，越接近圆角变薄越大，壁部与圆角相切处变薄最严重。拉深件上部却有增厚，越接近口部增厚越多。坯料各处变形程度不同，表现为拉深件各部分硬度不一样，越接近口部，硬度越大。

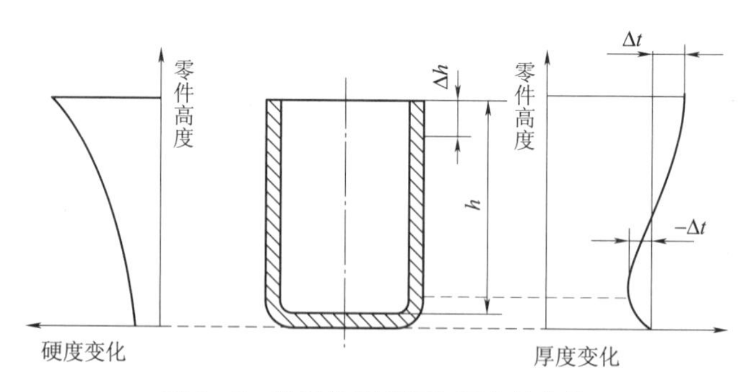

图 4－5　拉深件的壁厚和硬度的变化

（2）拉深时，凸缘变形区的“起皱”和筒壁传力区的“拉裂”是拉深工艺能否顺利进行的主要障碍。为此，必须在深入了解凸缘变形区和筒壁传力区的受力情况及其影响因素的基础上，在拉深工艺和拉深模设计等方面采取适当的措施，保证拉深工艺的顺利进行，从而保证拉深件的质量。

3. 拉深时凸缘区的应力分布与起皱

1）拉深过程中某一瞬间凸缘区的应力分布

由于凸缘区厚度方向压应力相对很小，可以忽略不计，因此，只需分析 σ_1 和 σ_3 的大小及变化规律即可。根据力学的平衡条件和塑性变形条件，可以求出拉深的某一瞬间凸缘变形区内的大小，可按下式计算：

$$\sigma_1 = 1.1\sigma_{sm}\ln\frac{R_t}{R'} \tag{4-1}$$

$$\sigma_3 = 1.1\sigma_{sm}\left(1—\ln\frac{R_t}{R'}\right) \tag{4-2}$$

式中 σ_{sm}——拉深过程中某一瞬间凸缘区变形抗力的平均值，其值与材料性质和变形程度有关；

R_t——拉深过程中某一瞬间凸缘区的外缘半径；

R'——拉深过程中凸缘任意点的半径。

以不同的 R' 值代入式（4－1）和式（4－2）即可得到拉深到 R_t 时，凸缘变形区切向压应力和径向拉应力的分布曲线，如图 4－6 所示。

从图 4－6 中可以看出，沿径向的应力是按对数曲线处的径向规律分布的。在 $R_t = r$（即凸缘区内缘）处拉应力最大，其值为

$$\sigma_{1max} = 1.1\sigma_{sm}\ln\frac{R_t}{r} \tag{4-3}$$

或 $\sigma_{1max} = 1.1\sigma_{sm}\ln\frac{R_t R}{Rr} = 1.1\sigma_{sm}\left(\ln\frac{R_t}{r} - \ln m\right)$

式中 R——坯料的半径；

m——拉深系数；

r——拉深件的半径。

当拉深刚开始 $R' = r$ 时，则

$$\sigma_{1max} = 1.1\sigma_{sm}(\ln 1 - \ln m) = 1.1\sigma_{sm}\ln\frac{1}{m}$$

上式说明坯料变形区内边缘的拉应力 σ_1 取决于材料的力学性能和拉深系数，而且拉深系数越小，径向拉应力越大。

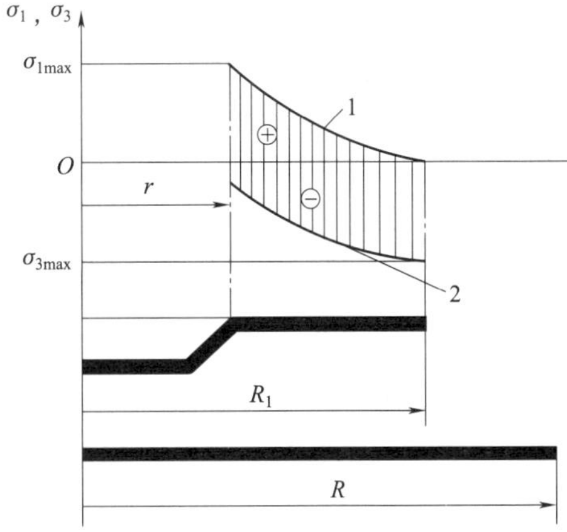

图 4－6　圆筒形件拉深凸缘区的应力分布

1—σ_{1max} 的变化曲线；2—σ_{3max} 的变化曲线

当 $R' = R_t$ 时（即凸缘区外缘），切向压应力最大，其值为

$$\sigma_{3max} = 1.1\sigma_{sm} \tag{4-4}$$

如果 $|\sigma_1| = |\sigma_3|$，则可得到 $R' = 0.61R_t$，这意味着由 $R' = 0.61R_t$ 所作的圆将凸缘分成两部分，由此圆向内到凹模口，这一部分的凸缘区拉应力占优势（$|\sigma_1| > |\sigma_3|$），拉应变为最大主应变，板料变薄；由此圆向外到外边缘，这部分的凸缘区压应力占优势（$|\sigma_3| > |\sigma_1|$，压应变为最大主应变，板料增厚。

由此可见，拉深时凸缘变形区中以压应力为主的压缩变形部分比以拉应力为主的伸长变形部分大得多，甚至整个凸缘区都是压缩变形区，故拉深成形时，凸缘区变为侧壁后板料略有增厚。

必须注意，以上得出的 σ_{1max} 和 σ_{3max} 是指凸缘半径由 R 拉深到 R_t 时所出现的相应值，而从 R 到 r 的整个拉深过程中，不同时刻下的 R_t 值所对应的 σ_{1max} 和 σ_{3max} 是不同的。

2）整个拉深过程中 σ_{1max} 和 σ_{3max} 的变化规律

（1）σ_{1max} 的变化规律。

在一定的材料和拉深变形程度下，以不同的 R_t 代入式（4－3），即可计算出不同拉深瞬间的

σ_{1max}值。在直角坐标系上，将不同 R_t 所对应的各个 σ_{1max} 值连成曲线（见图 4－7 曲线 1），该曲线是拉深过程凹模入口处坯料径向拉应力 σ_{1max} 的变化规律。

由曲线可知，当 $R_t=(0.8\sim0.9)R$ 时，σ_{1max} 达到最大值（σ_{1max}^{max}）。这说明（σ_{1max}^{max}）一般发生在拉深的开始阶段。

（2）σ_{3max} 的变化规律。

由式（4－4）可知，σ_{3max} 只与 σ_{sm} 有关，而 σ_{sm} 与材料的性质和变形程度有关，其变化规律与材料硬化曲线相似（图 4－7 曲线 2）。

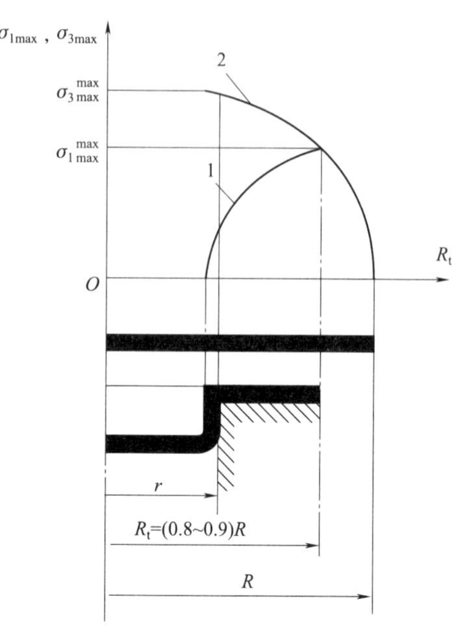

图 4－7　拉深过程凸缘区应力变化

1—σ_{1max} 的变化曲线；2—σ_{3max} 的变化曲线

3）凸缘变形区的起皱

图4－8（a）表示凸缘区起皱产生的原因，图4－8（b）表示起皱后的冲件。在拉深过程中，凸缘区会不会起皱，主要决定于两方面：一方面是切向压应力的大小，σ_3 越大，越容易失稳起皱；另一方面是凸缘区板料本身抵抗失稳的能力，凸缘宽度越大，厚度越薄，材料弹性模量和硬化模量越小，抵抗失稳能力越小。这类似于材料力学中的压杆稳定问题。压杆是否稳定不仅取决于压力，而且取决于压杆的稳定问题及压杆的粗细。在拉深过程中，σ_{3max} 是随着拉深的进行而不断增大的，但凸缘变形区却不断缩小，相对厚度不断增大，即 $\frac{t}{R_t-r}$ 不断增大。这就是说，失稳起皱的因素在增加，而抗失稳起皱的能力也在增加。由于以上两个作用相反的因素在拉深过程相互抵消，其结果是，凸缘起皱可能性最大的时刻发生于凸缘宽度减少至凸缘宽度减少到一半左右，即 $R_t-r\approx\frac{1}{2}(R_t-r)$ 的时刻。由此可见，最容易失稳起皱的时刻比 σ_{1max} 达到最大（σ_{1max}^{max}）值的时刻晚。

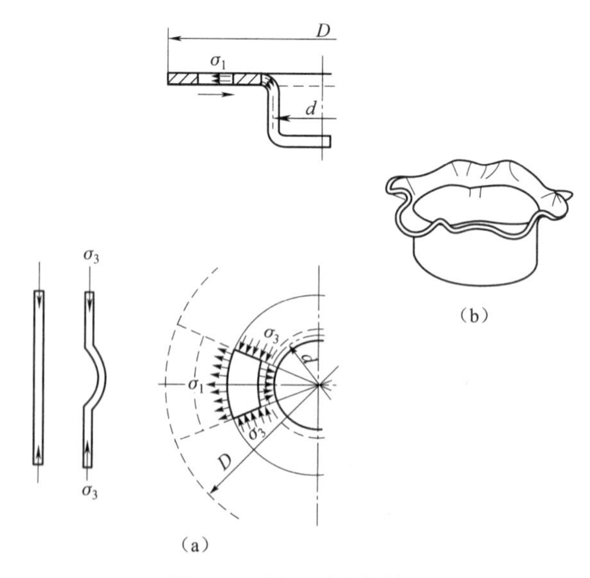

图 4－8　拉深过程起皱图

据以上对凸缘变形区的应力分析，可归纳以下三个要点：

（1）在拉深过程中凸缘区的变形性质是压缩变形和伸长变形这两类变形的综合。在 $R' = 0.61R_t$ 以外的凸缘部分为压缩变形，在此以内则是伸长变形。

（2）在拉深过程中，凸缘区切向压应力最大的部位是凸缘区的外缘，而发生起皱可能性最大的时刻是在凸缘宽度缩小到原来的一半左右的时刻，会不会发生起皱，还要看拉深变形程度和板料本身的抗失稳能力。

（3）在拉深过程中，凸缘区径向拉应力最大的部位在凹模入口处，而且发生在拉深到 $R_t = (0.8 \sim 0.9)R$ 的时刻，其值的大小取决于材料性质和变形程度（拉深系数）。

以上要点对于深入了解拉深变形的性质、拉深工艺中出现的问题以及解决问题的方法具有重要的实际意义。

4. 筒壁传力区的受力分析与拉裂

在拉深过程中，坯料内各部分的受力关系如图 4－9（a）所示。筒壁所受的拉应力除了与径向拉应力 σ_1 有关之外，还与由于压料力 F_Y 所引起的摩擦阻力、坯料在凹模圆角表面滑动所产生的摩擦阻力和弯曲变形所形成的阻力有关。

为了克服上述各种阻力，筒壁必须传递的拉应力 σ_L 的值为

$$\sigma_L = \left[\sigma_{1\max} + \frac{2\mu F_Y}{\pi dt}\right](1 + 1.6\mu) + \frac{\sigma_b}{2\frac{r_A}{t} + 1}$$

$$= \left[1.1\sigma_{sm}\left(\ln\frac{R_t}{R} - \ln m\right) + \frac{2\mu F_Y}{\pi dt}\right](1 + 1.6\mu) + \frac{\sigma_b}{2\frac{r_A}{t} + 1} \tag{4-5}$$

式中 σ_L——拉深到某一瞬间的筒壁传力区的拉应力；

F_Y——压料力；

μ——摩擦系数；

d——拉深后筒形件的直径，一般取中径；

t——板料厚度；

σ_b——材料的抗拉强度；

r_A——凹模圆角半径；

m——拉深系数。

其他符号同前。

如果以 $\sigma_{1\max}$ 整个拉深过程的最大值（$\sigma_{1\max}^{\max}$）代入式（4－5），即得整个拉深过程中筒壁内最大拉应力（$\sigma_{L\max}$），在出现 $\sigma_{L\max}$ 的瞬间及之前是可能发生拉裂的危险阶段。

最大拉应力求出后，最大拉深力即可按下式计算：

$$F_{\max} = \pi dt\sigma_{L\max} \tag{4-6}$$

筒壁传力区的拉裂是拉深工艺顺利进行的第二个障碍，会不会拉裂主要取决于两个方面：一方面是筒壁传力区中的拉应力 σ_L；另一方面是筒壁传力区的抗拉强度。当筒壁拉应力 σ_L 超过筒壁材料的抗拉强度时，拉深件壁部就产生破裂。

筒壁危险断面在凸模圆角与直壁相切处，正常情况下该危险断面上的有效抗拉强度 σ_K 为

$$\sigma_K = 1.155\sigma_b - \frac{\sigma_b}{2\frac{r_T}{t} + 1} \tag{4-7}$$

式中 r_T——凸模圆角半径。

当 $\sigma_L > \sigma_K$ 时，拉深件就要破裂，如图 4－9（b）所示。

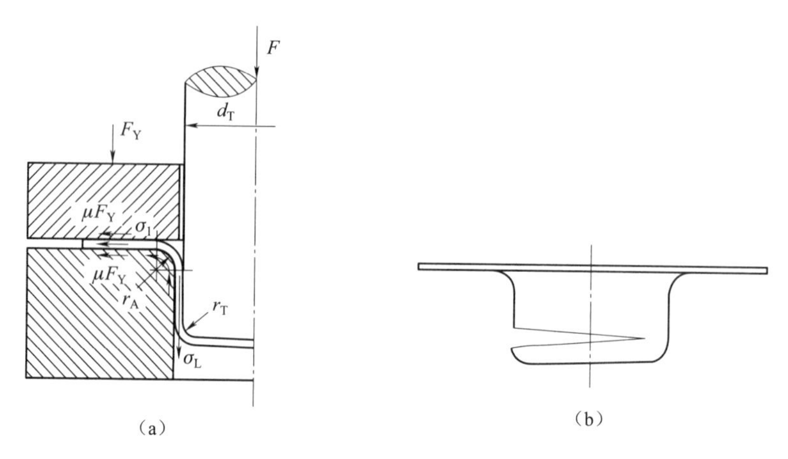

图 4-9　拉深坯料各部分的受力关系及筒壁拉裂

危险断面上的有效抗拉强度求出后，危险断面处所能承受的负荷即可按下式计算：

$$F_x = \pi d t \sigma_K \tag{4-8}$$

根据以上筒壁传力区的受力分析可以看出：

（1）式（4-5）说明，筒壁拉应力大小决定于材料的力学性能、拉深系数、润滑情况、凹模圆角半径等因素。当给定材料和一定的拉深条件时，其拉应力的大小取决于拉深系数，因而拉深系数是一个很重要的参数。

（2）式（4-7）说明，筒壁有效抗拉强度与材料的力学性能、凸模的圆角半径等因素有关。

（3）拉深工艺顺利进行的必要条件是，筒壁传力区的最大拉应力 σ_{Lmax} 应小于危险断面的有效抗拉强度 σ_K。为保证拉深工艺顺利进行，必须正确确定拉深系数，合理设计拉深模工作零件，认真分析或改善原材料的拉深成形工艺性，并注意拉深过程的润滑等。

步骤一　拉深件的工艺性

一、拉深件的公差等级

一般情况下，拉深件公差不宜要求过高，其公差按 GB/T 13914—1990 选取，直径公差有 FT1 ~ FT10，约相当于 IT11 以下。精度要求高的应加整形工序，以提高其精度。拉深件的口部一般是不整齐的，需要切边。

二、拉深件的结构工艺性

（1）拉深件应尽量简单、对称，并一次拉深成形。

（2）拉深件壁厚公差或变薄量要求一般不应超出拉深工艺壁厚的变化规律。据统计，不变薄拉深，壁的最大增厚量为（0.2 ~ 0.3）t，最大变薄量为（0.10 ~ 0.18）t（t 为板料厚度）。

（3）需多次拉深的零件，在保证必要的表面质量的前提下，应允许内、外表面存在拉深过程中可能产生的痕迹。

（4）在保证装配要求的前提下，应允许拉深件侧壁有一定的斜度。

（5）拉深件的底或凸缘上的孔边到侧壁的距离应满足：$a \geqslant R + 0.15t$（或 $r_d + 0.15t$），如图 4-10 所示。

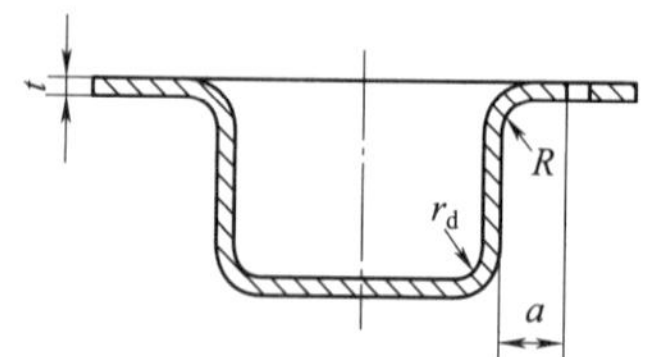

图 4-10　拉深件的圆角半径

（6）拉深件的底与壁、凸缘与壁等的圆角半径（见图 4-10）应满足：$r_d \geqslant t$，$R \geqslant 2t$。否则，应增加整形工序。一次整形的圆角半径可取：$r_d \geqslant (0.1 \sim 0.3)\ t$，$R \geqslant (0.1 \sim 0.3)\ t$。

做一做：按照任务要求，完成圆筒形零件的工艺性分析：结构分析、精度分析、材料分析。

步骤二　拉深件工艺方案确定

要确定拉深工艺方案，必须先了解拉深模的类型及各种类型的结构、特点和用途。

一、拉深模分类

根据使用压力机的类型不同，拉深模可分为单动压力机用拉深模和双动压力机用拉深模；根据拉深顺序不同可分为首次拉深模和以后各次拉深模；根据工序组合情况不同可分为单工序拉深模、复合工序拉深模、级进拉深模；根据有无压料装置可分为有压料装置拉深模和无压料装置拉深模。

二、拉深模的典型结构

1. 单动压力机用拉深模

1）首次拉深模

图 4－11（a）所示为无压料装置的首次拉深模，拉深件直接从凹模底下落下。为了从凸模上卸下冲件，在凹模下装有卸件器，当拉深工作行程结束，凸模回程时，卸件器下平面作用于拉深件口部，把零件卸下。为了便于卸件，凸模上钻有直径为 3 mm 以上的通气孔，如图 4－11 所示，该模具中的卸件器是环式的，还可以是两个工作部分为圆弧的卸件板对称分布于凸模两边。如果板料较厚，拉深件深度较小，则拉深后有一定回弹量，回弹会引起拉深件口部张大，当凸模回程时，凹模下平面会挡住拉深件口部而自然卸下拉深件，此时可以不配备卸件器。

图 4－11A

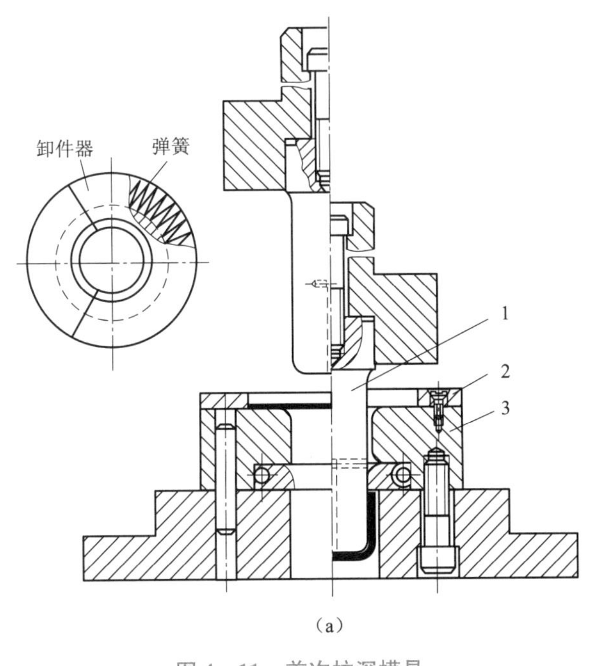

图 4－11　首次拉深模具

（a）无压料装置

1—凸模；2—定位板；3—凹模

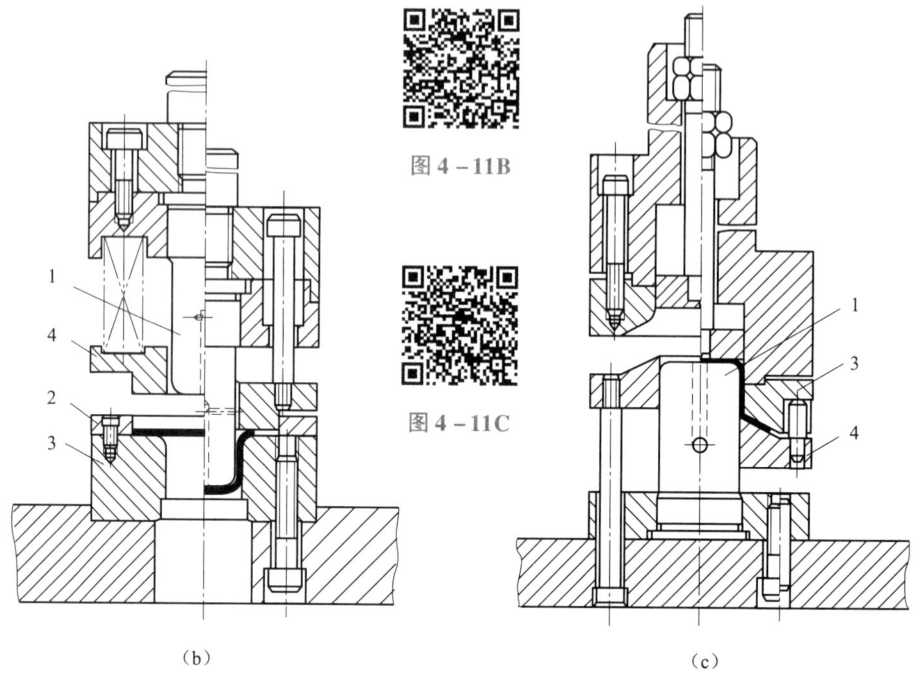

图 4 - 11　首次拉深模具（续）

（b）有压料装置；

1—凸模；2—定位板；3—凹模；4—压边圈

（c）锥形压边圈

1—凸模；3—凹模；4—压边圈

这种拉深模具结构简单，适用于拉深板料厚度较大而深度不大的拉深件。

图 4 - 11（b）所示为有压料装置的正装式首次拉深模。拉深模的压料装置在上模，由于弹性元件高度受到模具闭合高度的限制，因而这种结构形式的拉深模适用于拉深深度不大的零件。

图 4 - 11（c）所示为倒装式的具有锥形压边圈的拉深模，压料装置的弹性元件在下模，工作行程可以较大，可用于拉深深度较大的零件，应用广泛。

2）以后各次拉深模

图 4 - 12（a）所示为无压料装置的以后各次拉深模。该模具的凸模和凹模及定位圈可以更换，以拉深一定尺寸范围的不同拉深件。

图 4 - 12（b）所示为有压料装置的以后各次拉深模，其压料装置带有三个限位柱。压边圈又是工序件的内形定位圈。

3）落料拉深复合模

图 4 - 13 所示为落料拉深复合模。这种模具一般设计成先落料后拉深，为此，拉深凸模应低于落料凹模一个板料厚度。压边圈既起压料作用；又起顶件作用。由于有顶件作用，上模回程时，冲件可能留在拉深凹模内，所以一般设置推件装置。

2. 双动压力机用拉深模

1）双动压力机用首次拉深模

图 4 - 14 所示为双动压力机用首次拉深模，下模由凹模、定位双动压力机用定位板、凹模固定板和模座组成。上模的压边圈和上模座固定在外滑块上，凸模通过凸模固定杆固定在内滑块上。该模具可用于拉深带凸缘或不带凸缘的拉深件。

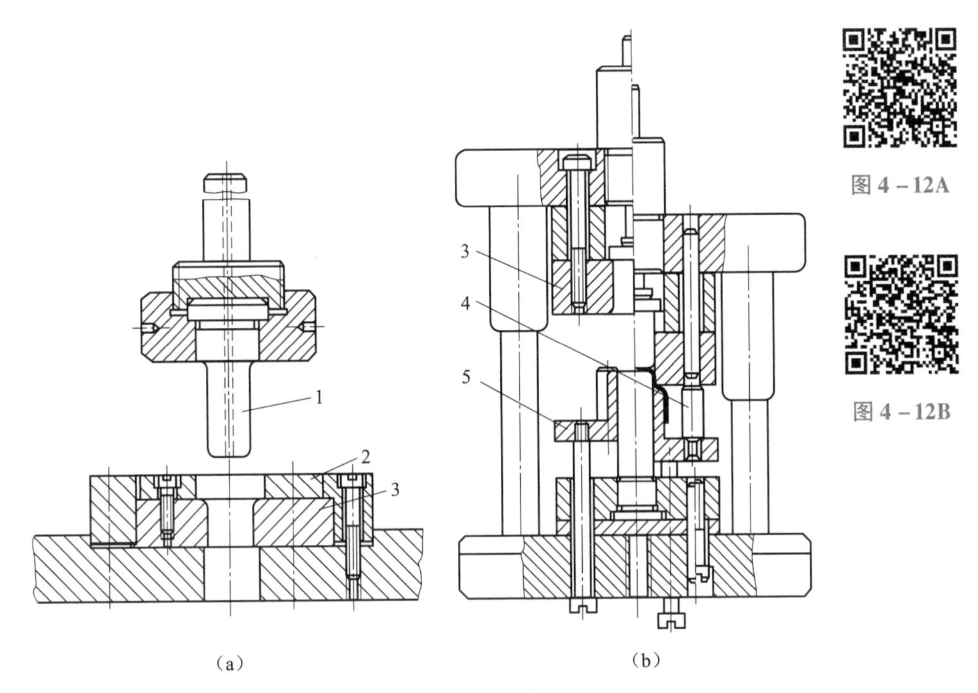

图 4－12　以后各次拉深模具

（a）无压料装置；（b）有压料装置

1—凸模；2—定位圈；3—凹模；4—限位柱；5—压边圈

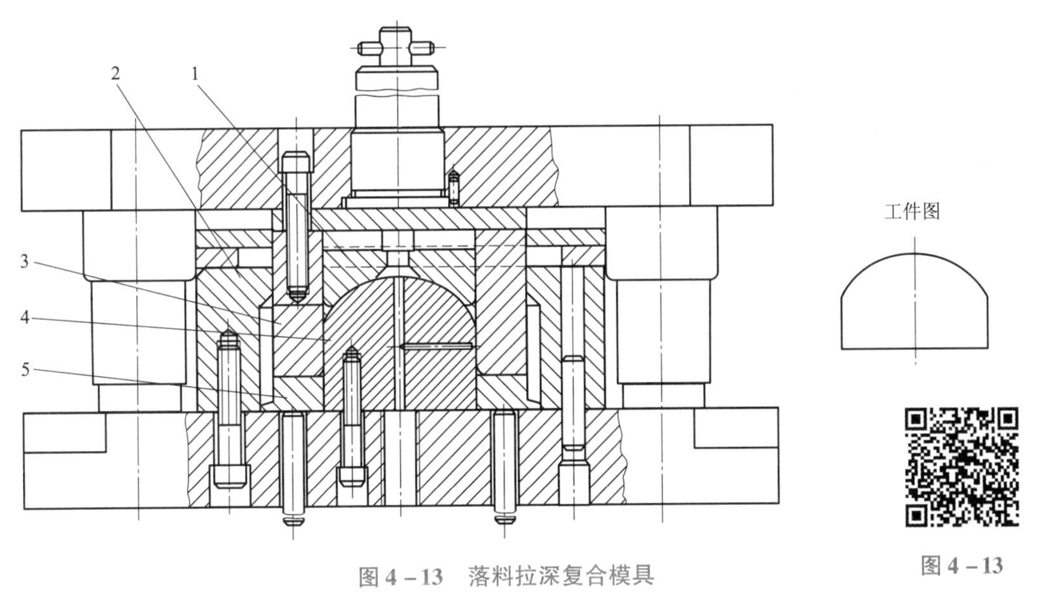

图 4－13　落料拉深复合模具

1—推件块；2—落料凹模；3—落料凸模兼拉深凹模；4—拉深凸模；5—压边圈兼顶板

2）双动压力机用以后各次拉深模

图 4－15 所示为双动压力机用以后各次拉深模。该模具与首次拉深模的不同之处是，所用坯料是拉深后的工序件，定位板较厚，拉深后的零件利用一对卸件板从凸模上卸下来，适用于拉深不带凸缘的拉深件。

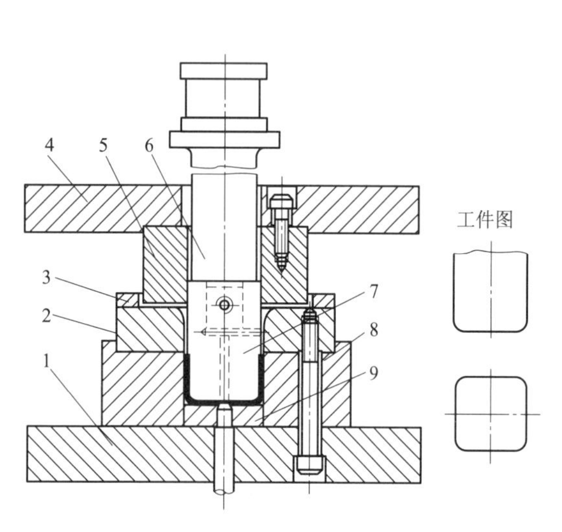

图 4-14　双动拉深压力机首次拉深模具

1—下模座；2—凹模；3—定位板；4—上模座；5—压边圈；6—凸模固定板；7—凸模；8—凹模固定板；9—顶板

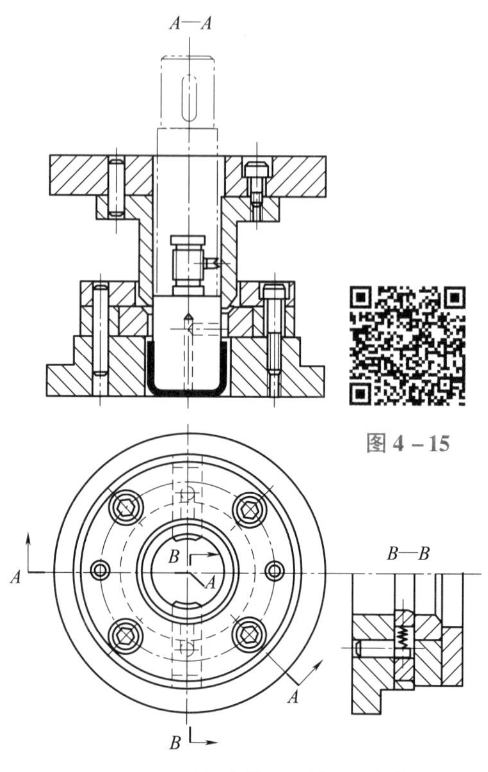

图 4-15　双动拉深压力机以后各次拉深模具

做一做： 按照任务要求，完成圆筒形件工艺方案的确定。

步骤三　拉深工艺的辅助工序

为了保证冲压工艺过程的顺利进行，提高冲压件的尺寸精度和表面质量及模具的使用寿命，需要安排一些辅助工序，如润滑、坯料或工序件的热处理、酸洗等。实践证明，这些辅助工序是冲压工艺过程不可缺少的工序。

一、润滑

在冲压过程中，材料与模具接触表面总是有摩擦力存在。摩擦对于板料成形不总是有害的，也有有益的一面。例如圆筒形件拉深工序（见图 4-16），压边圈和凹模与板料间的摩擦力 F_1、凹模圆角与板料的摩擦力 F_2、凹模侧壁与板料的摩擦力 F_3 等，不但增加了侧壁传力区的拉应力，还会刮伤模具和零件表面，因而应尽量减小。而凸模侧壁和圆角与板料之间的摩擦力 F_4 和 F_5 都会阻止板料在危险断面处的变薄作用，是有益的，不应过小。但当曲面零件拉深时，如果压边圈和凹模与板料间的摩擦力过小，则拉深过程中坯料容易起皱。

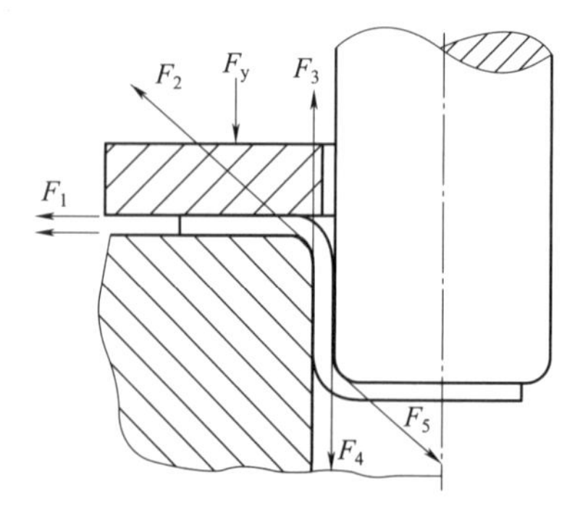

图 4-16　拉深中的摩擦力

由此可见，在冲压成形中，需要摩擦力小的部位必须润滑，模具表面粗糙度应该小，以减小拉应力，提高极限变形程度；而摩擦力不必过小的部位，可不润滑，模具表面粗糙度不宜很小。对于其他成形工序也存在这种情况。冲压用润滑剂可查有关手册。

二、热处理

对于拉深等成形工序，金属材料会产生较大的加工硬化，致使继续变形困难甚至不可能。为了后续成形工序的顺利进行，或消除工件的内应力，必要时应进行工序间的热处理或最后消除应力的热处理。

冲压用的原材料按硬化强度可分为普通硬化金属材料（如08钢、10钢、15钢，黄铜和退火的铝等）和高度硬化金属（如不锈钢、耐热钢、退火纯铜等）。对于普通硬化的金属，若工艺过程正确，模具设计合理，一般可不需要进行中间热处理；而对高度硬化金属，一般拉深一、二道工序后就要进行中间热处理。

不需要进行中间热处理能完成的拉深次数见表4－2。表4－2中所列拉深次数不是绝对的，如果在工艺和模具方面采取有效措施，可以减少甚至不需要中间热处理工序。例如增大各次拉深系数而增加拉深次数，让危险断面沿侧壁逐次上移，可以使拉裂的矛盾得到缓和，就有可能在较大总变形程度的情况下不进行中间热处理。

表4－2　无须热处理所能完成的拉深次数

材料	次数	材料	次数	材料	次数
08钢、10钢、15钢	3～4	黄铜H68	2～4	镁合金	1
铝	4～5	不锈钢	1～2	钛合金	1

为了消除加工硬化而进行的热处理方法，对于一般金属材料是退火，对于奥氏体不锈钢、耐热钢则是淬火。退火又分为低温退火和高温退火。低温退火是把加工硬化的冲压件加热到再结晶温度，使之得到再结晶组织，消除硬化，恢复塑性。由于温度较低，故表面质量较好。这是冲压中常用的方法。

高温退火是把加工硬化的冲压件加热到临界点以上（钢加热到Ac_3以上）一定温度，使之得到经过相变的新的平衡组织，完全消除了硬化现象，塑性得到更好的恢复。但其温度高，表面质量较差。高温退火用于加工硬化严重的情况。

中间热处理或最后消除应力的热处理，应尽量及时进行，以免长期存放造成冲压件变形或出现裂纹，尤其是不锈钢、耐热钢、黄铜，更要注意这一点。

由于冲压过程进行热处理的对象是工序件或工件，而且多为板料零件，如果安排了热处理工序，就必须进行酸洗等消除氧化物或其他污物的工作，因此，应尽量避免或减少热处理工序，即使需要进行热处理，也应根据材料性质和加工硬化程度，正确确定热处理方法及其处理规范，正确选择加热方法及采取防止氧化的保护措施。

三、酸洗

经过热处理的工序件，表面有氧化皮，需要清洗后方可继续进行冲压加工。在许多场合，工件表面的油污等也必须清洗方可进行喷漆或搪瓷等后续工序。有时在成形之前，坯料也应进行清洗。清洗的方法一般是将冲压件置于加热的稀酸液中浸蚀，接着在冷水中漂洗，然后在弱碱溶液中将残留于冲压件上的酸中和，最后在热水中洗涤并经烘干即可。

做一做： 按照任务要求，完成圆筒形件模具类型的确定：单工序模具，级进模，复合模；首次拉深及以后各次拉深模具。

任务考核

任务名称	圆筒形拉深模具总体方案设计	专业		组名	
班级		学号		日期	
评价指标	评价内容			分数评定	自评
信息收集能力	能有效利用网络、图书资源查找有用的相关信息等；能将查到的信息有效地传递到学习中			10 分	
感知课堂生活	是否能在学习中获得满足感、课堂生活的认同感			5 分	
参与态度沟通能力	积极主动与教师、同学交流，相互尊重、理解、平等；与教师、同学之间是否能够保持多向、丰富、适宜的信息交流			5 分	
	能处理好合作学习和独立思考的关系，做到有效学习；能提出有意义的问题或能发表个人见解			5 分	
知识、能力获得情况	圆筒形拉深件工艺性分析			20 分	
	圆筒形拉深工艺方案的确定			20 分	
	圆筒形拉深模具总体方案设计			20 分	
辩证思维能力	是否能发现问题、提出问题、分析问题、解决问题、创新问题			10 分	
自我反思	按时保质完成任务；较好地掌握了知识点；具有较为全面严谨的思维能力并能条理清楚明晰地表达成文			5 分	
小计				100	

总结提炼				
考核人员	分值/分	评分	存在问题	解决办法
（指导）教师评价	100			
小组互评	100			
自评成绩	100			
总评	100	总评成绩＝指导教师评价×35%＋小组评价×25%＋自评成绩×40%		

知识拓展

通过查阅相关教材、模具设计手册和中国大学慕课等网络资源，学习拉深件的工艺分析及工艺方案制定、拉深模具总体方案设计。

任务二 圆筒形拉深件模具设计的工艺计算

任务描述

圆筒形拉深模具的工艺计算：坯料尺寸的计算、拉深系数和拉深次数的确定、工序件尺寸的确定。

【知识目标】

(1) 掌握拉深系数和拉深次数的计算方法;

(2) 掌握坯料尺寸的计算方法;

(3) 掌握工序件尺寸的确定方法。

【能力目标】

(1) 能分析各次拉深工序件尺寸的计算方法;

(2) 能掌握不同的方法来进行比较。

【素养素质目标】

(1) 培养同一问题采用多种实施办法的能力;

(2) 对比分析、解决问题的能力;

(3) 注重细节,从小事做起,遵循规律。

任务单　圆筒形拉深件的工艺计算

<table>
<tr><td>任务名称</td><td>圆筒形拉深件的工艺计算</td><td>学时</td><td></td><td>班级</td><td></td></tr>
<tr><td>学生姓名</td><td></td><td>学生学号</td><td></td><td>任务成绩</td><td></td></tr>
<tr><td>实训设备</td><td></td><td>实训场地</td><td></td><td>日期</td><td></td></tr>
<tr><td>任务目的</td><td colspan="5">掌握圆筒形拉深件的工艺计算,包括坯料尺寸的计算、拉深系数和拉深次数的确定、工序件尺寸的确定等</td></tr>
<tr><td>任务内容</td><td colspan="5">圆筒形拉深件坯料尺寸的计算、有凸缘和无凸缘拉深件拉深系数和拉深次数的确定、工序件尺寸的确定等</td></tr>
<tr><td>任务实施</td><td colspan="5">一、坯料尺寸计算的确定
二、拉深系数和拉深次数的确定
三、无凸缘拉深件拉深系数和拉深次数的确定
四、无凸缘拉深件工序件尺寸的确定
五、有凸缘拉深件拉深系数和拉深次数的确定
六、有凸缘拉深件工序件尺寸的确定</td></tr>
<tr><td>谈谈本次课程的收获,写出学习体会,给任课教师提出建议</td><td colspan="5"></td></tr>
</table>

相关知识

步骤一　旋转体拉深件坯料尺寸的确定

一、坯料形状和尺寸确定的依据

（1）拉深时，材料会产生很大的塑性流动，但实践证明，拉深所需要的坯料形状与拉深件横截面轮廓形状一般是近似的。工件横截面轮廓是圆形、方形、矩形，坯料的形状应分别为圆形、近似方形、近似矩形。坯料周边应光滑过渡，拉深后得到等高侧壁（如果零件要求等高时）或等宽凸缘。

（2）拉深前后，拉深件与坯料重量相等、体积不变，对于不变薄拉深，虽然在拉深过程中板料的厚度有增厚也有变薄，但实践证明，其平均厚度与原坯料的厚度差别不大，因而可以按坯料面积等于拉深件表面积的原则确定坯料尺寸。

应该指出，用理论计算方法确定坯料尺寸不是绝对准确的，而是近似的，尤其是变形复杂的拉深件。生产实践中，由于材料性能、模具几何参数、润滑条件、拉深系数以及零件几何形状等多种因素的影响，有时拉深的实际结果与计算值有较大出入，因此，应根据具体情况予以修正。对于形状复杂的拉深件，通常是先做好拉深模，以理论分析方法初步确定的坯料进行试模，反复修正，直至得到的冲压件符合要求时，再将符合要求的坯料形状和尺寸作为制造落料模的依据。

由于金属板料具有板平面方向性和模具几何形状等因素的影响，会造成拉深件口部不整齐，尤其是深拉深件。因此在多数情况下常采取加大工序件高度或凸缘宽度的办法，拉深后再经过切边工序来保证零件质量。切边余量可参考表 4－3 和表 4－4。

表 4－3　无凸缘圆筒形拉深件的切边余量 Δh　mm

工件高度 h	工件的相对高度 h/d				附　图
	>0.5～0.8	>0.8～1.6	>1.6～2.5	>2.5～4	
≤10	1.0	1.2	1.5	2	Δh, h, d
>10～20	1.2	1.6	2	2.5	
>20～50	2	2.5	3.3	4	
>50～100	3	3.8	5	6	
>100～150	4	5	6.5	8	
>150～200	5	6.3	8	10	
>200～250	6	7.5	9	11	
>250	7	8.5	10	12	

表 4－4　有凸缘圆筒形拉深件的切边余量 ΔR　mm

凸缘直径 d_t	凸缘的相对直径 d_t/d				附　图
	1.5 以下	>1.5～2	>2～2.5	>2.5～3	
2≤25	1.6	1.4	1.2	1.0	ΔR, d_t, ΔR, d
>25～50	2.5	2.0	1.8	1.6	
>50～100	3.5	3.0	2.5	2.2	
>100～150	4.3	3.6	3.0	2.5	
>150～200	5.0	4.2	3.5	2.7	
>200～250	5.5	4.6	3.8	2.8	
>250	6	5	4	3	

当零件的相对高度 h/d 很小并且高度尺寸要求不高时，也可以不用切边工序。

二、简单旋转体拉深件坯料尺寸的确定

简单旋转体拉深件坯料的形状是圆形。首先将拉深件划分为若干个简单的便于计算的几何体，并分别求出各简单几何体的表面积。将各简单几何体面积相加即为零件总面积，然后根据面积相等原则求出坯料直径。

图 4－17 所示为圆筒形拉深件坯料尺寸计算图。按图得：

$$\frac{\pi}{4}D^2 = A_1 + A_2 + A_3 = \sum A_i$$

故

$$D = \sqrt{\frac{4}{\pi}\sum A_i} \tag{4-9}$$

$$A_1 = \pi d(H-r)$$

$$A_2 = \frac{\pi}{4}[2\pi r(d-2r) + 8r^2]$$

$$A_3 = \frac{\pi}{4}(d-2r)^2$$

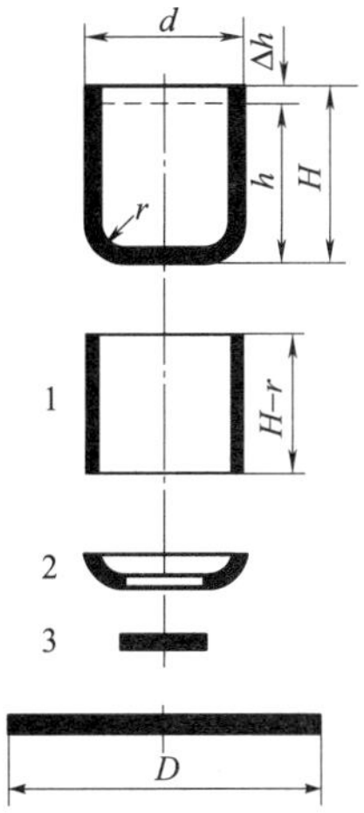

图 4－17　圆筒形拉深件坯料尺寸计算图

把以上各部分的面积相加后代入式（4－9），整理可得坯料直径为

$$D = \sqrt{(d-2r)^2 + 4d(H-r) + 2\pi r(d-2r) + 8r^2}$$
$$= \sqrt{d^2 + 4dH - 1.72dr - 0.56r^2} \tag{4-10}$$

式中　D——坯料直径；

d，H，r——拉深件直径、高度、圆角半径。

在计算中，零件尺寸均按厚度中线计算；但当板料厚度小于 1 mm 时，也可以按外形或内形尺寸计算。常用旋转体零件坯料直径计算公式见表 4－5。

表 4－5　常用旋转体拉深件坯料直径的计算公式

序号	零件形状	坯料直径 D
1	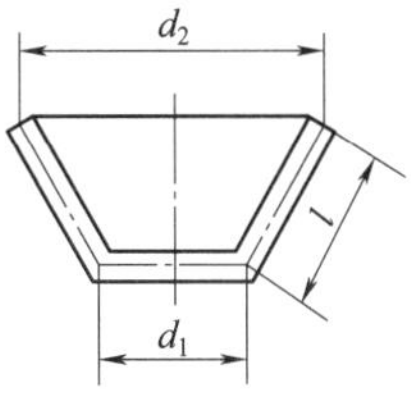 d_2, l, d_1	$\sqrt{d_1^2 + 2l(d_1 + d_2)}$
2	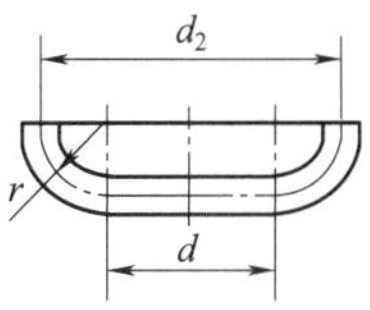 d_2, r, d	$\sqrt{d^2 + 2r(\pi d + 4r)}$
3	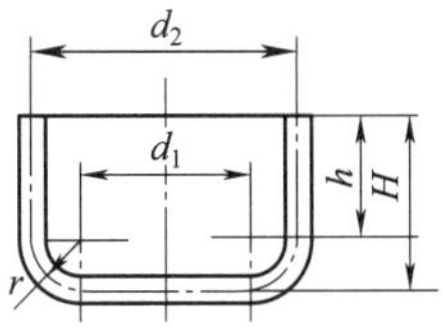 d_2, d_1, h, H, r	$\sqrt{d_1^2 + 4d_2h + 6.28rd_1 + 8r^2}$ 或 $\sqrt{d_2^2 + 4d_2H - 1.72rd_2 - 0.56r^2}$

续表

序号	零件形状	坯料直径 D
4	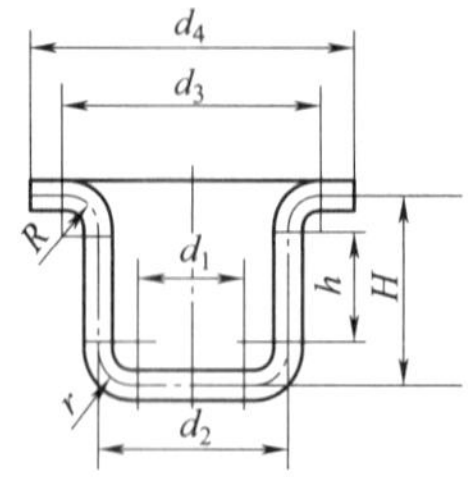	当 $r \neq R$ 时： $\sqrt{d_1^2 + 6.28rd_1 + 8r^2 + 4d_2h + 6.28Rd_2 + 4.56R^2 + d_4^2 - d_3^2}$ 当 $r = R$ 时： $\sqrt{d_4^2 + 4d_2H - 3.44rd_2}$
5	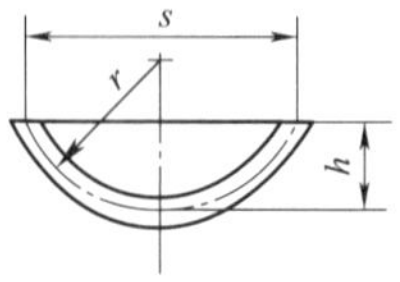	$\sqrt{8rh}$ 或 $\sqrt{s^2 + 4h^2}$
6	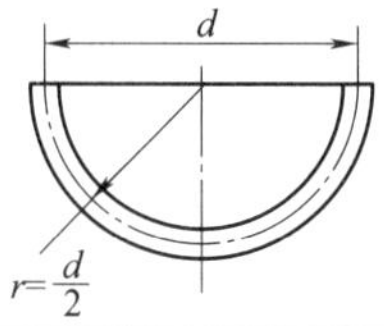	$\sqrt{2d^2} = 1.414d$
7	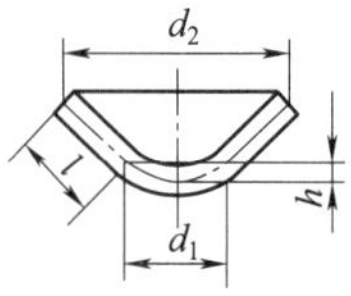	$\sqrt{d_1^2 + 4h^2 + 2l(d_1 + d_2)}$
8	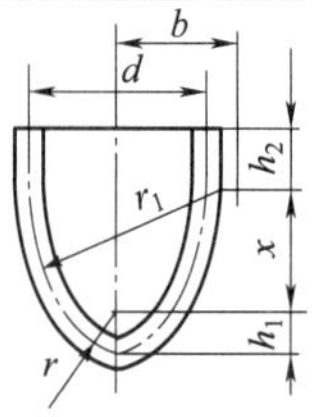	$\sqrt{8r_1\left[x - b\left(\arcsin\frac{x}{r_1}\right)\right] + 4dh_2 + 8rh_1}$
9	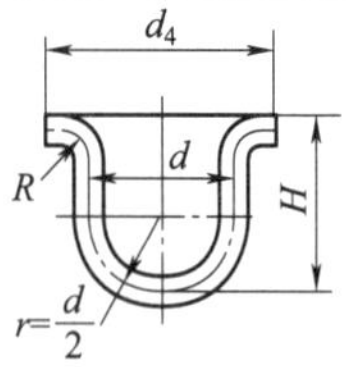	$\sqrt{8r^2 + 4dH - 4dr - 1.72dR + 0.56R^2 + d_4^2 - d^2}$
10	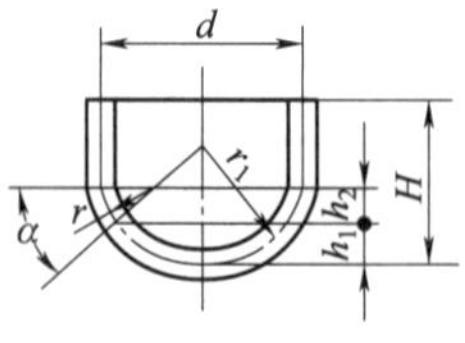	$\sqrt{4h_1(2r_1 - d) + (d - 2r)(0.0696r\alpha - 4h_2) + 4dH}$ $\sin\alpha = \frac{\sqrt{r_1^2 - r(2r_1 - d) - 0.25d^2}}{r_1 - r}$ $h_1 = r_1(1 - \sin\alpha)$ $h_2 = r\sin\alpha$

注：1. 表中尺寸按工件材料厚度中心层尺寸计算。
2. 对于厚度小于 1 mm 的拉深件，可不按工件材料厚度中心层尺寸计算，而根据工件外壁尺寸计算。
3. 对于部分未考虑工件圆角半径的计算公式，在有圆角半径工件的计算时，计算结果要偏大，故在此情形下可不考虑或少考虑修边余量

三、复杂旋转体拉深件坯料尺寸的确定

复杂旋转体拉深件的坯料尺寸可用解析法和作图法求出，其表面积根据久里金法则求出，即任何形状的母线绕轴旋转一周所得到的旋转体面积，等于该母线的长度与其形心绕该轴线旋转所得周长的乘积，如图 4－18 所示。

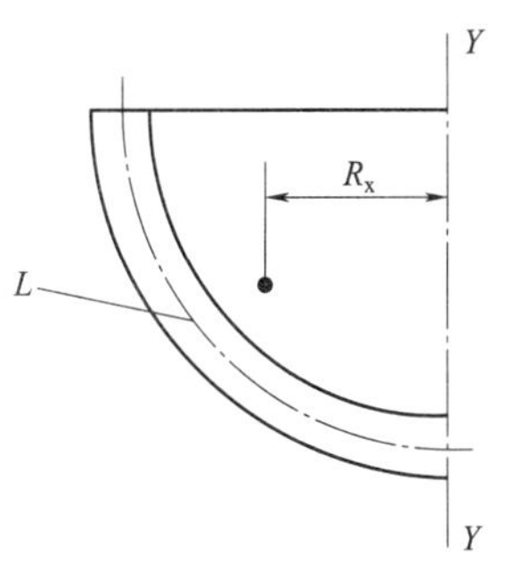

图 4－18　旋转体表面积计算图示

据此，旋转体表面积为

$$A=2\pi R_x L$$

根据拉深前后面积相等的原则，坯料直径按下式求出：

$$\frac{\pi D^2}{4}=2\pi R_x L$$

$$D=\sqrt{8R_x L} \tag{4-11}$$

式中　A——旋转体表面积；

R_x——旋转体母线形心到旋转轴线的距离（称旋转半径）；

L——旋转体母线长度；

D——坯料直径。

由式（4－11）可知，只要知道旋转体母线长度及其形心的旋转半径，就可以求出坯料的直径。求母线长度及形心位置可用解析法或作图法。

1）解析法求旋转体坯料尺寸（见图 4－19）

（1）沿厚度中线把零件轮廓线（包括切边余量）分成直线和圆弧，并算出各直线和圆弧的长度 l_1、l_2、…、l_n。

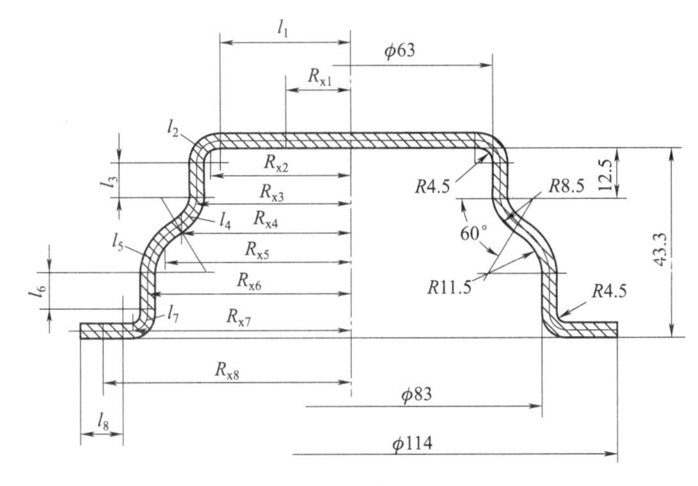

图 4－19　解析法计算坯料直径图示

（2）找出每一线段的形心，并计算出每一形心到旋转轴的距离 R_{x1}、R_{x2}、R_{x3}、…、R_{xn}。直线的形心在其中点上；圆弧的形心不在弧线上，可按表 4－6 中公式计算。

（3）计算各线段长度与其旋转半径的乘积总和：

$$\sum_{i=1}^{n} l_i R_{xi} = l_1 R_{x1} + l_2 R_{x2} + l_3 R_{x3} + \cdots + l_n R_{xn}$$

（4）按式（4－11）求坯料直径 D。

$$D = \sqrt{8\sum_{i=1}^{n} l_i R_{xi}}$$

表 4-6　圆弧长度和形心到旋转轴的距离

中心角 $\alpha<90°$ 时的弧长	中心角 $\alpha=90°$ 时的弧长
$l=\pi R\dfrac{\alpha}{180}$ 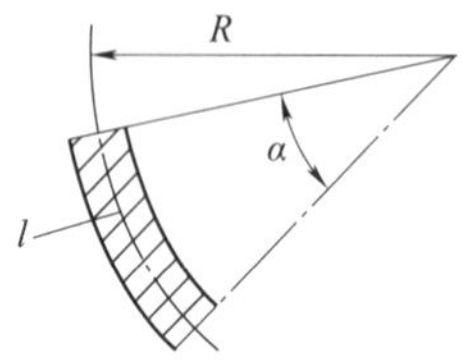	$l=\dfrac{\pi}{2}R$ 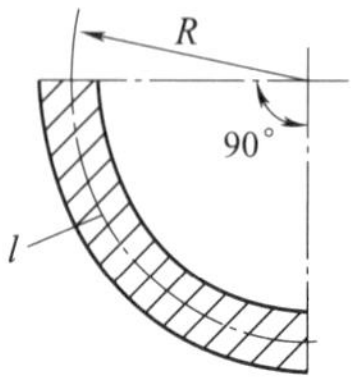
中心角 $\alpha<90°$ 时弧的形心到 $Y-Y$ 轴的距离	中心角 $\alpha=90°$ 时弧的形心到 $Y-Y$ 轴的距离
$R_x=R\dfrac{180\sin\alpha}{\pi\alpha}$　$R_x=R\dfrac{180(1-\cos\alpha)}{\pi\alpha}$ 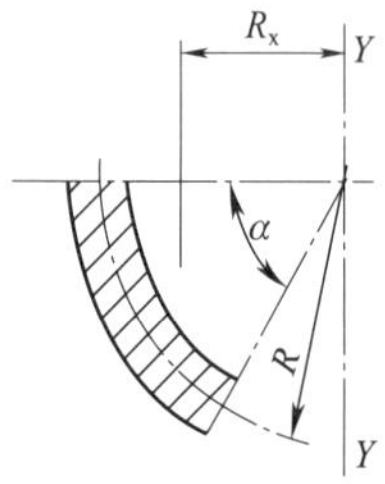 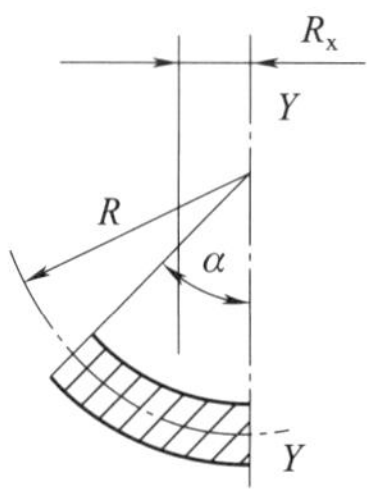	$R_x=\dfrac{2}{\pi}R$ 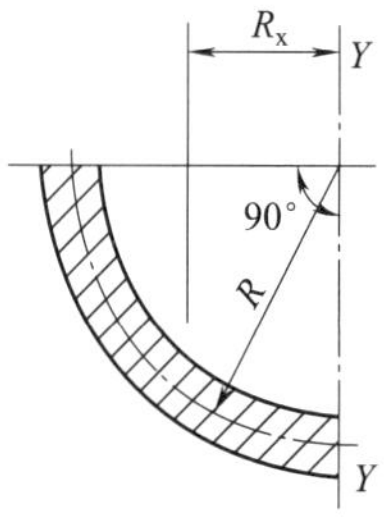

【例 4-1】 如图 4-19 所示拉深件，板料厚度为 1 mm，求坯料直径。

解： 各直线段和圆弧长度为

$l_1=27$ mm，$l_2=7.85$ mm，$l_3=8$ mm，$l_4=8.376$ mm，$l_5=12.564$ mm，$l_6=8$ mm，$l_7=7.85$ mm，$l_8=10$ mm

各直线和圆弧形心的旋转半径为

$R_{x1}=13.5$ mm，$R_{x2}=30.18$ mm，$R_{x3}=32$ mm，$R_{x4}=33.384$ mm，$R_{x5}=39.924$ mm，$R_{x6}=42$ mm，$R_{x7}=43.82$ mm，$R_{x8}=52$ mm

坯料直径为

$$D=\sqrt{8\times(27\times13.5+7.85\times30.18+8\times32+8.38\times33.38+12.56\times39.92+8\times42+7.85\times43.82\times10\times52}\ \text{mm}$$
$$=150.6\ \text{mm}$$

2）作图法求旋转体坯料尺寸（见图 4-20）

（1）把旋转体母线分成几个简单的几何线段（直线和圆弧），计算它们的长度及其形心位置。

（2）由各线段的形心引出旋转轴的平行线 1、2、3、…、n。

（3）在图形外任选一点作一射线与 $Y-Y$ 轴平行，在其上按顺序量取长度（可以按比例增大或缩小），总长 AB 即母线长度 L。

（4）在射线外任选一点 O，向各线段端点引出射线 1′、2′、3′、…、n'、$n'+1$。

（5）自线 1 上任一点 A_1 作平行于射线 1′和 2′的两直线，直线 2′和 2 相交一点；又自此与线上任一点交点作平行于射线 3′的直线，并与线 3 相交于一点。以此类推，最后平行于射线 n'的直线与线 n 相交于 B_1 点。

（6）过 B_1 点作平行于 $n'+1$ 的直线，并与过 A_1 点所作的平行于 $1'$ 的直线相交于 x 点，此点与旋转轴 $Y-Y$ 轴的距离即为母线形心旋转半径 R_x。

（7）在 AB 延长线上量取长度等于 $2R_x$ 的 BC 线段，再以 AC 为直径作圆，然后自 B 点作圆相交于 D 点，则线段 BD 的长即为坯料的半径 $D/2$。

$$\left(\frac{D}{2}\right)^2 = L2R_x$$

$$D^2 = 8LR_x'$$

$$D = \sqrt{8LR_x}$$

其结果与式（4－11）一致。

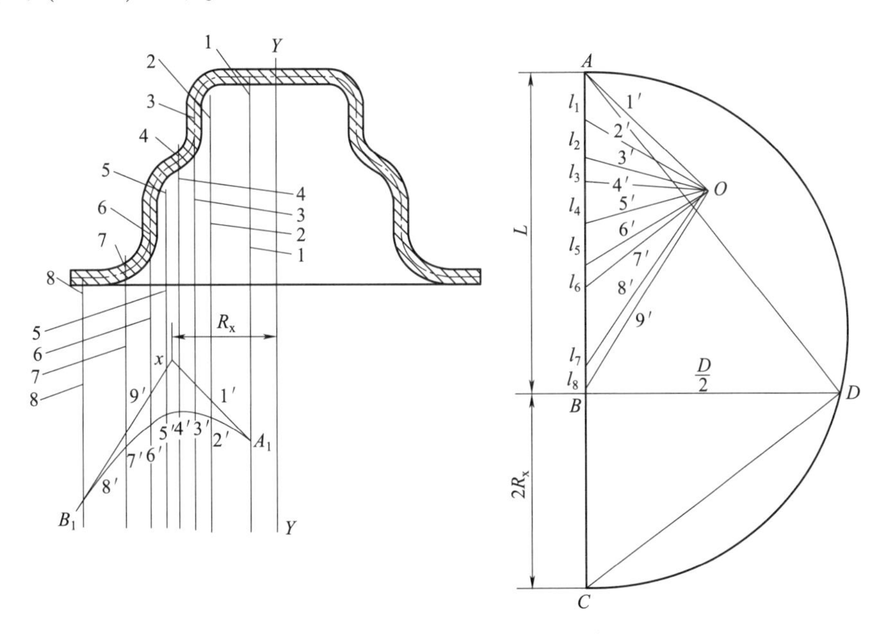

图 4－20　作图法确定坯料尺寸

做一做： 按照任务要求，完成圆筒形件的坯料尺寸计算。

步骤二　圆筒形件的拉深系数

一、拉深系数及其极限的概念

从广义上说，圆筒形件的拉深系数是以拉深后的直径与拉深前的坯料（工序件）直径之比表示（图 4－21）。

第一次拉深系数：

$$m_1 = \frac{d_1}{D}$$

第二次拉深系数：

$$m_2 = \frac{d_2}{d_1}$$

第 n 次拉深系数：

$$m_n = \frac{d_n}{d_{n-1}}$$

式中 D——坯料直径；

d_1，d_2，…，d_{n-1}，d_n——各次拉深后的直径（中径）。

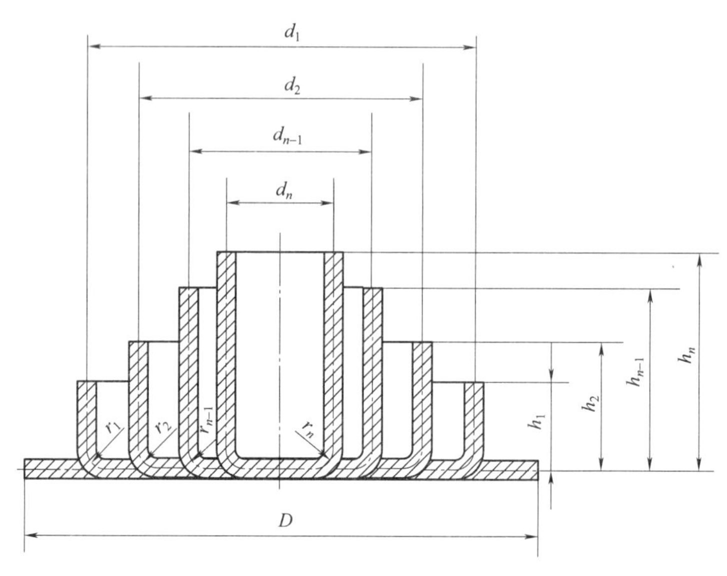

图 4－21　圆筒形件的多次拉深

从以上各式可以看出，拉深系数表示了拉深前后坯料直径的变化率，其数值永远小于 1。拉深系数越小，说明拉深变形程度越大；相反，变形程度越小。

拉深系数的倒数称为拉深程度或拉深比，其值为

$$K = \frac{1}{m} = \frac{D}{d} \tag{4-12}$$

拉深变形程度对凸缘区的径向拉应力和切向压应力以及对筒壁传力区拉应力的影响极大，为了防止在拉深过程中产生起皱和拉裂的缺陷，应减小拉深变形程度（增大拉深系数），从而减小切向压应力和径向拉应力，以减小起皱和破裂的可能性。

图 4－22 所示为用同一材料、同一厚度的坯料，在凸、凹模尺寸相同的模具上用逐步加大坯料直径（即逐步减小拉深系数）的办法进行试验的情况。图 4－22（a）表示在无压料装置情况下，当坯料尺寸较小时（即拉深系数较大时），拉深能够顺利进行；当坯料直径加大，拉深系数减小到一定数值（如 $m = 0.75$）时，会出现皱纹。如果增加压料装置［见图 4－22（b）］，则能防止起皱。此时进一步加大坯料直径，减少拉深系数，拉深还可以顺利进行。直到坯料直径加大到一定数值、拉深系数减小到一定数值（如 $m = 0.50$）后，筒壁出现拉裂现象，拉深过程被迫中断。

根据上述试验，可测出不同拉深系数下拉深力的变化曲线，如图 4－22（c）所示。从这一系列曲线可以看出，拉深力的变化规律是相似的。但当 $m = 0.75$ 且无压料拉深时，由于起皱，皱纹被拉入凸、凹间隙中，造成拉深力的第二个峰值；当 $m = 0.50$ 时，其最大拉深力 F'_{max} 大于筒壁危险断面所能承受的载荷 F_x，所以拉深力尚未达到最大值，筒壁就产生破裂，拉深被迫中断。

为保证拉深工艺的顺利进行，就必须使拉深系数大于一定值，这个定值即为在一定条件下的极限拉深系数，小于这个数值，就会使拉深件起皱、破裂或严重变薄而超差。

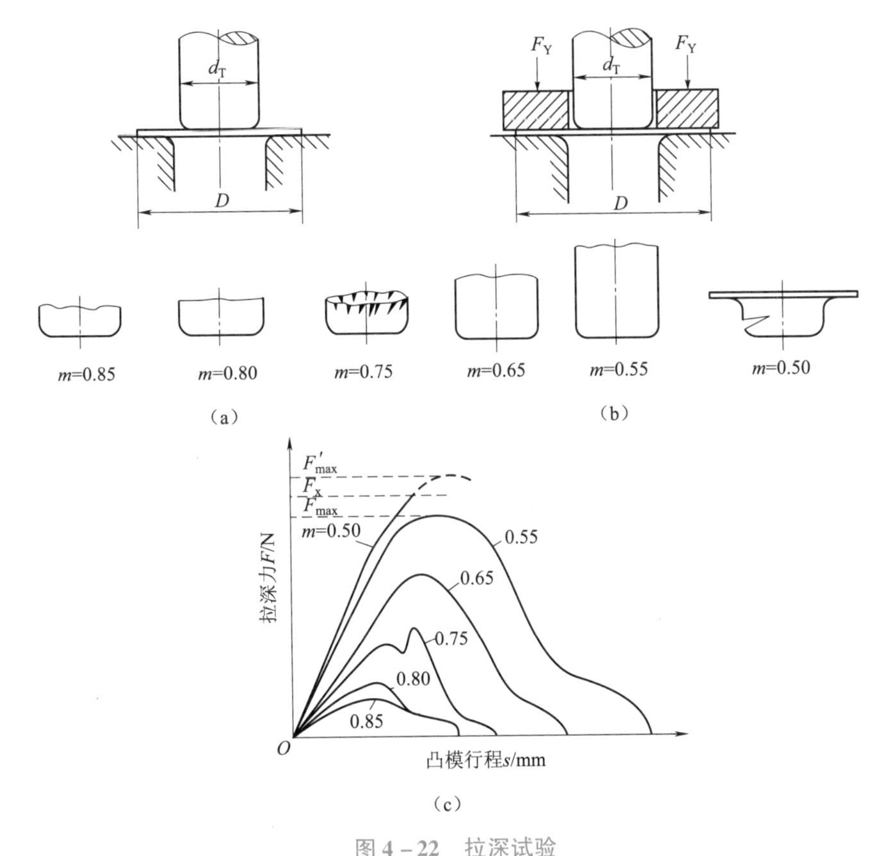

图 4－22　拉深试验

(a) 无压料装置；(b) 有压料装置；(c) 拉深力变化曲线

二、影响极限拉深系数的因素

由分析可知，极限拉深系数的数值取决于筒壁传力区最大拉应力与危险断面的抗拉强度。因此，凡是影响筒壁传力区的最大拉应力和危险断面抗拉强度的因素都会影响极限拉深系数。

归纳起来，影响极限拉深系数的因素有以下几个方面。

1. 材料的组织与力学性能

一般来说，材料组织均匀、晶粒大小适当、屈强比$\left(\frac{\sigma_s}{\sigma_b}\right)$小、塑性好、板平面方向性（$\Delta r$值）小、板厚方向系数（$r$值）大、硬化指数（$n$值）大的板料，筒壁传力区不容易产生局部严重变薄和拉裂，因而拉深性能好，极限拉深系数较小。

2. 板料的相对厚度$\frac{t}{D}$

当板料相对厚度较小时，抵抗失稳起皱的能力小，容易起皱。为了防皱而增加压料力，又会引起摩擦阻力相对增大。因此板料相对厚度小，极限拉深系数较大；板料相对厚度大，极限拉深系数较小。

3. 拉深工作条件

1）模具的几何参数

凸模圆角半径 r_T 太小，会增大板料绕凸模弯曲的拉应力，降低危险断面的抗拉强度［见式（4－7）］，因而会降低极限变形程度。凹模圆角半径 r_A 对筒壁拉应力影响很大［见式（4－5）］，拉深过程中，由于板料绕凹模圆角弯曲和校直，增大了筒壁的拉应力，故要减少拉应力、降低拉深系数，应增大凹模圆角半径。图 4 - 23 所示为凸模和凹模圆角半径对极限拉深系数的影响。

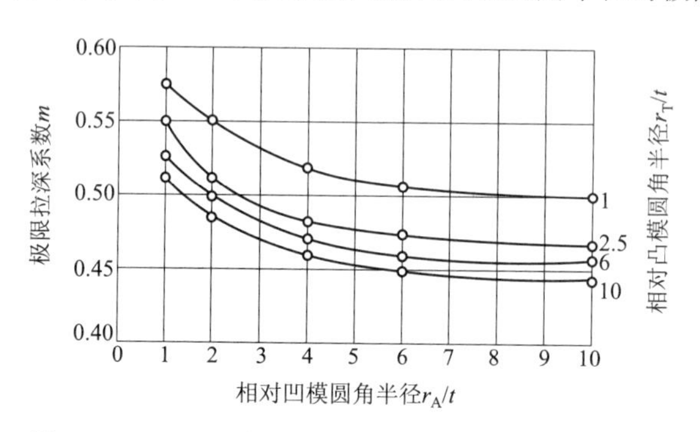

图 4 - 23　凸、凹模圆角半径对极限拉深系数的影响

但凸、凹模圆角半径也不宜过大，过大的圆角半径会减小板料与凸模和凹模端面的接触面积及压边圈的压料面积，即板料悬空面积增大，容易产生失稳起皱。因此，凸、凹模圆角半径应适当取较大值。

凸、凹模之间间隙也应适当，间隙太小，会使板料受到太大的挤压作用和摩擦阻力，拉深力增大；间隙太大，会影响拉深件的精度，拉深件锥度和回弹较大。

2）摩擦与润滑

凹模和压边圈与板料接触的表面应当光滑，润滑条件要好，以减小摩擦阻力和筒壁传力区的拉应力；而凸模表面不宜太光滑，也不宜润滑，以减少由于凸模与材料的相对滑动而使危险断面变薄破裂的危险。

3）压边圈的压料力

压料是为了防止坯料起皱，但压料力却增大了筒壁传力区的拉应力，压料力太大，可能导致拉裂。拉深工艺必须正确处理这两者之间的关系，做到既不起皱又不拉裂。为此，必须正确调整压料力，即应在保证不起皱的前提下，尽量减小压料力，提高工艺的稳定性。

影响极限拉深系数的因素还有拉深方法、拉深次数、拉深速度、拉深件的形状等。反拉深、柔性模拉深等可以降低极限拉深系数；首次拉深的极限拉深系数比以后各次拉深的极限拉深系数小；拉深速度慢，有利于拉深工作的正常进行；盒形件角部拉深系数比相应的圆筒形件的拉深系数小。

总之，影响极限拉深系数的因素很多，在实际生产中应尽量采取有利于减小拉深系数的措施，以减少拉深次数，提高生产率，降低成本。当拉深工艺及模具已经确定之后，也可根据实际需要与可能，采取上述降低拉深系数的措施，以提高拉深工艺的稳定性，减少废品率。

三、极限拉深系数的确定

极限拉深系数可以用理论计算方法确定，即通过传力区的最大拉应力公式与危险断面的抗拉强度相等，便可求出最小拉深系数理论值。但在实际生产中，极限拉深系数值一般是在一定的拉深条件下用实验方法得出的，见表 4 - 7 和表 4 - 8。

表 4 - 7　圆筒形件的极限拉深系数（带压边圈）

极限拉深系数	坯料相对厚度 $(t/D)\times100$					
	2.0～1.5	1.5～1.0	1.0～0.6	0.6～0.3	0.3～0.15	0.15～0.08
m_1	0.48～0.50	0.50～0.53	0.53～0.55	0.55～0.58	0.58～0.60	0.60～0.63
m_2	0.73～0.75	0.75～0.76	0.76～0.78	0.78～0.79	0.79～0.80	0.80～0.82

续表

极限拉深系数	坯料相对厚度 $(t/D)\times100$					
	2.0~1.5	1.5~1.0	1.0~0.6	0.6~0.3	0.3~0.15	0.15~0.08
m_3	0.76~0.78	0.78~0.79	0.79~0.80	0.80~0.81	0.81~0.82	0.82~0.84
m_4	0.78~0.80	0.80~0.81	0.81~0.82	0.82~0.83	0.83~0.85	0.85~0.86
m_5	0.80~0.82	0.82~0.84	0.84~0.85	0.85~0.86	0.86~0.87	0.87~0.88

注：1. 表中拉深数据适用于08钢、10钢和15Mn钢等普通拉深碳钢及黄铜H62。对拉深性能较差的材料，如20钢、25钢、Q215钢、Q235钢、硬铝等应比表中数值大1.5%~2.0%；而对塑性较好的材料，如05钢、08F钢、10F钢及软铝等应比表中数值小1.5%~2.0%。

2. 表中数据适用于未经中间退火的拉深。若采用中间退火工序，则取值应比表中数值小2%~3%。

3. 表中较小值适用于大的凹模圆角半径 $[r_A=(8\sim15)t]$，较大值适用于小的凹模圆角半径 $[r_A=(4\sim8)t]$

表4-8 圆筒形件的极限拉深系数（不带压边圈）

极限拉深系数	坯料的相对厚度 $(t/D)\times100$				
	1.5	2.0	2.5	3.0	>3
m_1	0.65	0.60	0.55	0.53	0.50
m_2	0.80	0.75	0.75	0.75	0.70
m_3	0.84	0.80	0.80	0.80	0.75
m_4	0.87	0.84	0.84	0.84	0.78
m_5	0.90	0.87	0.87	0.87	0.82
m_6	—	0.90	0.90	0.90	0.85

注：表中拉深数据适用于08钢、10钢和15Mn钢等材料。其余各项同表4-7的注

在实际生产中，为了提高工艺稳定性和零件质量，必须采用稍大于极限值的拉深系数。

做一做： 按照任务要求，完成圆筒形件拉深系数的确定。

步骤三 圆筒形件拉深次数及工序件尺寸的确定

相关知识 

一、无凸缘圆筒形件拉深次数及工序件尺寸的确定

1. 拉深次数的确定

拉深次数通常用以下两种方法确定：

（1）根据工件的相对高度，即高度 h 与直径 d 的比值，从表4-9中查得。

（2）推算方法，即根据已知条件，在表4-7或表4-8中查得各次的极限拉深系数，然后依次计算出各次拉深直径，即 $d_1=m_1D$，$d_2=m_2d_1$，…，$d_n=m_nd_{n-1}$，直到 $d_n\leqslant d$，则当计算所得直径 d_n 小于或等于零件直径 d 时，计算的次数即为拉深次数。

表 4-9 拉深件相对高度 $\frac{h}{d}$ 与拉深次数的关系（无凸缘圆筒形件）

拉深次数 \ h/d	坯料的相对厚度 $(t/D)\times 100$					
	2~1.5	1.5~1.0	1.0~1.6	0.6~0.3	0.3~0.15	0.15~0.08
1	0.94~0.77	0.84~0.65	0.71~0.57	0.62~0.5	0.52~0.45	0.46~0.38
2	1.88~1.54	1.60~1.32	1.36~1.1	1.13~0.94	0.96~0.83	0.9~0.7
3	3.5~2.7	2.8~2.2	2.3~1.8	1.9~1.5	1.6~1.3	1.3~1.1
4	5.6~4.3	4.3~3.5	3.6~2.9	2.9~2.4	2.4~2.0	2.0~1.5
5	8.9~6.6	6.6~5.1	5.2~4.1	4.1~3.3	3.3~2.7	2.7~2.0

注：1. 大的 $\frac{h}{d}$ 值适用于第一道工序的大凹模圆角 $[r_A=(8\sim15)t]$；

2. 小的 $\frac{h}{d}$ 值适用于第一道工序的小凹模圆角 $[r_A=(4\sim8)t]$；

3. 表中数据适用材料为 08F 钢、10F 钢

2. 各次拉深工序件尺寸的确定

1）工序件直径的确定

拉深次数确定之后，由表查得各次拉深的极限拉深系数，并加以调整（一般是增大），调整的原则如下：

（1）保证 $m_1\times m_2\times\cdots\times m_n=\frac{d}{D}$，其中，$d$ 为零件直径，D 为坯料直径；

（2）使 $m_1<m_2<\cdots<m_n$。

最后按调整后的拉深系数计算各次工序件直径：

$$\begin{aligned} d_1&=m_1D_1\\ d_2&=m_2d_1\\ &\vdots\\ d_n&=m_nd_{n-1} \end{aligned}\tag{4-13}$$

（3）工序件圆角半径的确定。圆角半径的确定方法将在后面详细讨论。

（4）工序件高度的计算。根据无凸缘圆筒形件坯料尺寸的计算公式推导出各次工序件高度的计算公式为

$$\begin{aligned} h_1&=0.25\left(\frac{D^2}{d_1}-d_1\right)+0.43\frac{r_1}{d_1}(d_1+0.32r_1)\\ h_2&=0.25\left(\frac{D^2}{d_2}-d_2\right)+0.43\frac{r_2}{d_2}(d_2+0.32r_2)\\ &\vdots\\ h_n&=0.25\left(\frac{D^2}{d_n}-d_n\right)+0.43\frac{r_n}{d_n}(d_n+0.32r_n) \end{aligned}\tag{4-14}$$

式中 h_1，h_2，…，h_n——各次工序件高度；

d_1，d_2，…，d_n——各次工序件直径；

r_1，r_2，…，r_n——各次工序件底部圆角半径；

D——坯料直径。

【例 4－2】 求图 4－24 所示圆筒形件的坯料尺寸及拉深各工序件尺寸。材料为 10 钢，板料厚度 1 mm。

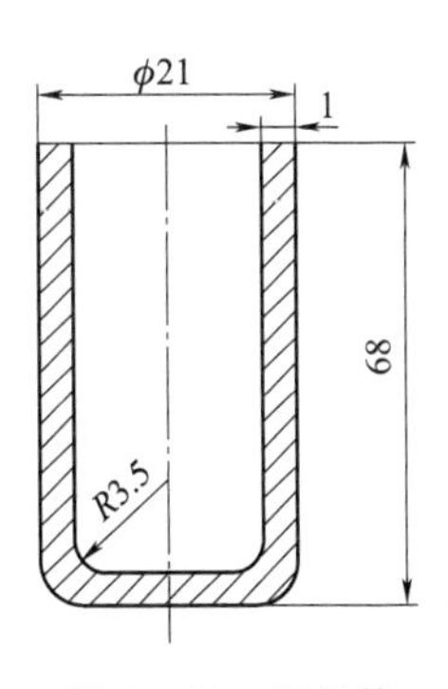

图 4－24　无凸缘圆筒形件

解：

（1）计算坯料直径。

根据零件的尺寸，工件高度为

$$h=68-0.5=67.5\ (\text{mm})$$

工件直径为

$$d=21-1=20\ (\text{mm})$$

则相对高度为

$$h/d=67.5/20=3.375$$

查表 4－3 得切边余量为 $\Delta h=6$ mm。

坯料直径为

$$\begin{aligned}D&=\sqrt{d_2^2+4d_2(H+\Delta h)-1.72rd_2-0.56r^2}\\&=\sqrt{20^2+4\times20(67.5+6)-1.72\times3.5\times20-0.56\times3.5^2}\\&=\sqrt{6\ 152.74}\\&\approx78\ (\text{mm})\end{aligned}$$

（2）确定拉深次数。

坯料的相对厚度为

$$\frac{t}{D}=\frac{1}{78}\times100\%=1.28\%$$

即首次拉深需加压边圈。

根据$\frac{t}{D}=1.28\%$，查表 4－7 得 $m_1=0.5$，$m_2=0.75$，$m_3=0.78$，$m_4=0.80$，…，故

$$d_1=m_1D=0.50\times78=39\ (\text{mm})$$

$$d_2=m_2d_1=0.75\times39=29.25\ (\text{mm})$$

$$d_3=m_3d_2=0.78\times29.25=22.815\ (\text{mm})\ (\text{可取 }22.85\text{ mm})$$

$$d_4=m_4d_3=0.80\times22.85=18.28\ (\text{mm})$$

因 $d_4=18.28<20$，所以应该 4 次拉深成形。

（3）各次拉深工序件尺寸的确定。

调整后的各次拉深系数为 $m_1=0.52$，$m_2=0.75$，$m_3=0.80$，$m_4=0.82$，则各次工序件直径为

$$d_1=0.52\times78=40.5\ (\text{mm})$$

$$d_2=0.75\times40.5=30.375\ (\text{mm})$$

$$d_3=0.80\times30.375=24.3\ (\text{mm})$$

$$d_4=0.82\times24.3=19.9\ (\text{mm})$$

各次工序件底部圆角半径取以下数值：

$$r_1=8\text{ mm},\ r_2=5\text{ mm},\ r_3=5\text{ mm}$$

$$h_1=\left[0.25\times\left(\frac{78^2}{40.5}-40.5\right)+0.43\times\frac{8}{40.5}\times(40.5+0.32\times8)\right]=31.09\ (\text{mm})$$

$$h_2=\left[0.25\times\left(\frac{78^2}{30.375}-30.375\right)+0.43\times\frac{5}{30.375}\times(30.375+0.32\times5)\right]=44.74\ (\text{mm})$$

$$h_3=\left[0.25\times\left(\frac{78^2}{24.3}-24.3\right)+0.43\times\frac{5}{24.3}\times(24.3+0.32\times4)\right]=58.33\ (\text{mm})$$

$$h_4=73.5\text{ mm}$$

以上计算所得工序件有关尺寸都是中线尺寸，如图 4－25 所示。

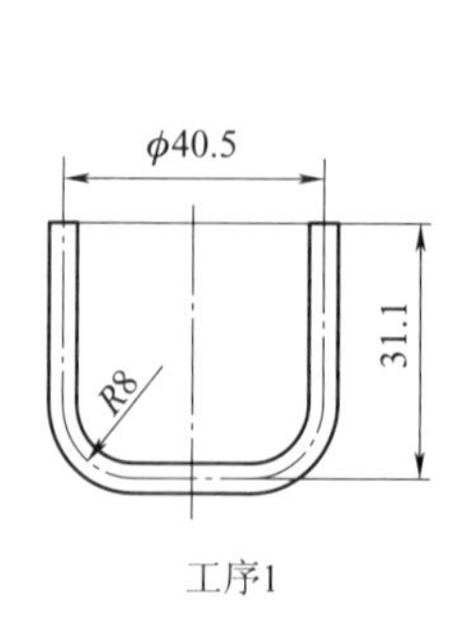

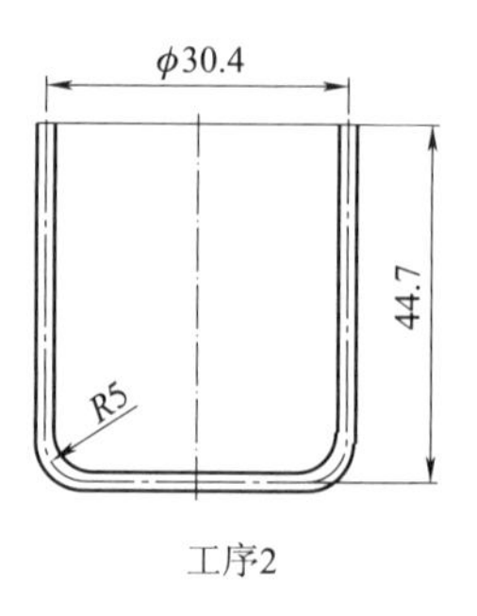

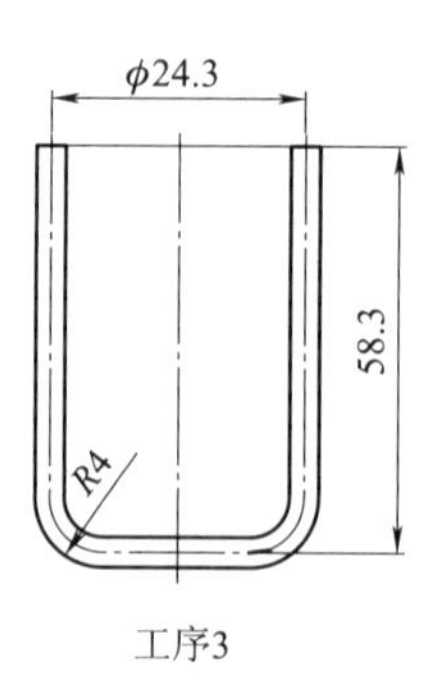

图 4－25　拉深工序图

二、有凸缘圆筒形件拉深方法及工序件尺寸的确定

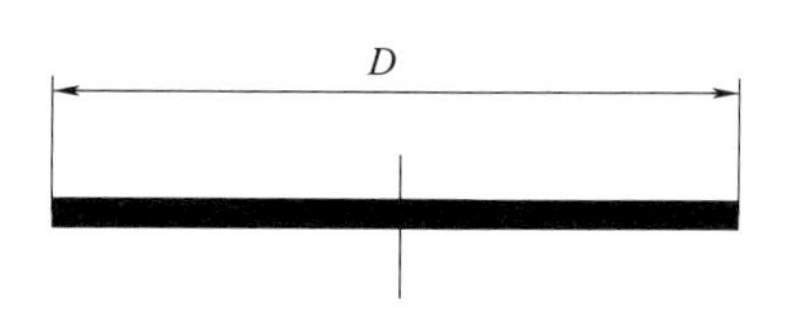

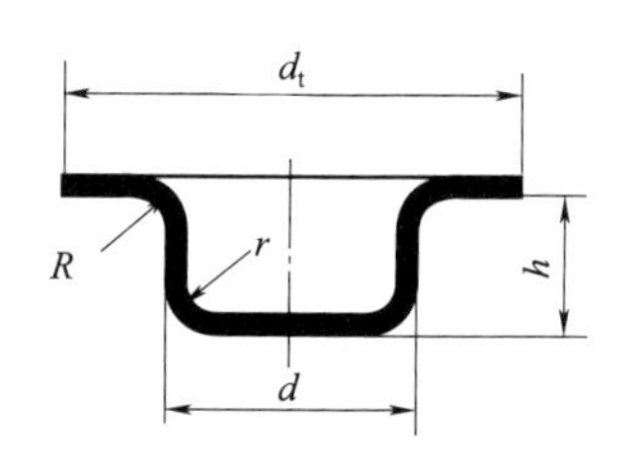

图 4－26　有凸缘圆筒形件与坯料图

图 4－26 所示为有凸缘圆筒形件及坯料图。$\frac{d_t}{d}=1.1\sim1.4$ 称为小凸缘筒形件。$\frac{d_t}{d}>1.4$ 则称为宽凸缘筒形件。

有凸缘圆筒形件的拉深过程，其变形区的应力状态与变形特点和无凸缘圆筒形件是相同的。但有凸缘圆筒形件拉深时，坯料凸缘部分不是全部进入凹模口部，只是拉深到凸缘外径等于零件凸缘直径（包括切边量）时，拉深工作就停止。因此，拉深成形过程和工艺计算与无凸缘圆筒形件有一定差别，其主要差别在于首次拉深。

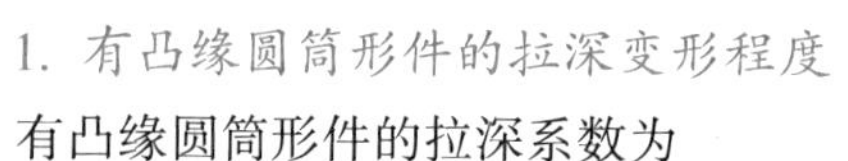

1. 有凸缘圆筒形件的拉深变形程度

有凸缘圆筒形件的拉深系数为

$$m_t=\frac{d}{D}$$

式中　m_t——有凸缘圆筒形件的拉深系数；

d——零件圆筒形部分的直径；

D——坯料直径。

当零件底部圆角半径 r 与凸缘处圆角半径 R 相等，即 $R=r$ 时，坯料直径为

$$D=\sqrt{d_t^2+4dh-3.44dR}$$

所以

$$m_t=\frac{d}{D}=\frac{1}{\sqrt{\left(\frac{d_t}{d}\right)^2+4\frac{h}{d}-3.44\frac{R}{d}}}\tag{4-15}$$

由式（4－15）可以看出，有凸缘圆筒形件的拉深系数取决于下列有关尺寸的三组相对比值：

$\frac{d_t}{d}$——凸缘的相对直径；

$\frac{h}{d}$——零件的相对高度；

$\frac{R}{d}$——相对圆角半径。

其中以$\frac{d_t}{d}$影响最大，$\frac{h}{d}$次之，$\frac{R}{d}$影响较小。

有凸缘圆筒形件首次拉深的极限拉深系数见表4-10。由表可以看出，当$\frac{d_t}{d}\leqslant 1.1$时，其极限拉深系数与无凸缘圆筒形的基本相同；当$\frac{d_t}{d}$大时，其极限拉深系数比无凸缘圆筒形的小。而且当坯料直径D一定时，凸缘相对直径$\frac{d_t}{d}$越大，极限拉深系数越小。但这并不表明有凸缘圆筒形件的变形程度大。在一定坯料直径D和圆筒形直径d的情况下，有凸缘圆筒形件凸缘相对直径$\frac{d_t}{d}$大，意味着只要将坯料直径稍加收缩即可达到零件凸缘外径，筒壁传力区的拉应力远没有达到许可值，因而可以减小其拉深系数。而无凸缘圆筒形件不存在$\frac{d_t}{d}$值对拉深系数的影响，可以认为其恒等于1。

表4-10 有凸缘的圆形件首次拉深的极限拉深系数

凸缘的相对直径$\frac{d_t}{d}$	坯料的相对厚度$(t/D)\times 100$				
	2~1.5	1.5~1.0	1.0~0.6	0.6~0.3	0.3~0.10
1.1以下	0.51	0.53	0.55	0.57	0.59
1.3	0.49	0.51	0.53	0.54	0.55
1.5	0.47	0.49	0.50	0.51	0.52
1.8	0.45	0.46	0.47	0.48	0.48
2.0	0.42	0.43	0.44	0.45	0.45
2.2	0.40	0.41	0.42	0.42	0.42
2.5	0.37	0.38	0.38	0.38	0.38
2.8	0.34	0.35	0.35	0.35	0.35
3.0	0.32	0.33	0.33	0.33	0.33

图4-27可以说明有凸缘圆筒形件拉深时其拉深力与拉深过程的关系。如果零件凸缘直径等于d_{t1}，则拉深过程中当坯料外径收缩到等于零件凸缘直径时，拉深力已经达到最大值，此时如果不产生破裂，再拉下去就没有拉裂的危险。当零件凸缘直径等于d_{t2}，坯料外径收缩到等于零件凸缘直径时，拉深力尚未达到其许可值F_x（只达到图4-27曲线上的A点），这表明筒壁强度还有富裕量，拉深系数可以小些（图4-27中m_2和与之对应的曲线2）。当零件的凸缘直径为d_{t3}，拉深过程进行到凸缘外径等于零件凸缘直径时，拉深力更小，即拉深系数可以更小。

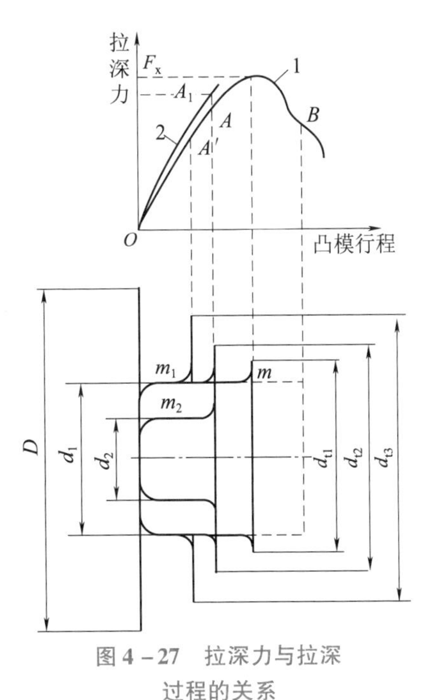

图4-27 拉深力与拉深过程的关系

由式（4-15）可以看出，有凸缘圆筒形件的拉深系数取决于$\frac{d_t}{d}$、$\frac{h}{d}$和$\frac{R}{d}$。因$\frac{R}{d}$影响较小，因此当m_t一定时，$\frac{d_t}{d}$和$\frac{h}{d}$的关系也就基本确定了，这样即可用零件的相对高度来表示有凸缘圆筒形件的变形程度。首次拉深可能达到的相对高度见表4-11，也可查图4-28。

当有凸缘圆筒形件的总拉深系数 m_t（即零件的直径 d 与坯料直径 D 之比值）大于表 4－10 的极限拉深系数值，或零件的相对高度$\frac{h}{d}$小于表 4－11 的极限值时，则凸缘圆筒形件可以一次拉深成形，否则需要两次以上拉深成形。此外，也可以根据图 4－27 所示的曲线进行判断。如果由零件的$\frac{d_t}{d}$和$\frac{h}{d}$决定的点位于曲线下侧，则能一次拉深成形；如果位于曲线上侧，则要进行多次拉深。应该注意的是，图 4－27 中曲线是假定零件圆角半径为零得到的，当零件圆角半径较大时，其成形极限可以适当放宽。

表 4－11　有凸缘的圆形件首次拉深的极限相对高度

凸缘的相对直径$\frac{d_t}{d}$	坯料的相对厚度（t/D）×100				
	2～1.5	1.5～1.0	1.0～0.6	0.6～0.3	0.3～0.10
1.1 以下	0.90～0.75	0.82～0.65	0.70～0.57	0.62～0.50	0.52～0.45
1.3	0.80～0.65	0.72～0.56	0.60～0.50	0.53～0.45	0.47～0.40
1.5	0.70～0.58	0.63～0.50	0.53～0.45	0.48～0.40	0.42～0.35
1.8	0.58～0.48	0.53～0.42	0.44～0.37	0.39～0.34	0.35～0.29
2.0	0.51～0.42	0.46～0.36	0.38～0.32	0.34～0.29	0.30～0.25
2.2	0.45～0.35	0.40～0.31	0.33～0.27	0.29～0.25	0.26～0.22
2.5	0.35～0.28	0.32～0.25	0.27～0.22	0.23～0.20	0.21～0.17
2.8	0.27～0.22	0.24～0.19	0.21～0.17	0.18～0.15	0.16～0.13
3.0	0.22～0.18	0.20～0.16	0.17～0.14	0.15～0.12	0.13～0.10

注：1. 表中大数值适于大的圆角半径，如由$\frac{t}{D}$=2%～1.5%时的 $R=(10\sim12)t$ 到$\frac{t}{D}$=0.3%～0.10%时的 $R=(20\sim25)t$；小数值适用于底部及凸缘小的圆角半径，随着凸缘直径的增加及相对拉深深度的减小，其数值也跟着减小。

2. 表中数值适用于 10 钢，对于比 10 钢塑性好的材料取接近表中的大值；对于塑性差的材料，取表中小数值

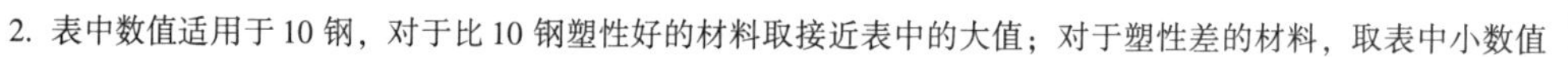

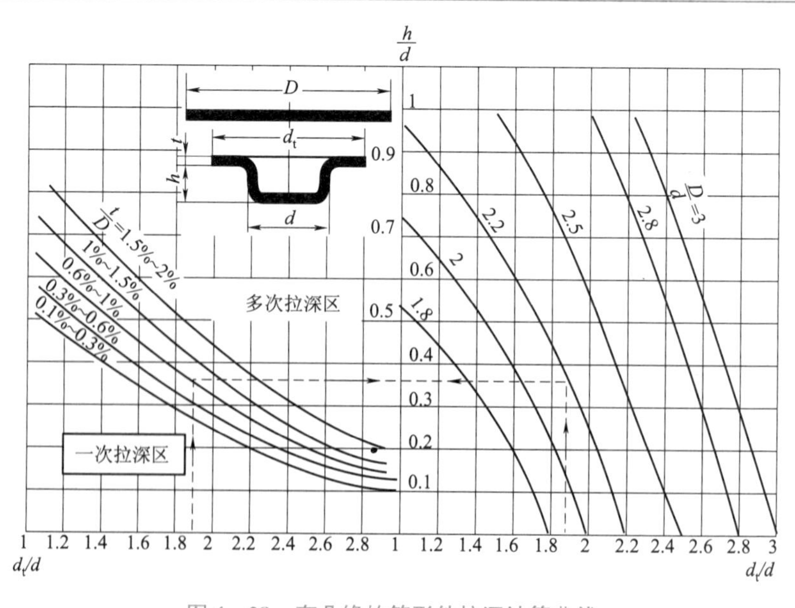

图 4－28　有凸缘的筒形件拉深计算曲线

有凸缘圆筒形件以后各次拉深系数为

$$m_i = \frac{d_i}{d_{i-1}}$$

其值与凸缘宽度及外形尺寸无关，可以取与无凸缘圆筒形件的相应拉深系数相等或略小的数值，见表 4－12。

表 4－12　有凸缘的筒形件以后各次的极限拉深系数

拉深系数	坯料相对厚度（t/D）×100				
	2～1.5	1.5～1.0	1.0～0.6	0.6～0.3	0.3～0.10
m_2	0.73	0.75	0.76	0.78	0.80
m_3	0.75	0.78	0.79	0.80	0.82
m_4	0.78	0.80	0.82	0.83	0.84
m_5	0.80	0.82	0.84	0.85	0.86

2. 小凸缘圆筒形件的拉深方法计算

1）小凸缘圆筒形件的拉深方法

可以将小凸缘圆筒形件当作无凸缘圆筒形件进行拉深，只是在最后两道拉深工序中才将工序件拉成具有锥形的凸缘，最后通过整形工序压成平面凸缘。图 4－29 所示为小凸缘圆筒形件及其拉深工艺过程，材料为 10 钢，板厚为 1 mm。

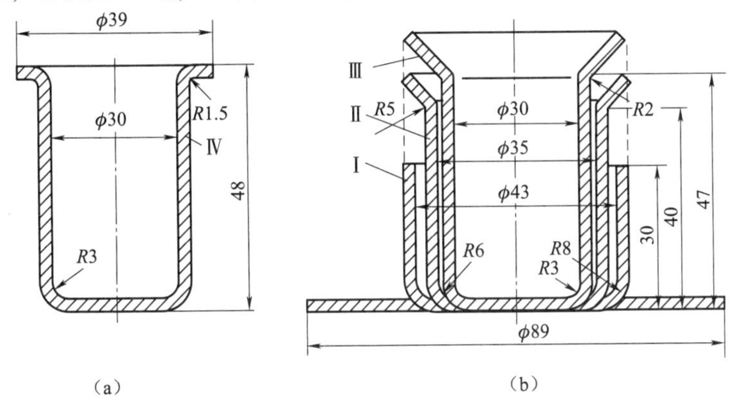

图 4－29　小凸缘筒形件的拉深

（a）小凸缘拉深件；（b）小凸缘拉深过程

Ⅰ—第一次拉深；Ⅱ—第二次拉深；Ⅲ—第三次拉深；Ⅳ—成品

2）宽凸缘圆筒形件的拉深方法

如果根据极限拉深系数或相对高度判断，拉深件不能一次拉深成形，则需进行多次拉深。

多次拉深必须遵循一个原则，即第一次拉深成有凸缘的工序件时，其凸缘的外径应等于成品零件的尺寸（加修边量），在以后各次拉深工序中仅仅使已拉深成工序件的直筒部分参加变形，逐步地达到零件尺寸要求，而第一次拉深时已经形成的凸缘外径必须保持不变，即凸缘在以后拉深工序中不再收缩。因为在以后的拉深工序中，即使凸缘部分产生很小的变形，筒壁传力区也会产生很大的拉应力，从而使其拉裂。为了防止这种情况的出现，在调节工作行程时应严格控制凸模进入凹模的深度。但对于多数普通压力机来说，要严格做到这一点有一定困难，而且尺寸计算还有一定误差，再加上拉深时板料厚度有所变化，所以在工艺计算时除了应精确计算工序件高度外，通常有意把第一次拉入凹模的坯料面积加大 3%～5%，在以后各次拉深时，逐步减小这个额外多拉入凹模的面积，最后将这部分多拉入凹模的面积转移到零件口部附近的凸缘上，使这里的板料增厚，但这不影响零件质量。采用这种办法来补偿上述各种误差，可避免在以后各次拉深时凸缘受力变形。这一工艺措施对于板料厚度小于 0.5 mm 的拉深件，效果较为显著。

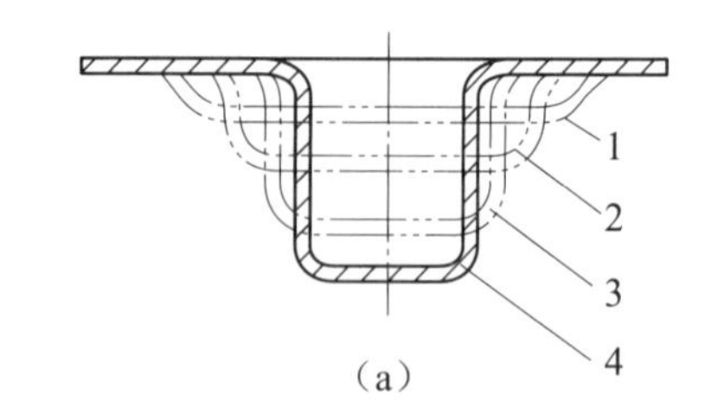

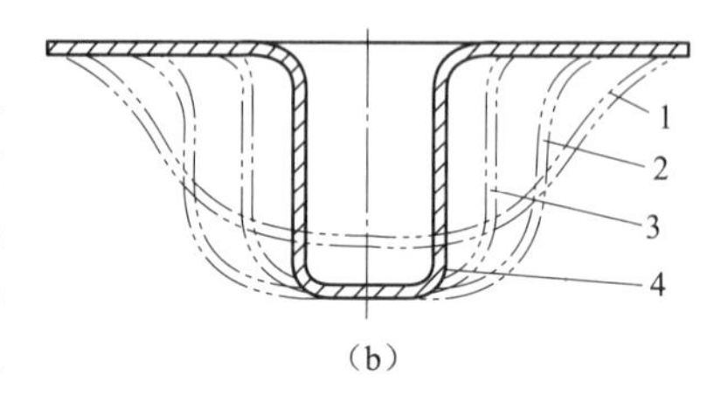

图 4－30　宽凸缘圆筒形件的拉深方法

在实际生产中，宽凸缘圆筒形件多次拉深的工艺方法通常有以下两种：

（1）通过多次拉深，逐步缩小筒形部分直径以增加其高度，如图 4－30（a）所示。用这种方法制成的零件，表面质量较差，其直壁和凸缘上保留着圆角弯曲和局部变薄的痕迹，需要在最后增加整形工序。

（2）第一次拉深后的工序件，其凸缘处和底部的圆角半径很大，在以后各次拉深中高度保持不变，通过逐步减少圆角半径和筒形部分直径而达到最终尺寸要求，如图 4－30（b）所示。用这种方法拉深的零件，表面质量较高，厚度均匀，不存在圆角弯曲和局部变薄的痕迹。但它只适用于坯料相对厚度较大、采用大圆角过渡不易起皱的情况。

3. 有凸缘圆筒形拉深工序件高度的计算

根据有凸缘圆筒形件坯料直径的计算公式推导出如下高度的计算公式：

$$h_1=\frac{0.25}{d_1}(D^2-d_t^2)+0.43(r_t+R_1)+\frac{0.14}{d_1}(r_1^2-R_1^2)$$

$$h_n=\frac{0.25}{d_n}(D^2-d_t^2)+0.43(r_t+R_n)+\frac{0.14}{d_n}(r_n^2-R_n^2) \tag{4-16}$$

式中　h_1，…，h_n——各次拉深后工序件的高度；

d_1，…，d_n——各次拉深后工序件的直径；

D——坯料直径；

r_1，…，r_n——各次拉深后工序件的底部圆角半径；

R_1，…，R_n——各次拉深后工序件的凸缘处圆角半径。

4. 有凸缘圆筒形件拉深工序的计算程序

有凸缘圆筒形件拉深工序计算与无凸缘圆筒形件拉深工序计算的最大区别在于首次拉深，现结合实例说明其工艺计算程序。

【例 4－3】 试对图 4－31 所示零件的拉深工序进行计算。材料为 08 钢，厚度为 2 mm。

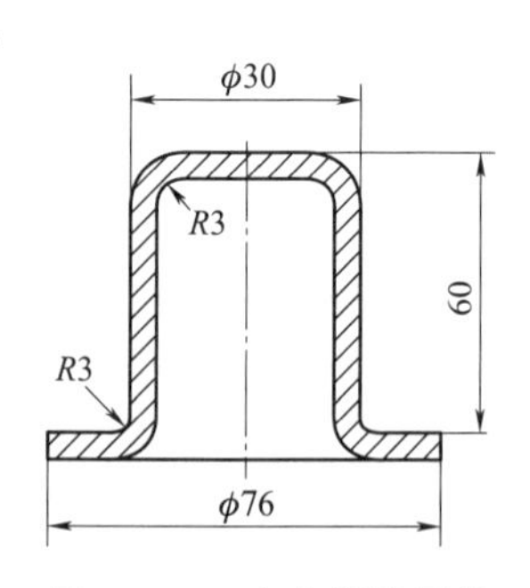

图 4－31　有凸缘拉深件

解： 板料厚度大于 1 mm，按中线计算。

（1）切边余量的确定。

根据零件尺寸

$$\frac{d_t}{d}=\frac{76}{28}\approx 2.7$$

查表 4－4 得切边余量 $\Delta R=2.2$ mm，故实际凸缘直径为

$$d_t=76+2\times 2.2=80.4\ (\text{mm})$$

（2）预算坯料直径。

根据图可知

$d_1=20$ mm，$d_2=28$ mm，$d_3=36$ mm，$d_4=80.4$ mm，$R=r=4$ mm，$h=52$ mm

$$D=\sqrt{d_1^2+6.28rd_1+8r^2+4d_2h+6.28Rd_2+4.56R^2+(d_4^2-d_3^{\ 2})}=\sqrt{7\ 630+5\ 168}\approx 113\ (\text{mm})$$

此处取 $D=114$ mm。

（3）判断能否一次拉深成形。

$$\frac{h}{d}=\frac{60}{28}=2.14$$

$$\frac{t}{D}=\frac{2}{114}\times100\%=1.75\%$$

$$\frac{d_t}{d}=\frac{80.4}{28}\approx2.87\text{（此处 }d_t=d_4\text{）}$$

$$m=\frac{d}{D}=\frac{28}{114}\approx0.245$$

依据表4－10、表4－11和图4－29都说明不能一次拉深成形，需要多次拉深。

（4）确定首次拉深工序件尺寸。

首先假定一个圆筒部分直径 d_1，然后根据 d_t、D、t 从图4－28两侧曲线分别求出相对高度 $\frac{h}{d_1}$的值，为使实际拉深系数稍大于极限拉深系数，图4－28右边所得的$\frac{h}{d_1}$值应稍小于左边所得的$\frac{h}{d_1}$值。如果假定的 d_1 所得结果不合适，则需重新假定一个 d_1 值，直到合适为止。

本例假定 $d_1=55$ mm，则

$$\frac{d_t}{d_1}=\frac{80.4}{55}\approx1.46$$

$$\frac{D}{d_1}=\frac{114}{55}\approx2.07$$

$$\frac{t}{D}=\frac{2}{114}\times100\%=1.75\%$$

查图4－28左边得$\frac{h}{d}=0.65$，右边$\frac{h}{d}=0.57$，因此，假定 $d_1=55$ mm 合适。

因为首次拉深后的凸缘部分在以后的工序中保持不变，所以第一次拉入凹模的材料面积比零件实际需要的面积多3%～5%。本例取5%，即首次拉深时拉入凹模的材料实际面积。

在多拉入凹模5%材料后，则毛坯直径修正为

$$D_1=\sqrt{7\,630\times1.05+5\,168}\approx115\text{（mm）}$$

凹模圆角半径为

$$r_{A1}=0.8\sqrt{(D_1-d_1)t}=0.8\sqrt{(115-55)\times2}\approx9.12\text{（mm）}$$

取 $r_{A1}=9.5$ mm。

凸模圆角半径为

$$r_{T1}=(0.7\sim1)r_{A1}$$

取 $r_{T1}=r_{A1}=9.5$ mm，代入

$$h_1=\frac{0.25}{d_1}\times(D_1^2-d_t^2)+0.43\times(r_{T1}+r_{T1})+\frac{0.14}{d_1}\times(r_{T1}^2-r_{A1}^2)$$

则首次拉深的高度为

$$h_1=\frac{0.25}{55}\times(115^2-80.4^2)+0.43\times(9.5+9.5)=38.9\text{（mm）}$$

（5）计算以后各次拉深工序件尺寸。

由表4－12查得极限拉深系数为

$$m_2=0.73,\ d_2=m_2d_1=0.73\times55=40.2\text{（mm）}$$

$$m_3=0.75,\ d_3=m_3d_2=0.75\times40.2=30.2\text{（mm）}$$

$$m_4 = 0.78,\ d_4 = m_4 d_3 = 0.78 \times 30.2 = 23.6\ (\text{mm})$$

调整各次拉深系数如下：

$$m_2 = 0.76,\ m_3 = 0.79,\ m_4 = 0.85$$
$$d_2 = m_2 d_1 = 0.76 \times 55 = 41.8\ (\text{mm})$$
$$d_3 = m_3 d_2 = 0.79 \times 41.8 = 33\ (\text{mm})$$
$$d_4 = m_4 d_3 = 0.85 \times 33 = 28\ (\text{mm})$$

根据公式 $r_{ti} = (0.6 \sim 0.8)\ r_{A(i-1)}$，一般可按偏小值设计，便于修模，故系数取0.65，即

$$r_{t2} = r_{A2} = 0.65 \times 9.5 = 6.175\ (\text{mm})\ (\text{取为}6.5\ \text{mm})$$
$$r_{t3} = r_{A3} = 0.65 \times 6.5 = 4.225\ (\text{mm})\ (\text{取为}4.5\ \text{mm})$$
$$r_{t4} = r_{A4} = 4\ \text{mm}\ (\text{零件的圆角半径})$$

设第二次拉深时多拉入凹模的材料为3%（其余2%的材料返回到凸缘），设第三次多拉入凹模的材料为1.5%（其余1.5%的材料返回到凸缘），则第二次拉深和第三次拉深假想毛坯的直径分别为

$$D' = \sqrt{7\,630 \times 1.03 + 5\,168} \approx 114.1\ (\text{mm})$$
$$D'' = \sqrt{7\,630 \times 1.015 + 5\,168} \approx 113.6\ (\text{mm})$$

以后各次工序件的高度为

$$h_2 = \frac{0.25}{d_2}(D^2 - d_t^2) + 0.43(r_{T2} + r_{A2}) + \frac{0.14}{d_2}(r_{T2}^2 - r_{A2}^2)$$
$$= \frac{0.25}{41.8} \times (114.1^2 - 80.4^2) + 0.43 \times (6.5 + 6.5) \approx 44.8\ (\text{mm})$$
$$h_3 = \frac{0.25}{d_3}(D^2 - d_t^2) + 0.43(r_{T3} + r_{A3}) + \frac{0.14}{d_3}(r_{T3}^2 - r_{A3}^2)$$
$$= \frac{0.25}{33} \times (113.6^2 - 80.4^2) + 0.43 \times (4.5 + 4.5) \approx 52.7\ (\text{mm})$$

最后一道拉深后达到零件的高度 $h_4 = 60$ mm，原先多拉入的1.5%的材料返回到凸缘。

（6）画出工序图。

将上述按中线尺寸计算的工序件尺寸换算为外径和总高尺寸，如图4-32所示。

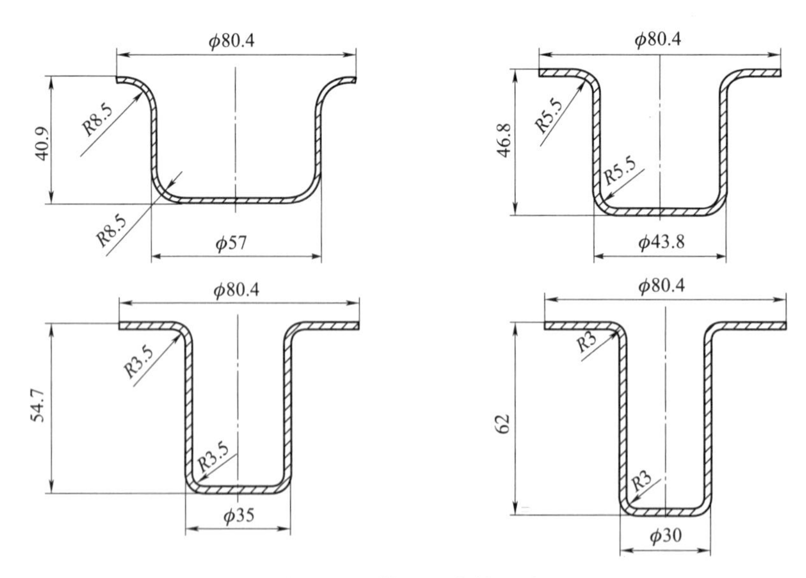

图4-32　拉深工序件尺寸

做一做： 按照任务要求，完成圆筒形件拉深次数的确定、工序件尺寸的确定。

任务考核

任务名称		专业		组名	
班级		学号		日期	
评价指标	评价内容			分数评定	自评
信息收集能力	能有效利用网络、图书资源查找有用的相关信息等；能将查到的信息有效地传递到学习中			10 分	
感知课堂生活	是否能在学习中获得满足感、课堂生活的认同感			5 分	
参与态度沟通能力	积极主动与教师、同学交流，相互尊重、理解、平等；与教师、同学之间是否能够保持多向、丰富、适宜的信息交流			5 分	
	能处理好合作学习和独立思考的关系，做到有效学习；能提出有意义的问题或能发表个人见解			5 分	
知识、能力获得情况	坯料尺寸确定			10 分	
	拉深系数确定			10 分	
	拉深次数确定			10 分	
	各次拉深工序件尺寸的确定			30 分	
辩证思维能力	是否能发现问题、提出问题、分析问题、解决问题、创新问题			10 分	
自我反思	按时保质完成任务；较好地掌握了知识点；具有较为全面严谨的思维能力并能条理清楚明晰地表达成文			5 分	
小计				100	
总结提炼					
考核人员	分值/分	评分	存在问题	解决办法	
（指导）教师评价	100				
小组互评	100				
自评成绩	100				
总评	100	总评成绩 = 指导教师评价 ×35% + 小组评价 ×25% + 自评成绩 ×40%			

知识拓展

通过查阅相关教材、模具设计手册和中国大学慕课等网络资源，学习拉深工艺计算的相关知识。

任务三　冲压设备的选用

任务描述

冲压设备的选用：压料力和压料卸料结构的设计、拉深力和总压力的计算、拉深用压力机的选择。

【知识目标】

(1) 能计算压料力、拉深力和总压力;

(2) 能合理选择拉深用压力机;

(3) 能合理设计压料卸料零件。

【能力目标】

(1) 能合理选择压力机;

(2) 能理解落料拉深复合模工艺压力曲线和许用压力曲线的关系。

【素养素质目标】

(1) 培养透过现象看实物内部变化和发展的能力;

(2) 培养逻辑思维能力;

(3) 自我约束,合理规划。

任务实施

任务单　圆筒形拉深模具压力机的选择

任务名称	圆筒形拉深模具压力机的选择	学时		班级	
学生姓名		学生学号		任务成绩	
实训设备		实训场地		日期	
任务目的	掌握压料力的计算和压料卸料结构的设计、拉深力和总压力的计算、拉深用压力机的选择				
任务内容	压料力的计算和压料卸料结构的设计、拉深力和总压力的计算、拉深用压力机的选择				
任务实施	一、压料力的计算 二、压料装置的设计 三、拉深力的计算 四、总压力的计算 五、拉深用压力机的选择				
谈谈本次课程的收获,写出学习体会,给任课教师提出建议					

相关知识

步骤一　圆筒形件拉深的压料力与拉深力

一、拉深时的起皱与防皱措施

在拉深过程中,如果凸缘区起皱严重,则不可能通过凸模与凹模之间的间隙而进入凹模,导致坯料断裂［见图4－33（a）］；如果凸缘区轻微起皱，可能勉强通过凸、凹模间隙，但会在拉深件的侧壁留下起皱的痕迹，影响拉深件的质量［见图4－33（b）］。

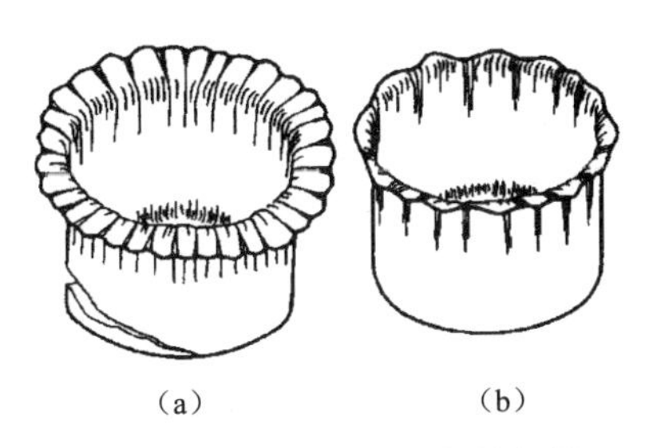

（a）　　（b）

图4－33　拉深过程坯料的起皱

（a）严重起皱导致破裂；

（b）轻微起皱影响拉深件质量

影响坯料起皱的主要因素有以下几方面。

（1）坯料的相对厚度。

坯料的相对厚度（t/D）越小，拉深变形区抗失稳能力越差，越容易起皱；相反，坯料相对厚度越大，越不容易起皱。

（2）拉深系数。

从凸缘变形区的应力分析中已经知道，拉深系数越小，则切向压应力越大；同时，拉深系数越小，凸缘变形区宽度越大，抗失稳能力越小。上述两个因素都会促使坯料起皱倾向加大。相反，拉深系数大，起皱倾向减小。

（3）拉深模工作部分的几何形状与参数。

凸模和凹模圆角及凸、凹之间间隙过大，则容易起皱。用锥形凹模拉深与用平端面凹模拉深相比，前者不容易起皱，如图4－34所示。其原因是在拉深过程中，其形成的曲面过渡形状［见图4－34（b）］与平端面凹模拉深时平面形状的变形区相比，具有较大的抗失稳能力，而且锥形凹模圆角处对坯料造成的摩擦阻力和弯曲变形阻力减小到最低限度，凹模锥面对坯料变形区的作用力也有助于它产生切向压缩变形。因此，其拉深力比平端面凹模拉深力小得多，拉深系数可以大为减小。

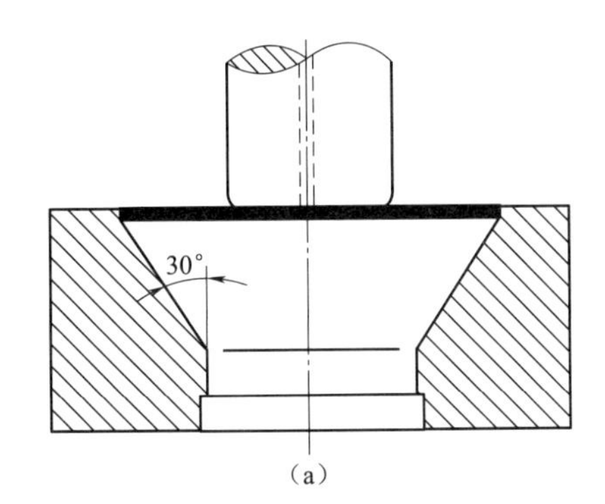

（a）

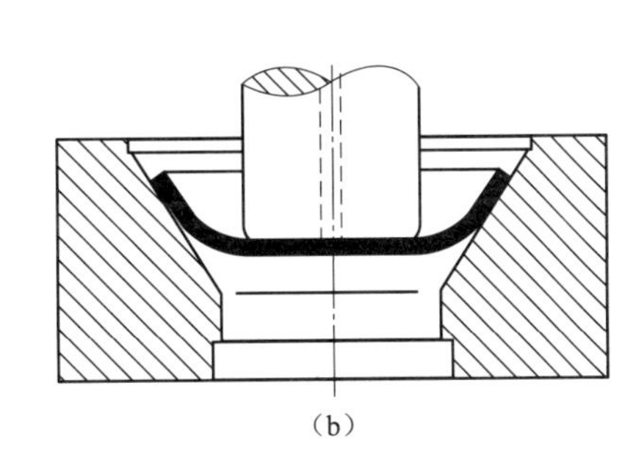

（b）

图4－34　锥形凹模的拉深

在生产中，防止圆筒形件拉深产生起皱的方法通常是在拉深模上设置压边圈，并采用适当的压料力。但若变形程度较小，坯料相对厚度较大，则不会起皱，可不必采用压边圈。是否采用压边圈可按表4－13确定。

表4－13　采用或不采用压边圈的条件

拉深方法	第一次拉深		以后各次拉深	
	$t/D\times100$	m_1	$t/d_{n-1}\times100$	m_n
用压料装置	<1.5	<0.6	<1	<0.8
可用可不用	1.5～2.0	0.6	1～1.5	0.8
不用压料装置	>2.0	>0.6	>1.5	>0.8

二、压料力的确定

压料力 F_Y 值应适当，F_Y 值太小，则防皱效果不好；F_Y 值太大，则会增大传力区危险断面上的拉应力，从而引起严重变薄甚至拉裂。压料力对拉深力的影响可从图 4-35 中看出。因此，应在保证变形区不起皱的前提下尽量选用小的压料力。

拉深所需压料力的大小与影响坯料起皱的因素有关，拉深过程所需压料力如图 4-36 所示。由图可以看出，随着拉深系数的减小，所需最小压料力是增大的。同时可以看出，在拉深过程中，所需最小压料力是变化的，一般起皱可能性最大的时刻所需压料力最大。

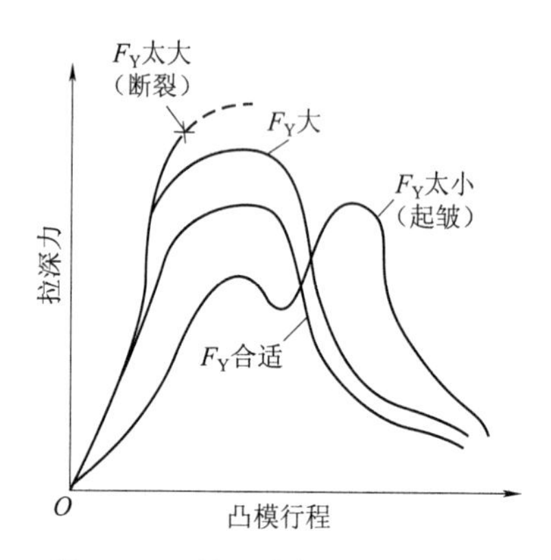

图 4-35　拉深力与压料力的关系

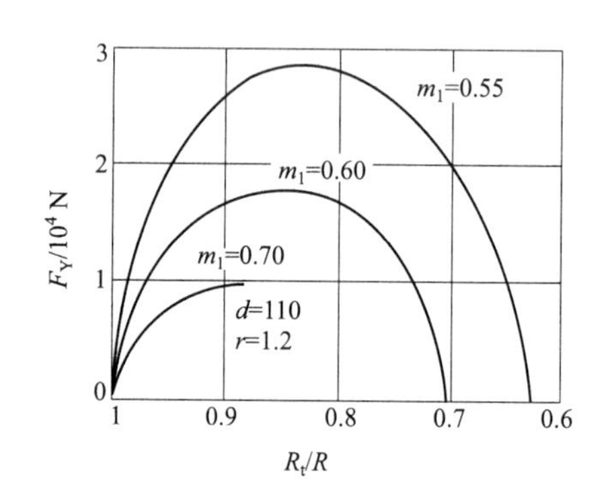

图 4-36　拉深过程所需压料力的实验曲线

R_t—拉深过程凸缘半径；R—坯料半径

应该指出，压料力的大小应允许在一定范围内调节，如图 4-37 所示。由图可以看出，随着拉深系数的减小，压料力许可调节范围减小，此时对拉深工作是不利的，因为当压料力稍大些时就会产生破裂，压料力稍小些时会产生起皱，即拉深工艺稳定性不好。相反，拉深系数增大，压料力可调节范围增大，工艺稳定性较好。

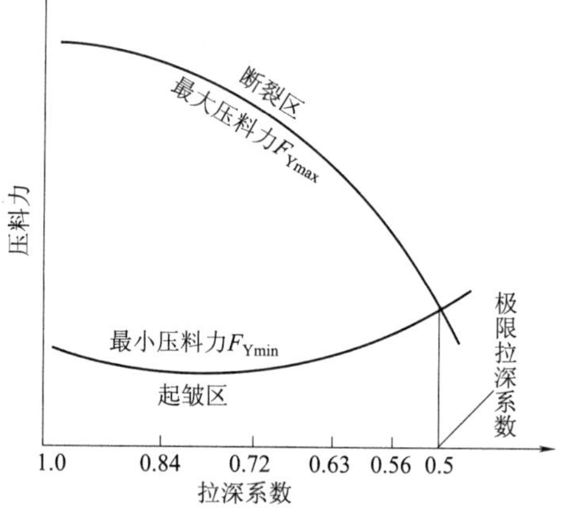

图 4-37　压料力调节范围与拉深系数的关系

在模具设计时，压料力可按下式计算：

任何形状的拉深件：

$$F_Y = Ap \tag{4-17}$$

圆筒形件首次拉深：

$$F_{Y1} = \frac{\pi}{4}[D^2 - (d_1 + 2r_{A1})^2]p \tag{4-18}$$

圆筒形件以后各次拉深：

$$F_{Yi} = \frac{\pi}{4}[d_{i-1}^2 - (d_i + 2r_{Ai})^2]p \quad (i = 2, 3, \cdots, n) \tag{4-19}$$

式中　A——压边圈下坯料的投影面积；

p——单位面积压料力，p 值可查表 4-14；

D——坯料直径；

$d_1, \cdots, d_i$——各次拉深工序件直径；

$r_{A1}, \cdots, r_{Ai}$——各次拉深凹模的圆角半径。

表 4－14　单位面积压料力

材料名称		p/MPa
铝		0.8～1.2
纯铜、硬铝（已退火的）		1.2～1.8
黄铜		1.5～2.0
软铜	l≤0.5 mm	2.5～3.0
	l＞0.5 mm	2.0～2.5
镀锡钢板		2.5～3.0
耐热钢（软化状态）		2.8～3.5
高合金钢、高锰钢、不锈钢		3.0～4.5

三、压料装置

目前生产中使用的压料装置所产生的压料力难以符合图 4－37 所示的变化曲线。

1. 刚性压料装置

图 4－38 所示为双动压力机用拉深模，件 4 即为刚性压边圈（又兼顾落料凸模），固定在外滑块上。在每次冲压行程开始时，外滑块带动压边圈下降压在坯料的凸缘上，并在此停止不动，随后内滑块带动凸模下降，并进行拉深变形。

刚性压料装置的压料作用是通过调整压边圈与凹模平面之间的间隙获得的，而压边圈与凹模之间的间隙则靠调节压力机外滑块得到。考虑到拉深过程中坯料凸缘区有增厚现象，所以这一间隙应略大于板料厚度。

图 4－39 所示为锥形刚性压边圈，这种压边圈使坯料凸缘部分在拉深之前变为锥形，并压紧在凹模锥面上，这在一定程度上相当于完成了一道拉深成形。采用这种结构的压边圈时，极限拉深系数可以减小很多。使用时，α 角根据坯料相对厚度确定，表 4－15 给出了 α 角与坯料相对厚度以及可能达到的极限拉深系数的关系。

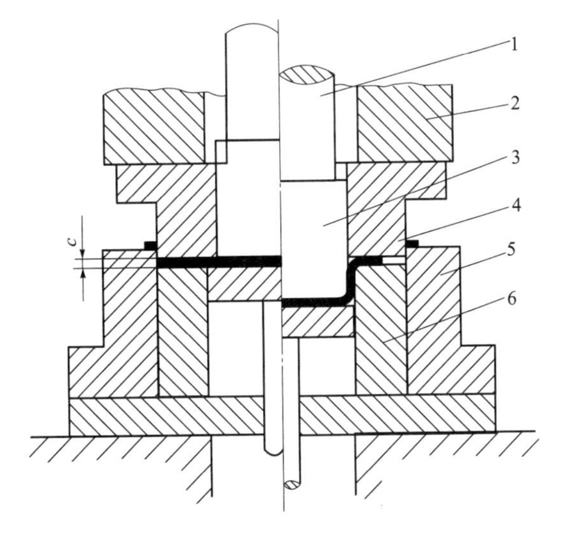

图 4－38　双动压力机用拉深模

1—凸模固定杆；2—外滑块；3—拉深凸模；4—落料凸模；5—落料凹模；5—拉深凹模

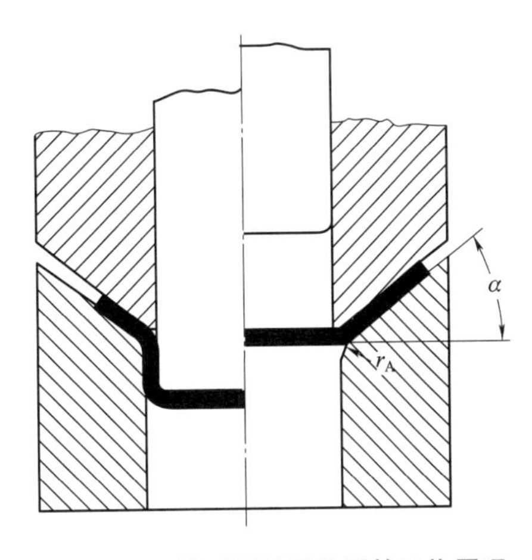

图 4－39　锥形刚性压边圈的工作原理

表 4-15　锥形刚性压边圈的角度、极限拉深系数及相对厚度

$\frac{t}{D}$	0.02	0.015	0.01	0.008	0.005	0.003	0.001 5
m	0.35	0.36	0.38	0.40	0.43	0.50	0.60
α/（°）	60	45	30	23	17	13	10

刚性压料装置的特点是压料力不随拉深的工作行程而变化，压料效果较好，模具结构简单。

2. 弹性压料装置

图 4-40 所示为单动压力机用弹性压料装置，这类压料装置还可分为以下三种：

（1）弹簧式压料装置，如图 4-40（a）所示。

（2）橡胶式压料装置，如图 4-40（b）所示。

（3）气垫式压料装置，即以压缩空气作用或空气液压联动作用防止起皱，如图 4-40（c）所示。

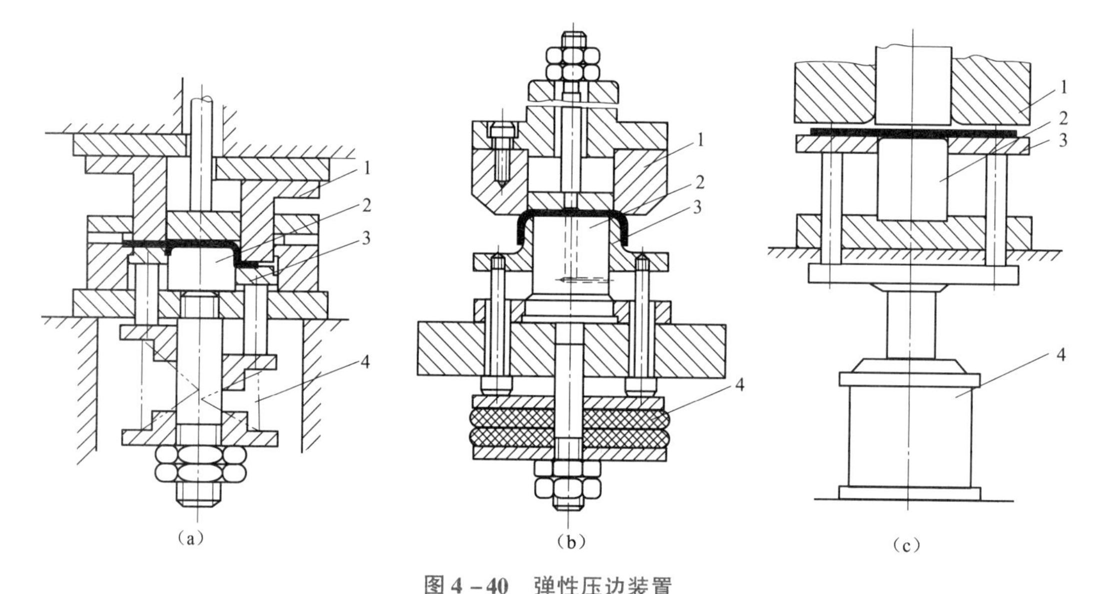

图 4-40　弹性压边装置

（a）弹簧式压料装置；（b）橡胶式压料装置；（c）气垫式压料装置

1—凹模；2—凸模；3—压边圈；4—弹性元件（弹顶器）

以上三种压料装置的压料力变化曲线如图 4-41 所示。由图 4-41 可以看出，弹簧和橡胶压料装置的压料力是随着工作行程（拉深深度）的增加而增大的，尤其是橡胶式压料装置更突出。这样的压料力变化特性会使拉深过程的拉深力不断增大，从而增大拉裂的危险性。因此，弹簧和橡胶压料装置只用于浅拉深。但是，这两种压料装置结构简单，在中小型压力机上使用较为方便。只要正确地选择弹簧的规格和橡胶的牌号及尺寸，就能减少它的不利方面。弹簧应选总压缩量大，压力随压缩量增加而缓慢增大的规格；橡胶应选用软橡胶，并保证相对压缩量不要过大，建议橡胶总厚度不小于拉深工作行程的 5 倍。

气垫式压料装置压料效果较好，压料力基本上不随工作行程而变化（压料力的变化可控制在 10% ~15% 内），但气垫装置结构复杂。

压边圈是压料装置的关键零件，其结构形式除了上述的锥形压边圈外，一般的拉深模采用平面压边圈，如图 4-42（a）所示。当坯料相对厚度较小、拉深件凸缘小且圆角半径较大时，则采用带弧形的压边圈，如图 4-42（b）所示。

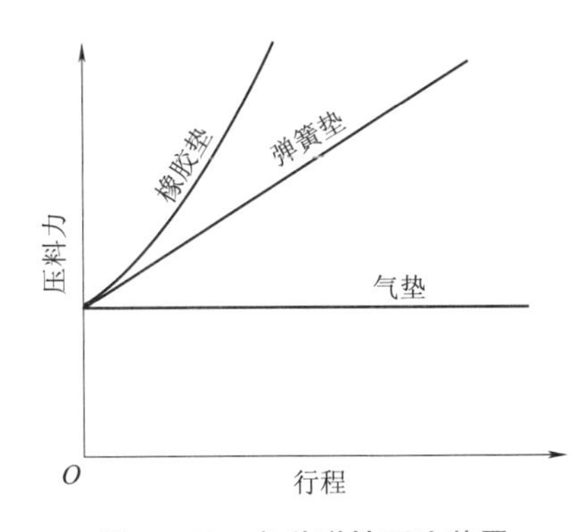

图 4-41　各种弹性压边装置压料力变化曲线

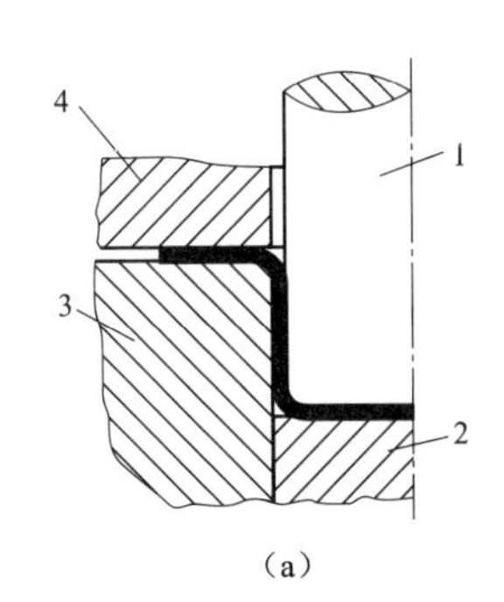

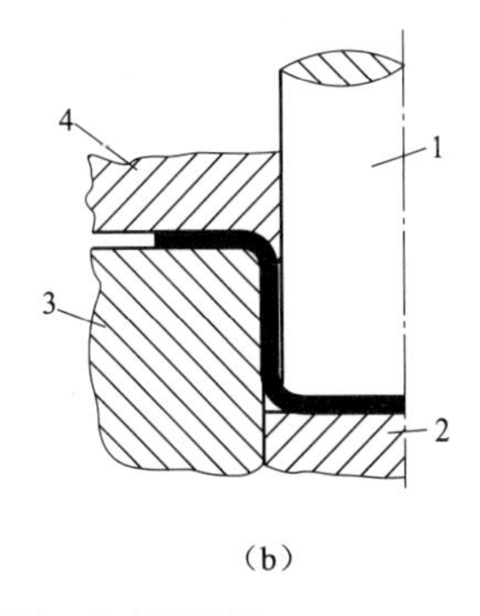

图 4-42　平面压边圈与弧形压边圈

1—凸模；2—顶板；3—凹模；4—压边圈

为保持整个拉深过程中压料力均衡和防止将坯料夹得过紧，特别是拉深板料较薄且凸缘较宽的拉深件时，可采用带限位装置的压边圈，如图 4-43 所示。其压边圈和凹模之间始终保持一定的距离 s。对于有凸缘零件的拉深，$s=t+(0.05\sim0.1)$ mm；铝合金的拉深，$s=1.1t$；钢板的拉深，$s=1.2t$（t 为板料厚度）。

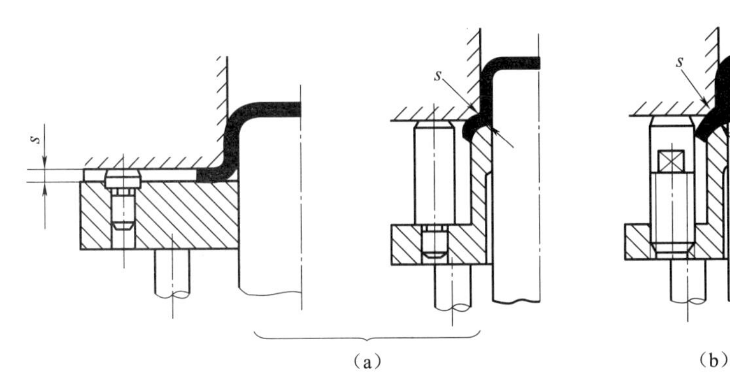

图 4-43　有限位装置的压边圈

(a) 固定式；(b) 调节式

对于凸缘小或球形件和抛物线形件的拉深，为了防皱，常采用带拉深筋的压边圈。

总之，拉深时的起皱和防止起皱的问题比较复杂，防皱的压料与防破裂又有矛盾，目前常用的压料装置产生的压料力还不能符合理想的压料力变化曲线。因此，如何探索较理想的压料装置是拉深工作的一个重要课题。

四、拉深力的计算

式 (4-6) 所示为拉深力的理论计算公式，而在生产中常用以下经验公式进行计算。

(1) 采用压边圈拉深时。

首次拉深：
$$F=\pi d_1 t\sigma_b K_1 \tag{4-20}$$

以后各次拉深：
$$F=\pi d_i t\sigma_b K_2 \quad (i=2,3,\cdots,n) \tag{4-21}$$

(2) 不采用压边圈拉深时。

首次拉深：
$$F=1.25\pi(D-d_1)t\sigma_b \tag{4-22}$$

以后各次拉深：
$$F=1.3\pi(d_{i-1}-d_i)t\sigma_b \quad (i=2,3,\cdots,n) \tag{4-23}$$

式中　F——拉深力；

　　　t——板料厚度；

D——坯料直径；

d_1，…，d_n——各次拉深后的工件直径；

σ_b——拉深件材料的抗拉强度；

K_1，K_2——修正系数，其值见表4-16。

表4-16　修正系数 K_1 及 K_2 的值

m_1	0.55	0.57	0.60	0.62	0.65	0.67	0.70	0.72	0.75	0.77	0.80	—	—	—
K_1	1.0	0.93	0.86	0.79	0.72	0.66	0.60	0.55	0.5	0.45	0.40	—	—	—
m_2、m_3、…、m_n	—	—	—	—	—	—	0.70	0.72	0.75	0.77	0.80	0.85	0.90	0.95
K_2	—	—	—	—	—	—	1.0	0.95	0.90	0.85	0.80	0.70	0.60	0.50

做一做：按照任务要求，完成圆筒形件压料力和拉伸力的计算，并确定压料装置结构。

步骤二　压力机公称压力和拉深功

一、压力机公称压力的确定

对于单动压力机，其公称压力应大于工艺总压力。

压力机的工艺总压力为

$$F_Z = F + F_Y \tag{4-24}$$

式中　F——拉深力；

F_Y——压料力。

选择压力机公称压力时必须注意，当拉深工作行程较大，尤其是落料拉深复合时，应使工艺力曲线位于压力机滑块的许用压力曲线之下，而不能简单地按压力机公称压力大于工艺力的原则确定压力机规格。如图4-44所示，在进行落料（曲线1）或弯曲（曲线2）时，选用公称压力为 F_{ga} 的压力机，完全可以保证在全部行程中的变形力都低于压力机的许用压力，所以是合理的。但是，公称压力为 F_{ga} 的压力机，虽然其公称压力大于拉深变形（曲线3）所需的最大力，但在全部行程中，压力机的许用压力曲线不能都高于拉深变形力曲线，在这种情况下必须选用公称压力为 F_{gb} 的压力机。由图4-44可以看出，即使选用公称压力为 F_{gb} 的压力机，如果采用落

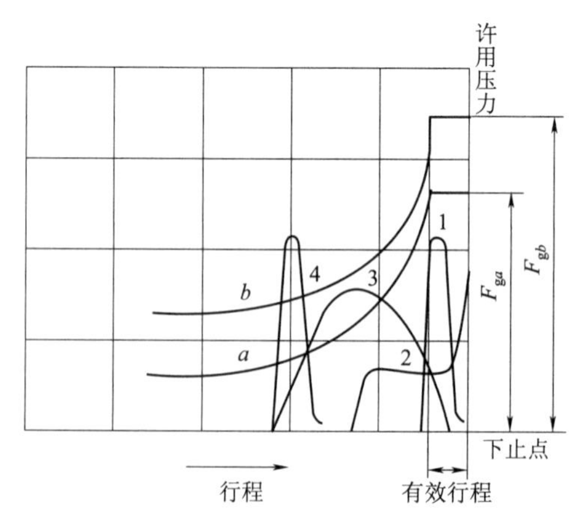

图4-44　曲轴压力机的许用压力—行程曲线

1，4—落料工艺变形曲线；2—弯曲工艺变形曲线；3—拉深工艺变形曲线

料拉深复合工序（曲线4和曲线3），此时光落料力就已经超过了压力机许用压力曲线，所以落料拉深复合时不能选用公称压力为 F_{gb} 的压力机，需要选更大公称压力的压力机。

在实际生产中可以按下式来确定压力机的公称压力：

浅拉深：
$$F_g \geqslant (1.6 \sim 1.8)\ F_Z \tag{4-25}$$

深拉深：
$$F_g \geqslant (1.8 \sim 2.0)\ F_Z \tag{4-26}$$

式中　F_g——压力机公称压力。

二、拉深功的计算

拉深功按下式计算：

$$W = \frac{CF_{max}h}{1\ 000} \tag{4-27}$$

式中　W——拉深功（J）；

F_{max}——最大拉深力（包含压料力）（N）；

h——凸模工作行程（mm）；

C——系数，与拉深力曲线有关，C 值可取0.6～0.8。

压力机的电动机功率可按下式计算：

$$P = \frac{KWn}{60 \times 1\ 000 \times \eta_1 \eta_2} \tag{4-28}$$

式中　P——电动机功率（kW）；

K——不均衡系数，$K = 1.2 \sim 1.4$；

η_1——压力机效率，$\eta_1 = 0.6 \sim 0.8$；

η_2——电动机效率，$\eta_2 = 0.9 \sim 0.95$；

n——压力机每分钟行程数。

若所选压力机的电动机功率小于计算值，则应选更大的压力机。

做一做：按照任务要求，完成圆筒形件总压力的确定和压力机的选用。

任务考核

任务名称	圆筒形拉深模具压力机的选择	专业		组名	
班级		学号		日期	
评价指标	评价内容			分数评定	自评
信息收集能力	能有效利用网络、图书资源查找有用的相关信息等；能将查到的信息有效地传递到学习中			10分	
感知课堂生活	是否能在学习中获得满足感、课堂生活的认同感			5分	
参与态度沟通能力	积极主动与教师、同学交流，相互尊重、理解、平等；与教师、同学之间是否能够保持多向、丰富、适宜的信息交流			5分	
	能处理好合作学习和独立思考的关系，做到有效学习；能提出有意义的问题或能发表个人见解			5分	
知识、能力获得情况	压料力确定、拉深力计算			10分	
	总压力计算			10分	
	压力机选择			20分	
	压料装置的结构设计			20分	

续表

评价指标	评价内容	分数评定	自评
辩证思维能力	是否能发现问题、提出问题、分析问题、解决问题、创新问题	10 分	
自我反思	按时保质完成任务；较好地掌握了知识点；具有较为全面严谨的思维能力并能条理清楚明晰地表达成文	5 分	
小计		100	

总结提炼				
考核人员	分值/分	评分	存在问题	解决办法
（指导）教师评价	100			
小组互评	100			
自评成绩	100			
总评	100	总评成绩 = 指导教师评价 ×35% + 小组评价 ×25% + 自评成绩 ×40%		

知识拓展

通过查阅相关教材、模具设计手册和中国大学慕课等网络资源，学习拉深用压力机选择的相关知识。

任务四 模具零部件（非标准件）设计

任务描述

圆筒形拉深模具的工作零件；拉深模具工作部分的结构设计和尺寸计算。

学习目标

【知识目标】

（1）能计算工作零件的尺寸计算；

（2）能合理设计工作部分的结构；

（3）掌握模具材料选择的相关知识。

【能力目标】

（1）能综合运用所学知识完成凸、凹模的结构设计；

（2）能理清楚尺寸之间的相互关系。

【素养素质目标】

（1）培养逻辑思维能力；

（2）培养观察分析能力；

（3）培养学生踏实严谨、做事专注的工作态度。

任务实施

任务单　圆筒形拉深模零部件设计

任务名称	圆筒形拉深模零部件设计	学时		班级	
学生姓名		学生学号		任务成绩	
实训设备		实训场地		日期	
任务目的	掌握工作部分的结构和尺寸计算				
任务内容	凸、凹模圆角半径的确定，拉深间隙的选取，有和无压料装置的凸、凹模结构，凸、凹模工作尺寸计算				
任务实施	一、凸、凹模圆角半径的确定 二、拉深间隙的选取 三、无压料装置的凸、凹模结构 四、有压料装置的凸、凹模结构 五、凸、凹模工作尺寸计算				
谈谈本次课程的收获，写出学习体会，给任课教师提出建议					

相关知识

一、圆筒形拉深模零部件设计

1. 凸、凹模的圆角半径

1）凹模圆角半径的确定

首次（包括只有一次）拉深凹模圆角半径可按下式计算：

$$r_{A1}=0.8\sqrt{(D-d)t} \tag{4-29}$$

或

$$r_{A1}=c_1c_2t$$

式中　r_{A1}——凹模圆角半径；

D——坯料直径；

d——凹模内径；

t——板料厚度；

c_1——考虑材料力学性能的系数，对于软钢、硬铝，$c_1=1$；纯铜、铝，$c_1=0.8$；

c_2——考虑板料厚度与拉深系数的系数，见表4－17。

表4－17　拉深凹模圆角半径系数 c_2

材料厚度 t/mm	拉深件直径 d/mm	拉深系数 m_1		
		0.48～0.55	≥0.55～0.6	≥0.6
0.5	约50	7～9.5	7.5	5～6
	>50～200	8.5～10	7～8.5	6～7.5
	>200	9～10	8～10	7～9

续表

材料厚度 t/mm	拉深件直径 d/mm	拉深系数 m_1		
		0.48～0.55	≥0.55～0.6	≥0.6
>0.5～1.5	约 50	6～8	5～6.5	4～5.5
	>50～200	7～9	6～7.5	5～6.5
	>200	8～10	7～9	6～8
>1.5～3	约 50	5～6.5	4.5～5.5	4～5
	>50～200	6～7.5	5～6.5	4.5～5.5
	>200	7～8.5	6～7.5	5～6.5

以后各次拉深凹模圆角半径应逐渐减小，一般按式（4－30）确定：

$$r_{Ai}=(0.6\sim0.8)r_{Ai-1} \quad (i=2,\ 3,\ \cdots,\ n) \tag{4-30}$$

由式（4－30）计算所得凹模圆角半径一般应符合 $r_A \geqslant 2t$ 的要求。

2）凸模圆角半径的确定

首次拉深凸模圆角半径可取：

$$r_{T1}=(0.7\sim1.0)r_{A1} \tag{4-31}$$

最后一次拉深凸模圆角半径 r_T 即等于零件圆角半径 r。但零件圆角半径如果小于拉深工艺性要求，则凸模圆角半径应按工艺性的要求确定（即 $r_T \geqslant r$），然后通过整形工序得到零件要求的圆角半径。

中间各拉深工序凸模圆角半径可按式（4－32）确定：

$$r_{Ti-1}=\frac{d_{i-1}-d_i-2t}{2} \quad (i=3,\ 4,\ \cdots,\ n) \tag{4-32}$$

式中 d_{i-1}，d_i——各工序件的外径。

2. 拉深模间隙

拉深模凸、凹模之间的间隙对拉深力、零件质量、模具寿命等都有影响。间隙小，拉深力大，模具磨损大；但冲件回弹小，精度高。间隙过小，会使零件严重变薄甚至拉裂；间隙过大，坯料容易起皱，冲件锥度大，精度差。因此，应根据板料厚度及公差、拉深过程板料的增厚情况、拉深次数、零件的形状及精度要求等，正确确定拉深模间隙。

1）无压边圈的拉深模

拉深模的间隙为

$$Z=(1\sim1.1)t_{max} \tag{4-33}$$

式中 Z——拉深模单边间隙；

t_{max}——板料厚度的最大极限尺寸。

对于系数 1～1.1，小值用于末次拉深或精密零件的拉深，大值用于首次和中间各次拉深或精度要求不高零件的拉深。

2）有压边圈的拉深模

拉深时的间隙值可按表 4－18 选取。有压边圈拉深时，对于精度要求高的零件，为了减小拉深后的回弹，常采用负间隙拉深模，其单边间隙值为

$$Z=(0.9\sim0.95)t \tag{4-34}$$

3. 凸、凹模的结构

常见的凸、凹模结构形式有以下几种。

1）无压料装置的拉深模

图 4－45 所示为无压料装置的一次拉深成形时所用的凹模结构形式。锥形凹模和等切面曲线形状凹模对抗失稳起皱有利。

表 4－18　有压边圈拉深时的单边间隙

总拉深次数	拉深工序	单边间隙 $Z/2$	总拉深次数	拉深工序	单边间隙 $Z/2$
1	一次拉深	$(1\sim1.1)t$	4	第一、二次拉深	$1.2t$
2	第一次拉深	$1.1t$		第三次拉深	$1.1t$
	第二次拉深	$(1\sim1.05)t$		第四次拉深	$(1\sim1.05)t$
3	第一次拉深	$1.2t$	5	第一、二、三次拉深	$1.2t$
	第二次拉深	$1.1t$		第四次拉深	$1.1t$
	第三次拉深	$(1\sim1.05)t$		第五次拉深	$(1\sim1.05)t$

注：1. t 为材料厚度，取材料允许偏差的中间值，mm；

2. 当拉深精密工件时，对最末一次拉深间隙取 $Z=t$

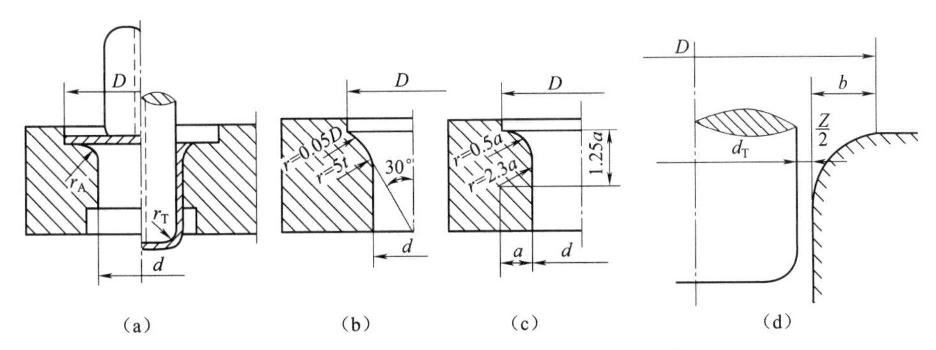

图 4－45　无压料装置一次成形的凹模结构

(a) 圆弧形；(b) 锥形；(c) 渐开线形；(d) 等切面形

图 4－46 所示为无压料装置多次拉深的凸、凹模结构，其中尺寸 $a=5\sim10$ mm，$b=2\sim5$ mm。

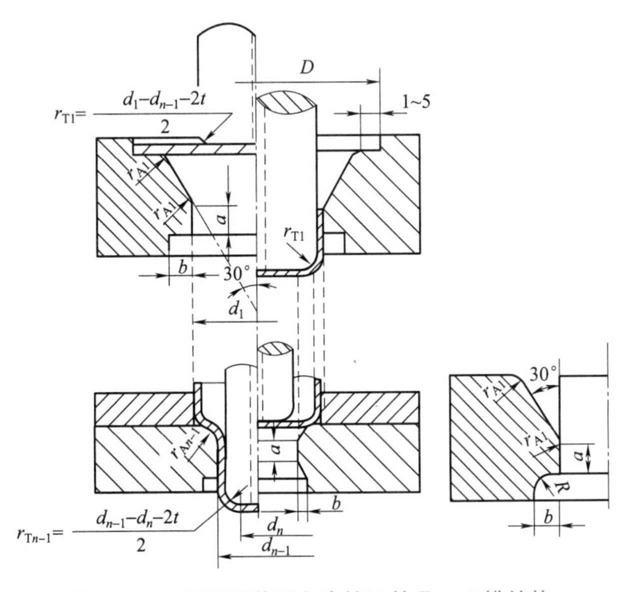

图 4－46　无压料装置多次拉深的凸、凹模结构

2）有压料装置的拉深模

图4－47所示为有压料装置的多次拉深的凸、凹模结构。其中图4－47（a）用于直径小于100 mm的拉深件；图4－47（b）用于直径大于100 mm的拉深件，这种结构除了具有锥形凹模的特点外，还能减轻坯料的反复弯曲变形，提高对冲件侧壁质量。凸、凹模的锥角α大，对拉深有利。但当坯料相对厚度较小时，α过大，容易起皱。当板厚为0.5～1 mm时，α取30°～40°；板厚为1～2 mm时，α取40°～50°。

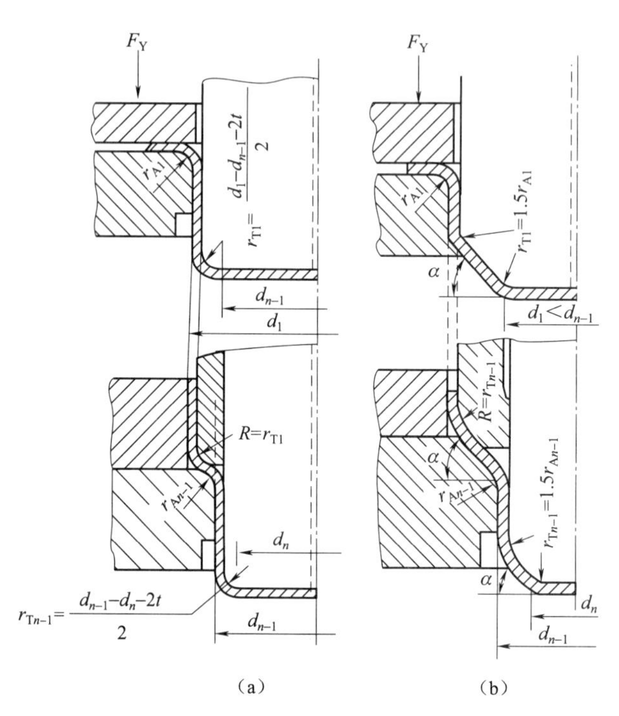

图4－47　有压料装置多次拉深的凸、凹模结构

设计拉深凸、凹模结构时，必须十分注意前后两道工序凸、凹模形状和尺寸的正确关系，做到前道工序所得工序件形状和尺寸有利于后道工序的成形，而后一道工序凸、凹模及压边圈的形状与前道工序所得工序件吻合，尽量避免坯料在成形过程中的反复弯曲。

对于最后一道拉深工序，为了保证成品零件底部平整，应按图4－48所示确定凸模圆角半径。

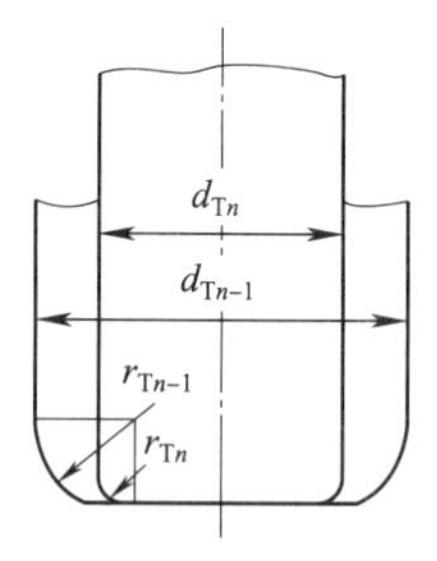

图4－48　最后一道拉深工序凸模底部的设计

4. 凸、凹模工作部分尺寸及公差

对于最后一道工序的拉深模，其凸、凹模尺寸及公差应按零件的要求来确定。

当零件尺寸标注在外形时［见图4－49（a）］：

$$D_A=(D_{max}-0.75\Delta)^{+\delta_A}_{0} \tag{4-35}$$

$$D_T=(D_{max}-0.75\Delta-2Z)^{0}_{-\delta_T} \tag{4-36}$$

当零件尺寸标注在内形时［见图4－49（b）］：

$$d_T=(d_{min}+0.4\Delta)^{0}_{-\delta_T} \tag{4-37}$$

$$d_A=(d_{min}+0.4\Delta+2Z)^{+\delta_A}_{0} \tag{4-38}$$

式中　D_A、d_A——凹模的尺寸；

D_T，d_T——凸模的尺寸；

D_{max}，d_{min}——拉深件外径的最大极限尺寸和内径的最小极限尺寸；

Δ——零件的公差；

δ_A，δ_T——凹、凸模制造公差，见表 4－19；

Z——拉深模间隙。

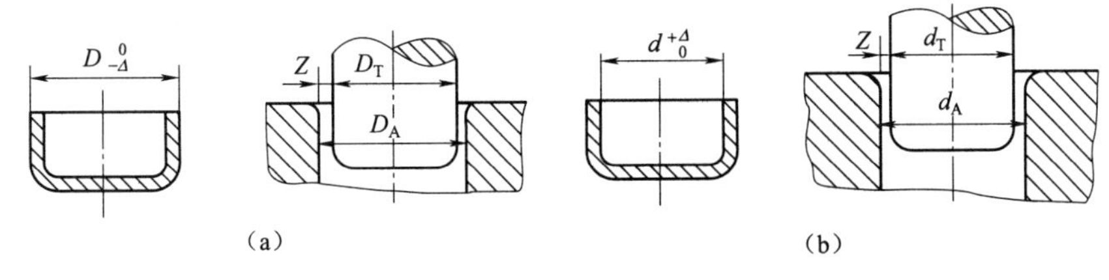

图 4－49　拉深凸、凹模尺寸的确定

对于多次拉深，工序件尺寸无须严格要求，所以中间各工序的凸、凹模尺寸可按下式计算：

$$D_A = D^{+\delta_A}_{0} \tag{4-39}$$

$$D_T = (D - 2Z)^{0}_{-\delta_T} \tag{4-40}$$

式中　D——各工序件的公称尺寸。

表 4－19　凸模制造公差 δ_T 与凹模制造公差 δ_A

材料厚度 t	拉深件直径 d					
	≤20		20～100		>100	
	δ_A	δ_T	δ_A	δ_T	δ_A	δ_T
≤0.5	0.02	0.01	0.03	0.02	—	—
>0.5～1.5	0.04	0.02	0.05	0.03	0.08	0.05
>1.5	0.06	0.04	0.08	0.05	0.10	0.06
注：凸模的制造公差在必要时可提高至 IT6～IT8（GB/T 1800.1—2020）。若零件公差在 IT13 级以下，则制造公差可以采用 IT10						

做一做： 按照任务要求，完成工作零件的结构设计，凸、凹模尺寸的计算和圆角半径的选取，拉深间隙的确定。

任务考核

任务名称	圆筒形拉深模零部件设计	专业		组名	
班级		学号		日期	
评价指标	评价内容			分数评定	自评
信息收集能力	能有效利用网络、图书资源查找有用的相关信息等；能将查到的信息有效地传递到学习中			10 分	
感知课堂生活	是否能在学习中获得满足感、课堂生活的认同感			5 分	

续表

评价指标	评价内容	分数评定	自评
参与态度沟通能力	积极主动与教师、同学交流，相互尊重、理解、平等；与教师、同学之间是否能够保持多向、丰富、适宜的信息交流	5分	
	能处理好合作学习和独立思考的关系，做到有效学习；能提出有意义的问题或能发表个人见解	5分	
知识、能力获得情况	凸、凹模工作尺寸计算	10分	
	凸、凹模圆角半径的确定	10分	
	拉深间隙的选取	10分	
	有（无）压料装置的凸模结构	15分	
	有（无）压料装置的凹模结构	15分	
辩证思维能力	是否能发现问题、提出问题、分析问题、解决问题、创新问题	10分	
自我反思	按时保质完成任务；较好地掌握了知识点；具有较为全面严谨的思维能力并能条理清楚明晰地表达成文	5分	
小计		100	

总结提炼				
考核人员	分值/分	评分	存在问题	解决办法
（指导）教师评价	100			
小组互评	100			
自评成绩	100			
总评	100	总评成绩 = 指导教师评价 ×35% + 小组评价 ×25% + 自评成绩 ×40%		

知识拓展

通过查阅相关教材、模具设计手册和中国大学慕课等网络资源，学习标准模架、其他支承零件、紧固件的选用、拉深模具的凸凹模结构设计和尺寸计算的相关知识。

任务五 模具装配图和零件图的绘制

任务描述

圆筒形拉深模具装配图和零件图的绘制：模具装配图与零件图的绘制步骤和方法。

学习目标

【知识目标】

（1）能正确绘制装配图；

（2）能正确绘制零件图。

【能力目标】

(1) 能按照绘图的要求规范地绘制装配图；

(2) 能正确合理地表达零件图。

【素养素质目标】

(1) 培养知识整合能力；

(2) 培养学习的耐心和绘图的逻辑思维能力。

任务实施

任务单　圆筒形拉深模装配图和零件图的绘制

任务名称	圆筒形拉深模装配图 和零件图的绘制	学时		班级	
学生姓名		学生学号		任务成绩	
实训设备		实训场地		日期	
任务目的	掌握拉深模具装配及零件图的绘制方法和技术要求				
任务内容	绘制圆筒形拉深模具的装配图和零件图				
任务实施	一、绘制圆筒形拉深模具的总装配图 二、绘制圆筒形拉深模具的各个零件图 三、编写设计说明书				
谈谈本次课程的收获，写出学习体会，给任课教师提出建议					

任务考核

任务名称	圆筒形拉深模装配图和零件图的绘制	专业		组名	
班级		学号		日期	
评价指标	评价内容			分数评定	自评
信息收集能力	能有效利用网络、图书资源查找有用的相关信息等；能将查到的信息有效地传递到学习中			10 分	
感知课堂生活	是否能在学习中获得满足感、课堂生活的认同感			5 分	
参与态度沟通能力	积极主动与教师、同学交流，相互尊重、理解、平等；与教师、同学之间是否能够保持多向、丰富、适宜的信息交流			5 分	
	能处理好合作学习和独立思考的关系，做到有效学习；能提出有意义的问题或能发表个人见解			5 分	
知识、能力获得情况	圆筒形拉深模具总装配体			20 分	
	工作零件			10 分	
	定位零件			10 分	
	压料卸料零件			10 分	
	模架及支承零件			10 分	

续表

<table>
<tr><td>评价指标</td><td colspan="2">评价内容</td><td>分数评定</td><td>自评</td></tr>
<tr><td>辩证思维能力</td><td colspan="2">是否能发现问题、提出问题、分析问题、解决问题、创新问题</td><td>10 分</td><td></td></tr>
<tr><td>自我反思</td><td colspan="2">按时保质完成任务；较好地掌握了知识点；具有较为全面严谨的思维能力并能条理清楚明晰地表达成文</td><td>5 分</td><td></td></tr>
<tr><td colspan="3">小计</td><td>100</td><td></td></tr>
<tr><td colspan="5">总结提炼</td></tr>
<tr><td>考核人员</td><td>分值/分</td><td>评分</td><td>存在问题</td><td>解决办法</td></tr>
<tr><td>（指导）教师评价</td><td>100</td><td></td><td></td><td></td></tr>
<tr><td>小组互评</td><td>100</td><td></td><td></td><td></td></tr>
<tr><td>自评成绩</td><td>100</td><td></td><td></td><td></td></tr>
<tr><td>总评</td><td>100</td><td colspan="3">总评成绩 = 指导教师评价 ×35% + 小组评价 ×25% + 自评成绩 ×40%</td></tr>
</table>

知识拓展

通过查阅相关教材、模具设计手册和中国大学慕课等网络资源，学习模具装配图的绘制方法、主要技术要求、零件图等相关知识。

模块五　其他冲压成形

零件名称：衬套。
零件图：如图 5－1 所示。
材料：08 冷轧钢板。
材料厚度：1.2 mm。
批量：中批量。
工作任务：制定该零件的冲压工艺并设计模具。

其他冲压成形是指除拉深和弯曲以外的冲压成形工序，包括胀形、翻孔与翻边、缩口、旋压和校形等。从变形特点来看，这些成形工序的共同特点是通过材料的局部变形来改变坯料或者工序件的形状。不同点是：胀形和内孔翻边属于伸长类变形，变形区常因承受过大的拉应力而破裂；缩口和外缘翻边属于压缩类变形，变形区常因承受过大的压应力而起皱；校形时，变形量不大，不易产生拉裂和起皱，但是需要解决因材料回复而产生的回弹问题；旋压是一种特殊的成形方法，与上述成形方法不同，这种成形方法既可能开裂，也可能起皱。因此，在制定工艺和设计模具时，必须根据不同的变形特点确定合理的工艺参数。

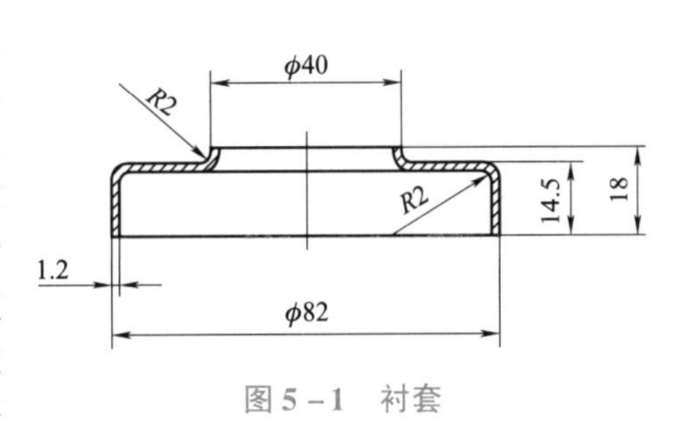

图 5－1　衬套

任务一　胀　形

任务描述

在掌握冲裁、弯曲、拉深成形工艺与模具设计的基础之上，学习胀形变形工艺特点及其模具结构特点和工作原理。

学习目标

【知识目标】

(1) 掌握胀形的概念；
(2) 掌握胀形变形特点及其模具结构特点和工作原理。

【能力目标】

(1) 根据前面所学能自我分析胀形变形的特点；
(2) 根据前面所学能分析胀形模的结构特点。

【素养素质目标】

(1) 培养举一反三的能力；

(2) 培养分析事物发展的逻辑思维能力。

(3) 爱国情操、爱岗敬业、民族工业振兴。

任务单　胀形

任务名称	胀形	学时		班级	
学生姓名		学生学号		任务成绩	
实训设备		实训场地		日期	
任务目的	了解胀形变形特点和工艺计算				
任务内容	胀形变形特点、工艺计算、模具结构特点和工作原理				
任务实施	一、胀形的变形特点 二、平板坯料的起伏成形特点 三、空心坯料的胀形特点 四、胀形模具的结构 五、胀形的工艺计算 六、工作原理				
谈谈本次课程的收获，写出学习体会，给任课教师提出建议					

步骤一　胀形的变形特点

冲压生产中，将平板坯料的局部凸起变形和空心件或管状件沿径向向外扩张的成形工序统称胀形（见图5－2），图5－3所示为几种胀形实例。其中，图5－3（a）和图5－3（b）所示为平板坯料的胀形，图5－3（c）和图5－3（d）所示为空心坯料的胀形。

图5－4所示为平板坯料胀形时的变形情况。由于坯料外形尺寸较大，平面部分被压料板压住，所以成形时的变形区是图中涂黑部分。在凸模的作用下，变形区的大部分材料双向受到拉应力作用而变形，其厚度变薄，表面积增大，形成凸起。因为变形区域材料处于双向受拉的应力状态，所以其成形极限受到拉裂的限制。材料的塑性越好，硬化指数 n 值越大，可能达到的极限变形程度就越大。

胀形时坯料处于双向受拉状态的应力状态，不会产生失稳起皱，因此成形零件的表面光滑，质量好。同时，由于变形区材料截面上所受到的拉应力沿其厚度方向上分布的比较均匀，所以零件的回弹小，容易得到尺寸精度高的零件。

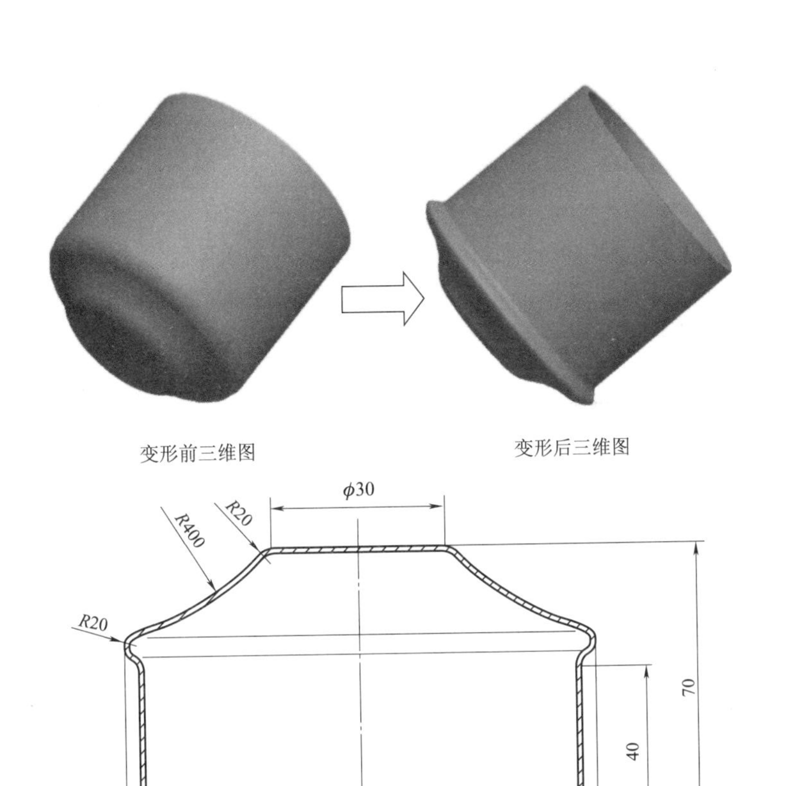

图 5－2　胀形

图 5－4

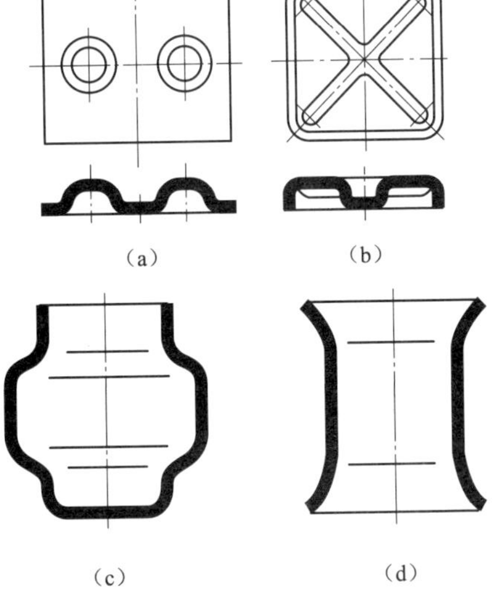

图 5－3　胀形实例

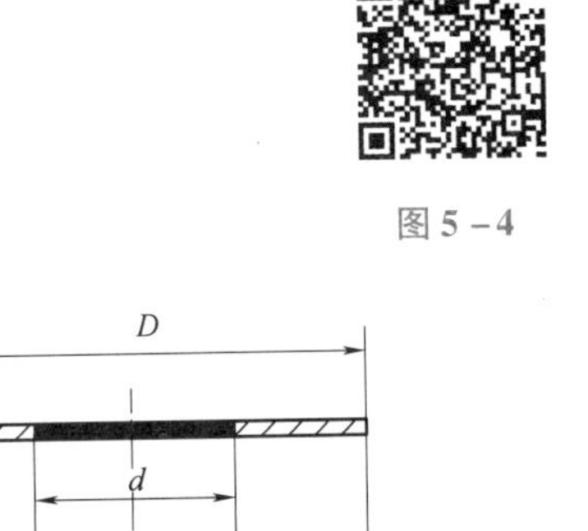

图 5－4　胀形变形情况

做一做：按照任务要求，完成胀形零件的变形特点。

步骤二　平板坯料的起伏成形

平板坯料的胀形称为起伏成形，可以在平板坯料上压制加强筋、凸包、凹坑、花纹图案及标记等，主要用于增加零件的刚度、强度和美观，如图 5－5 所示。

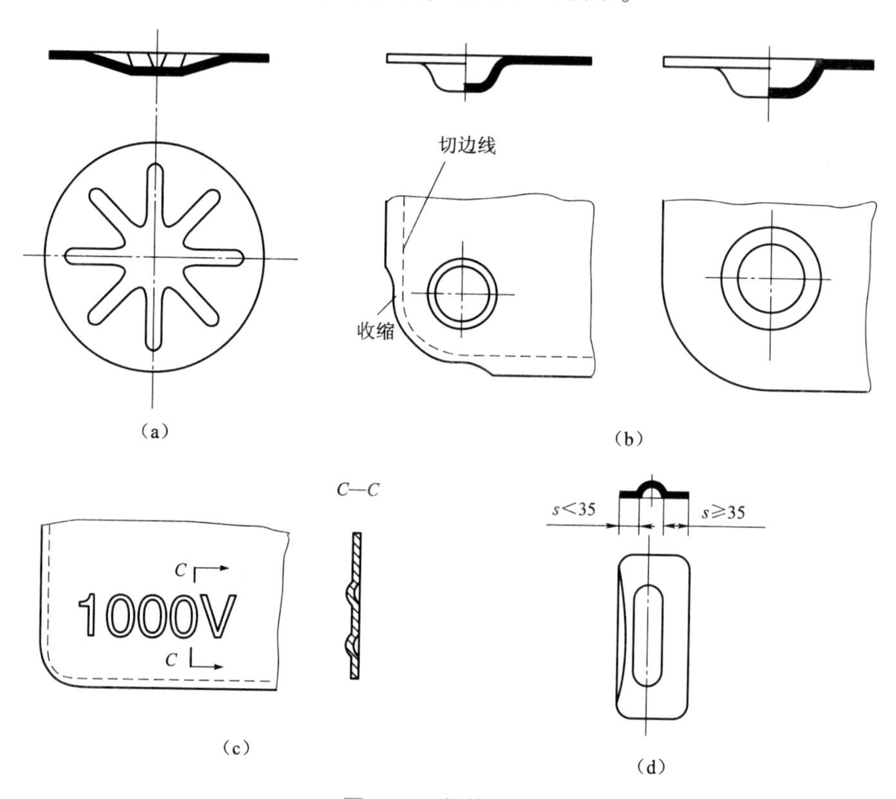

图 5－5　起伏成形

一、压筋成形

压筋成形是在平板材料压出加强筋。压筋成形可使零件惯性矩改变并发生加工硬化，从而提高零件的刚度和强度；还可以根据实际需要获得各种形状的花纹，使零件更美观。因此压筋成形应用十分广泛。

压筋成形的变形极限主要受到材料的力学性能、筋的形状、模具的结构及润滑等辅助工艺的影响。对于形状复杂的压筋件，由于成形时应力应变分布比较复杂，故极限变形程度需通过试验确定。对于形状比较简单的压筋件，可按照式（5－1）确定：

$$\frac{l-l_0}{l}<(0.7-0.75)\delta \tag{5-1}$$

式中　l，l_0——分别为材料变形前后的长度（参见图 5－6）；

δ——材料的断后伸长率。

系数 0.7～0.75 视筋的形状而定，球筋取大值，梯形筋取小值。

如果成形满足式（5－1）的条件，则可一次成形。对于深度较大的压筋成形，可采用图 5－7

所示方法：第一道工序用大直径的球形凸模，压制弧形过度形状，达到在较大范围内聚料和均匀变形的目的；用第二道工序最后成形得到所要求的尺寸。

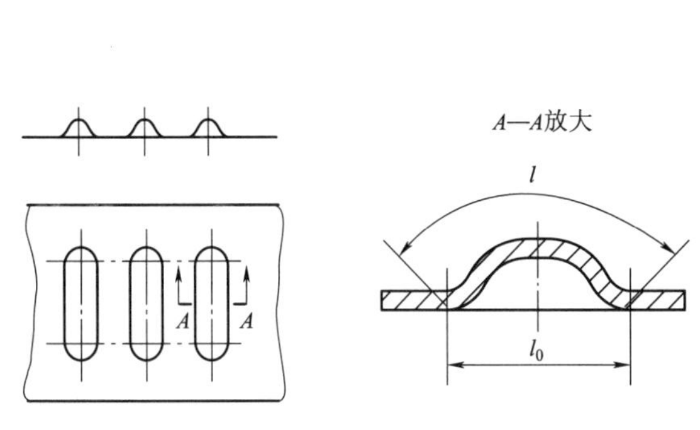

图5-6　起伏成形前后材料的长度

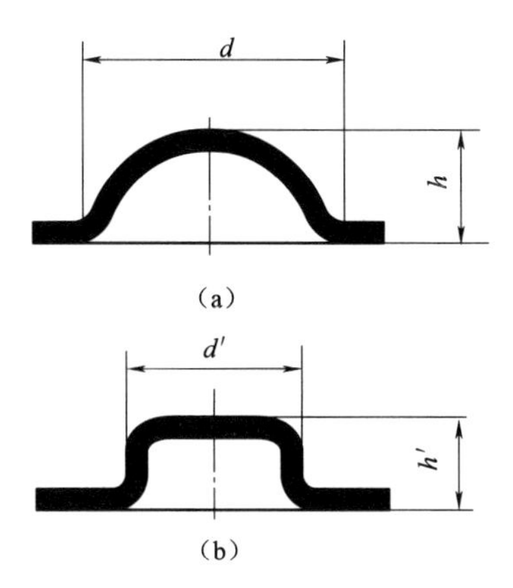

图5-7　深度较大的局部胀形法

(a) 预成形；(b) 最后成形

压制加强筋所需要的冲压力可用下式近似计算：

$$F = KLt\sigma_b \qquad (5-2)$$

式中　L——加强筋的周长（mm）；

t——材料的厚度（mm）；

σ_b——材料的抗拉强度（MPa）；

K——系数，一般 $K = 0.7 \sim 1.0$（加强筋形状窄而深时取大值，宽而浅时取小值）。

在曲柄压力机上用薄料（相对厚度小于1.5 mm）对小零件（面积小于200 mm²）做压筋成形时，其压力可用下面经验公式计算：

$$F = AKt^2 \qquad (5-3)$$

式中　F——冲压力，单位为N；

t——板料厚度，单位为mm；

A——压筋成形的面积，单位为mm²；

K——系数，对于钢200～300 N/mm⁴，黄铜为150～200 N/mm⁴。

压筋成形常用于压制加强筋。压筋成形的筋与边缘的距离如果太小（小于3～5t），在成形过程中边缘材料要向内收缩，影响工件质量，因此应预先留出切边余量，在成形后切除。加强筋的形式和尺寸参考表5-1。

表5-1　加强筋的形式和尺寸

名称	简　图	R	h	D或B	r	α
压筋		$(3\sim4)t$	$(2\sim3)t$	$(7\sim10)t$	$(1\sim2)t$	—
压凸		—	$(1.5\sim2)t$	$\geqslant 3h$	$(0.5\sim1.5)t$	15°～30°

二、压凸成形

在平板坯料上压制凸包时，有效坯料直径与凸包直径的比值 D/d 应大于 4，此时坯料凸缘区是相对的强区，不会向里收缩，属于胀形性质的起伏成形，否则便成为拉深。

在凸包成形时，凸包的高度受材料塑性限制不能太大，表 5－2 列出了平板坯料压凸包时的许用成形高度，凸包的成形高度还与凸模形状以及润滑条件有关，球形凸模较平底凸模成形高度大，润滑条件较好时成形高度也较大。

表 5－2　平板坯料压凸包时的许用成形高度

简　图	材　料	许用凸包成形高度 h/mm
h, d	软钢 铝 黄铜	$\leqslant(0.15\sim0.2)d$ $\leqslant(0.1\sim0.15)d$ $\leqslant(0.15\sim0.22)d$

做一做：按照任务要求，完成平板胀形零件的起伏成形。

步骤三　空心坯料的胀形

空心坯料的胀形又称凸肚，它是使材料沿径向拉伸，将空心工序件或管状坯料向外扩张，胀处所需要的凸起曲面，如带轮、波纹管和壶嘴等。

一、胀形方法

胀形方法一般分为刚性模具胀形和柔性模具胀形两种。

图 5－8 所示为刚性模具胀形，利用刚性凸模即锥形芯块将分瓣凸模顶开，使工序件胀出所需的形状。上模下行时，由于锥形芯块 4 的作用，使分瓣凸模 2 向四周顶开，获得所需形状的制件。分瓣凸模的数目越多，工件的精度越好。但是，这种胀形方法很难得到精度较高的正确旋转体，变形的均匀程度差，模具结构复杂。

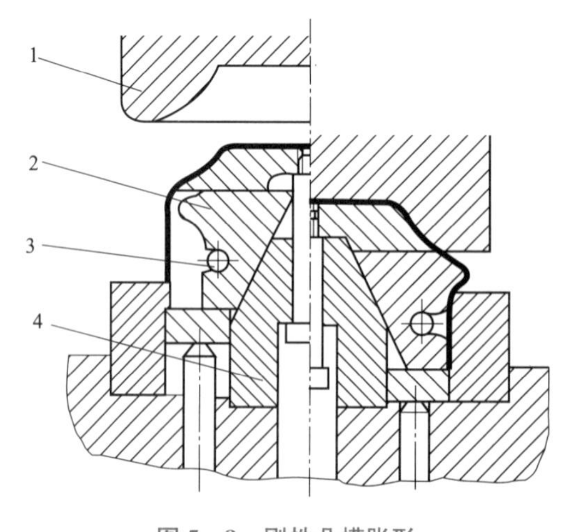

图 5－8

图 5－8　刚性凸模胀形

1—凹模；2—分瓣凸模；3—拉簧；4—锥形芯块

图5－9所示为柔性模胀形，其原理是利用橡胶、液体、气体或钢丸等代替刚性凸模。图5－9（a）所示为橡胶胀形，图5－9（b）所示为液压胀形的一种，胀形前要先在预先拉深成形的工序件内灌注液体，上模下行时侧楔使分块凹模合拢，然后在凸模的压力下将工序件胀形成所需的零件。由于工序件经过多次拉深工序，伴随有冷作硬化现象，故在胀形前应该进行退火，以恢复金属的塑性。柔性模胀形的特点是：材料的变形比较均匀，容易保证零件的精度，便于成形复杂的空心零件，所以在生产中广泛采用。

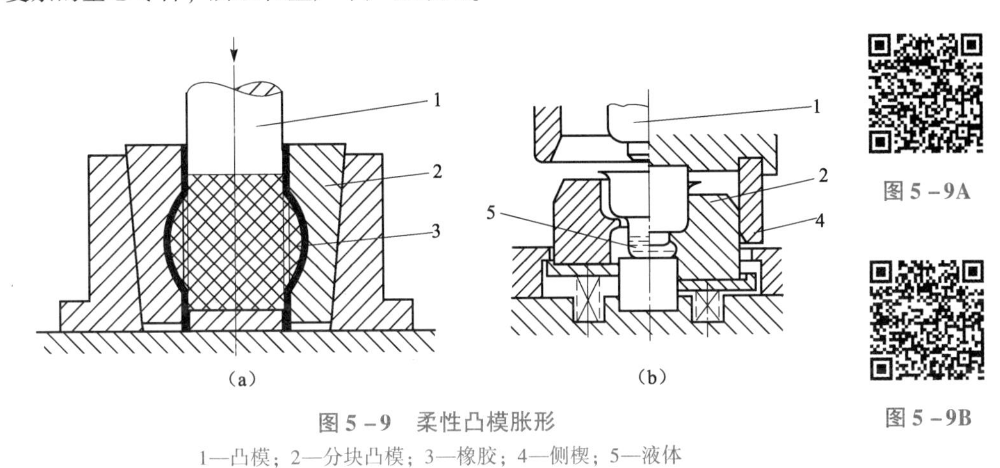

图5－9A

图5－9B

图5－9　柔性凸模胀形

1—凸模；2—分块凸模；3—橡胶；4—侧楔；5—液体

图5－10所示为采用轴向压缩和高压液体联合作用的胀形方法。首先将管坯置于下模，然后将上模压下，再使两端的轴头压紧管坯端部，继而由轴头中心孔通入高压液体，在高压液体和轴向压缩力的共同作用下胀形而获得所需的零件。用这种方法加工高压管接头、自行车的管接头和其他零件效果很好。

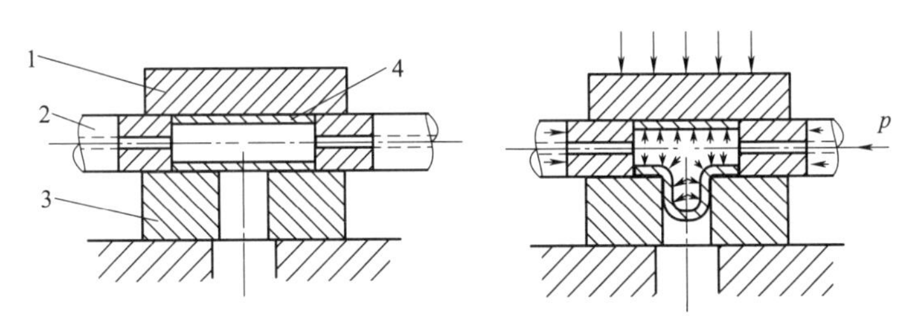

图5－10　加轴向压缩的液体胀形

1—上模；2—轴头；3—下模；4—管坯

二、变形程度

空心坯料胀形，材料主要受到切向拉应力，产生切向拉深变形，其变形程度可用胀形系数K表示（见图5－11）：

$$K=\frac{d_{max}}{D} \tag{5-4}$$

式中　d_{max}——胀形后零件的最大直径（mm）；

D——空心坯料的原始直径（mm）。

胀形系数K和坯料切向拉伸伸长率δ有关，见下式：

$$\delta=\frac{d_{max}}{D}$$

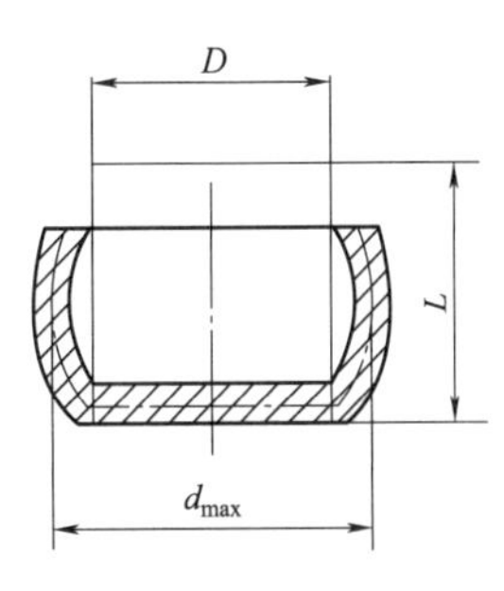

图5－11　胀形前后尺寸的变化

或

$$K=\delta+1 \tag{5-5}$$

坯料的变形程度受到材料伸长率的限制，所以只要知道材料的伸长率便可以按上式求出相应的极限胀形系数。表 5-3 和表 5-4 所示为一些材料的胀形系数，可供参考。

表 5-3 胀形系数 K 的近似值

材料	坯料相对厚度（t/D）×100			
	0.45～0.35		0.32～0.28	
	未退火	退火	未退火	退火
10 钢	1.10	1.2	1.05	1.15
铝	1.2	1.25	1.15	1.2

表 5-4 铝管坯料的实验极限胀形系数

胀形方法	极限胀形系数
用橡皮的简单胀形	1.2～1.25
用橡皮并对毛坯轴向加压的胀形	1.6～1.7
局部加热至 200～250 ℃时的胀形	2.0～2.1
加热至 380 ℃用锥形凸模的端部胀形	～3.0

三、坯料尺寸的计算

空心坯料一般采用空心管坯料或者拉深件。为了便于材料的流动，减少变形区材料的变薄量，胀形时坯料端部一般不固定，使其能自由收缩，因此坯料的长度需考虑增加一个收缩量并留出切边余量。

由图 5-11 可知，坯料直径 D 为

$$D=\frac{d_{max}}{K} \tag{5-6}$$

坯料长度为

$$L=l[1+(0.3-0.4)\delta]+b \tag{5-7}$$

式中 l——变形区母线的长度（mm）；

δ——坯料切向拉伸的伸长率；

b——切边余量，一般取 $b=5\sim15$ mm；

0.3～0.4——切向伸长而引起的高度减小所需要的系数。

四、胀形力的计算

胀形力 F 可按下式计算：

$$F=pA \tag{5-8}$$

式中 p——胀形所需单位面积的压力（MPa）；

A——胀形面积（mm^2）。

胀形时单位面积压力 p 可按下式计算：

$$p=1.15\sigma_b\frac{2t}{d_{max}} \tag{5-9}$$

式中 σ_b——材料抗拉强度（MPa）；

d_{max}——胀形后零件的最大直径（mm）；

t——材料原始厚度（mm）。

做一做：按照任务要求，完成胀形的工艺计算和模具结构特点。

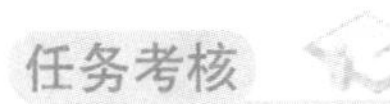

任务考核

任务名称	胀形	专业		组名	
班级		学号		日期	
评价指标	评价内容			分数评定	自评
信息收集能力	能有效利用网络、图书资源查找有用的相关信息等；能将查到的信息有效地传递到学习中			10 分	
感知课堂生活	是否能在学习中获得满足感、课堂生活的认同感			5 分	
参与态度沟通能力	积极主动与教师、同学交流，相互尊重、理解、平等；与教师、同学之间是否能够保持多向、丰富、适宜的信息交流			5 分	
	能处理好合作学习和独立思考的关系，做到有效学习；能提出有意义的问题或能发表个人见解			5 分	
知识、能力获得情况	胀形的变形特点分析			10 分	
	胀形的工艺计算			20 分	
	胀形的模具结构特点分析和工作原理			30 分	
辩证思维能力	是否能发现问题、提出问题、分析问题、解决问题、创新问题			10 分	
自我反思	按时保质完成任务；较好地掌握了知识点；具有较为全面严谨的思维能力并能条理清楚明晰地表达成文			5 分	
小计				100	

总结提炼				
考核人员	分值/分	评分	存在问题	解决办法
（指导）教师评价	100			
小组互评	100			
自评成绩	100			
总评	100	总评成绩 = 指导教师评价 ×35% + 小组评价 ×25% + 自评成绩 ×40%		

知识拓展

通过查阅相关教材、模具设计手册和中国大学慕课等网络资源，学习胀形的变形特点、工艺计算和模具结构特点。

任务二　翻　　边

任务描述

学习翻边成形工艺特点和模具结构特点。

学习目标

【知识目标】

（1）掌握翻边的概念；

（2）掌握翻边变形特点及其模具结构特点。

【能力目标】

（1）能分析翻边的变形特点；

（2）能分析翻边模的结构原理及其特点。

【素养素质目标】

（1）培养分析能力；

（2）培养逻辑思维能力。

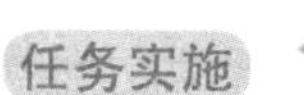

任务实施

任务单　翻边

任务名称	翻边	学时		班级	
学生姓名		学生学号		任务成绩	
实训设备		实训场地		日期	
任务目的	了解翻边变形特点和工艺计算及模具结构特点				
任务内容	翻边变形特点、工艺计算、模具结构特点和工作原理				
任务实施	一、翻边的变形特点 二、提高翻孔极限变形程度的措施 三、工艺计算 四、模具结构 五、工作原理				
谈谈本次课程的收获，写出学习体会，给任课教师提出建议					

相关知识

步骤一　内孔翻边

利用模具将坯料的孔边缘或外边缘冲制成竖立边的成形方法称为翻边（见图5-12）；根据坯料的边缘状态和应力、应变状态的不同，翻边可以分为内孔翻边和外缘翻边，也可分为伸长类翻边和压缩类翻边。翻边工艺可以加工形状较为复杂且有良好刚度的立体制件，还能在冲压件上制取与其他零件装配的部位（如铆钉孔、螺纹底孔和轴承孔等）。翻边可代替某些复杂零件的拉深工序，改善材料的流动性，以免发生破裂或者起皱。因此，翻边工序是冲压生产的常用工序之一。图 5 - 13 所示为几个翻边实例。

内孔翻边即翻孔是在预先制好的孔的工序件上沿孔的边缘翻起竖立直边的成形方法。

一、圆孔翻孔

1. 圆孔翻孔的变形特点与变形程度

圆孔翻孔的变形及翻边实例分别如图 5 - 12 和图 5 - 13 所示。

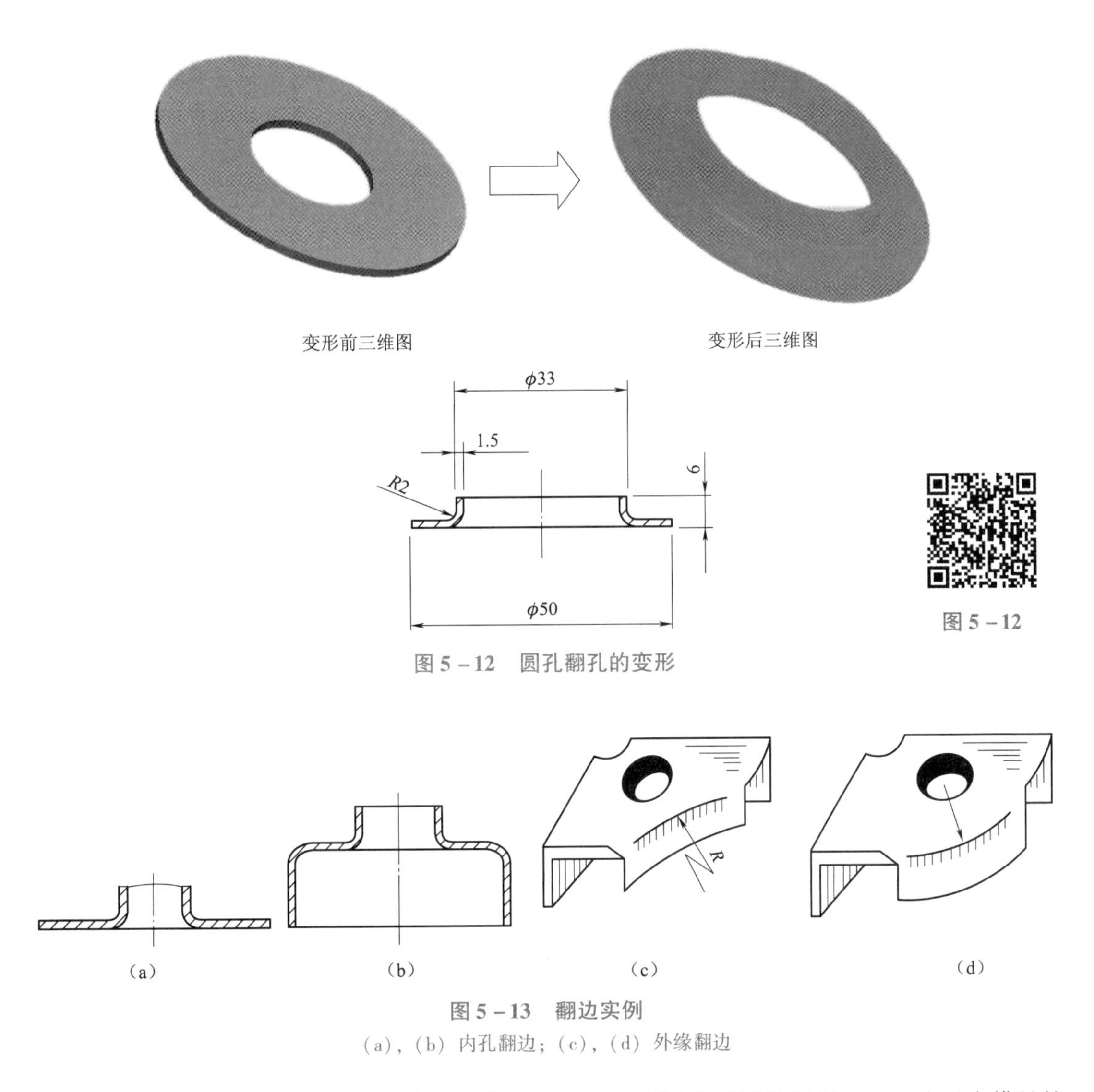

图 5 - 12　圆孔翻孔的变形

图 5 - 13　翻边实例

(a)，(b) 内孔翻边；(c)，(d) 外缘翻边

为了分析翻孔的变形情况，可在成形前在坯料上画出距离相等的坐标网格，然后在模具的作用下进行翻孔，如图 5 - 14 (a) 所示，翻孔后坐标网格发生变化，如图 5 - 14 (b) 所示。可以看出：变形区坐标网格由扇形变为矩形，说明金属沿切向伸长，越靠近孔口伸长越大；同心圆之间的间距变化不明显，说明金属在径向变形很小。此外，竖边的壁厚有所减薄，尤其是在孔口处减薄更为显著。由此可以分析，圆孔翻孔的变形区主要受到切向拉应力作用并产生切向伸长变形，在孔口处切向拉应力达到最大值；变形区的径向拉应力和拉应变均较小，可近似认为径向尺寸不变。因此，圆孔翻孔主要危险在于孔口边缘被拉裂，拉裂条件取决于变形程度的大小。

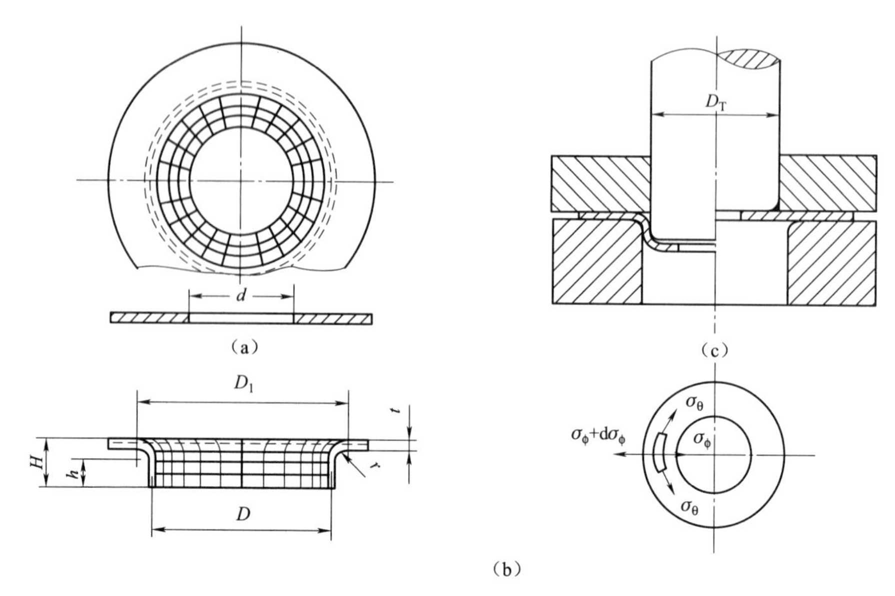

图 5－14　圆孔翻孔时的应力应变情况

圆孔翻孔的变形程度以翻孔前孔径 d 与翻孔后孔径 D 的比值 K 来表示，即

$$K=\frac{d}{D} \tag{5-10}$$

式中　K——翻孔系数，K 值越小，则变形程度越大。

翻孔时孔口边缘不破裂所能达到的最小 K 值，称为极限翻孔系数，用［K］表示。表 5－5 所示为低碳钢圆孔翻孔时的极限翻孔系数。对于其他材料可以参考表中数值适当增减。

表 5－5　低碳钢圆孔翻孔时的极限翻孔系数

凸模型式	孔的加工方法	比值 d/t										
		100	50	35	20	15	10	8	6.5	5	3	1
球形	钻孔去毛	0.70	0.60	0.52	0.45	0.40	0.36	0.33	0.31	0.30	0.25	0.20
	刺冲孔	0.75	0.65	0.57	0.52	0.48	0.45	0.44	0.43	0.42	0.42	—
圆柱形平底	钻孔去毛	0.80	0.70	0.60	0.50	0.45	0.42	0.40	0.37	0.35	0.30	0.25
	刺冲孔	0.85	0.75	0.65	0.60	0.55	0.52	0.50	0.50	0.48	0.47	—

注：①材料的塑性越好，［K］可以取得小一些。
②翻孔凸模的型式：球形凸模比平底凸模对翻边更有利。
③预制孔的加工方法及状态：采用钻孔的孔翻边时，可得最小的翻边系数。孔表面质量高，无毛刺时有利于翻边。
④预孔孔径与板料厚度的比值：比值越小，即材料越厚，在断裂前的绝对伸长越大，翻边时不易破裂，翻边系数可以小一些

翻孔后竖立直边的厚度有所变薄，变薄后的厚度可按下式估算：

$$t'=t\sqrt{K} \tag{5-11}$$

式中　t'——翻孔后竖立直边的厚度；
t——翻孔前竖立直边的厚度；
K——翻孔系数。

2. 圆孔翻孔的工艺计算

1）平板坯料圆孔翻孔的工艺计算

首先在坯料上加工出待翻孔的孔，如图 5－15 所示。由于翻孔时径向尺寸近似不变，所以预制孔的孔径 d 可按弯曲展开的原则求出，即：

$$d = D - 2\ (H - 0.43r - 0.72t) \tag{5-12}$$

竖直边高度为

$$H = \frac{D-d}{2} + 0.43r + \ = 0.72t = \frac{D}{2}(1-K) + 0.43r + 0.72t \tag{5-13}$$

如将［K］代入式（5－13），可以算出一次翻孔可达的极限高度 H_{max} 为

$$H_{max} = \frac{D}{2}(1 - [K]) + 0.43r + 0.72t \tag{5-14}$$

当零件要求的翻孔高度 $H > H_{max}$ 时，不能一次翻孔成形，此时可以采用加热翻孔、多次翻孔或者先拉深再翻孔的方法。

采用多次翻孔时，第一次翻孔以后的极限翻孔系数［K'］用式（5－15）计算。这里要指出的是，在多次翻孔中材料会发生加工硬化，所以应在每两次工序间进行退火。

$$[K'] = (1.15 - 1.20)[K] \tag{5-15}$$

2）先拉深、后冲底孔、再翻边的工艺计算

采用多次翻边所得制件竖边壁部有较严重的变薄，若对壁部变薄有要求，则可采用预先拉深，在底部冲孔，然后再翻边的方法，如图 5－16 所示。在这种情况下，应先决定预拉深后翻边所能达到的最大高度，然后根据翻边高度及零件高度来确定拉深高度及预冲孔直径。

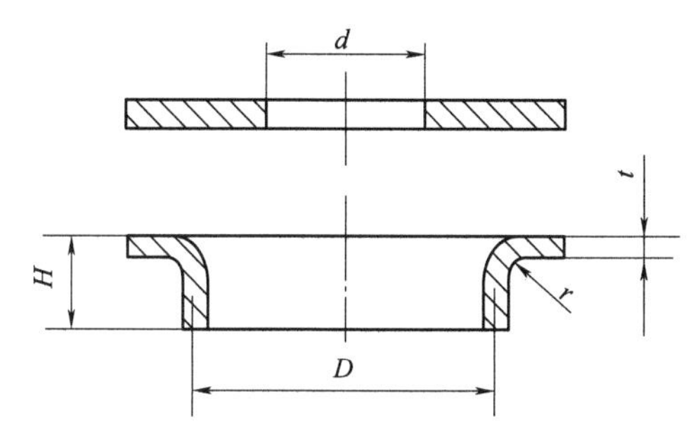

图 5－15　平板坯料翻孔尺寸计算

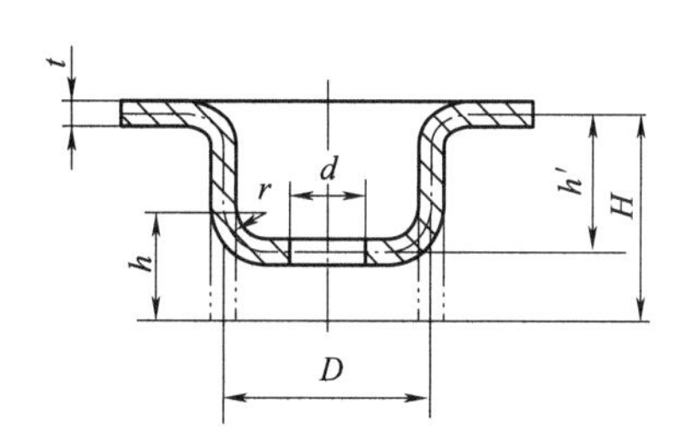

图 5－16　先拉深再翻孔的尺寸计算

如图 5－16 所示，先拉深后翻孔的翻孔高度 h 可由下式计算（按中线尺寸计算）：

$$h = \frac{D-d}{2} + 0.57r = \frac{D}{2}(1-K) + 0.57r \tag{5-16}$$

将［K］代入式（5－16），可求得翻孔的极限高度 h_{max} 为

$$h_{max} = \frac{D}{2}(1 - [K]) + 0.57r \tag{5-17}$$

此时，预制孔直径 d 为

$$d = [K]D \tag{5-18}$$

或

$$d = D + 1.14r - 2h_{max} \tag{5-19}$$

拉深高度 h' 为

$$h' = H - h_{max} + r \tag{5-20}$$

3. 翻孔力的计算

圆孔翻孔力 F 一般不大，用圆柱形平底凸模翻孔时可按下式计算：

$$F = 1.1\pi(D-d)t\sigma_s \tag{5-21}$$

式中　D——翻孔后直径（mm）；

d——预孔直径（mm）；

t——材料厚度（mm）；

σ_s——材料屈服强度（MPa）。

用锥形或球形凸模翻孔的力略小于式（5－21）的计算值。

4. 翻边模工作部分的设计

翻边凹模圆角半径一般对翻边成形影响不大，可直接按零件的圆角半径确定。

翻边凸模圆角半径应尽量取大些，平底凸模可取 $r_T \geqslant 4t$，以便于翻边变形。为了改善金属的塑性流动条件，翻孔时可以采用抛物线形凸模或球形凸模。图 5－17 所示为几种常用的圆孔翻边凸模的形状和主要尺寸：图 5－17（a）～图 5－17（c）所示为较大孔的翻边凸模，从利于翻边变形角度看，以抛物线形凸模最好，球形凸模次之，平底凸模再次之；而从凸模的加工难易程度看则相反。如图 5－17（d）～图 5－17（e）所示的凸模端部带有较长的引导部分，图 5－17（d）用于圆孔直径为 10 mm 以上的翻边，图 5－17（e）用于圆孔直径为 10 mm 以下的翻边，图 5－17（f）用于无预制孔的不精确翻边。当翻边模采用压边圈时，则不需要凸模肩部。

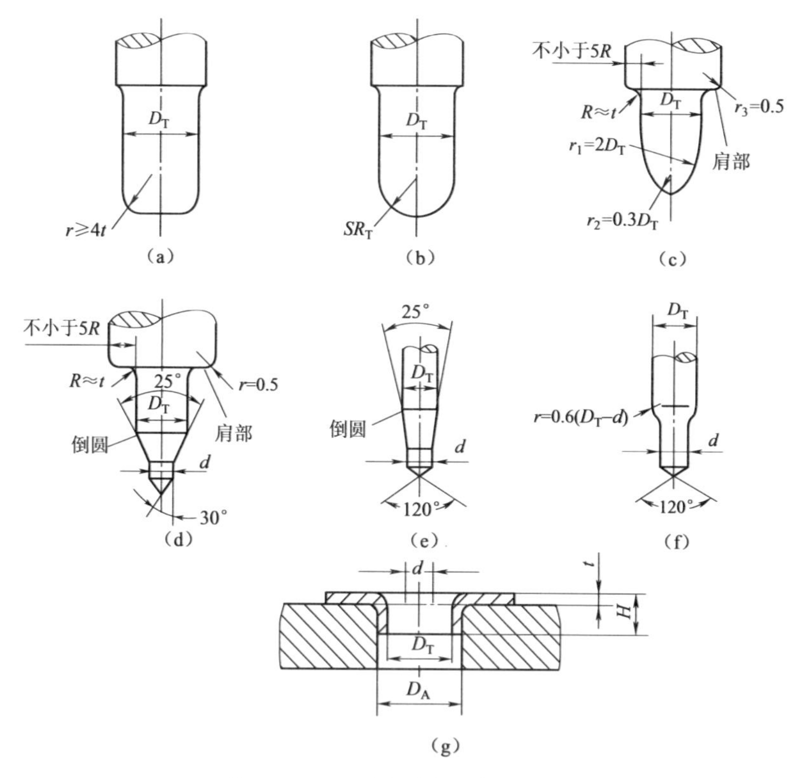

图 5－17　翻孔凸模的形状和尺寸

由于翻孔后材料会变薄，故翻孔凸、凹模单边间隙 Z 可以小于材料的原始厚度 t，一般可取单边间隙 Z 为

$$Z = (0.75 \sim 0.85)t \tag{5-22}$$

式中　0.75——系数，用于拉深后的翻孔；

0.85——系数，用于平板坯料的翻孔。

二、非圆孔翻孔

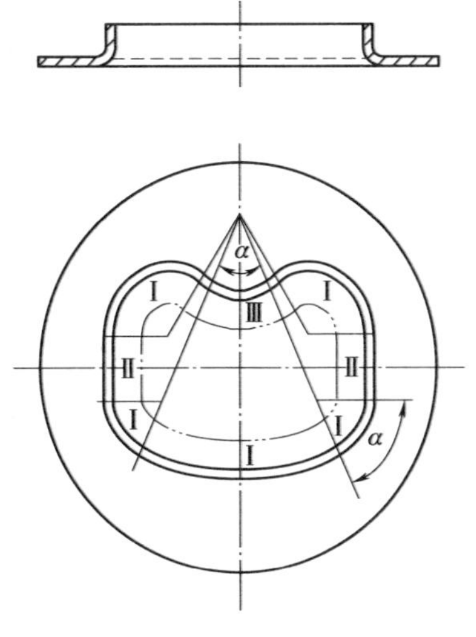

图 5-18　非圆孔翻孔

图 5-18 所示为非圆孔翻边，根据变形情况，可以沿孔边分成Ⅰ、Ⅱ、Ⅲ三种不同性质的变形区，其中Ⅰ区属于圆孔翻孔变形；Ⅱ区为直边，属于弯曲变形；Ⅲ区与拉深情况相似。由于Ⅱ、Ⅲ区的变形可以减轻Ⅰ区的变形程度，因此非圆孔翻孔系数 K_S（一般指最小圆弧部分的翻孔系数）可小于圆孔翻孔系数 K，两者的关系为

$$K_S=(0.8-0.9)K \qquad (5-23)$$

非圆孔的极限翻边系数，可根据各圆弧段圆心角 α 的大小来确定，见表 5-6。

非圆孔翻边坯料的预孔形状和尺寸，可以按圆孔翻边、弯曲和拉深各区分别展开，然后用作图法把各展开线的交接处光滑连接起来。

表 5-6　低碳钢非圆孔的极限翻边系数 K_S

$\alpha/(°)$	比值 d/t						
	50	33	20	12~8.3	6.6	5	3.3
180~360	0.8	0.6	0.52	0.5	0.48	0.46	0.45
165	0.73	0.55	0.48	0.46	0.44	0.42	0.41
150	0.67	0.5	0.43	0.42	0.4	0.38	0.375
130	0.6	0.45	0.39	0.38	0.36	0.35	0.34
120	0.53	0.4	0.35	0.33	0.32	0.31	0.3
105	0.47	0.35	0.30	0.29	0.28	0.27	0.26
90	0.4	0.3	0.26	0.25	0.24	0.23	0.225
75	0.33	0.25	0.22	0.21	0.2	0.19	0.185
60	0.27	0.2	0.17	0.17	0.16	0.15	0.145
45	0.2	0.15	0.13	0.13	0.12	0.12	0.11
30	0.14	0.1	0.09	0.08	0.08	0.08	0.08
15	0.07	0.05	0.04	0.04	0.04	0.04	0.04
0°	弯曲变形						

做一做： 按照任务要求，完成内孔翻边的变形特点、工艺计算和工作部分的结构设计。

步骤二　外缘翻边

按变形性质不同，翻边可分为伸长类翻边和压缩类翻边。

一、伸长类翻边

伸长类翻边如图 5-19（a）所示。图 5-19（a）所示为沿不封闭内凹曲线进行的平面翻边，图 5－19（b）所示为在曲面坯料上进行的伸长类翻边，它们的共同特点是坯料变形区主要在切向拉应力的作用下产生切向伸长变形，边缘容易拉裂。其变形程度 $\varepsilon_{伸}$ 可用下式表示：

$$\varepsilon_{伸}=\frac{b}{R-b} \tag{5-24}$$

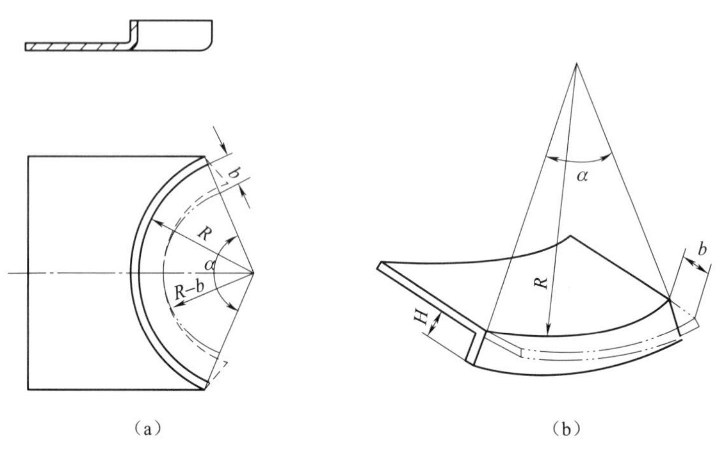

图 5－19　伸长类翻边

（a）伸长类平面翻边；（b）伸长类曲面翻边

伸长类外缘翻边时，其变形类似于内孔翻边，但由于是沿不封闭曲线翻边，坯料变形区内切向的拉应力和切向的伸长变形沿翻边线的分布是不均匀的，在中部最大，而两端为零。

假如采用宽度 b 一致的坯料形状，则翻边后零件的高度就不是平齐的，而是两端高、中间低的竖边。另外，竖边的端线也不垂直，而是向内倾斜成一定的角度。为了得到平齐一致的翻边高度，应在坯料的两端对坯料的轮廓线做必要的修正，采用如图 5－19（a）中虚边所示的形状，其修正值根据变形程度和 α 的大小而不同。当翻边的高度不大，而且翻边沿线的曲率半径很大时，则可以不做修正。

常用材料的允许变形程度见表 5－7。

表 5－7　外缘翻边时材料的允许变形程度

材料名称及牌号		$\varepsilon_{伸}\times100$		$\varepsilon_{压}\times100$	
		橡皮成形	模具成形	橡皮成形	模具成形
铝合金	L4 软	25	30	6	40
	L4 硬	5	8	3	12
	LF21 软	23	30	6	40
	LF21 硬	20	8	3	12
	LF2 软	5	25	6	35
	LF2 硬	20	8	3	12
	LY12 软	14	20	6	30
	LY12 硬	6	8	0. 5	9
	LY11 软	14	20	4	30
	LY11 硬	5	6	0	0

续表

材料名称及牌号		$\varepsilon_{伸}\times100$		$\varepsilon_{压}\times100$	
		橡皮成形	模具成形	橡皮成形	模具成形
黄铜	H62 软	30	40	8	5
	H62 半硬	10	14	4	16
	H68 软	35	45	8	55
	H68 半硬	10	14	4	16
钢	10	—	38	—	10
	20	—	22	—	10
	1Cr18Ni9 软	—	15	—	10
	1Cr18Ni9 硬	—	40	—	10
	2Cr18Ni9	—	40	—	10

伸长类曲面翻边时，为防止坯料底部在中间部位出现起皱现象，应采用较强的压料装置；为创造有利于翻边变形的条件，防止在坯料的中间部位上过早地进行翻边，而引起径向和切向方向上过大的伸长变形，甚至开裂，应使凹模和顶料板的曲面形状与工件的曲面形状相同，而凸模的曲面形状应修正成图 5－20 所示的形状。另外，冲压方向的选取，也就是坯料在翻边模的位置，应对翻边变形提供尽可能有利的条件，应保证翻边作用力在水平方向上的平衡，通常取冲压方向与坯料两端切线构成的角度相同，如图 5－21 所示。

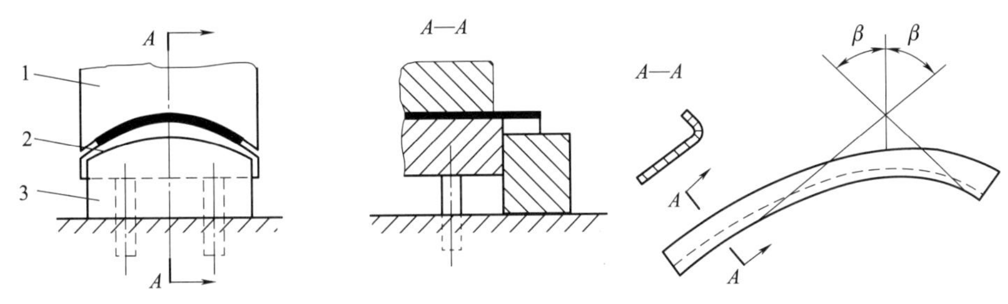

图 5－20　伸长类曲面翻边凸模形状的修正

1—凹模；2—顶料板；3—凸模

图 5－21　曲面翻边时的冲压方向

二、压缩类翻边

图 5－22（a）所示为沿不封闭外凸曲线进行的平面翻边，图 5－22（b）所示为压缩类曲面翻边。它们的共同特点是变形区主要在切向压应力的作用下产生切向压缩，在变形过程中材料容易起皱。其变形程度 $\varepsilon_{压}$ 用下式表示：

$$\varepsilon_{压}=\frac{b}{R+b} \tag{5-25}$$

常用材料的允许变形程度见表 5－7。

压缩类平面翻边，其变形类似于拉深，所以当翻边高度较大时，模具上也要带有防止起皱的压料装置；由于是沿不封闭曲线翻边，故翻边线上切向压应力和径向拉应力的分布是不均匀的——中部最大，而在两端最小。为了得到翻边后竖边的高度平齐而两端线垂直的零件，必须修正坯料的展开形状，修正的方向恰好与伸长类平面翻边相反，如图 5－22（a）中虚线所示。

压缩类曲面翻边时，坯料变形区在切向压应力作用下产生的失稳起皱是限制变形程度的主要因素，如果把凹模的形状做成图 5－23 所示的形状，则可以使中间部分的切向压缩变形向两侧扩展，使局部的集中变形趋向均匀，减少起皱的可能性，同时对坯料两侧在偏斜方向上进行冲压的情况也有一定的改善，冲压方向的选择原则与伸长类曲面翻边时相同。

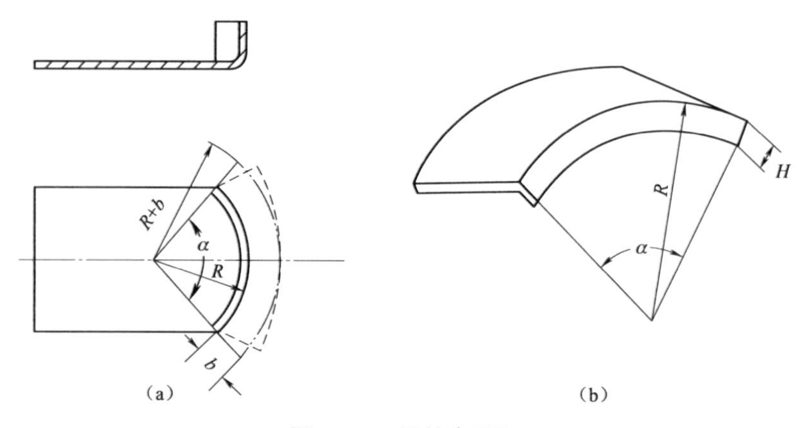

图 5－22　压缩类翻边

(a) 压缩类平面翻边；(b) 压缩类曲面翻边

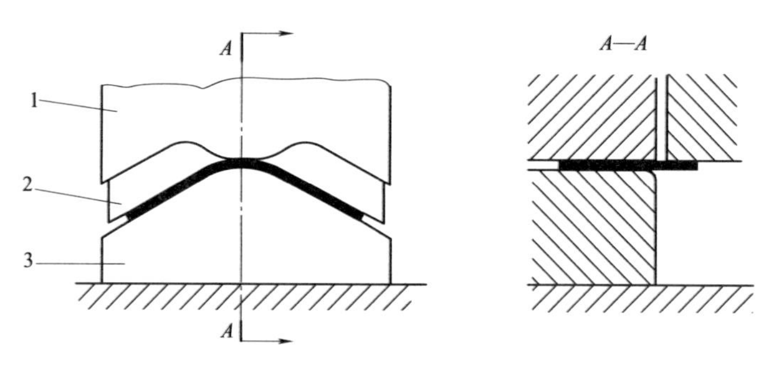

图 5－23　压缩类曲面翻边凹模形状的修正状

1—凹模；2—压料板；3—凸模

做一做：按照任务要求，完成外缘翻边的变形特点。

步骤三　翻边模结构

图 5－24（a）所示为内孔翻边模，其结构与拉深模基本相似。图 5－24（b）所示为内、外缘同时翻边的模具。

图 5－25 所示为落料、拉深、冲孔、翻边复合模。凸凹模 8 与落料凹模 4 均固定在固定板 7 上，以保证同轴度。冲孔凸模 2 压入凸凹模 1 内，并以垫片 10 调整它们的高度差，以此控制冲孔前的拉深高度，确保翻出合格的零件高度。该模的工作顺序是：上模下行，首先在凹凸模 1 和凹模 4 的作用下落料；上模继续下行，在凸凹模 1 和凸凹模 8 的相互作用下将坯料拉深，冲床缓冲器的力通过顶杆 6 传递给顶件块 5 并对坯料施加压料力；当拉深到一定深度后由凸模 2 和凸凹模 8 进行冲孔并翻边；当上模回升时，在顶件块 5 和推件块 3 的作用下将工件顶出，条料由卸料板 9 卸下。

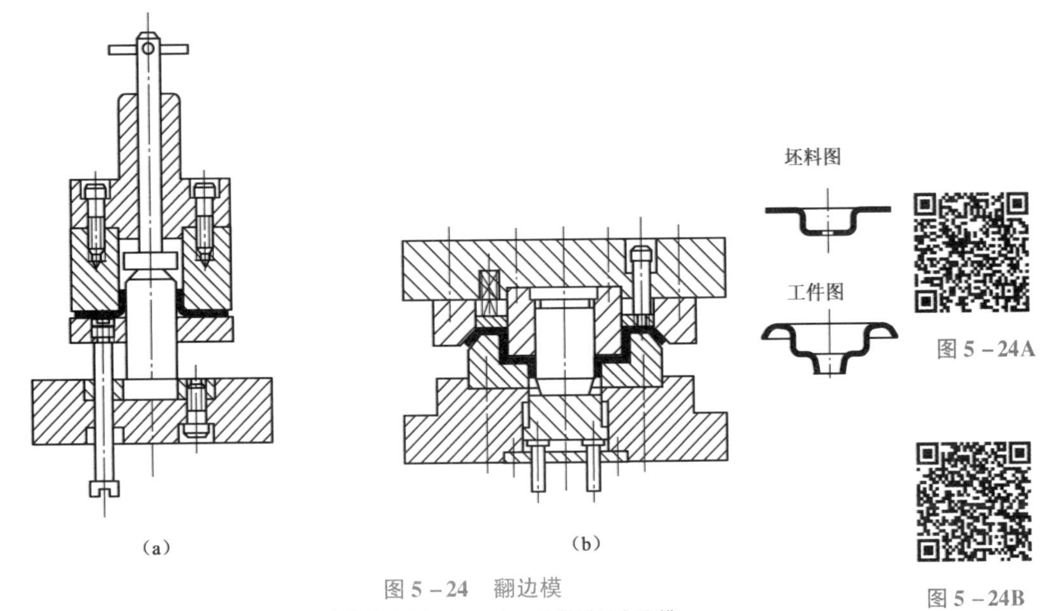

图 5－24　翻边模

（a）内孔翻边模；（b）内、外缘同时翻边模

图 5－25

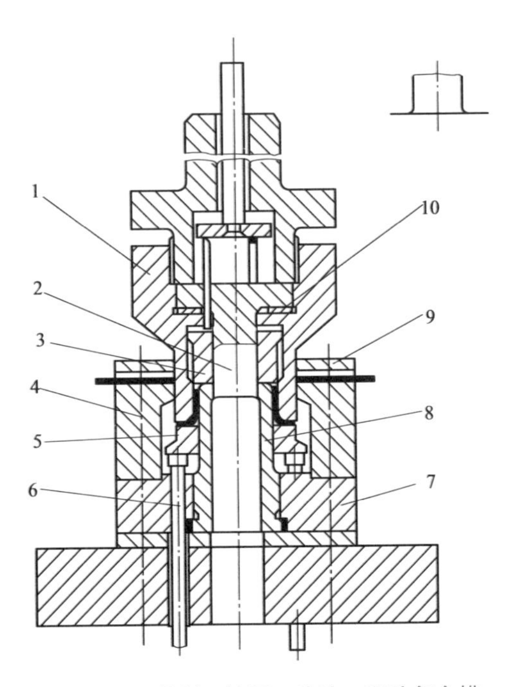

图 5－25　落料、拉深、冲孔、翻孔复合模

1，8—凸凹模；2—冲孔凸模；3—推件快；4—落料凹模；5—顶件块；6—顶杆；7—固定板；9—卸料板；10—垫片

做一做：按照任务要求，完成翻边模具结构设计特点的分析。

任务考核

任务名称	翻边	专业		组名	
班级		学号		日期	
评价指标	评价内容			分数评定	自评
信息收集能力	能有效利用网络、图书资源查找有用的相关信息等；能将查到的信息有效地传递到学习中			10 分	
感知课堂生活	是否能在学习中获得满足感、课堂生活的认同感			5 分	
参与态度沟通能力	积极主动与教师、同学交流，相互尊重、理解、平等；与教师、同学之间是否能够保持多向、丰富、适宜的信息交流			5 分	
	能处理好合作学习和独立思考的关系，做到有效学习；能提出有意义的问题或能发表个人见解			5 分	
知识、能力获得情况	翻边的变形特点分析			10 分	
	翻边的工艺计算			20 分	
	翻边的模具结构设计特点和工作原理分析			30 分	
辩证思维能力	是否能发现问题、提出问题、分析问题、解决问题、创新问题			10 分	
自我反思	按时保质完成任务；较好地掌握了知识点；具有较为全面严谨的思维能力并能条理清楚明晰地表达成文			5 分	
小计				100	

总结提炼				
考核人员	分值/分	评分	存在问题	解决办法
（指导）教师评价	100			
小组互评	100			
自评成绩	100			
总评	100	总评成绩 = 指导教师评价 ×35% + 小组评价 ×25% + 自评成绩 ×40%		

知识拓展

通过查阅相关教材、模具设计手册和中国大学慕课等网络资源，学习翻边的变形特点、工艺计算和模具结构特点。

任务三　缩　口

任务描述

学习缩口成形工艺特点和模具结构特点。

【知识目标】

(1) 掌握缩口的概念;

(2) 掌握缩口变形特点及其模具结构特点。

【能力目标】

(1) 能分析缩口的变形过程;

(2) 能分析缩口模的结构特点。

【素养素质目标】

(1) 培养分析能力;

(2) 培养分析事物的逻辑思维能力。

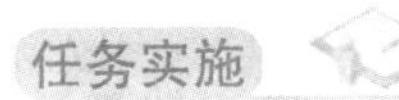

任务单　缩口

任务名称	缩口	学时		班级	
学生姓名		学生学号		任务成绩	
实训设备		实训场地		日期	
任务目的	了解缩口变形特点和工艺计算				
任务内容	缩口变形特点、工艺计算、模具结构特点和工作原理				
任务实施	一、缩口翻边的变形特点 二、工艺计算 三、模具结构 四、工作原理				
谈谈本次课程的收获，写出学习体会，给任课教师提出建议					

步骤一　缩口变形及变形程度

缩口是将管坯或预先拉深好的圆筒形件通过缩口模将其口部直径缩小的一种成形方法，如图 5 - 26 所示。缩口工艺在国防工业和民用工业中有着广泛应用，如枪炮的弹壳、钢气瓶等。若用缩口代替拉深加工某些零件，则可以减少成形工序。

缩口的应力应变特点如图 5 - 27 所示。缩口变形过程中，在压力 F 的作用下，缩口凹模压迫坯料口部，坯料口部则发生变形而成为变形区。坯料变形区受两向压应力的作用，而切向压应力是最大主应力，使坯料直径减小，壁厚和高度增加，因而切向可能产生失稳起皱。同时，在非变

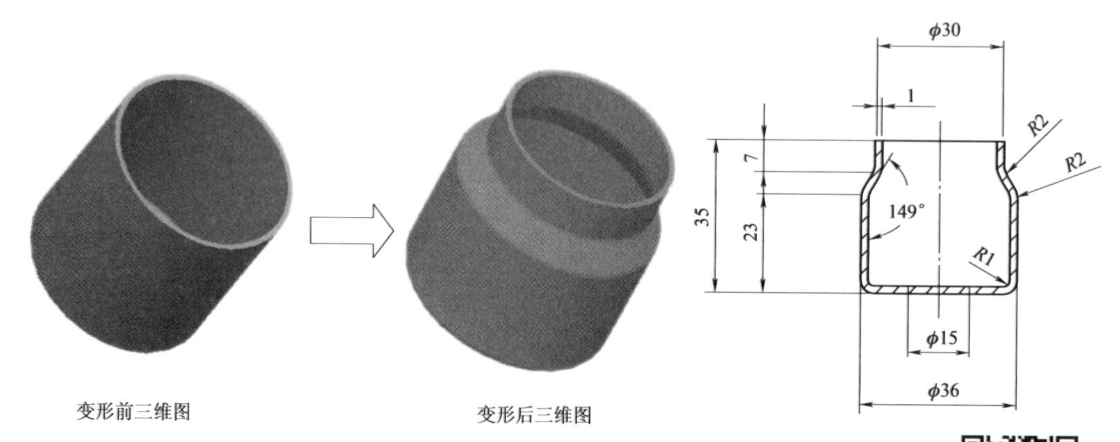

图 5-26　缩口

图 5-27

形区的筒壁，在缩口压力 F 的作用下，轴向可能产生失稳变形，故缩口的极限变形程度主要受失稳条件限制，防止失稳是缩口工艺要解决的主要问题。

缩口的变形程度用缩口系数 m 表示：

$$m = \frac{d}{D} \tag{5-26}$$

式中　d——缩口后直径（mm）；

D——缩口前直径（mm）。

缩口系数 m 越小，变形程度越大。一般来说，材料的塑性好，厚度越大，模具对筒壁的支承刚性越好，则允许的缩口系数就越小。图 5-28 所示为模具对筒壁的三种不同支承方式，图 5-28（a）所示为无支承方式，缩口过程中坯料的稳定性差，因而允许的缩口系数较大；图 5-28（b）所示为外支承方式，缩口时坯料的稳定性较前者好，允许的缩口系数可小些；图 5-28（c）所示为内外支承方式，缩口时坯料的稳定性最好，允许的缩口系数为三者中最小者。

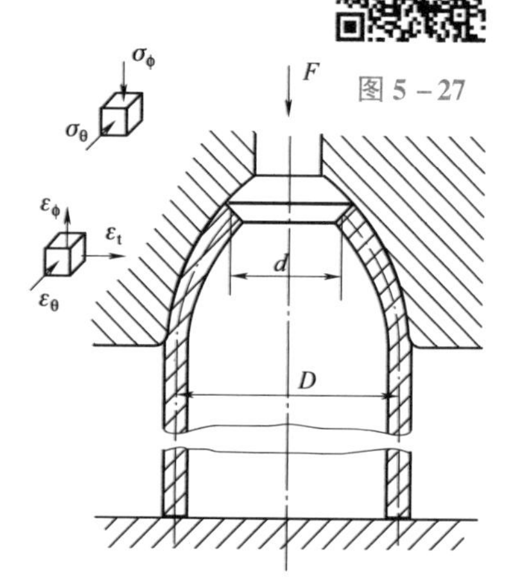

图 5-27　缩口的应力应变特点

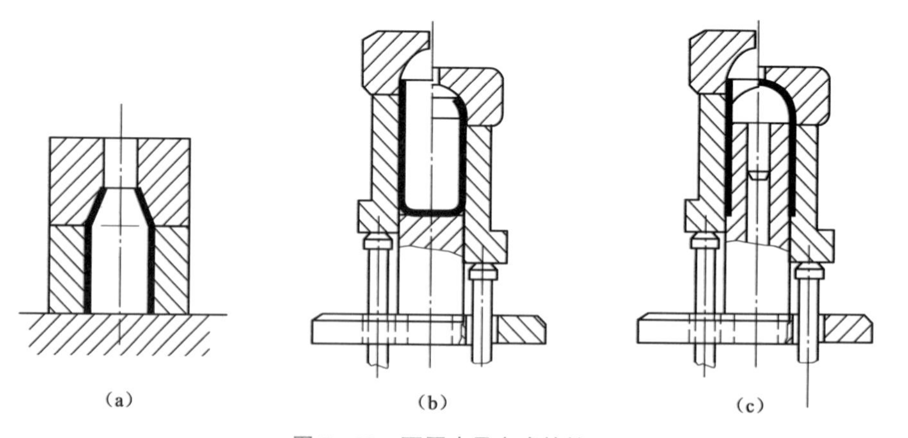

图 5-28　不同支承方式的缩口

（a）无支承方式；（b）外支承方式；（c）内外支承方式

图 5-28A

图 5-28B

图 5-28C

实际生产中，极限缩口系数一般是在一定缩口条件下通过实验方法得出的。表5－8所示为不同材料、不同厚度的平均缩口系数 m，表5－9所示为不同材料、不同支承方式所允许的极限缩口系数［m］。

缩口后零件口部略有增厚，其厚度可按下式估算：

$$t' = t\sqrt{D/d} = t\sqrt{1/m} \tag{5-27}$$

式中 t'——缩口后颈口厚度（mm）；

t——缩口前颈口厚度（mm）。

表5－8 平均缩口系数 m

材料	材料厚度 t/mm		
	～0.5	＞0.5～1	＞1
黄铜	0.85	0.8～0.7	0.7～0.65
钢	0.8	0.75	0.7～0.65

表5－9 极限缩口系数［m］

材料	支承方式		
	无支承	外支承	内外支承
软钢	0.70～0.75	0.55～0.60	0.3～0.35
黄铜H62、H68	0.65～0.70	0.50～0.55	0.27～0.32
铝	0.68～0.72	0.53～0.57	0.27～0.32
硬铝（退火）	0.73～0.80	0.60～0.63	0.35～0.40
硬铝（淬火）	0.75～0.80	0.68～0.72	0.40～0.43

做一做：按照任务要求，完成缩口的变形特点分析。

步骤二 缩口的工艺计算

一、缩口次数

当工件的缩口系数 m 小于极限缩口系数［m］时，则需多次缩口，缩口次数 n 按下式估算：

$$n = \frac{\lg m}{\lg m_0} = \frac{\lg d - \lg D}{\lg m_0} \tag{5-28}$$

式中 m_0——平均缩口系数。

二、缩口直径

多次缩口时，首次缩口系数一般取 $m_1 = 0.9m_0$，以后各次取 $m_n = (1.05 \sim 1.1)m_0$。同时，最好每道缩口工序之后进行退火处理，以避免缺陷。

各次缩口的直径为

$$d_1 = m_1 D$$

$$d_2 = m_n d_1 = m_1 m_n D$$

$$d_3 = m_n d_2 = m_1 m_n^2 D$$

$$\cdots$$

$$d_n = m_n d_{n-1} = m_1 m_n^{n-1} D \tag{5-29}$$

三、坯料高度

缩口前坯料的高度一般根据变形前后体积不变的原则计算。对于图 5－29 所示的缩口工件，缩口前坯料的高度 H 按以下公式计算：

如图 5－29（a）所示工件：

$$H=1.05\left[h_1+\frac{D^2-d^2}{8D\sin\alpha}\left(1+\sqrt{\frac{D}{d}}\right)\right] \tag{5-30}$$

如图 5－29（b）所示工件：

$$H=1.05\left[h_1+h_2\sqrt{\frac{d}{D}}+\frac{D^2-d^2}{8D\sin\alpha}\left(1+\sqrt{\frac{D}{d}}\right)\right] \tag{5-31}$$

如图 5－29（c）所示工件：

$$H=h_1+\frac{1}{4}\left(1+\sqrt{\frac{D}{d}}\right)\sqrt{D^2-d^2} \tag{5-32}$$

式（5－30）～式（5－32）中凹模的半锥角 α 对缩口成形具有重要影响，半锥角取值合理，允许的缩口系数可以比平均缩口系数小 10%～15%。一般应使 $\alpha<45°$，最好使 $\alpha<30°$。

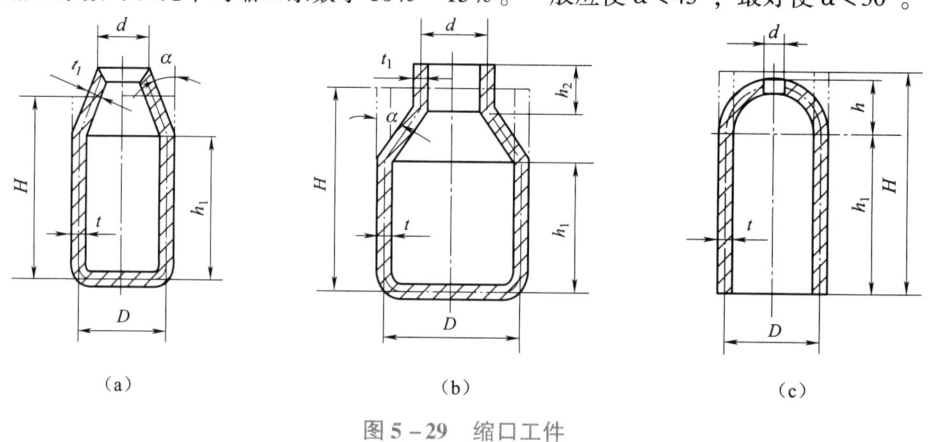

图 5－29　缩口工件

四、缩口力

将图 5－29（a）所示锥形缩口件，在图 5－29（a）所示的无支承缩口模上进行缩口时，其缩口力 F 可用下式计算：

$$F=K\left[1.1\pi Dt\sigma_b\left(1-\frac{d}{D}\right)(1+\mu\cot\alpha)\frac{1}{\cos\alpha}\right] \tag{5-33}$$

式中　μ——冲件与凹模接触面摩擦系数；

σ_b——材料抗拉强度；

K——速度系数，在曲轴压力机上工作时 $K=1.15$。

做一做：按照任务要求，完成缩口零件的工艺计算。

步骤三　缩　口　模

一、缩口模的结构

图 5－30 所示为带有夹紧装置的缩口模。图 5－31 所示为缩口与扩口复合模，可以得到特别

大的直径差。

图 5－30

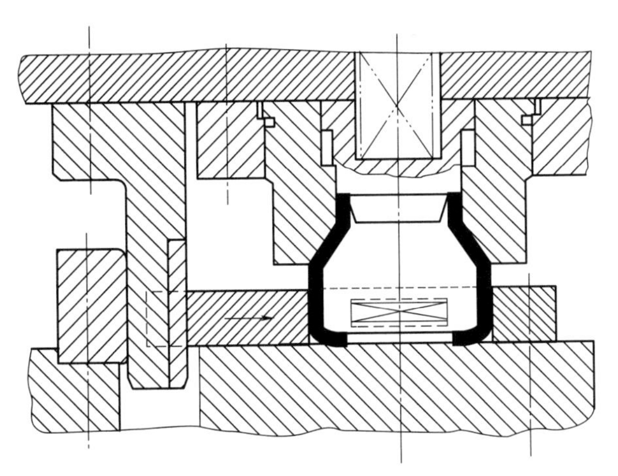

图 5－30　带有夹紧装置的缩口模

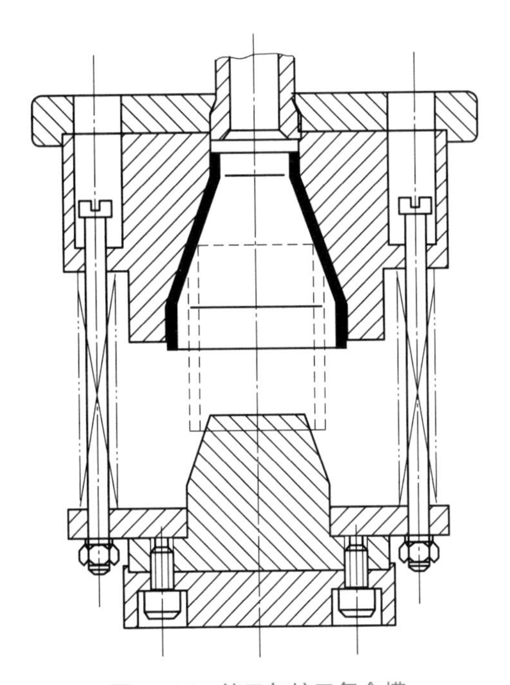

图 5－31　缩口与扩口复合模

二、缩口模的设计要点

缩口模的主要工作零件是凹模。凹模工作部分的尺寸是根据工件缩口部分的尺寸来确定的，但应该考虑工件缩口后的尺寸比缩口模实际尺寸大 0.5% ～0.8% 的弹性恢复量，以减少试模时的修正量。另外，凹模的半锥角 α 角应该取值合理。为了便于坯料成形和避免划伤工件，凹模的表面粗糙度 Ra 值一般要求不大于 0.4 μm。

当缩口件的刚性较差时，应该在缩口模上设置支承坯料的结构，具体支承方式视坯料结构和尺寸而定；反之，可不采用支承结构，以简化模具结构。

做一做：按照任务要求，完成缩口零件的结构设计特点分析。

任务考核

任务名称	缩口	专业		组名	
班级		学号		日期	
评价指标	评价内容			分数评定	自评
信息收集能力	能有效利用网络、图书资源查找有用的相关信息等；能将查到的信息有效地传递到学习中			10 分	
感知课堂生活	是否能在学习中获得满足感、课堂生活的认同感			5 分	
参与态度沟通能力	积极主动与教师、同学交流，相互尊重、理解、平等；与教师、同学之间是否能够保持多向、丰富、适宜的信息交流			5 分	
	能处理好合作学习和独立思考的关系，做到有效学习；能提出有意义的问题或能发表个人见解			5 分	
知识、能力获得情况	缩口的变形特点分析			10 分	
	缩口的工艺计算			20 分	
	缩口的模具结构特点分析和工作原理分析			30 分	
辩证思维能力	是否能发现问题、提出问题、分析问题、解决问题、创新问题			10 分	
自我反思	按时保质完成任务；较好地掌握了知识点；具有较为全面严谨的思维能力并能条理清楚明晰地表达成文			5 分	
小计				100	
总结提炼					

考核人员	分值/分	评分	存在问题	解决办法
（指导）教师评价	100			
小组互评	100			
自评成绩	100			
总评	100	总评成绩 = 指导教师评价 ×35% + 小组评价 ×25% + 自评成绩 ×40%		

知识拓展

通过查阅相关教材、模具设计手册和中国大学慕课等网络资源，学习缩口的变形特点、工艺计算与模具结构特点及工作原理分析。

任务四 旋　压

任务描述

学习旋压的变形特点。

学习目标

【知识目标】

(1) 掌握旋压的概念;

(2) 掌握旋压的变形特点。

【能力目标】

能分析旋压的变形特点。

【素养素质目标】

(1) 培养自学能力;

(2) 培养逻辑思维能力。

任务实施

任务单　旋压

任务名称	旋压	学时		班级	
学生姓名		学生学号		任务成绩	
实训设备		实训场地		日期	
任务目的	了解旋压变形特点				
任务内容	旋压变形特点				
任务实施	一、普通旋压的变形特点 二、变形极限计算 三、变薄旋压的特点 四、变薄旋压的变形极限				
谈谈本次课程的收获，写出学习体会，给任课教师提出建议					

相关知识

步骤一　普通旋压工艺

旋压是一种加工金属空心回转体的工艺方法。在坯料随旋压模具或旋压工具（旋轮或擀棒）绕坯料转动的过程中，旋压工具与坯料相对进给，使坯料受压并产生局部变形或分离。在旋轮进给运动和坯料旋转运动的共同作用下，使局部的塑性变形逐步地扩展到坯料的全部表面，并紧贴于模具，完成零件的成形加工。图 5－32 所示为旋压的常见用途。

旋压加工的优点是设备和模具都比较简单（没有专用的旋压机时可用车床代替），除了可成形如圆筒形、锥形、抛物面形或其他各种曲线构成的旋转体外，还可加工相当复杂形状的旋转体零件。其缺点是生产率较低，劳动强度较大，比较适用于试制和小批量生产。

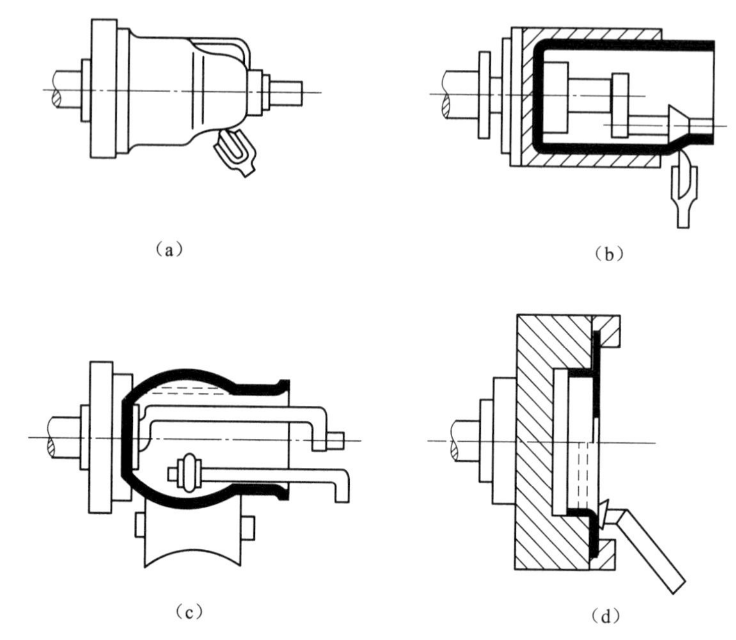

图 5－32　旋压的应用

随着飞机、火箭和导弹的生产需要，在普通旋压的基础上又发展了变薄旋压（也称强力旋压）。

一、普通旋压工艺的变形特点

图 5－33 所示为平板坯料的旋压过程示意图。顶块把坯料压紧在模具上，机床主轴带动模具和坯料一同旋转，擀棒加压于坯料反复擀辗，于是由点到线、由线及面，使坯料逐渐紧贴于模具表面而成形。

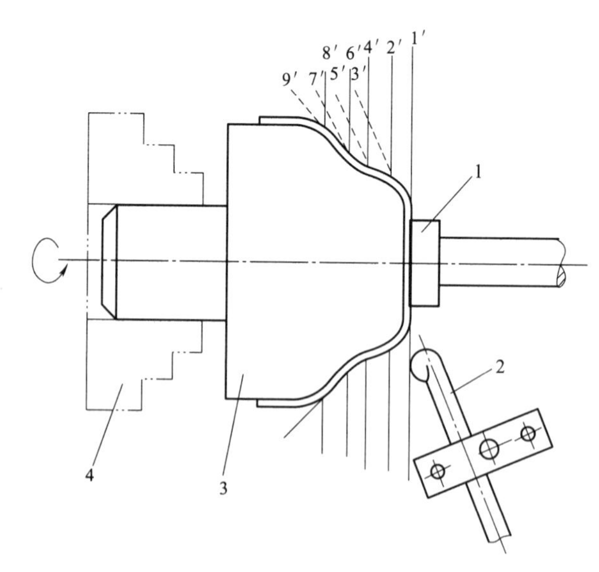

图 5－33　用圆头擀棒的旋压程序

1—顶块；2—擀棒；3—模具；4—卡盘

为了使平板坯料变为空心的筒形零件，必须使坯料切向收缩、径向延伸，坯料在擀棒的作用下产生两种变形：一是擀棒直接接触的材料产生局部凹陷的塑性变形；二是坯料沿着擀棒加压的方向大片倒伏。

合理选择旋压主轴的转速、旋压件的过渡形状及旋压压力的大小是旋压的基本要点：如果转速太低，坯料将在擀棒作用下翻腾起伏，极不稳定，使旋压工作难以进行；转速太高，则坯料与擀棒接触次数太多，容易使坯料过度辗薄。合理转速一般是：软钢为 400 ~ 600 r/min，铝为 800 ~ 1 200 r/min。当坯料直径较大、厚度较薄时取小值，反之则取较大值。

旋压操作如图 5 - 33 所示，首先应从坯料内缘（靠近模具底部圆角处）开始，再轻擀坯料的外缘，使之变为浅锥形，得出过渡形状，这样做是因为锥形的抗压稳定性比平板高，材料不易起皱。后续的操作和前述相同。这样经过多次反复擀辗，直到零件完全贴模为止。擀棒的加力一般凭经验，加力不能太大，否则容易起皱。同时擀棒着力点必须不断转移，以使坯料均匀延伸。

二、普通旋压的变形极限

旋压的变形程度用旋压系数来表示。

旋压圆筒形件的旋压系数：

$$\frac{d}{D}=0.6\sim0.8 \tag{5-34}$$

式中 d——圆筒直径（mm），

D——坯料直径（mm）；

0.6 ~ 0.8——旋压系数，相对厚度小时取大值，反之取小值。

旋压锥形件的旋压系数为

$$\frac{d_{\min}}{D}=0.2\sim0.3 \tag{5-35}$$

式中 $d_{\min}$——圆锥体的最小直径（mm）。

做一做： 按照任务要求，完成普通旋压的变形特点和变形极限分析。

步骤二 变薄旋压工艺

变薄旋压又称强力旋压。根据旋压件的类型和变形机理的差异，变薄旋压可分为锥形件变薄旋压（剪切旋压）和筒形件变薄旋压（挤出旋压）两种。

图 5 - 34（a）所示为锥形件的变薄旋压。旋压机的尾架顶块把坯料压紧在模具上，使其随同模具一起旋转，旋轮通过机械或液压传动强力加压于坯料，其单位面积压力可达 2 500 ~ 3 000 MPa。旋轮沿给定轨迹移动并与其保持一定间隙，使坯料厚度产生预定的变薄，以加工成所需的零件。

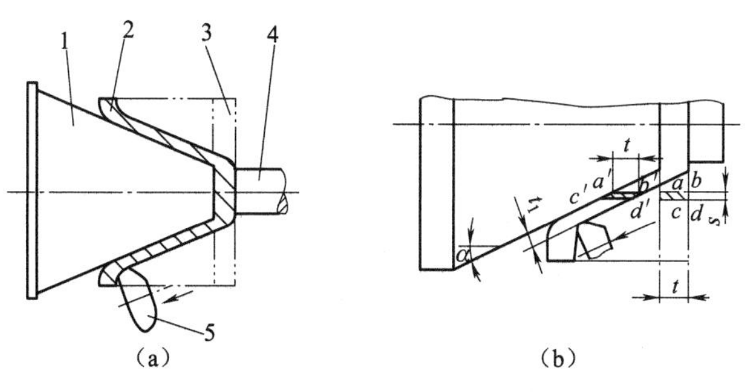

图 5 - 34 锥形件变薄旋压

1—模具；2—工件；3—坯料；4—顶块；5—旋轮

根据图5-34（b）可以得到旋压前后坯料厚度的关系：

$$t_1 = t\sin\alpha \tag{5-36}$$

式中　t_1——工件厚度（mm）；

t——坯料厚度（mm）；

α——模具半锥角。

一、变薄旋压的主要特点

（1）与普通旋压相比，变薄旋压在加工过程中坯料凸缘不产生收缩变形，因此没有凸缘起皱问题，也不受坯料相对厚度的限制，可以一次旋压出相对深度较大的零件。变薄旋压一般要求使用功率大、刚度大并有精确靠模机构的专用强力旋压机。

（2）与冷挤压相比，变薄旋压是局部变形，因此变形力比冷挤压小得多。某些用冷挤压加工困难的材料，用变薄旋压即可加工。

（3）经强力旋压后，材料晶粒紧密细化，提高了强度，表面质量也比较好，表面粗糙度 *Ra* 可达0.4 μm。

二、变薄旋压的变形程度

变薄旋压的变形程度用减薄率 ε 表示：

$$\varepsilon = \frac{t - t_1}{t} = 1 - \sin\alpha \tag{5-37}$$

由式（5-37）可知，用模具的半锥角可以表示变薄旋压的变形程度。α 越小，变薄率越大，当超过材料的极限变薄率时，材料被拉裂。

当 $t_1 = t_{1\min}$ 时，$\varepsilon = \varepsilon_{\max}$，$\alpha = \alpha_{\min}$，所以有以下关系：

$$\varepsilon_{\max} = \frac{t - t_{1\min}}{t} = 1 - \sin\alpha_{\min} \tag{5-38}$$

式中　$\alpha_{\min}$——模具的极限半锥角，参见表5-10。

表5-10　一次变薄旋压的极限半锥角 $\alpha_{\min}$

料厚 t/mm	允许的最小锥角 $\alpha_{\min}$/(°)				
	LF21 软	LY12	1Cr18Ni9Ti	20	08F
1	15	17.5	20	17.5	15
2	12.5	15	15	15	12.5
3	10	15	15	15	12.5

筒形件变薄旋压的变形原理与锥形件变薄旋压相同，但又各有特点，可参考相关书籍。

做一做：按照任务要求，完成变薄旋压的变形特点和变形极限分析。

任务考核

任务名称	旋压	专业		组名	
班级		学号		日期	
评价指标	评价内容			分数评定	自评
信息收集能力	能有效利用网络、图书资源查找有用的相关信息等；能将查到的信息有效地传递到学习中			10分	

续表

评价指标	评价内容	分数评定	自评
感知课堂生活	是否能在学习中获得满足感、课堂生活的认同感	5分	
参与态度沟通能力	积极主动与教师、同学交流，相互尊重、理解、平等；与教师、同学之间是否能够保持多向、丰富、适宜的信息交流	5分	
	能处理好合作学习和独立思考的关系，做到有效学习；能提出有意义的问题或能发表个人见解	5分	
知识、能力获得情况	普通旋压的变形特点分析	15分	
	普通旋压的变形极限计算	15分	
	变薄旋压的变形特点分析	15分	
	变薄旋压的变形极限计算	15分	
辩证思维能力	是否能发现问题、提出问题、分析问题、解决问题、创新问题	10分	
自我反思	按时保质完成任务；较好地掌握了知识点；具有较为全面严谨的思维能力并能条理清楚明晰地表达成文	5分	
小计		100	

总结提炼				
考核人员	分值/分	评分	存在问题	解决办法
（指导）教师评价	100			
小组互评	100			
自评成绩	100			
总评	100	总评成绩＝指导教师评价×35%＋小组评价×25%＋自评成绩×40%		

通过查阅相关教材、模具设计手册和中国大学慕课等网络资源，学习旋压的变形特点和工艺计算。

学习校形的变形特点。

学习目标 

【知识目标】

(1) 掌握校形的概念；

(2) 掌握校形变形的特点。

【能力目标】

能分析校形变形的特点。

【素养素质目标】

（1）培养分析能力；

（2）培养逻辑思维能力。

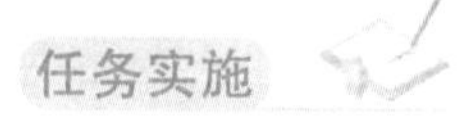

任务单　校形

任务名称	校形	学时		班级	
学生姓名		学生学号		任务成绩	
实训设备		实训场地		日期	
任务目的	了解校形变形的特点				
任务内容	校形变形的特点				
任务实施	一、校形的特点 二、平板零件的校平 三、空间零件的整形				
谈谈本次课程的收获，写出学习体会，给任课教师提出建议					

相关知识

步骤一　校形的特点

校形通常指平板工序件的校平和空间形状工序件的整形。校形是指在冲裁、弯曲、拉深等工序之后，因冲压件的平面度、圆角半径和形状尺寸还不能达到图样的要求，通过校平与整形使其产生局部的塑性变形，从而获得合格零件的工序。这类工序关系到冲压件的质量及其稳定性，所以它在冲压生产中具有相当重要的意义，而且应用也比较广泛。

校平和整形工序的共同特点：

（1）只在工序件局部位置使其产生不大的塑性变形，以达到提高零件形状和尺寸精度的目的。

（2）由于校形后工件的精度比较高，因而模具的精度相应也要求比较高。

（3）校形时需要在压力机下止点对工序件施加校正力，因此所用设备最好为精压机。当用机械压力机时，机床应有较好的刚度，并需要装有过载保护装置，以防材料厚度波动等原因损坏设备。

做一做：按照任务要求，完成校形特点分析。

步骤二　平板零件的校平

把不平整的工件放入模具内压平的工序称为校平。校平主要用于提高平板零件（主要是冲裁件）的平面度。由于坯料不平或冲裁过程中材料的穹弯（尤其是斜刃冲裁和无压料的级进冲裁），都会使冲裁件产生不平整的缺陷，故当对零件的平面度要求较高时，必须在冲裁工序之后进行校平。

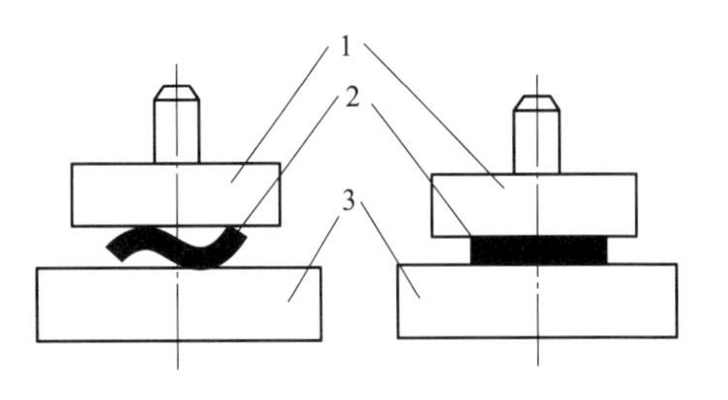

图 5－35　校平的变形情况

1—上模板；2—工件；3—下模板

一、校平的变形特点与校平力

校平的变形情况如图 5－35 所示，在校平模的作用下，工件材料产生反向弯曲变形而被压平，并在压力机的滑块到达下止点时被强制压紧，使材料处于三向压应力状态。校平的工作行程不大，但压力很大。

校平力 F 可用下式估算：

$$F = pA \tag{5-39}$$

式中　p——单位面积上的校平力（MPa），可查表 5－11；

　　　A——校平面积（mm^2）。

表 5－11　校平与整形单位面积压力

方　法	p/MPa	方　法	p/MPa
光面校平模校平	50～80	敞开形制件整形	50～100
细齿校平模校平	80～120	拉深件减小圆角及对底面、侧面整形	150～200
粗齿校平模校平	100～150		

校平力的大小与工件的材料性能、材料厚度、校平模齿形等有关，因此可对表 5－11 中的数值做适当的调整。

二、校平方式

校平方式有多种，有模具校平、手工校平和在专门设备上校平等。模具校平多在摩擦压力机或精压机上进行；大批量生产中，厚板料还可以成叠地在液压机上校平，此时压力稳定并可长时间保持；当校平与拉深、弯曲等工序复合时，可采用曲轴压力机或双动压力机，此时必须在模具或设备上安装保护装置，以防因料厚的波动而损坏设备；对于不大的平板零件或带料还可采用滚轮碾平；当零件的表面不允许有压痕，或零件尺寸较大而又要求具有较高平面度时，可采用加热校平。加热校平时，一般先将需校平的零件叠成一定高度，并用夹具夹紧压平，然后整体入炉加热（铝件为 300～320 ℃，黄铜件为 400～450 ℃）。由于温度升高后材料的屈服点下降，压平时反向弯曲变形引起的内应力也随之下降，所以回弹变形减小，从而保证了较高的校平精度。

三、校平模

平板零件的校平模分为光面校平模和齿形校平模两种。

光面校平模如图 5－36 所示，适用于软材料、薄料或表面不允许有压痕的制件。光面模改变材料内应力状态的作用不大，仍有较大回弹，特别是对于高强度材料的零件校平效果比较差。在生产实际中，有时将工序件背靠背地（弯曲方向相反）叠起来校平，能收到一定的效果。为了使校平不受压力机滑块导向精度的影响，校平模最好采用浮动式结构，图 5－36（a）所示为上模浮动式结构，图 5－36（b）所示为下模浮动式结构。

图 5－37 所示为齿形校平模，适用于材料较硬、强度较高及平面度要求较高的零件。齿形校平模按齿形又分为尖齿和平齿两种，图 5－37（a）所示为尖齿齿形，图 5－37（b）所示为平齿齿形。由于齿形校平模的齿尖压入材料会形成许多塑性变形的小网点，有助于彻底改变材料原有的应力应变状态，故能减小回弹，校平效果好。工作时上模齿与下模齿应互相错开，否则校平效果较差，也会使齿尖过早磨平。尖齿校平模的齿形压入工件表面较深，校平效果较好，但在工

件表面上留有较深的痕迹，且工件也容易粘在模具上不易脱模，一般只用于表面允许有压痕或板料厚度较大（$t=3\sim15$ mm）的零件校平。平齿校平模的齿形压入零件表面的压痕浅，因此生产中常用此校平模，尤其是薄材料和软金属的零件校平。

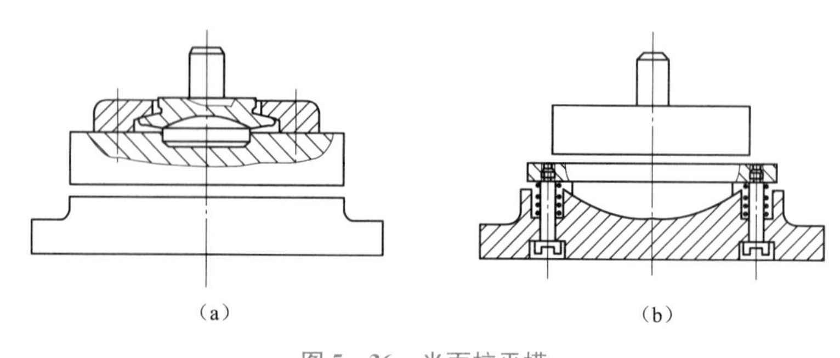

图 5-36　光面校平模

(a) 上模浮动式校平模；(b) 下模浮动式校平模

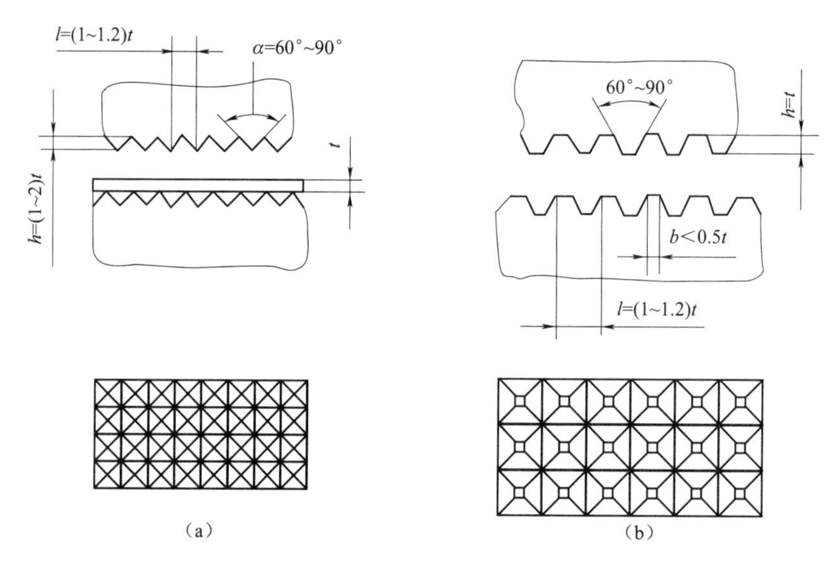

图 5-37　齿形校平模

(a) 尖齿形校平模；(b) 平齿形校平模

做一做：按照任务要求，完成平板零件校形特点分析和工艺计算。

步骤三　空间零件的整形

空间形状零件的整形是指在弯曲、拉深或其他成形工序之后对工序件的整形。在整形前工件已基本成形，但可能圆角半径还太大，或是某些形状和尺寸还未达到产品的要求，这样可以借助于整形模使工序件产生局部的塑性变形，以达到提高精度的目的。整形模和前工序的成形模相似，但对模具工作部分的精度、表面粗糙度要求更高，圆角半径和间隙较小，模具的强度和刚度要求也高。

根据冲压件的几何形状及精度要求不同，所采用的整形方法也有所不同。

一、弯曲件的整形

弯曲件的整形方法有压校和镦校两种形式。

1. 压校

图5－38（a）所示为弯曲件的压校，因在压校中坯料沿长度方向无约束，整形区的变形特点与该区弯曲时相似，坯料内部应力状态的性质变化不大，因而整形效果一般。

2. 镦校

图5－38（b）和图5－38（c）所示为弯曲件的镦校，采用这种方法整形时，弯曲件除了在表面的垂直方向上受压应力外，在其长度方向上也承受压应力，使整个弯曲件处于三向受压的应力状态，因而整形效果好。但这种方法不宜于带孔及宽度不等的弯曲件的整形。

二、拉深件的整形

根据拉深件的形状及整形部位的不同，拉深件的整形一般有以下两种方法。

1. 无凸缘拉深件的整形

无凸缘拉深件一般采用负间隙拉深整形法，如图5－39所示。整形凸、凹模的间隙 Z 可取（0.9～0.95）t，整形时筒壁稍有变薄。这种整形也可与最后一道拉深工序合并，但应取稍大一些的拉深系数。

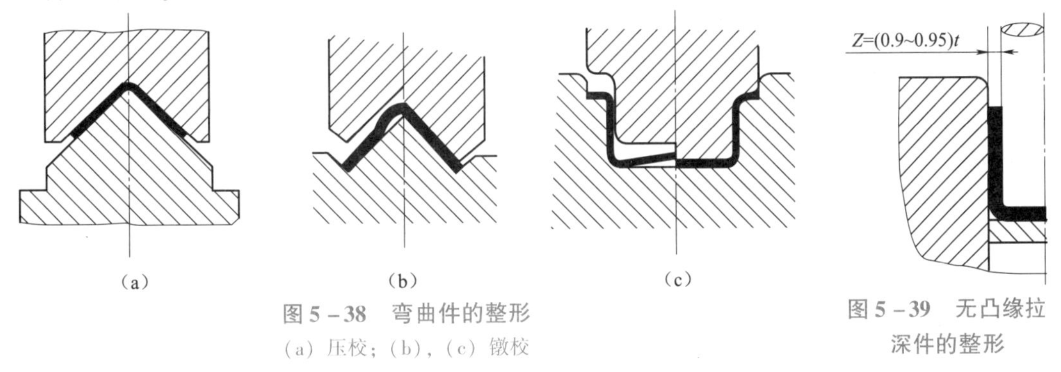

图5－38 弯曲件的整形
（a）压校；（b），（c）镦校

图5－39 无凸缘拉深件的整形

2. 带凸缘拉深件的整形

带凸缘拉深件的整形如图5－40所示，整形部位可以是凸缘平面、底部平面、筒壁及圆角。其中凸缘平面和底部平面的整形主要是利用模具的校平作用，模具闭合时推件块与上模座、顶件板（压边圈）与固定板均应相互贴合，以传递并承受校平力；筒壁的整形与无凸缘拉深件的整形方法相同，主要采用负间隙拉深整形法；而圆角整形时由于圆角半径变小，要求从邻近区域补充材料，如果邻近材料不能流动过来（当凸缘直径大于筒壁直径的2.5倍时，凸缘的外径已不可能产生收缩变形），则只有靠变形区本身的材料变薄来实现。此时变形部位的材料伸长变形以不超过2%～5%为宜，否则变形过大会产生拉裂。这种整形方法一般要经过反复试验后，才能决定整形模各工作部分零件的形状和尺寸。

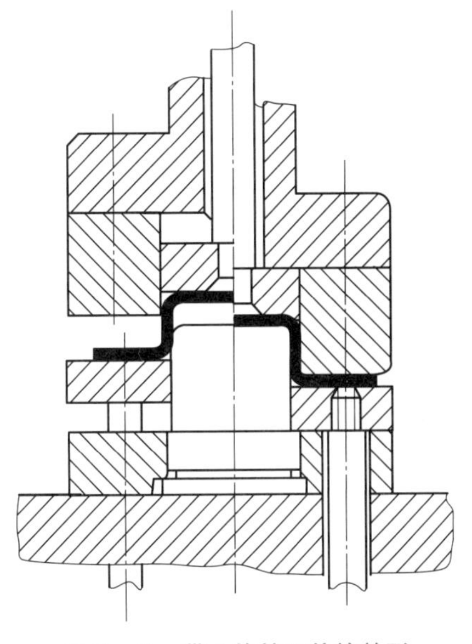

图5－40 带凸缘拉深件的整形

整形力 F 可用下式计算：

$$F = pA \tag{5-40}$$

式中 p——单位面积上的校平力（MPa），可查表 5－10；

A——校平面积（mm^2）。

做一做：按照任务要求，完成零件整形确定。

任务考核

任务名称	校形	专业		组名	
班级		学号		日期	
评价指标	评价内容			分数评定	自评
信息收集能力	能有效利用网络、图书资源查找有用的相关信息等；能将查到的信息有效地传递到学习中			10 分	
感知课堂生活	是否能在学习中获得满足感、课堂生活的认同感			5 分	
参与态度沟通能力	积极主动与教师、同学交流，相互尊重、理解、平等；与教师、同学之间是否能够保持多向、丰富、适宜的信息交流			5 分	
	能处理好合作学习和独立思考的关系，做到有效学习；能提出有意义的问题或能发表个人见解			5 分	
知识、能力获得情况	校形特点分析			20 分	
	平板零件的校形特点			20 分	
	空间零件的整形方法			20 分	
辩证思维能力	是否能发现问题、提出问题、分析问题、解决问题、创新问题			10 分	
自我反思	按时保质完成任务；较好地掌握了知识点；具有较为全面严谨的思维能力并能条理清楚明晰地表达成文			5 分	
小计				100	
总结提炼					
考核人员	分值/分	评分	存在问题	解决办法	
（指导）教师评价	100				
小组互评	100				
自评成绩	100				
总评	100	总评成绩＝指导教师评价×35%＋小组评价×25%＋自评成绩×40%			

知识拓展

通过查阅相关教材、模具设计手册和中国大学慕课等网络资源，学习校形的特点。

模块六　航空航天钣金冲压件的成形技术

任务一　拉形成形技术

任务描述

学习拉形成形技术的成形方法、拉形成形的工艺要求及拉形成形的工艺装备。

学习目标

【知识目标】

(1) 掌握拉形成形技术的分类及成形过程;

(2) 掌握拉形成形的方法;

(3) 掌握拉形成形的工艺要点;

(4) 掌握拉形零件的类型及常用材料。

【能力目标】

(1) 能正确分析拉形成形工艺的要点和对策;

(2) 能制定蒙皮类零件的拉形成形工艺流程。

【素养素质目标】

(1) 培养分析问题、解决问题的能力;

(2) 培养学生创新能力。

任务实施

任务单　拉形成形技术

任务名称	拉形成形技术	学时		班级	
学生姓名		学生学号		任务成绩	
实训设备		实训场地		日期	
任务目的	制定蒙皮类零件拉形成形工艺流程				
任务内容	拉形成形过程、成形方法及工艺要点				

续表

任务实施	一、拉形成形工艺的分类 二、拉形成形的过程 三、拉形成形的方法 四、拉形成形的零件类型 五、拉形成形的常用材料 六、拉形成形的工艺装备
谈谈本次课程的收获，写出学习体会，给任课教师提出建议	

相关知识

拉形成形技术（简称拉形）是指板料两端被蒙皮拉形机的夹钳夹紧的同时，工作台顶升拉形模与板材接触，产生不均匀的平面拉应变而使板料与拉形模贴合的成形方法。拉形模是其主要的工艺装备。拉形成形工艺常用于飞机蒙皮、火箭壳体、卫星接收天线面板、高速列车壁板、建筑行业曲面幕墙构件中双曲度钣金件的制造。

蒙皮拉形机是钣金拉形成形的专用设备。

步骤一　拉形工艺方法综述

一、拉形工艺分类

1. 纵向拉形

纵向拉形是指板料纵向两端头夹紧，在拉形模向上顶力和两夹钳反向纵拉力的双重加载作用下，迫使板料与拉形模贴合的成形方法。

纵向拉形一般用于成形纵向曲率较小，即纵向曲率半径较大的狭长形蒙皮零件。纵向拉形成形示意图如图 6－1 所示。

2. 横向拉形

横向拉形是指板料横向两端头夹紧，在拉形模向上顶力和两夹钳横向拉力的双重加载作用下，迫使板料与拉形模贴合的成形方法。

横向拉形一般用于成形横向曲率较大，即横向曲率半径较小的蒙皮零件。横向拉形成形示意图如图 6－2 所示。

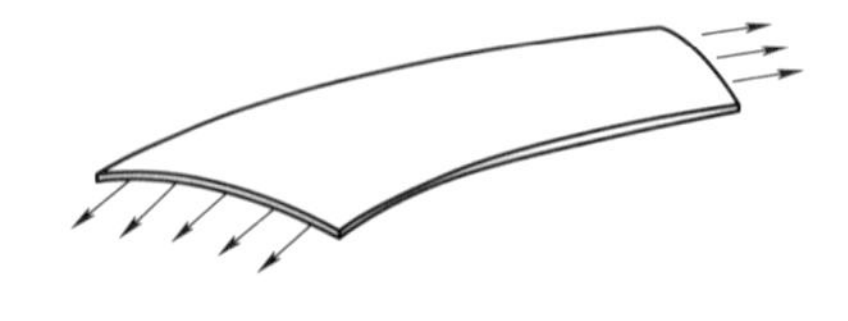

图 6－1　纵向拉形成形

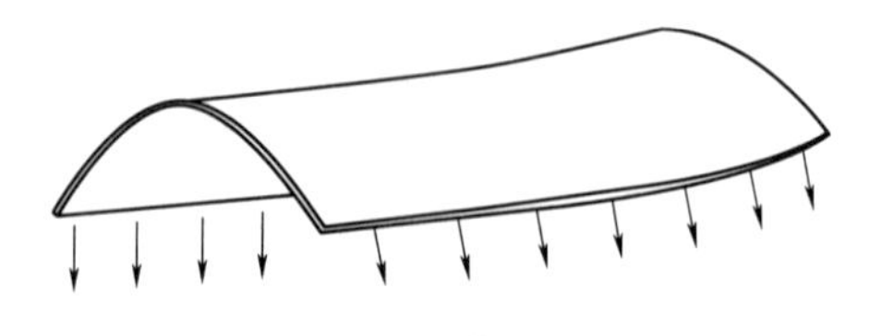

图 6－2　横向拉形成形

二、拉形的成形过程

就一般情况来说，纵向拉形过程分为五个阶段，横向拉形过程分为三个阶段。

1. 纵向拉形过程

（1）将蒙皮坯料纵向两端装入夹钳位置，夹紧坯料；调整各夹钳组合的角度，使其坯料在钳口夹持位置弯曲形成适当的弧度，此时坯料开始横向受弯，如图 6－3 所示。

（2）夹钳加载拉伸坯料，使其材料屈服，产生较均匀的塑性变形，初步形成双曲度蒙皮的外形，如图 6－4 所示。

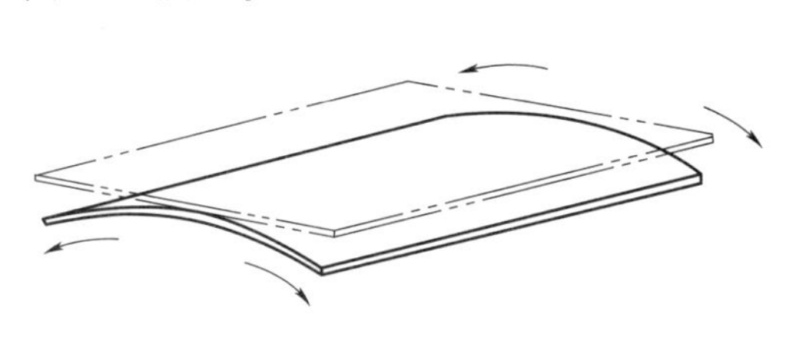

图 6－3　蒙皮横向受弯

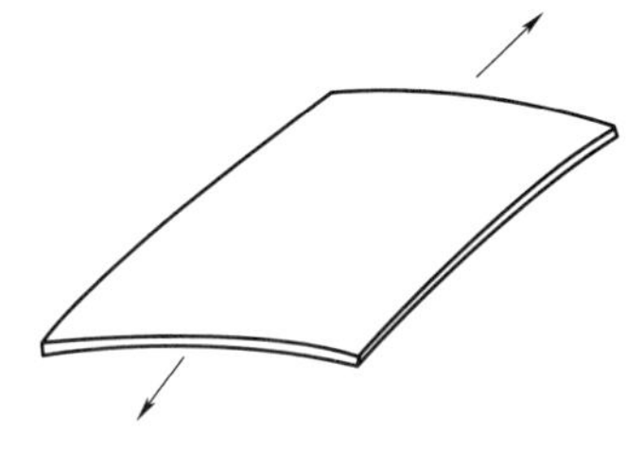

图 6－4　双曲度外形初成

（3）工作台驱动上升，拉形模型面顶靠坯料，纵向受拉弯曲，双曲度外形逐渐精确；坯料边缘失稳起皱，形成波纹，如图 6－5 所示。

（4）继续拉形坯料，促使纵向边缘的压应力向拉应力转变，皱纹拉平，如图 6－6 所示。

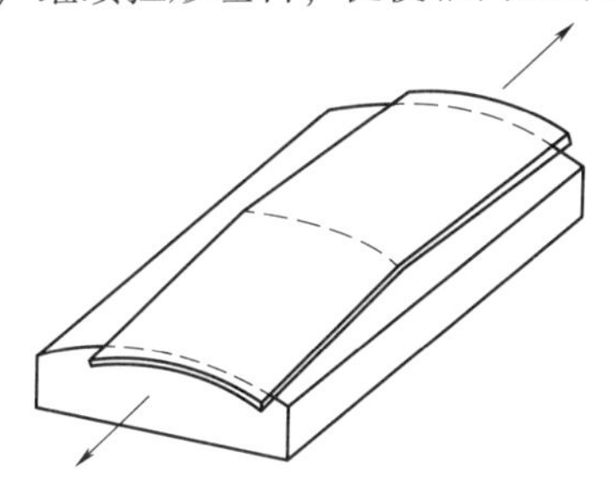

图 6－5　双曲度外形形成

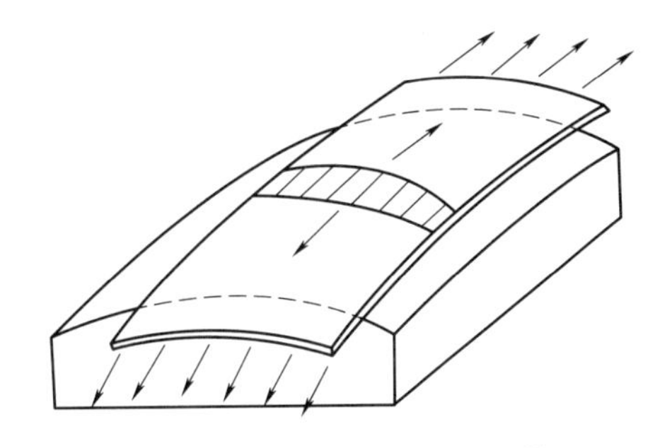

图 6－6　双曲度蒙皮贴模

（5）坯料完全贴模后再适当加载补拉，以最大程度消除材料的内应力，减小回弹，以减少后续工序（如开制口盖孔、热处理、表面处理及化学铣切）引起的零件变形。

2. 横向拉形过程

（1）将蒙皮坯料长边两端装入夹钳位置，夹紧坯料；工作台驱动拉形模上升与坯料接触，材料开始弯曲，如图 6－7 所示。

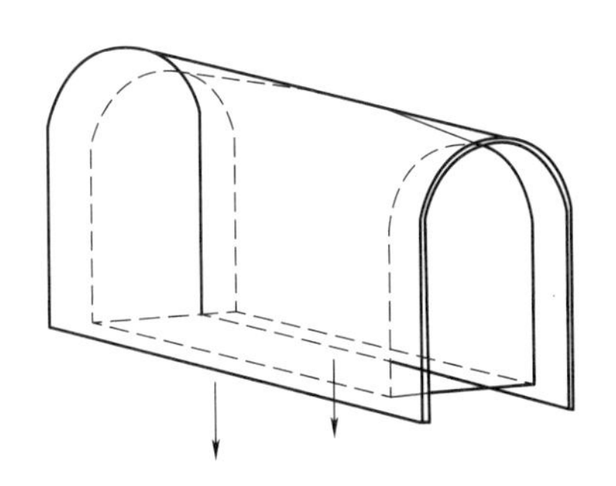

图 6－7　蒙皮纵向受弯图

（2）工作台驱动拉形模继续上升，坯料从接触点开始产生不均匀拉形变形，直至与拉形模贴合，如图6－8所示。

（3）坯料和拉模完全贴合后，工作台再上升，使坯料曲面上各点均匀变形约0.5%，可以减少零件回弹，即“补拉阶段”。

三、拉形方法

1. 一次拉形成形

先将零件坯料［O（退火）状态、M（冷加工后退火）状态等］进行固溶处理，在W（固溶热处理）状态下立即进行一次拉形成形，如图6－9所示。零件坯料（O状态、M状态等）先淬火后拉形可避免软料拉形半成品淬火后的热处理变形，省去了补拉工序。

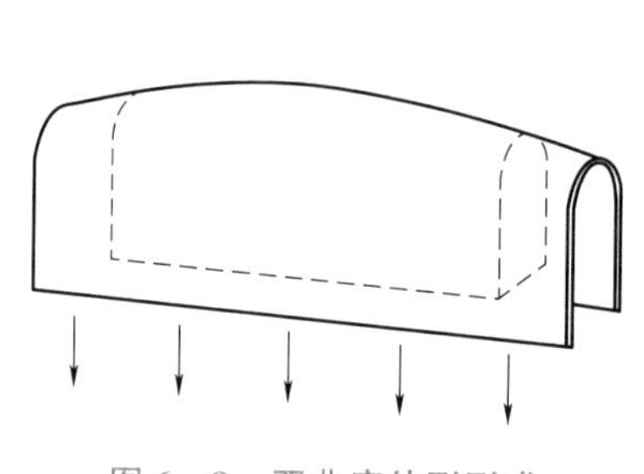

图6－8　双曲度外形形成

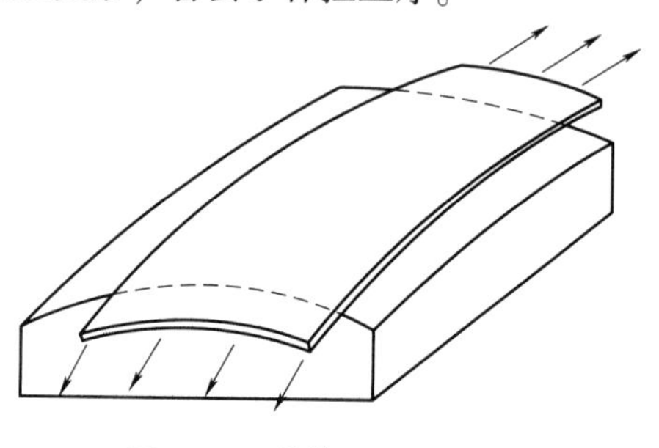

图6－9　单模（一次拉形）

一次拉形成形的限制条件如下：

（1）零件坯料经固溶处理成W状态后，必须在45 min内完成拉形成形。

（2）零件拉形系数K_L应小于极限拉形系数K_{max}，即$K_L < K_{max}$。

①拉形系数K_L是指板料拉形后，变形最大剖面处长度L_{max}与其原长度L_o之比，即

$$K_L = \frac{L_{max}}{L_o} \approx \frac{L_{max}}{L_{min}} \tag{6-1}$$

变形最大剖面处长度L_{max}与变形最小剖面处长度L_{min}决定于零件的构形特征，可以从拉形模上直接量取。

②极限拉形系数K_{max}是指在拉形过程中，板料频于出现不允许的缺陷时（破裂、滑移线、粗晶或“橘皮”等）的拉形系数，即

$$K_{max} = 1 + \frac{0.8A_L}{e^{\frac{\mu\alpha}{2n}}} \tag{6-2}$$

式中　A_L——单向拉形出现不允许的缺陷时的伸长率（%）；

μ——摩擦系数，一般取0.1～0.15；

n——材料的应变强化指数，铝合金一般取0.12～0.21；

e——自然对数底，e≈2.718；

α——坯料在模具上的包角。

2. 单模（两模）两次拉形成形

零件坯料局部拉形变形量较大，已接近极限拉形量，即$K_L > 0.8K_{max}$，可采用单模两次拉形或两模两次拉形的方法，另外穿插中间退火，以改善零件材料的变形趋势，从而完成拉形过程，如图6－10所示。

两次拉形成形的限制条件为：必须穿插中间退火。

3. 成组拉形

若干个外形相近的零件组合为一个曲面，用一个拉形模拉形成形，省工省料，如图6－11所示。

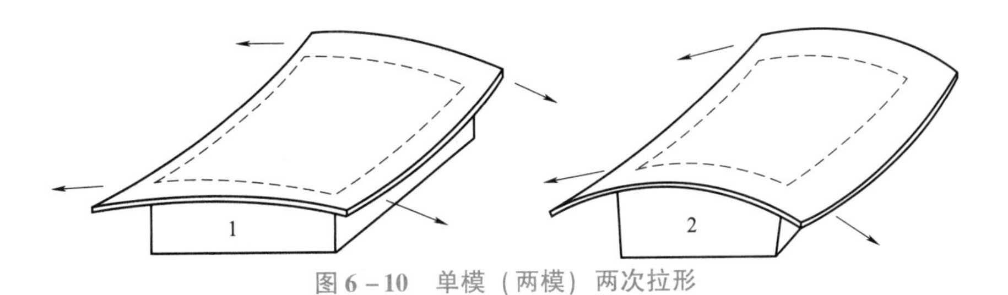

图 6－10　单模（两模）两次拉形

成组拉形的限制条件为：这些零件的材料规格相同，且曲面外形相近。

4. 重叠拉形

对于料厚 <1 mm 且需多次拉形的零件，首次拉形时，将若干张坯料重叠在一起拉形，可防止材料失稳起皱，如图 6－12 所示。

重叠拉形的限制条件为：零件材料料厚 <1 mm。

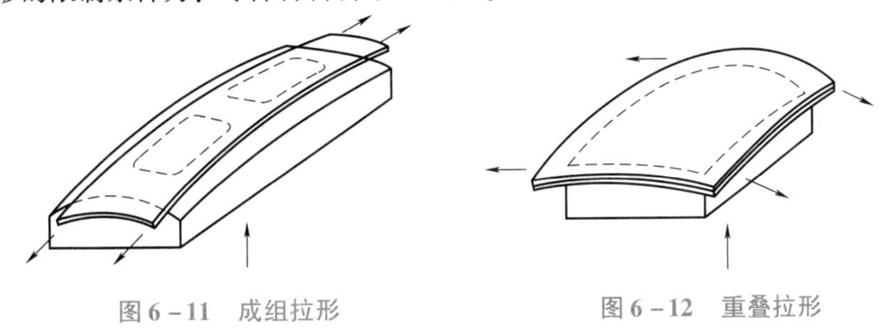

图 6－11　成组拉形

图 6－12　重叠拉形

5. 预成形后拉形

复杂曲面零件，先用其他方法预成形初形（如落压成形、滚弯成形、滚轮成形或手工成形等），再拉形，如图 6－13 所示。

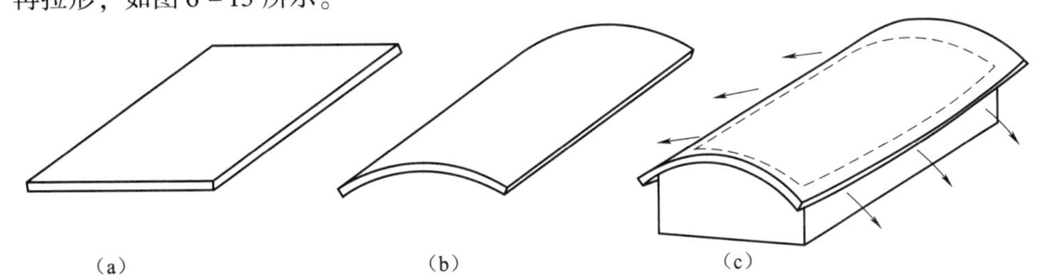

图 6－13　预成形后拉形

(a) 平板坯料；(b) 预滚弯成形；(c) 横向拉形

预成形后拉形的限制条件如下：

(1) 必须增加中间退火；

(2) 在多次成形过程中，要注意保护零件外表面，以防外表面质量恶化。

6. 加上压盖拉形

在拉形过程中，与模具顶力方向相反的局部上模加压，可成形零件曲面上的局部凸包或凹陷部位，如图 6－14 所示。

加上压盖拉形的限制条件为：上压盖表面光滑，成形表面涂油，避免零件外表面擦伤及压印。

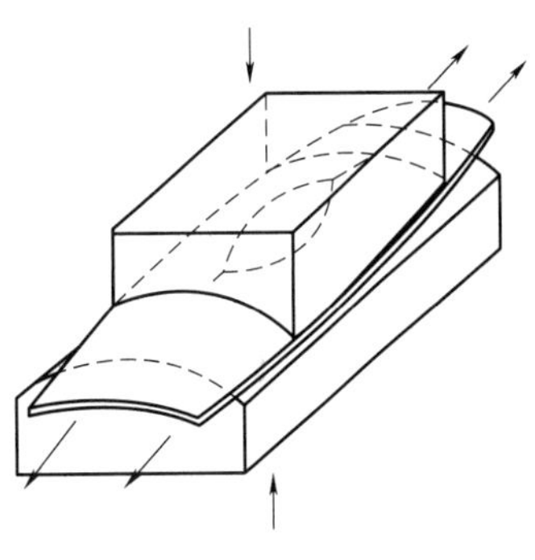

图 6－14　加上压盖拉形

四、拉形成形工艺要点及对策

1. 双曲度蒙皮拉形力

前期工艺设计中，要计算零件成形的拉形力，它是零件是否贴合拉形模，以及零件拉形后能否具有准确双曲度理论外形的关键。

纵向拉形时，拉形夹头的拉力（一侧夹头的组合拉力）为

$$P_L = 0.9SR_m \tag{6-3}$$

横向拉形时，工作台的顶力为

$$P_D = 1.8SR_m \sin(\alpha/2) \tag{6-4}$$

式中　P_L——拉形夹头的拉力（N）；

P_D——工作台的顶力（N）；

R_m——板料的抗拉强度（MPa）；

S——板料的原始剖面面积（mm^2）；

α——板料在模具上的包角（°）。

零件成形的拉形力应小于蒙皮拉形机的安全额定拉力。

2. 超宽超长双曲度蒙皮

该零件坯料长度应小于蒙皮拉形机两夹钳组极限位置的最大距离，坯料宽度应小于夹钳组的最大宽度。

3. 锥形蒙皮

锥形蒙皮拉形成形，坯料可选为梯形，两端宽度差不能太大，以避免小端撕裂。梯形坯料设计时应使悬空段等宽，如图 6-15 所示。

4. 马鞍形蒙皮

马鞍形蒙皮坯料在横向拉形时为防止两端发生侧滑，必须加大坯料两侧余量，使其包覆在拉形模圆角上，如图 6-16 所示。坯料外形为矩形或梯形。

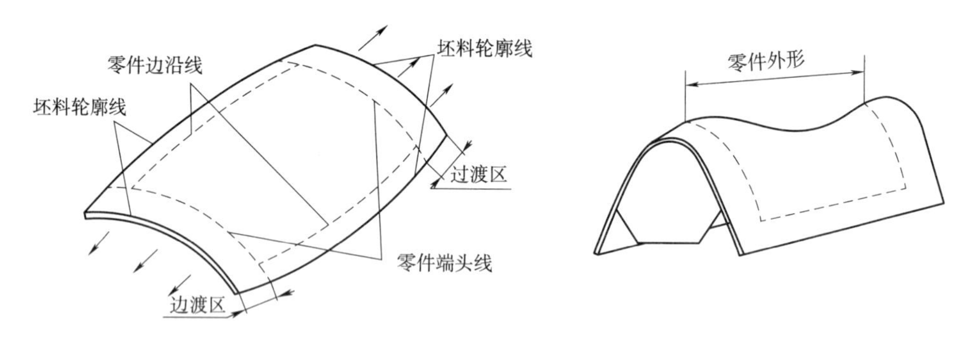

图 6-15　锥形蒙皮坯料设计　　图 6-16　马鞍形蒙皮横向拉形防侧滑对策

五、蒙皮拉形极限

在蒙皮拉形过程中，当板料濒于出现不允许的缺陷时（破裂、滑移线、粗晶及“橘皮”等），意味着板料变形已接近拉形极限，工艺上用极限拉形系数来表示。各种零件在拉形前，要计算拉形系数不得大于零件的极限拉形系数。

六、表面滑移线

金属板材拉形时都会出现滑移线（吕德斯线）。在外界拉应力的作用下，由于金属晶格各向异性变形和晶界错位，故表面上会出现视觉可辨的滑移线群。滑移线群源头与移动方向呈 45°夹

角，从一端飘向另一端，然后返回，周而复始。一层层滑移线的叠加、密集及覆盖，布满整个板材表面。板材卸载后滑移线依然存在，但一般目视不易被发现，若在镜面板材上，则可以看到但无触感。

从微观角度来说，滑移线是金属板材外表面的极细微波纹，其深度以微米（μm）来计，对蒙皮零件的使用性能毫无影响，仅对飞机镜面蒙皮外观的商用价值产生影响。

七、表面“橘皮”或粗晶

板材拉形量过大，会产生“橘皮”现象。此外，工序中的高温退火容易产生粗晶，对于蒙皮零件都是不允许的。

控制表面“橘皮”或粗晶的方法如下：

(1) 变形量小于临界值80%。成形后尽量不要退火，若需要，则控制退火温度低于再结晶温度，并缩短保温时间。

(2) 使用细晶粒度板材。

八、镜面蒙皮成形

镜面蒙皮又称抛光蒙皮，具有耐疲劳、耐腐蚀及气动表面光滑、美观等特点，在近代大型民用飞机上被广泛采用。一般的蒙皮加工方法适用于成形镜面蒙皮，问题是如何减少滑移线产生，以及进行外表面保护及修复。

1. 减少滑移线产生方法

(1) 在镜面板材拉形过程中，变形量应尽可能控制在1.5%～2.0%，最大变形量不得超过4.0%，否则会出现严重的滑移线。

(2) 拉形过程速度均匀（速度随蒙皮厚度而不同，一般为2.5～8.0 mm/s），不间断，有利于减少滑移线的产生，提高零件表面质量。

(3) 超低温拉形，也可有效减少滑移线的产生。

2. 外表面保护及修复方法

(1) 在拉形、搬运和工序交接过程中，涂覆AC－850可剥塑料涂层加以保护。

(2) 镜面蒙皮表面局部有轻微损伤可以修复，具体方法按修复文件执行。

做一做： 按照任务要求，完成飞机蒙皮类零件拉形方法、工艺要点的学习及相关的工艺计算。

步骤二　拉形零件的类型

一、飞机蒙皮类零件

1. 机身前段蒙皮

此类蒙皮零件位于飞机机身前段，具有复杂双曲度理论外形，曲率变化梯度大，零件外形精确度高，多采用纵向拉形，如图6－17所示。

2. 机身后段蒙皮

此类蒙皮零件位于飞机机身后段，具有双曲度理论外形，曲率变化梯度较小，零件外形精确度高。这些零件大多数沿飞机的航向分布，纵向尺寸较大，故采用纵向拉形，如图6－18所示。

3. 机翼、尾翼前缘蒙皮及缝翼蒙皮

此类蒙皮零件位于飞机机翼、尾翼前缘，具有双曲度理论外形，曲率变化梯度较小，零件外

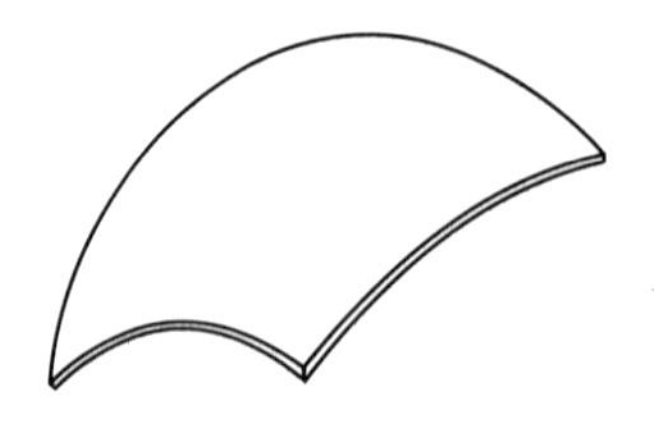

图 6-17　机身前段蒙皮

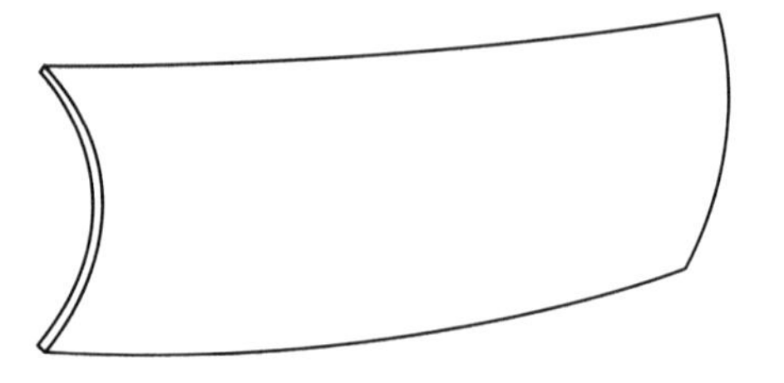

图 6-18　机身后段蒙皮

形精确度高。这些零件大多数沿飞机展向分布，剖面外形曲率半径狭小，故多采用横向拉形，如图 6-19 所示。

4. 机翼、尾翼翼面蒙皮

此类蒙皮零件位于飞机机翼、尾翼上下、左右两侧，具有双曲度理论外形，曲率变化梯度较小，零件外形精确度高。这些零件大多数为狭长外形，横剖面外形曲率较小，多采用纵向拉形，如图 6-20 所示。

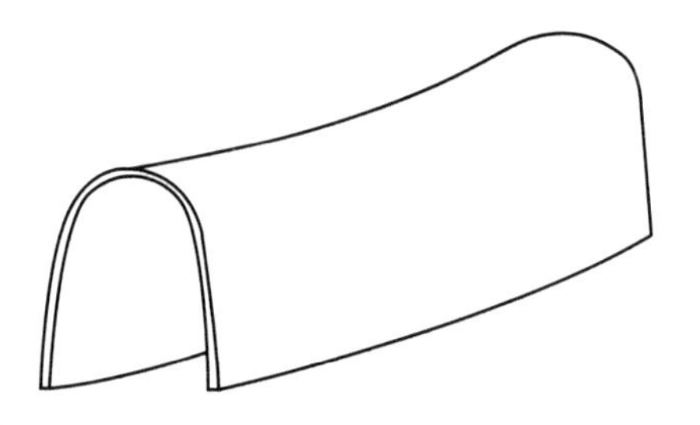

图 6-19　机翼、尾翼前缘蒙皮及缝翼蒙皮

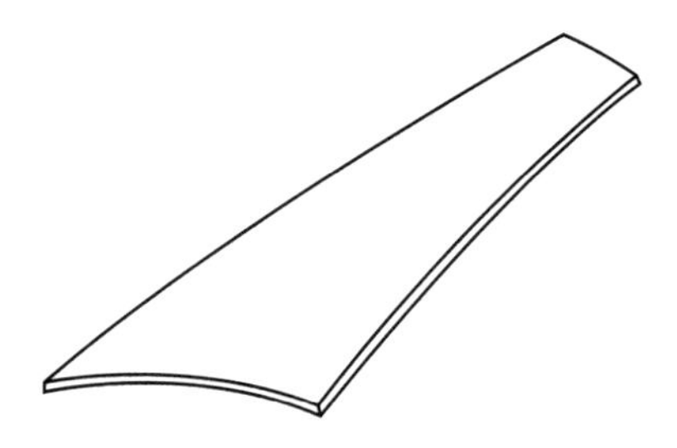

图 6-20　机翼、尾翼翼面蒙皮

5. 发动机短舱、主起落架舱蒙皮

此类蒙皮零件位于飞机发动机、起落架舱部位，具有双曲度复杂外形，曲率变化梯度较大，零件外形精确度高。这些零件的曲率大多数在纵、横两方向变化较大，可酌情采用纵向拉形或横向拉形，如图 6-21 所示。

6. 舱门蒙皮

此类蒙皮零件位于飞机的各个部位，它们包括客舱门、货舱门、登机门、检修门、应急舱门、其他功能舱门等。这些零件多为双曲度理论外形，曲率变化梯度较小，零件外形精确度高，协调关系复杂，多采用纵向拉形，如图 6-22 所示。

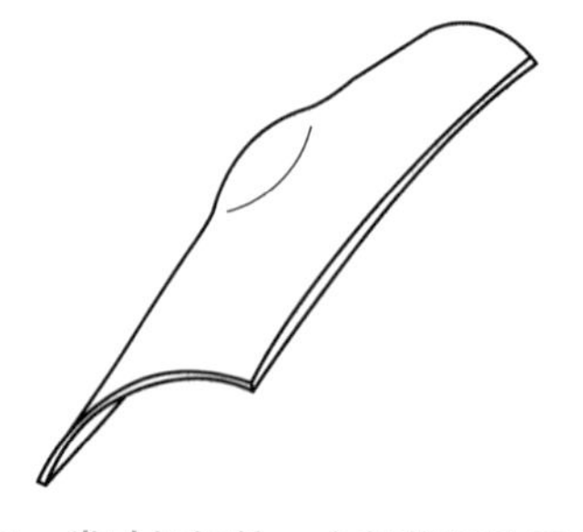

图 6-21　发动机短舱、主起落架舱蒙皮

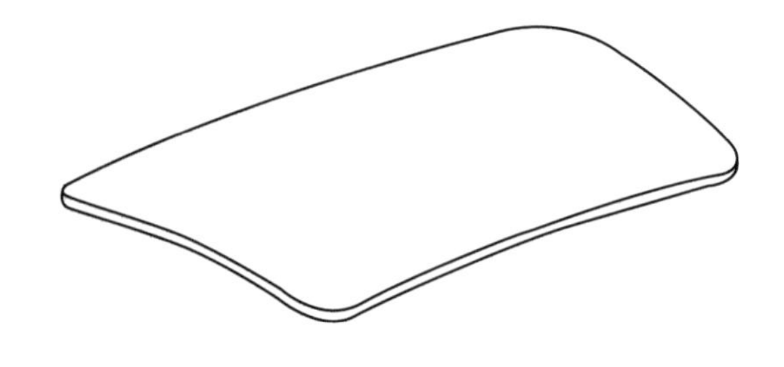

图 6-22　舱门蒙皮

二、运载火箭外壳体

火箭外壳体由柱形单曲度、内表面深度化学铣切的蒙皮组成。若采用滚弯成形，零件内部应

力不均衡，化学铣切后应力不均衡被释放，产生变形，修整困难，而采用拉形工艺，变形极小，如图 6 – 23 所示。

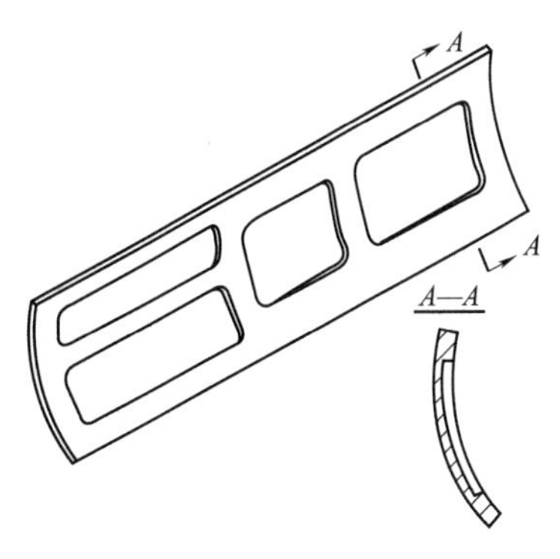

图 6 – 23　运载火箭外壳体

三、卫星接收天线面板

卫星接收天线面板由若干个扇形分段的双曲度零件装配组合成凹形球冠的外形，曲面为抛物线，外形容差按均方根检查，精度较高，一般采用纵向拉形，如图 6 – 24 所示。

四、高速列车车头整体壁板蒙皮

高速列车车头整体壁板蒙皮呈双曲度流线型，类似弹头形状，采用铝合金整体壁板拉形后焊接而成，它需要用专用拉形模成形，如图 6 – 25 所示。

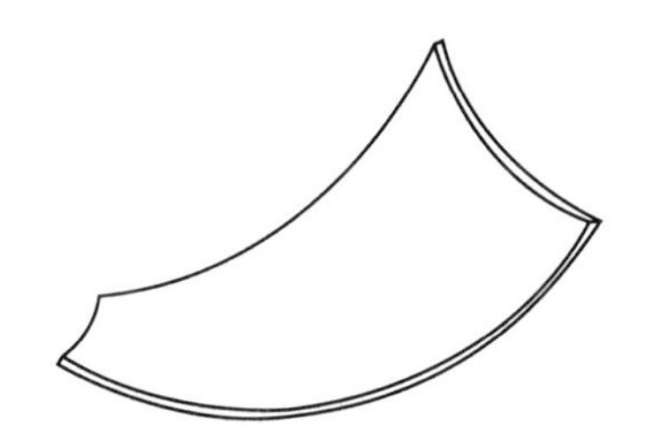

图 6 – 24　卫星接收天线面板

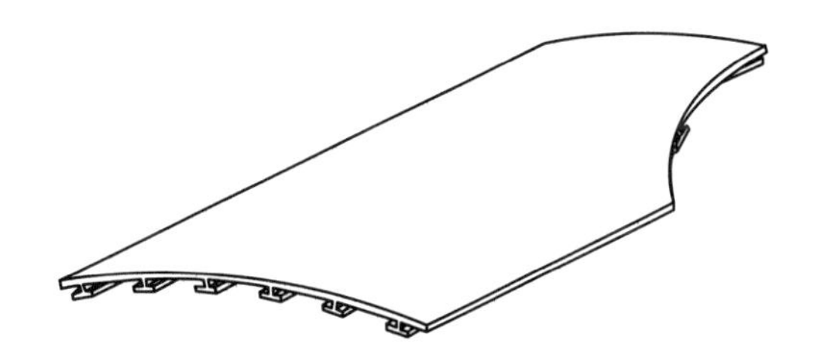

图 6 – 25　高速列车车头整体壁板蒙皮

五、金属幕墙挂板

大都市建筑物外墙装修常常采用金属幕墙挂板。幕墙挂板多数为平面挂板，而柱形、锥形、球形、椭球形、异形屋檐挂板的需求量日益增大。这类挂板需要用专用拉形模拉形成形，如图 6 – 26 所示。

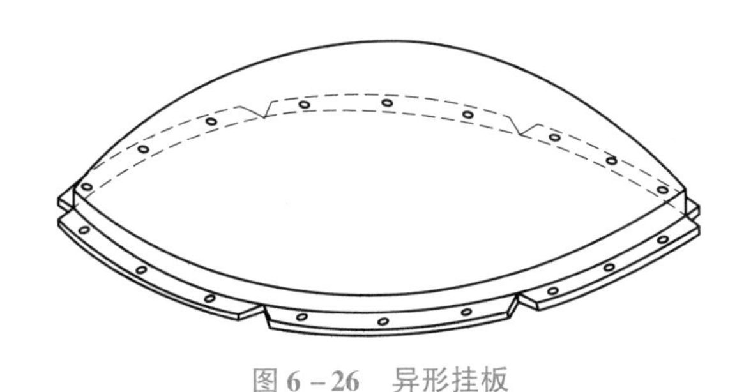

图 6 – 26　异形挂板

做一做： 按照任务要求，举例完成常见蒙皮类零件的拉形方法。

步骤三　拉形蒙皮常用材料

蒙皮拉形成形工艺常用材料见表 6 – 1。

表 6-1　蒙皮拉形成形工艺常用材料

适用材料	性能及特点	用　途
铝合金板材 2024、2A12，GB/T 3190—2008	这是一种高强度硬铝，归属铝-铜-镁系合金范畴，可自然时效强化。在 F（自由）、W 状态下塑性中等。点焊性能良好，气焊和氩弧焊时有形成晶间裂纹的倾向。耐蚀性不高，常采用阳极氧化处理、涂漆或表面加包铝层，以提高其耐蚀性	常用于航天航空蒙皮拉形材料
铝合金板材 7075、7A04，GB/T 3190—2008	这是一种最常用的超硬铝，是高强度合金，归属铝-锌镁-铜系合金范畴，可人工时效强化。在 F、W 状态下塑性中等。点焊性能良好，气焊和氩弧焊不良。对应力集中敏感，具有良好的耐蚀性	常用于航天航空蒙皮拉形材料
铝合金板材 7A09，GB/T 3190—2008	这是一种高强度合金，归属铝-锌-镁-铜系合金范畴，可人工时效强化。在 F、W 状态下塑性介于 2A12 和 7A04 之间。合金板材的静疲劳、缺口敏感及应力腐蚀性能稍优于 7A04	常用于航天航空蒙皮拉形材料
铝合金板材 5083，GB/T 3190—2008	这是一种防锈铝合金，归属铝-镁系合金范畴，在不可以热处理强化的合金中强度较好，耐蚀性良好。焊接性能良好，阳极化后表面美观	常用于高速列车车头蒙皮
铝合金板材 6005、6005A，GB/T 3190—2008	这是一种锻铝合金，归属铝-镁-硅系合金范畴，可自然时效、人工时效强化。在 F、W 状态下塑性尚好。耐蚀性、焊接性能良好	常用于高速列车车头蒙皮
铝合金板材 5052、5A02，GB/T 3190—2008	这是一种防锈铝合金，归属铝-镁系合金范畴，不可以热处理强化。在 M 状态下塑性高，在 H112 状态下塑性尚可。焊接性能良好，焊缝塑性高，抛光性能好	常用于建筑业金属幕墙挂板
铝锂合金 2020、2090、2195、2197 和 8090 等，GB/T 3190—2008	主要的铝锂合金有 2××× 系（Al-Li-Cu-Zr）和 8××× 系（Al-Li-Cu-Mg-Zr）。合金相对密度仅有 1.7，是目前合金材料中最轻的一种，它的刚强比较高，具有较好的耐蚀性和抗疲劳性以及适宜的延展性	是制造飞机机身蒙皮、襟翼蒙皮、副翼蒙皮及尾翼蒙皮机体构件的轻型材料
钛合金板材 TC4Ti-6Al-4V，GB/T 3620.1—2007	这是一种 $\alpha+\beta$ 型钛合金。该合金不仅具有良好的室温、高温和低温力学性能，且在多种介质中具有优异的耐蚀性，同时可焊接、冷热成形，并可通过热处理强化	常用于航天航空及船舰等领域

做一做：按照任务要求，完成蒙皮类零件材料的选择。

步骤四　拉形成形典型零件工艺流程

一、发动机房蒙皮

（1）横向拉形，材料为 2A12-0-δ1.2 或 2024-0-t0.05，热处理至 T42，零件草图如图 6-27 所示。

（2）工艺流程：下料→预拉形→淬火→补拉形→切割外形→修整→检验。

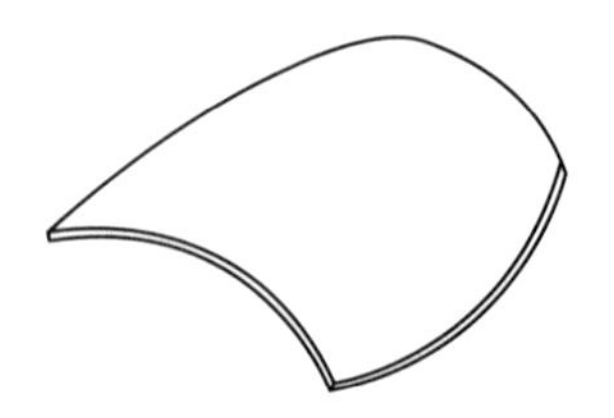

图 6-27　发动机房蒙皮零件草图

二、前缘马鞍形蒙皮

（1）横向拉形，材料为 2A12－0－δ1.5 或 2024－0－t0.063，热处理至 T42，化学铣切，零件草图如图 6－28 所示。

（2）工艺流程：下料→滚弯→预拉形→退火→拉形→淬火→预切割→时效应力松弛校形→精密化学铣切→切割外形→校正→检验。

三、垂尾安定面蒙皮

（1）纵向拉形，材料为 2024－T3－t0.063，镜面蒙皮板材，化学铣切，零件草图如图 6－29 所示。

（2）工艺流程：整张板材→拉形→切割外形→涂敷并检查 AC850 保护涂层→化学铣切→校正→检验。

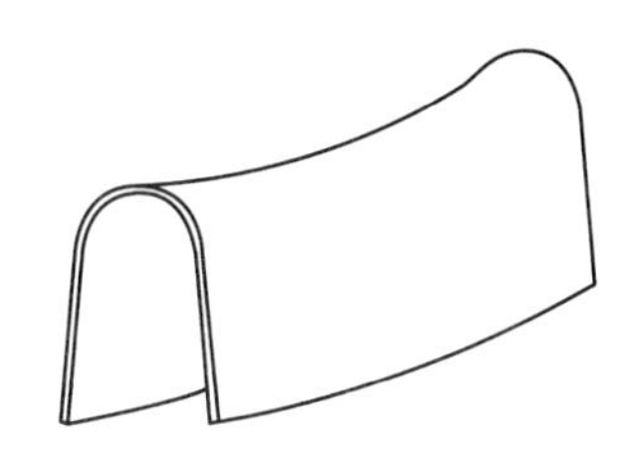

图 6－28　前缘马鞍形蒙皮零件草图

图 6－29　垂尾安定面蒙皮零件草图

做一做：按照任务要求，举例分析蒙皮类零件的工艺设计流程。

任务考核

任务名称	拉形成形技术	专业		组名	
班级		学号		日期	
评价指标	评价内容			分数评定	自评
信息收集能力	能有效利用网络、图书资源查找有用的相关信息等；能将查到的信息有效地传递到学习中			10 分	
感知课堂生活	是否能在学习中获得满足感、课堂生活的认同感			5 分	
参与态度沟通能力	积极主动与教师、同学交流，相互尊重、理解、平等；与教师、同学之间是否能够保持多向、丰富、适宜的信息交流			5 分	
	能处理好合作学习和独立思考的关系，做到有效学习；能提出有意义的问题或能发表个人见解			5 分	
知识、能力获得情况	拉形的原理和方法			20 分	
	拉形的工艺要点设计			30 分	
	蒙皮类零件材料的选择			10 分	
辩证思维能力	是否能发现问题、提出问题、分析问题、解决问题、创新问题			10 分	
自我反思	按时保质完成任务；较好地掌握了知识点；具有较为全面严谨的思维能力并能条理清楚明晰地表达成文			5 分	
小计				100	

续表

总结提炼				
考核人员	分值/分	评分	存在问题	解决办法
（指导）教师评价	100			
小组互评	100			
自评成绩	100			
总评	100	总评成绩 = 指导教师评价 ×35% + 小组评价 ×25% + 自评成绩 ×40%		

知识拓展

通过查阅相关教材、钣金设计手册和中国大学慕课等网络资源，学习蒙皮类拉形成形技术。

任务二　滚弯成形技术

任务描述

学习滚弯成形技术的成形方法、滚弯成形的工艺要求及工艺装备。

学习目标

【知识目标】

（1）掌握滚弯成形的过程；

（2）掌握滚弯成形的工艺要点；

（3）掌握板类滚弯零件的类型及常用材料。

【能力目标】

（1）能正确分析滚弯工艺的要点和对策；

（2）能制定蒙皮类零件的滚弯工艺流程。

【素养素质目标】

（1）培养学习知识的能力；

（2）培养逻辑思维能力。

任务实施

任务单　滚弯成形技术

任务名称	滚弯成形技术	学时		班级	
学生姓名		学生学号		任务成绩	
实训设备		实训场地		日期	
任务目的	制定板类零件滚弯工艺流程				
任务内容	滚弯成形原理、成形方法及工艺要点				

续表

任务实施	一、滚弯成形的原理 二、滚弯成形的过程 三、滚弯成形的工艺要点 四、板类滚弯零件的材料选择 五、滚弯零件的工艺流程 六、滚弯的工艺装备
谈谈本次课程的收获，写出学习体会，给任课教师提出建议	

钣金滚弯成形工艺包含金属板材滚弯成形、型材滚弯成形和管材滚弯成形。滚弯成形工艺常用于飞机机身蒙皮、机翼蒙皮及副油箱外蒙皮等单曲度零件，以及火箭直线段壳体、化工产业反应釜、运输行业罐体、压力容器行业壳体、高速列车壁板、建筑行业曲面幕墙构件的制造过程。

蒙皮滚弯机（又称对称三轴辊）是钣金滚弯成形的专用设备。

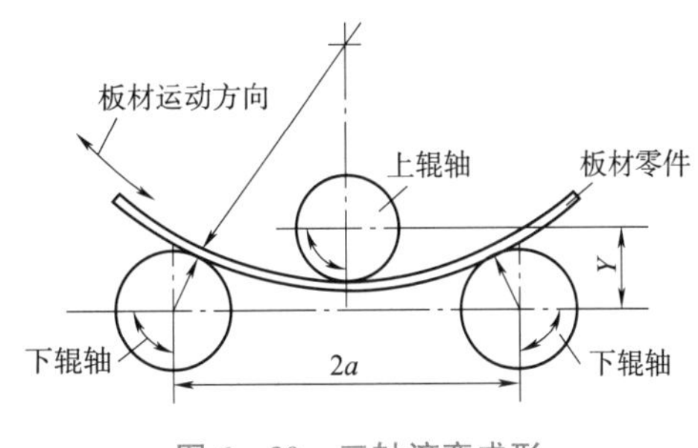

图 6－30　三轴滚弯成形

如图 6－30 所示，板料从三根同步旋转的辊轴间通过，并连续产生塑性弯曲成形。通过改变辊轴间的相互位置（下辊轴间距 $2a$，上下辊轴间距离 Y），即可获得零件所需的曲率。

步骤一　典型板材滚弯成形零件

典型板材滚弯成形零件见表 6－2。

表 6－2　典型板材滚弯成形零件

典型零件	特征	用途
等曲率圆筒形滚弯零件	具有平行直母线特征，且处处曲率半径相等，拟似局部圆筒形件	常用于飞机机身中段蒙皮、垫板、火箭壳体、罐体侧壁、压力容器及建筑金属幕墙等
变曲率圆筒形滚弯零件	具有平行直母线特征，而各处曲率半径不等，拟似局部筒形零件	
圆锥形滚弯零件	具有锥台形直母线特征，沿母线各处曲率半径不等，拟似局部锥台形零件	
均匀变厚度滚弯零件	具有平行直母线特征，且处处曲率半径相等，拟似局部圆筒形件	
内表面化学铣切的滚弯零件	具有平行直母线特征，且处处曲率半径相等，拟似局部圆筒形件	

做一做：按照任务要求，举例分析板类零件的滚弯成形特征。

步骤二 滚弯成形过程

一、等曲率滚弯成形

（1）提升上辊轴位置，使上、下辊轴在切点接触面分离，以便后续工序插入板材坯料。

（2）调整下辊轴中心距，它仅与板材坯料的厚度有关，见表6-3。

表6-3 下辊轴中心距 mm

板材厚度 \ 设备型号	蒙皮滚弯机 кгл-2	蒙皮滚弯机 кгл-3
<2.5	90	210
2.5~3.0	90	210
3.0~4.0	90~110	210
4.0~6.0	110~120	210
6.0~12.0	—	210

（3）插入板材坯料，水平放置，对齐起始位置。

（4）落下上辊轴与坯料上表面接触并轻微加载。

（5）调整上辊轴压下量 H，如图6-31所示，它是板材滚弯成形曲率的关键参数。上辊轴压下量计算公式为

$$H = R_q + R_z - \sqrt{(R_q + t + R_z)^2 - a^2} \quad (6-5)$$

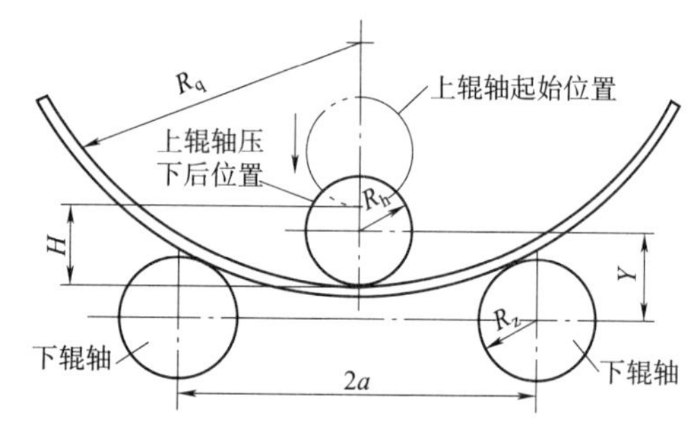

图6-31 上辊轴压下量关系

式中 H——上辊轴压下量（mm）；

R_q——零件回弹前内表面弯曲半径（mm）；

R_z——下辊轴半径（mm）；

t——材料厚度（mm）；

a——下辊轴水平中心距的一半（mm）。

零件滚弯回弹前、后曲率半径关系计算公式为

$$R_q = \frac{R_h}{1 + \frac{MR_h}{EI}} \quad (6-6)$$

式中 R_q——零件回弹前内表面弯曲半径（mm）；

R_h——零件回弹后表面弯曲半径（mm）；

M——弯曲力矩（N·mm）；

I——板材受弯变形时的惯性矩（mm^4）；

E——材料弹性模量（N/ mm^4）。

对2A12-T4（2024-T4）、7A04-T6（7075-T6）板材，当 $R_h/t \geqslant 20$ 时（t 为料厚，单位为mm），有

$$R_q = \frac{R_h t}{107t + 0.009\,R_h} \tag{6-7}$$

（6）开动机床，板材坯料在辊轴之间周而复始来回滚动，上辊轴匀速压下直至最大压下量，零件滚弯成形过程完成。

二、变曲率滚弯成形

变曲率滚弯与等曲率滚弯过程的区别在于上辊轴的动作不同。在板材滚弯过程中，零件各直母线位置所施加的下压量是变化的，这种变化受控于机床的凸轮连杆机构或数字控制。

三、锥台形滚弯成形

锥台形零件滚弯前，按展开计算、下料，并在相当于零件内表面的两端划出等百分线段。

（1）滚弯时，操作人员在两边按等百分线段同步送料，上辊轴压下量按小端计算。

（2）滚弯时，操作人员先按矩形板料滚弯，按大端压下量控制；然后调整上辊轴斜度，再从中线往两侧滚弯，按小端压下量控制；最后以两斜边定位送料滚制两边获得锥台形零件，如图 6-32 所示。

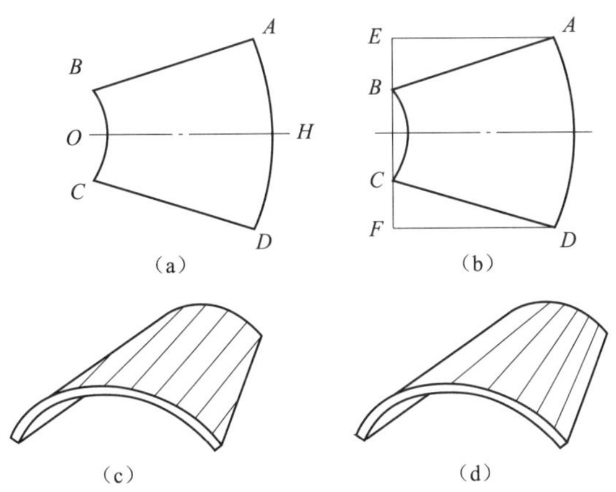

图 6-32　锥台形零件滚弯

（a）零件坯料；（b）按设想的 *AEFD* 矩形送料滚出筒形；（c）滚制的筒形件；
（d）按 *ABCD* 定位送料滚制两侧边，获得锥台形零件

四、均匀变厚度滚弯成形

此类零件可按等厚度锥台形零件的滚弯方法进行，其上辊轴按零件展向厚度斜率调整不同的压下量。

五、内表面化学铣切的滚弯零件

这种零件应在化学铣切面加垫板滚弯成形。当化学铣切深度较深、面积较大时，应采用带有型面的垫板或垫块，以避免化学铣切区的零件正面产生棱线和凹陷。

做一做：按照任务要求，完成板类零件滚弯成形特点。

步骤三　滚弯成形工艺要点及对策

一、滚弯校正余量

零件滚弯后若需少量手工修整，滚弯后的曲率半径则应适当小于零件要求的曲率半径，滚

弯校正余量一般控制在 4 mm 之内，如图 6 - 33 所示。

二、滚弯两侧直线段

对于对称三轴滚弯来说，在零件成形的始端和末端各有长度近似为 a（下辊轴水平中心距之半）的直线段无法直接成形。

减少两侧直线段长度的方法如下：

（1）尽可能调整机床下辊轴为最小。

（2）两侧留出工艺余量，成形后切除。

（3）先成形侧边曲率，后滚弯成形。

（4）加垫板滚弯，依靠垫板强制成形两侧边的曲率，垫板厚度一般为零件板厚的两倍，如图 6 - 34 所示。

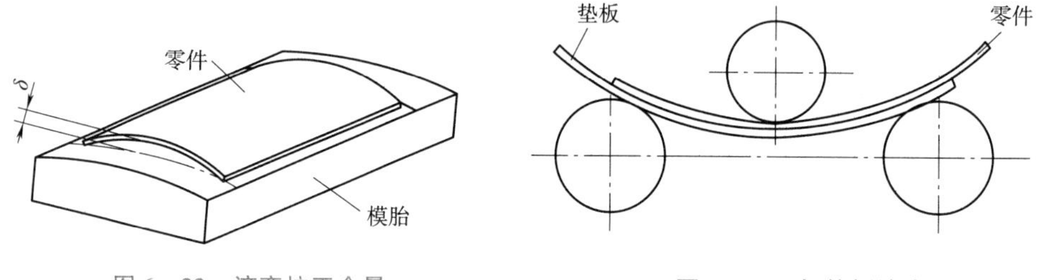

图 6 - 33　滚弯校正余量

图 6 - 34　加垫板滚弯

做一做：按照任务要求，完成板类零件滚弯成形的工艺设计要点。

步骤四　滚弯成形常用材料

板材滚弯成形常用材料与蒙皮拉形材料大体相同，主要区别是板材滚弯成形一般直接采用硬状态的板材，而蒙皮拉形一般采用退火状态的板材，成形后通过热处理达到设计状态要求。

做一做：按照任务要求，完成板类零件的材料选择。

步骤五　滚弯成形典型零件工艺流程

一、蒙皮（一）

（1）滚弯成形，材料为 2A12 - T3 - δ1. 2 或 2024 - T3 - t0. 05，零件草图如图 6 - 35 所示。

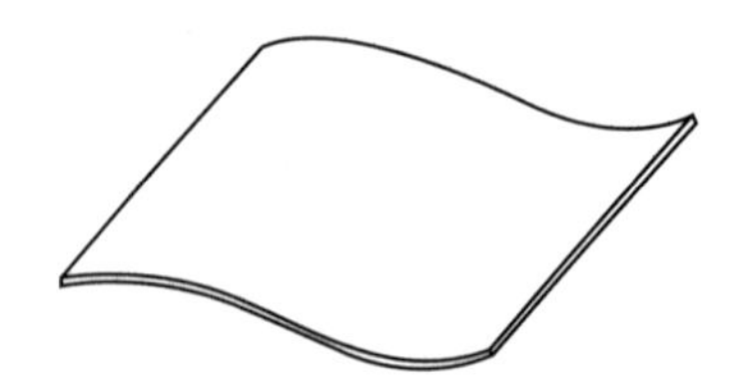

图 6 - 35　蒙皮零件草图（一）

（2）工艺流程：按展开样板下料→板料正反面滚弯成形→按胎模手工校正→检验。

二、蒙皮（二）

（1）滚弯成形，材料为 2A12 - M - δ1.0 或 2024 - 0 - t0.04，零件草图如图 6 - 36 所示。

（2）工艺流程：按展开样板下料→滚弯成形→闸压成形两侧弯边→按胎模手工校正→检验。

三、金属幕墙挂板

（1）滚弯成形，材料为 5A02 - Y2 - δ3.0 或 5052 - H112 - t0.12，零件草图如图 6 - 37 所示。

（2）工艺流程：按坯料尺寸下料→滚弯成形→闸压成形两侧弯边→按胎模手工校正→切割弯边尺寸、钻孔→检验。

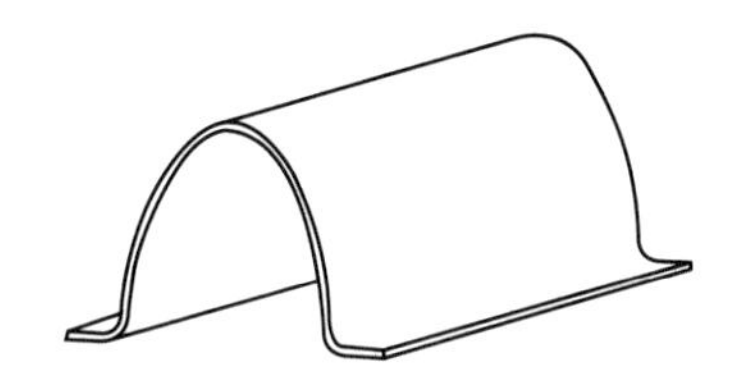

图 6 - 36　蒙皮零件草图（二）

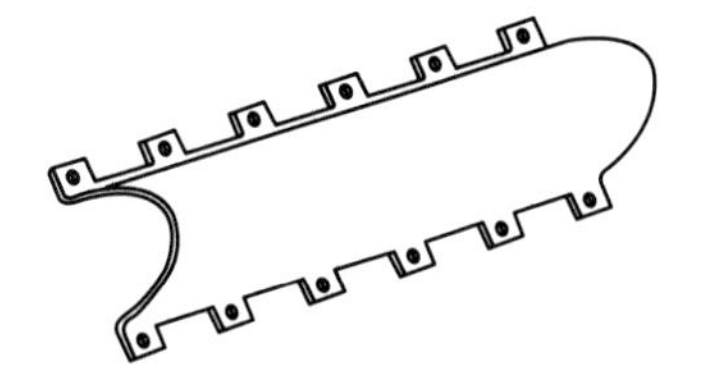

图 6 - 37　幕墙挂板零件草图

做一做：按照任务要求，举例分析板类零件滚弯成形的工艺流程。

任务考核

<table>
<tr><td>任务名称</td><td>滚弯成形技术</td><td>专业</td><td></td><td>组名</td><td></td></tr>
<tr><td>班级</td><td></td><td>学号</td><td></td><td>日期</td><td></td></tr>
<tr><td>评价指标</td><td colspan="3">评价内容</td><td>分数评定</td><td>自评</td></tr>
<tr><td>信息收集能力</td><td colspan="3">能有效利用网络、图书资源查找有用的相关信息等；能将查到的信息有效地传递到学习中</td><td>10 分</td><td></td></tr>
<tr><td>感知课堂生活</td><td colspan="3">是否能在学习中获得满足感、课堂生活的认同感</td><td>5 分</td><td></td></tr>
<tr><td rowspan="2">参与态度沟通能力</td><td colspan="3">积极主动与教师、同学交流，相互尊重、理解、平等；与教师、同学之间是否能够保持多向、丰富、适宜的信息交流</td><td>5 分</td><td></td></tr>
<tr><td colspan="3">能处理好合作学习和独立思考的关系，做到有效学习；能提出有意义的问题或能发表个人见解</td><td>5 分</td><td></td></tr>
<tr><td rowspan="3">知识、能力获得情况</td><td colspan="3">滚弯的成形原理和变形特点分析</td><td>15 分</td><td></td></tr>
<tr><td colspan="3">滚弯的工艺要点设计</td><td>30 分</td><td></td></tr>
<tr><td colspan="3">板类滚弯零件的材料选择和工艺流程设计</td><td>15 分</td><td></td></tr>
<tr><td>辩证思维能力</td><td colspan="3">是否能发现问题、提出问题、分析问题、解决问题、创新问题</td><td>10 分</td><td></td></tr>
<tr><td>自我反思</td><td colspan="3">按时保质完成任务；较好地掌握了知识点；具有较为全面严谨的思维能力并能条理清楚明晰地表达成文</td><td>5 分</td><td></td></tr>
<tr><td colspan="4">小计</td><td>100</td><td></td></tr>
</table>

续表

总结提炼				
考核人员	分值/分	评分	存在问题	解决办法
（指导）教师评价	100			
小组互评	100			
自评成绩	100			
总评	100	总评成绩＝指导教师评价×35%＋小组评价×25%＋自评成绩×40%		

知识拓展

通过查阅相关教材、钣金设计手册和中国大学慕课等网络资源，学习滚弯成形技术。

任务三　橡皮液压成形技术

任务描述

橡皮液压成形方法及典型零件工艺流程。

学习目标

【知识目标】

（1）掌握橡皮液压成形的特点；

（2）掌握橡皮液压成形的工艺设计要点；

（3）掌握压型模的结构特点；

（4）掌握框肋零件成形的工艺流程。

【能力目标】

（1）能正确分析橡皮液压成形技术的成形工艺；

（2）能制定框肋零件橡皮液压成形的工艺流程。

【素养素质目标】

（1）培养严谨的工作作风；

（2）培养成本、效益与质量的意识。

任务实施

任务单　橡皮液压成形

任务名称	橡皮液压成形	学时		班级	
学生姓名		学生学号		任务成绩	

续表

实训设备		实训场地		日期	
任务目的	掌握橡皮液压成形过程、成形方法及工艺要求等				
任务内容	掌握橡皮液压成形过程、成形方法、工艺要求及框肋零件成形的工艺流程等				
任务实施	一、橡皮液压成形的成形方法 二、橡皮液压成形的成形特点 三、橡皮液压成形的工艺要点 四、压型模的结构 五、框肋零件成形的工艺流程				
谈谈本次课程的收获，写出学习体会，给任课教师提出建议					

相关知识

利用橡皮或充满液体的橡皮囊作为通用上模，在压力（液体压力）作用下将坯料包贴在刚性下模上成形的方法，称为橡皮液压成形工艺，简称橡皮成形或液压成形，其工作原理如图 6－38 所示。

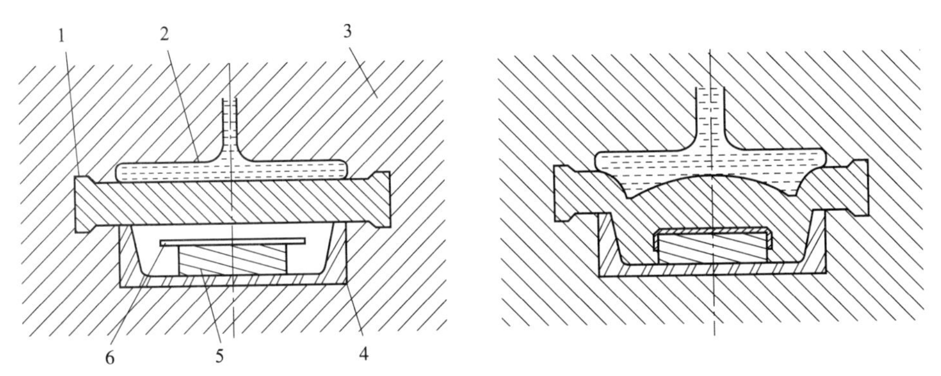

图 6－38　橡皮液压成形原理

1—橡皮外胎；2—橡皮囊；3—机床框架；4—工作台；5—压型模；6—坯料

在制造航空飞行器的框肋结构钣金件时，常会碰到以下结构：平面带弯边，变斜角，外缘变曲率，部分零件上分布有减轻孔和加强梗，此外还有为保证零件装配时飞机外形的平滑而在弯边上压制的下陷等。诸如此类零件在航空工厂中通常采用橡皮液压成形工艺。典型橡皮液压成形零件如图 6－39 所示。

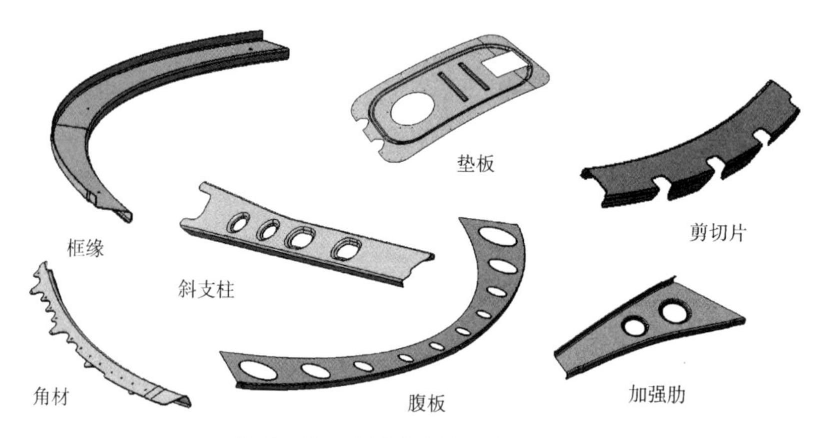

图 6－39　典型橡皮液压成形零件

步骤一　橡皮液压成形零件分类和成形方法

一、橡皮液压成形零件分类

（1）按零件结构及工艺特点，橡皮液压成形零件可分为八类，见表 6－4。

表 6－4　按零件结构及工艺特点分类

序号	零件截面	分类名称	备注
1		单弯边零件	一次成形
2		同向双弯边零件	一次成形
3		异向双弯边零件	二次成形
4		带加强弯边的异向双弯边零件	二次成形
5		带加强弯边的同向双弯边零件	二次成形
6		带加强窝加强槽的平板零件	一次成形
7		带加强窝加强槽的同向弯边零件	一、二次成形
8		带加强窝加强槽的异向弯边零件	二、三次成形

（2）按零件变形特点，橡皮液压成形零件可分为五类，见表6－5。

表6－5　按零件变形特点分类

序号	分类名称	典型结构	变形特点
1	直线弯边		弯边简单，成形时主要选定弯曲半径和回弹角
2	凹曲线弯边		弯边部分材料伸长变薄，易产生裂纹，最大弯边高度决定于材料的最大伸长率、材料种类、零件厚度、坯料边缘的表面粗糙度情况和冷作硬化的程度
3	凸曲线弯边		弯边部分材料缩短变厚，易起皱，皱纹形成取决于材料的种类、厚度、弯边高度和平面上的曲率半径、橡皮单位压力和模具结构
4	凸凹曲线弯边		弯边部分材料同时兼顾着“收、放”变形，一个弯边受压应力，另一个弯边受拉应力
5	复杂异形弯边		结构较封闭，弯边较高且凹凸变化相间，加强筋、槽结构分布紧密，材料变化机理复杂

二、橡皮液压成形方法

1. 橡皮囊成形法（固定容框式）

在橡皮囊成形法中，通常使用一种有弹性的橡皮囊，橡皮囊被封闭管道系统中的液压油挤压膨胀，膨胀的橡皮囊迫使板料成形为模具型面的形状，如图6－40所示。

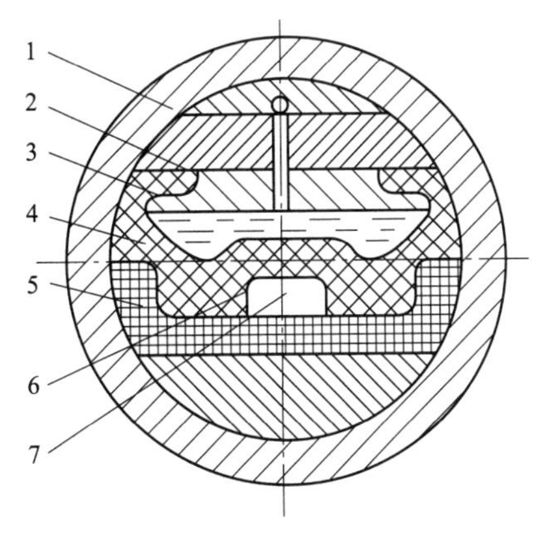

图6－40　橡皮囊式成形法

1—圆筒；2—密封板；3—橡皮内胎；4—橡皮外胎；5—工作台；6—成形零件；7—压型模

2. 橡皮垫成形法（移动容框式）

在橡皮垫成形法中，采用充满厚橡皮板的容框，其目的是获得比较均匀和比较高的单位压力。通常一系列形状完全不同的钣金件能在压力机的一次行程中全部成形，如图 6-41 所示。

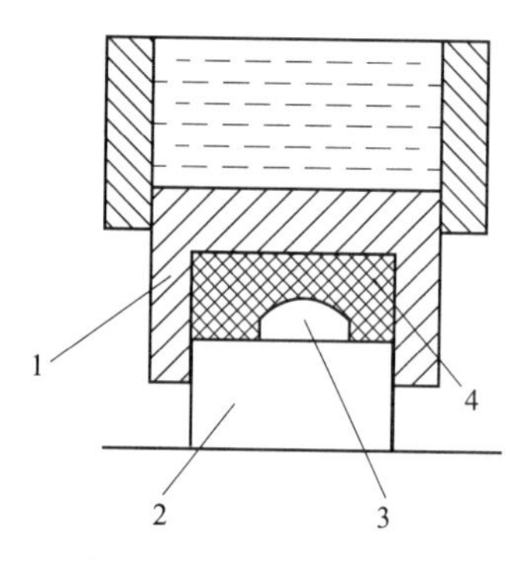

图 6-41　橡皮垫成形法

1—容框；2—工作台；3—压型模；4—橡皮

做一做：按照任务要求，完成框肋零件结构特点、变形特点和成形方法的分析。

步骤二　橡皮液压成形工艺参数

一、直线弯边（含弯边上带有下陷，后同）

图 6-42 所示为直线弯边典型零件示意图。直线弯边成形极限通常用最小弯曲半径表示，直线弯边零件的弯曲半径应大于或等于最小弯曲半径。为保证直边的边缘形状，弯曲变形区之外的直边高度 h 不应小于两倍料厚 t。如果满足不了要求，则可在下料时，在弯边高度上适当加工艺余量，在成形后再切去，如图 6-43 所示。当零件上存在翻边减轻孔、加强窝等结构，而减轻孔、加强窝又采用冲制成形时，压型模上需对已成形部位开出躲避结构。两个相邻弯边交界处或有弯边与无弯边的相接处，应有防止零件橡皮液压成形时被扯裂的止裂孔（见图 6-44），止裂孔的直径大小一般应不小于两倍的材料厚度。

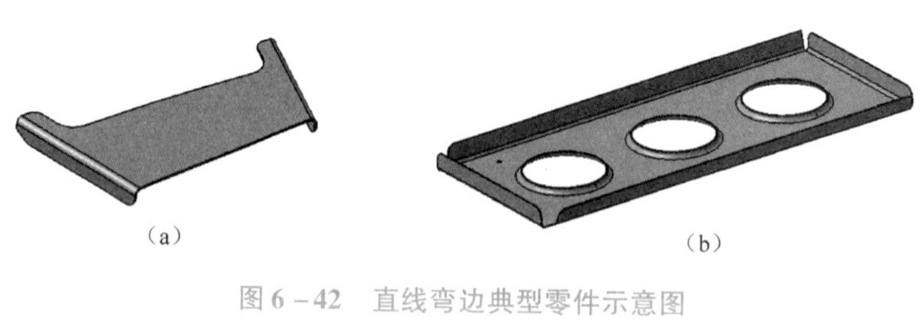

图 6-42　直线弯边典型零件示意图

（a）剪切片；（b）连接板

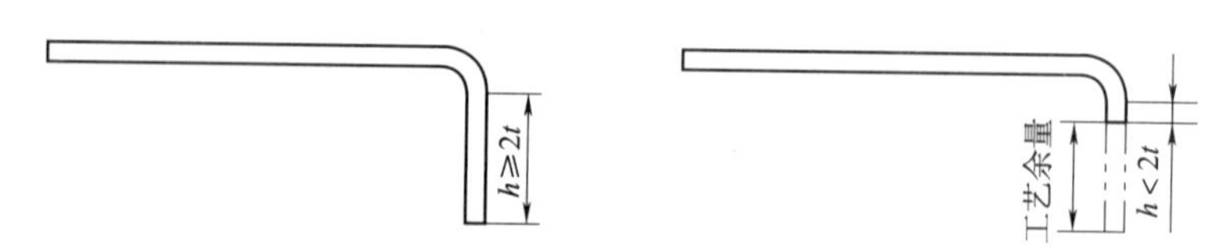

图 6-43　直线弯边零件弯边直线高度要求示意图

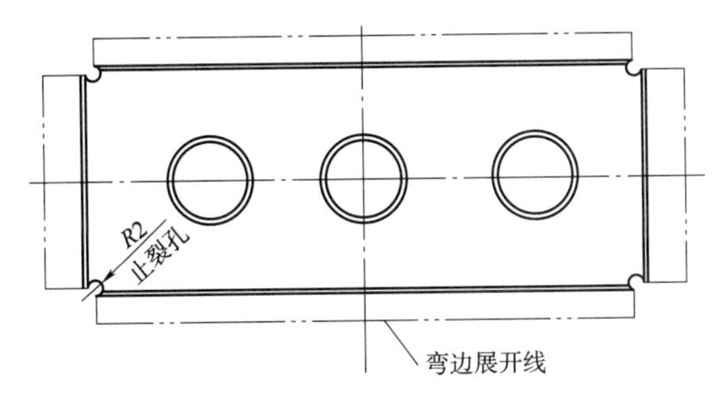

图 6－44　带止裂孔零件示意图

直线弯边零件成形从变形性质来看属于普通的弯曲成形，此类零件多按展开样板下料仔细去除毛刺后，直接橡皮液压成形。

直线弯边橡皮液压成形过程一般分为两个阶段：

（1）将零件的展开坯料平稳地放置于所需的压型模具上，通过两个以上的带帽销钉与模具固定牢靠，防止零件窜动，如图 6－45 所示。在零件上覆盖合适厚度的橡皮，完成橡皮液压成形前的准备工作。

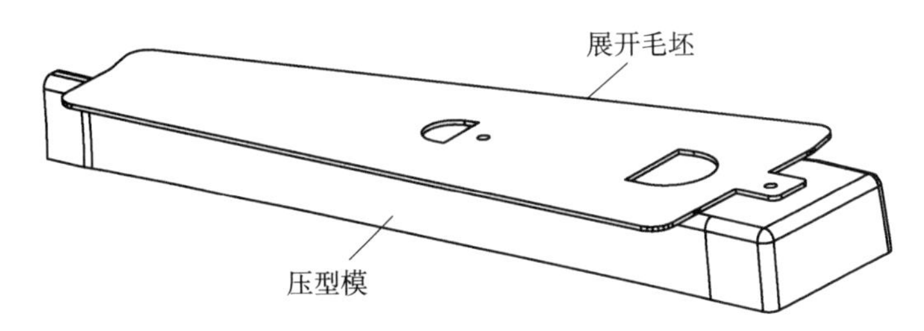

图 6－45　直弯边零件橡皮液压成形前的准备工作示意图

（2）在橡皮囊或橡皮容框较高压力的作用下，覆盖橡皮将零件展开坯料的悬空部分沿模具进行折弯，然后再逐渐使之与压型模贴合，橡皮液压成形过程一般需 3～5 min 的保压时间，如图 6－46 所示。

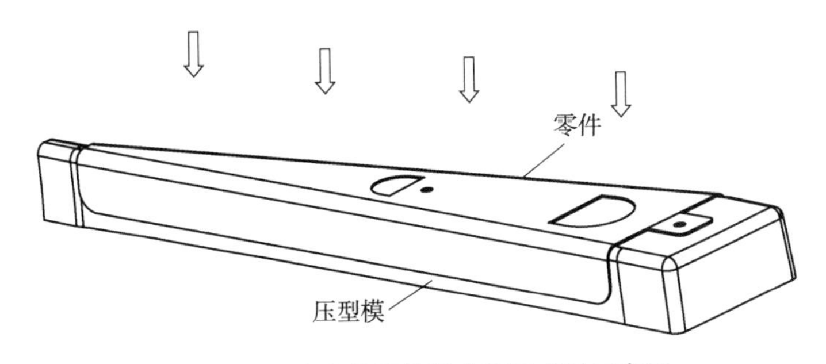

图 6－46　直弯边零件橡皮液压成形示意图

成形过程中需要注意的是：若零件腹板面的宽度等于或小于零件弯边高度，则在橡皮成形时应带盖板，防止材料向弯边方向拉扯力量太大，进而导致零件腹板面外形超差，如图 6－47 所示。

二、凸曲线弯边

凸曲线弯边典型零件及其展开外形如图 6－48 和图 6－49 所示，坯料的外形曲线比零件轮廓

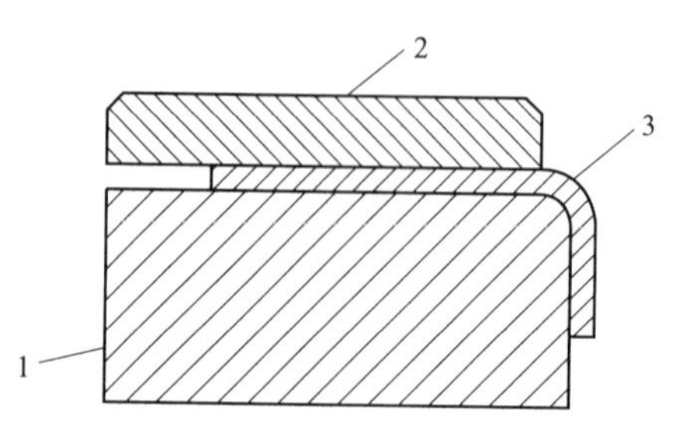

图 6-47　较高直弯边零件橡皮液压成形示意图

1—型胎；2—盖板；3—零件

的长度大，因此，成形过程中弯边区域坯料很可能会因收缩变形太大而起皱，情况与无压边圈的拉深成形相似。凸曲线弯边零件的成形极限是指弯边部分不产生皱褶的最大变形程度。凸曲线弯边成形极限的大小与板材种类、性能、状态、厚度、成形的单位压力、成形温度、橡皮硬度等有关。极限弯边系数通常用$K_凸$表示，见表 6-6。

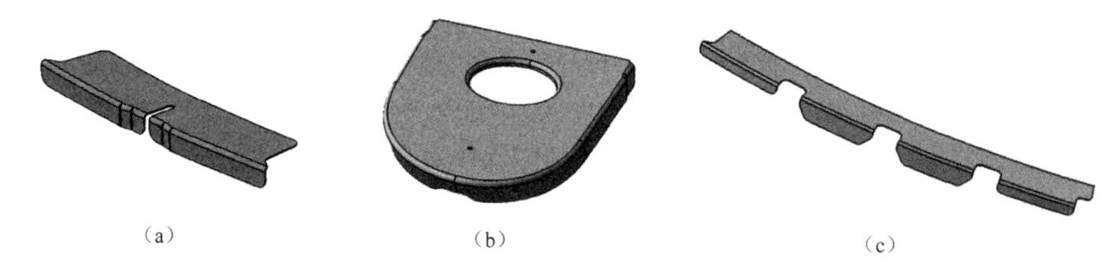

图 6-48　凸曲线弯边典型零件示意图

(a) 补偿片；(b) 隔板；(c) 加强件

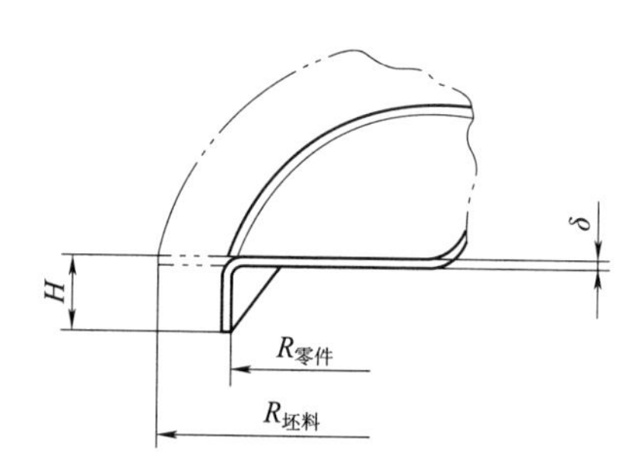

图 6-49　凸曲线弯边典型零件展开示意图

表 6-6　凸曲线弯边极限弯边系数$K_凸$

材料	成形条件		极限弯边系数/%		材料	成形条件		极限弯边系数/%	
	单位压力 q /MPa	温度/℃	不要修整	要修整		单位压力 q /MPa	温度/℃	不要修整	要修整
2A12M (LY12M)	7.5~10	常温	3~4	10~20	MB8	7.5~10	300	4.5~5.4	10~20
	40	常温	3~10						
7A04M (LC4M)	7.5~10	300	3~4	10~20	TA2	7.5~10	300	1.0~1.5	4.5~14
	40	常温	3~10		TA3	40	常温	0.5	

凸曲线弯边系数 K 的计算公式为

$$K = \frac{H}{R_{零件} + H} \times 100\% \approx \frac{H}{R_{零件}} \times 100\% \tag{6-8}$$

式中 K——弯边系数；

$R_{零件}$——零件平面内曲率半径；

H——弯边高度。

弯边系数要求满足下列条件：

$$K \leqslant K_{凸} \tag{6-9}$$

一般情况下，当零件凸曲线弯边比较平缓且弯边高度小于或等于 20 mm 时，零件橡皮成形过程等同于直线弯边零件，可以一次橡皮液压成形，图 6-50 所示为凸曲线弯边零件的成形过程。通常橡皮成形的单位压力越高，凸曲线弯边起皱的可能性和起皱程度就越小。

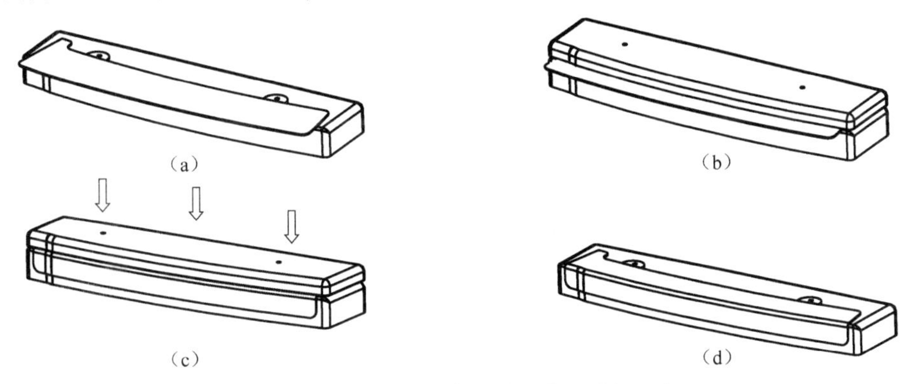

图 6-50 凸弯边零件橡皮液压成形过程示意图

(a) 放置展开坯料；(b) 固定盖板及展开坯料；

(c) 橡皮液压成形过程示意图；(d) 成形后的零件示意图

提高凸曲线弯边零件成形极限的措施：

(1) 当零件凸弯边曲度较大时，可在橡皮成形前对大曲率部分进行手工预制成形，如图 6-51 所示。

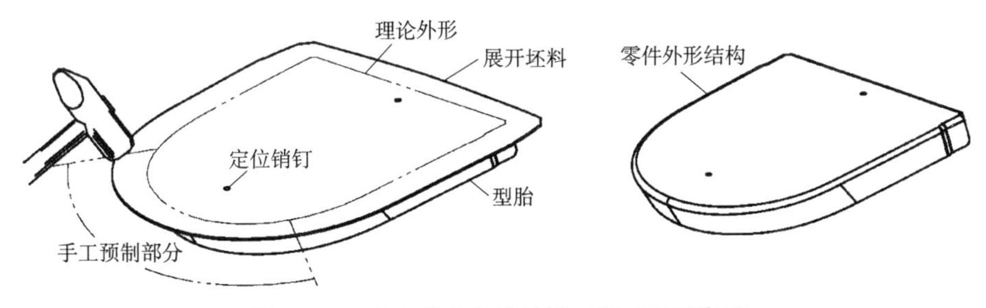

图 6-51 复杂凸弯边零件手工预成形示意图

(2) 橡皮成形后手工整修消皱。对于无余量的零件，可用木榔头在压型模或工字形轨铁上敲击修平（见图 6-52），为提高表面质量，还可用压型模在液压机上校形；对于带余量的零件，可用木榔头在压型模或轨铁上敲击修平，为避免材料冷作硬化，应增加中间退火，消除内应力；退火零件可在雅高机上收缩弯边，缩边必须均匀，手工修平，切除余量后，再在液压机上校形，使零件贴胎。

(3) 提高橡皮硬度和相应提高单位成形压力。普通零件橡皮成形的单位成形压力一般设定为 7.5～25 MPa，为了提高零件一次成形的极限变形程度和减少手工整修工作量，通常采用较高

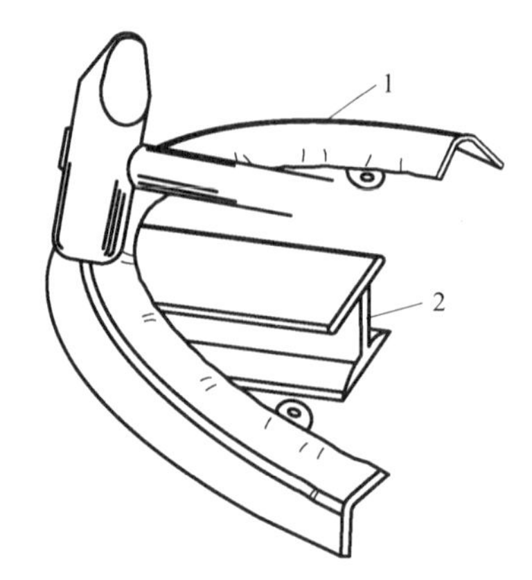

图 6 – 52　凸弯边零件成形后手工消皱示意图

1—零件；2—轨铁

的单位成形压力和邵氏硬度较大的覆盖橡皮。

表 6 – 7 给出了飞机生产中常用覆盖橡皮的机械性能参数，其中聚氨酯因具有硬度高、耐磨性能好、弹性好、耐油、耐溶剂等优点，逐渐受到航空业的青睐，并且在橡皮成形中被大量使用。实践证明采用硬度高的聚氨酯可以有效地增加零件的贴胎程度。但聚氨酯也有其不足，即耐热、耐老化性能差，使用寿命短。

表 6 – 7　常用覆盖橡皮的机械性能参数

名称	邵氏硬度	扯断延伸率	拉伸强度	工作温度/℃
软橡皮	45 ~ 48	491 ~ 500	12.7 ~ 16.5	50 ~ 80
中硬橡皮	55 ~ 58	480 ~ 500	11.8	50 ~ 80
硬橡皮	62 ~ 72	500 ~ 560	8.8 ~ 16.5	50 ~ 80
聚氨酯	80 ~ 90	330 ~ 410	27	50 ~ 80
耐热橡皮	53	500	13.7	100

（4）采用硬度和刚度都较大的辅助成形块提高局部压力，其中以塑料盖最为简便，如图 4 – 53 所示。用 6 ~ 12 mm 厚的聚氯乙烯塑料板作为压盖，将其加热到 120 ℃，放在套有零件的压型模上用橡皮加压使其成形，冷却后修边便可使用。

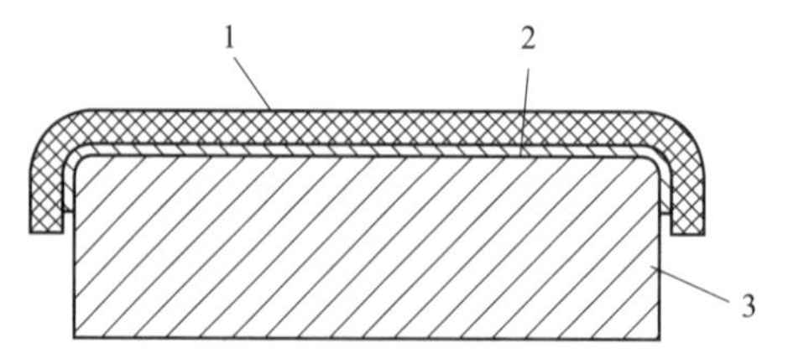

图 6 – 53　凸弯边零件利用塑料压盖消皱示意图

1—塑料压盖；2—零件；3—压型模

（5）采用带防皱块的模具，其中采用带侧压块的模具是控制起皱的一种常用方法。图 6 – 54 所示为一带侧压块的模具，板料在橡皮压力的作用下首先发生弯曲，然后沿侧压块的斜面下滑，按照图 6 – 54 中 1 至 5 的形状一步一步地被压靠在模具上。侧压块增大了凸弯边材料变形的拉应力，使原来只受压应力的弯边材料得到缓冲，因而不存在失稳起皱的临界高度问题，从而优化了整个成形过程中材料的塑性变形，有效地提高了成形极限。影响侧压块的因素很多，如图 6－54 中的尺寸 b 和 w 以及坯料大小、厚度、压力覆盖橡皮等。

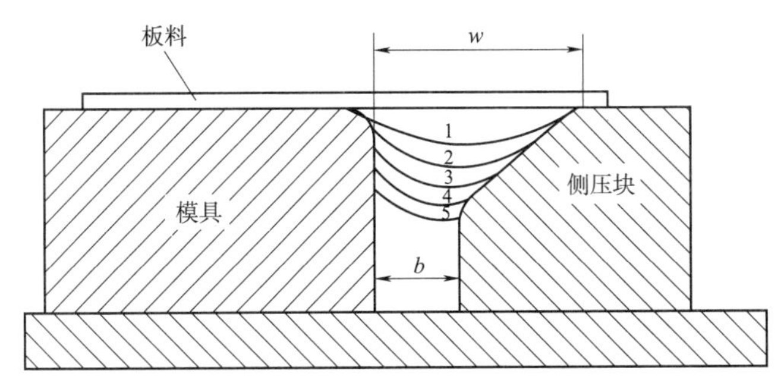

图 6－54　侧压块防皱原理

（6）采用带刚性的校正块模具，其多用于成形材料厚、硬度大、弯边高的凸曲线零件。如图 6－55 所示，此种成形模具侧面设置有挡块，挡块内侧面与零件弯边弧度保持一致，零件坯料先由加挡块的成形模橡皮成形，此时挡块、成形模以及覆盖橡皮三者间形成一个封闭的楔形空腔，当空腔中的侧向压力达到一定数值时，可以缓解弯边失稳起皱并改善弯边贴模的情况；再用刚性校正块进行二次成形，校正块在橡皮的作用下下行，使空腔中的局部压力得到加强，从而压平弯边皱折。

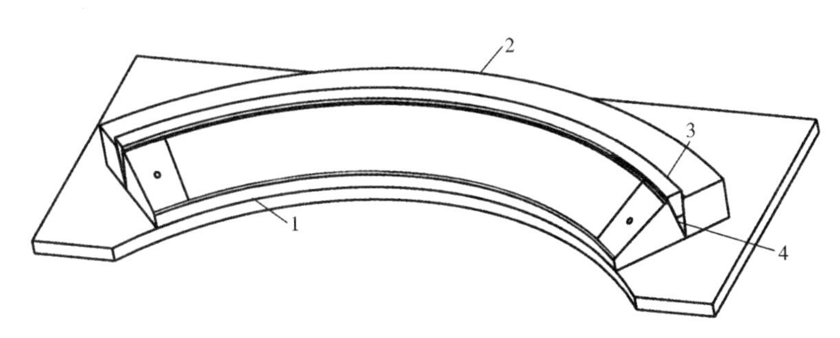

图 6－55　校正块模具防皱原理

1—成形模；2—挡块；3—校正块；4—楔形空腔

（7）采用刚性凹模成形，凸缘是在被橡皮压住的情况下成形的，橡皮起到了通用凸模和压边圈的双重作用，适用于浅压延件。

（8）有些零件允许将皱纹保留于零件弯边上，这种有控制的皱纹称为花槽，航标 HB 0－19－2011、HB 0－20－2011 规定了花槽的几何形状，如图 6－56 所示。

三、凹曲线弯边

凹曲线弯边典型零件及其展开外形如图 6－57 和图 6－58 所示，坯料的轮廓长度小于成形后零件的轮廓长度，因此成形过程中弯边区域坯料受到拉伸，容易产生裂纹，情况与翻边成形相似。凹曲线弯边成形极限是指弯边部分在一次弯边成形过程中，不产生破裂的最大变形程度。凹曲线弯边成形极限的大小与板材种类、性能、状态、厚度、成形的单位压力、坯料边缘的表面粗糙度及冷作硬化程度、弯边高度等有关。极限弯边系数通常用$K_{凹}$表示，见表 6－8。

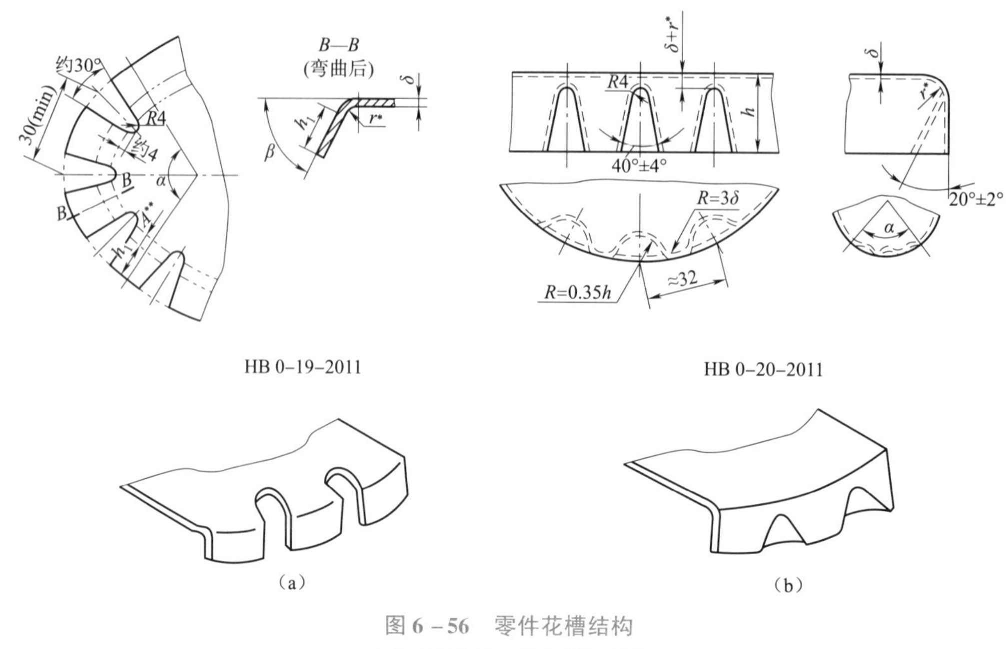

（a）　　　　　　（b）

图 6-56　零件花槽结构

（a）开口弯边；（b）皱纹弯边

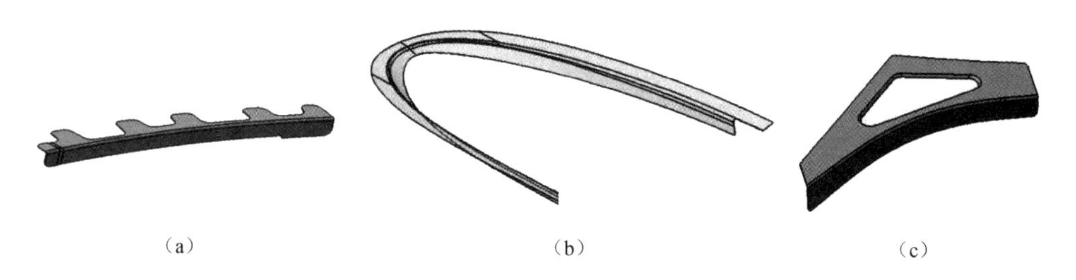

（a）　　　　　　（b）　　　　　　（c）

图 6-57　凹曲线弯边典型零件示意图

（a）角材；（b）连接带板；（c）加强件

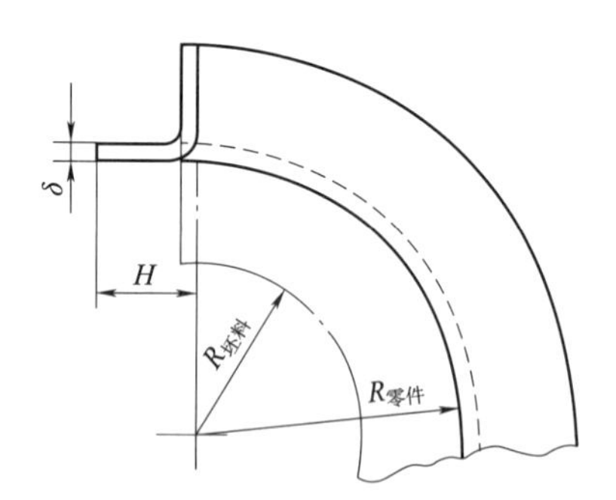

图 6-58　凹曲线弯边典型零件展开示意图

表 6-8　凹曲线弯边极限弯边系数$K_{凹}$

材料	单位压力 q/MPa	极限弯边系数$K_{凹}$/%	附注
2A12M	7.5～40	15～22	新淬火状态下成形
MB8	≥7.5	85～104	加热温度 300 ℃
TA2、TA3	30～40	40～50	加热温度 300 ℃

通常凹曲线弯边系数 K 的计算公式为

$$K=\frac{H}{R_{零件}-H}\times 100\% \tag{6-10}$$

式中 K——弯边系数；

$R_{零件}$——零件平面内曲率半径；

H——弯边高度。

弯边系数要求满足下列条件：

$$K\leqslant K_{凹} \tag{6-11}$$

一般情况下，当零件凹曲线弯边比较平缓且弯边高度小于或等于 20 mm 时，零件的成形过程等同于直弯边零件，可以一次橡皮液压成形。但当零件弯边系数超过材料极限伸长率，或者零件曲率半径小、弯边曲率不断变化时，原则上应分次成形或预先手工局部成形，然后再液压校形。

采用如图 6－59（a）所示带有衬圈的或如图 6－59（b）所示可储料的模具结构，对凹曲线弯边零件进行多次成形，可以提高凹弯边的成形极限。

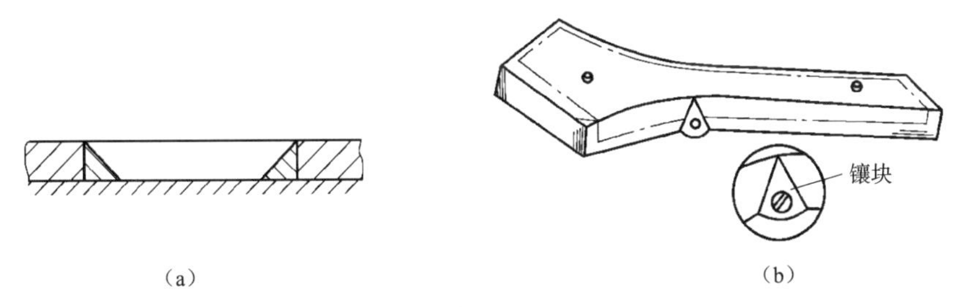

图 6－59 特殊凹弯边零件模具示意图

（a）有衬圈的模具；（b）储料形式

四、凸凹曲线弯边

凸凹曲线典型零件如图 6－60 所示。此类零件又可依据弯边方向的不同，分为同向弯边零件和异向弯边零件。零件弯边部分材料同时兼顾着“收、放”变形，一个弯边受压应力，另一个弯边受拉应力。对于弯边同向且没有加强弯边结构的零件，可以采用一次橡皮液压成形。而对于异向弯边或带有加强弯边的同向弯边零件，必须采用两套或者两套以上不同的模具进行多次橡皮液压成形。其中成形后道弯边所用的模具必须对已成形部分制出躲避结构，如图 6－61 所示。

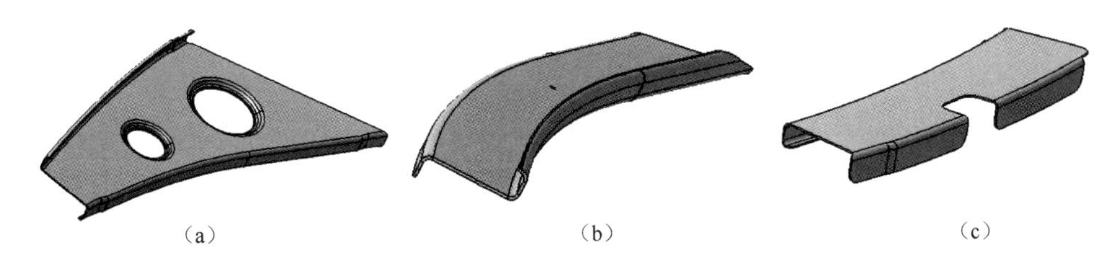

图 6－60 凸凹曲线典型零件示意图

（a）角材；（b）加强框；（c）槽形件

五、其他形状零件的橡皮液压成形

1. 减轻孔成形工艺要求

预制孔周边断面应抛光并去毛刺，成形前零件坯料应是退火状态或新淬火状态，对变形率较小的翻边孔可采用橡皮压制 60°弯边。

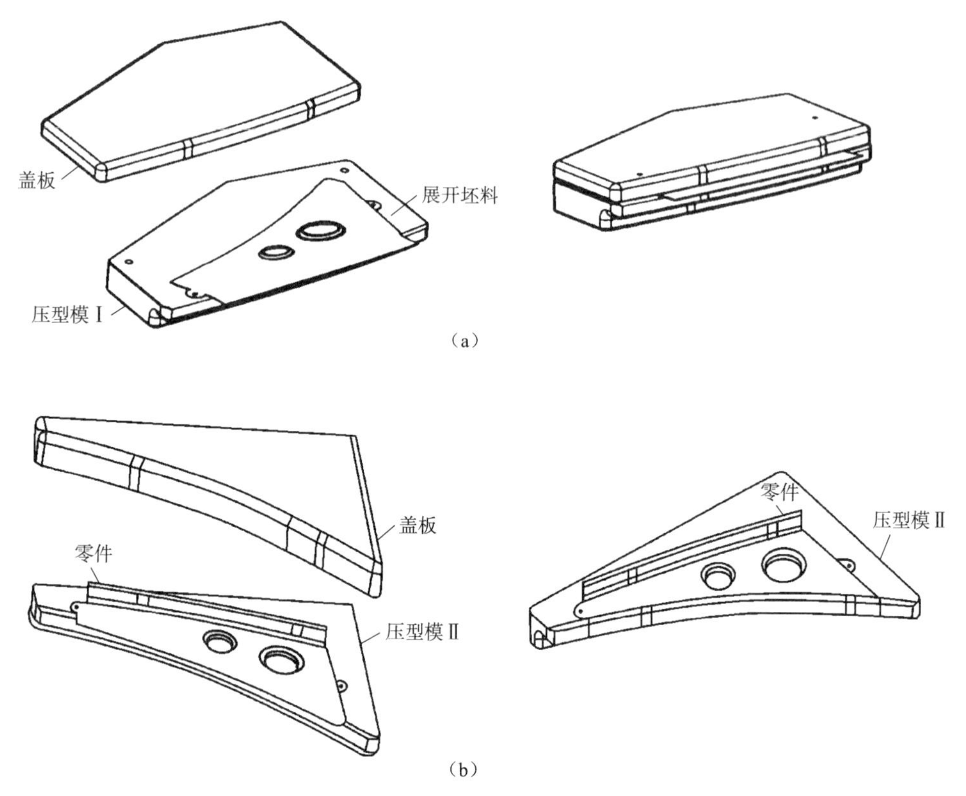

图6-61 凸凹曲线典型零件橡皮液压成形示意图

(a) 利用压型模Ⅰ成形一侧弯边；(b) 利用压型模Ⅱ成形另一侧弯边

2. 加强窝成形工艺要求

压窝深度应在极限范围内，采用凹模成形，当边距较小时应采用加压板或放大坯料等方法，对较大的加强窝应在模腔底部开排气孔。

3. 下陷成形工艺要求

弯曲半径 r 应大于或等于最小弯曲半径，对于铝合金板材的过渡区长度 L 应符合 HB 0-21-2011 的规定。为避免成形后手工修整，可采用局部模块加压，下陷不允许反复压制成形。

4. 加强梗成形工艺要求

宜采用凹模成形，在一个零件上有几个平行的加强梗，而且材料厚度又薄（$t \leqslant 0.6$ mm）时，应加压边圈，坯料应是新淬火状态并经多辊校平机校平，成形后不再修整。对于在一个零件上有几个平行的加强梗，且料厚大于0.6 mm，梗的深度较深，一次成形困难，则可分两次成形，第一次预成形，然后再淬火于时效期内进行第二次成形，必要时可加压板。

5. 展开（试）样板的制作

当钣金零件外形有曲率较大的凸弯边或凹弯边时，由于零件材料收缩或拉伸变形剧烈，展开样板很难计算准确，应在退火状态铝板下坯料制取一件合格零件后，将局部收缩或拉伸部位拍平并展开，作为取制展开件的依据，按制取的展开件来成形零件，根据成形零件的结果修正下一个展开件，经几次试压，直至成形出合格零件时，就将最终确定下来的展开件复制成展开试压件，按此展开试压件制造的样板就可以用于正式生产了。

做一做：按照任务要求，完成框肋零件橡皮液压成形的工艺要点和工艺技术。

步骤三　压型模设计

橡皮液压成形模具又称压型模，多为刚性半模结构，构造简单，其外缘取决于零件的平面形状，工作时处于立体受压状态。

一、模具材料

根据橡皮成形零件的形状、材料、尺寸、产量等因素，模具材料可选用钢、铝、夹布胶木、精制层板、塑料板、环氧塑料、低熔点合金等。精制层板比硬木（例如桦木）的强度大，抗压效果较好，一般用于小批量生产。用铸铝或轧制铝板做模具时，模具的加工性能良好，但强度低、易变形，不适用于制造形状细长及尺寸大的环形模具。钢板强度大、耐磨损、不易变形，但质量大、加工困难，适于制造几何形状复杂、细长而尺寸很大的零件用模。塑料板质量轻、制造简单，但其强度和表面硬度较低，一般用于小批量生产。锌基铝铜合金的熔化温度不高，铸造性能和复制性能较好，并且有较高的硬度、强度及韧性，在美国、日本等国家多用来制造压型模。

二、零件坯料在模具上的定位方式

橡皮成形零件的坯料一般都采用展开料，以免除修边工序，故要求与模具定位准确，至少要用两个定位销钉，销钉可置于零件边缘以外的补加位置，且尽可能避免置于模具模面的对称位置。成形时，零件与压型模或者零件、压型模与盖板通过数个销钉固定牢靠。为减轻定位销钉对橡皮垫的损害，应尽量采用大头活动销，如图 6－62（a）所示；如采用固定定位销，则应采用图 6－62（b）所示的橡皮帽；如需盖板时常，采用固定工具销定位，如图 6－62（c）所示。

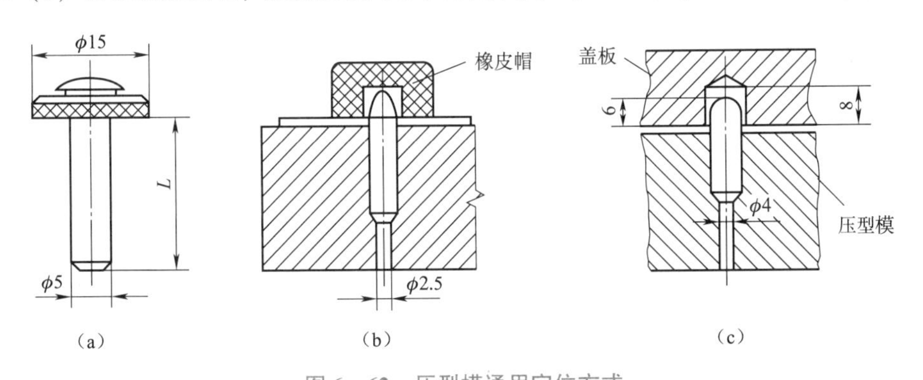

图 6－62　压型模通用定位方式

（a）大头活动销；（b）固定定位销；（c）固定工具销

当橡皮成形多曲率变化的零件时，此类零件通常按尺寸下料，可以利用成形模与盖板上的连接销来固定坯料，如图 6－63 所示。

对于零件材料厚度小于或等于 0.8 mm 的双曲度盆形件，一般都是将坯料尺寸取到能足以包覆在凹模外表面后，坯料边缘大于胎体外形约 20 mm 下料成形，而无须用销钉来定位，这样可以加大橡皮成形过程中坯料所受的拉应力，使零件盆底的材料得到足够的展放，减少盆底的鼓动及边缘的松动，如图 6－64 所示。

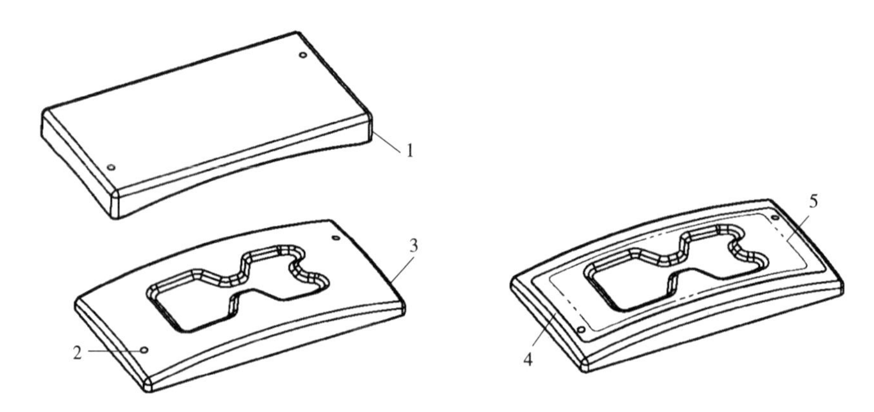

图 6－63　变曲率模具的定位方式

1—盖板；2—连接销孔；3—压型模；4—坯料；5—零件外形线

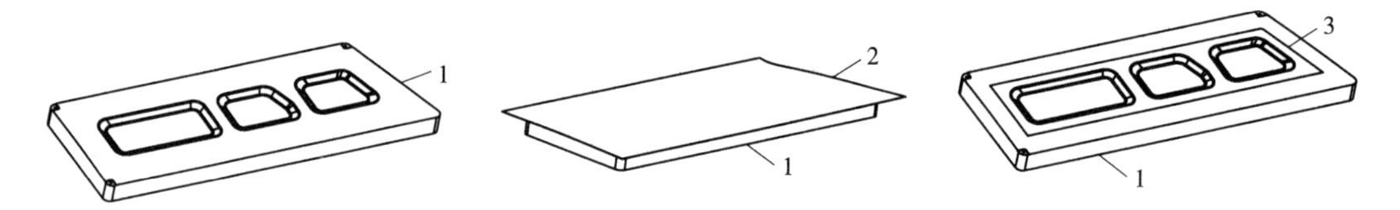

图 6－64　较薄盆形件橡皮液压成形的定位方式

1—压型模；2—坯料；3—零件

三、压型模通用技术要求

（1）模胎工作型面表面粗糙度为 *Ra* 0.8 μm，如图 6－65 所示，非工作型面表面粗糙度为 *Ra* 1.6 μm。

（2）对模胎棱角倒圆 *R* 规定，如图 6－65 所示。

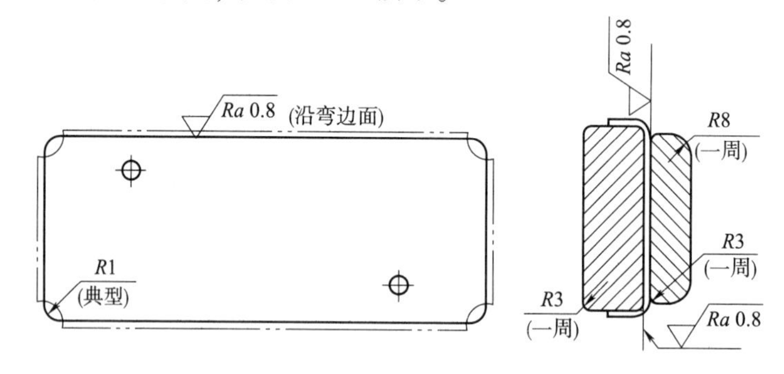

图 6－65　模胎表面通用要求

①模胎及盖板下表面棱角均倒圆 *R*3。

②模胎及盖板上表面非工作棱角均倒圆 *R*8 ~ *R*10。

③转角倒圆 *R*8 ~ *R*10。

④倒圆时，*R* 部分应在零件边缘之外，如不能保证，则 *R* 可小于规定。

（3）模具高度应视零件的高度而定，通常较零件弯边高 10 ~ 15 mm，如图 6－66 所示。

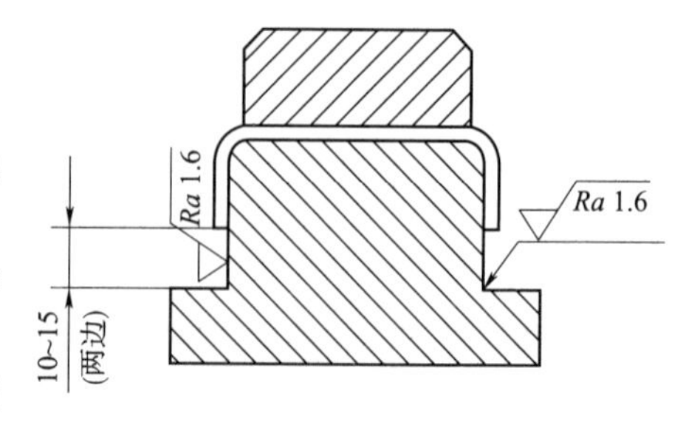

图 6－66　模胎高度通用要求

（4）对用于液压机的所有模胎的加强槽、窝，在模胎上不允许用环氧树脂浇注，盖板允许浇注，具体模具结构如图 6－67 所示。

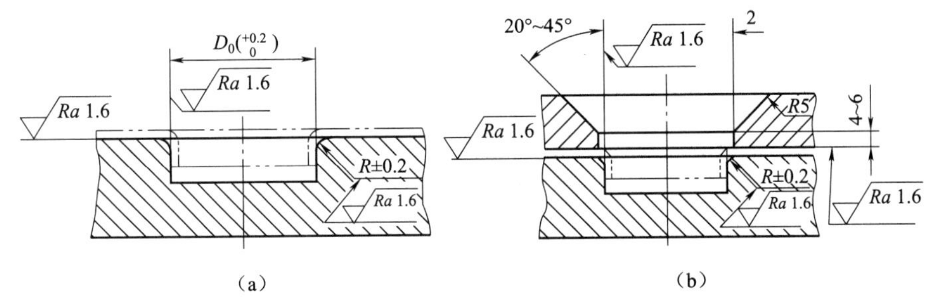

图 6－67 带有加强槽、窝模具结构通用要求

(a) 无盖板；(b) 有盖板

(5) 模胎外表面不允许有任何凸出物、孔、槽等，手柄、吊环均为可卸件。

(6) 带有加强槽、加强窝、减轻孔的多弯边零件，在以下情况下于模具上需制出加强槽、加强窝、减轻孔的凸形。

①零件加强槽、加强窝、减轻孔的方向与弯边方向相反。

②零件加强槽的方向与弯边方向相一致（零件的材料厚度大于 1.2 mm 的铝料及所有钢料用的模具）。

③零件加强窝、减轻孔的方向与弯边方向一致，如图 6－68 所示。

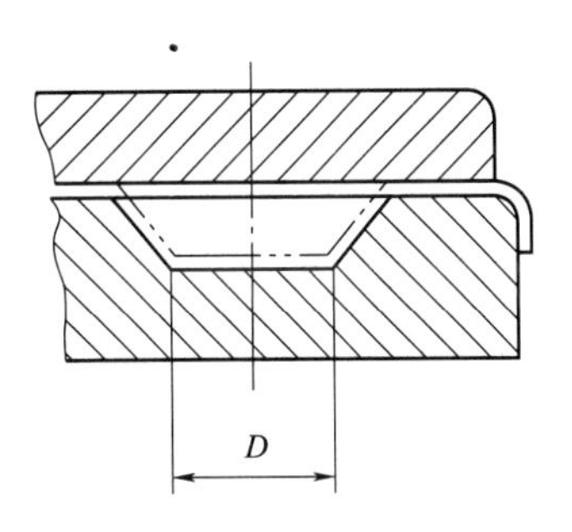

图 6－68 带有加强槽、加强窝、减轻孔的模具通用要求

(7) 当零件为细长单弯边结构，且存在对称件时，可采用图 6－69 所示的整体模具结构，即将左、右零件合制在一起提高模具有效面积的利用率，同时也有利于成形。

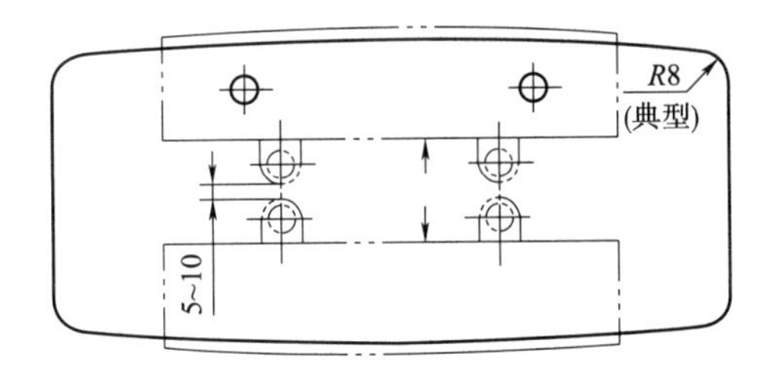

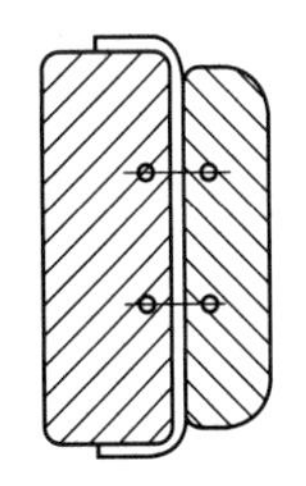

图 6－69 单弯边对称零件的整体模具结构

做一做：按照任务要求，分析压型模的结构原理和特点。

步骤四 一步成形法简介

一、定义

一步成形法是利用铝合金板料经淬火后采用低温储存的办法，保持铝合金板料在新淬火状态下的良好塑性并以机械化手段一次完成新淬火料的成形与校形工作。

二、一步成形法生产线的主要设备

一步成形法生产线主要设备有高压橡皮成形机床（单位压力达 70 MPa）、低温室、多辊板材校平机以及雅高机。

1. 低温室（冷藏箱）

低温室是活动式钢结构或固定式砖结构。低温室分为工作间和预冷间，中间有拉门，室内有电灯照明，室内顶部装有蒸发器。低温室的容积必须能满足生产中需要低温保存的板料最大尺寸要求。低温室的温度要始终保持在要求的温度范围内（-15 ~ -20 ℃），并有温度自动控制装置。一般情况下，铝合金在淬火后常温下的自然时效期为 2 h 左右。如将新淬火的坯料存放在低温箱内，则时效时间可延长至 72 h，这样就为新淬火坯料留有充分的时间，以便经一次成形压成零件，从而大大提高生产率。

2. 多辊板材校平机

校平机是钣金加工中常用的设备，通常由动力、主机和电气控制等部分组成，如图 6-70 所示。多辊校平机是把下料工序制成的平板件，经热处理而产生的变形利用多辊工作原理，使板料在上下校平辊之间反复变形，消除应力，从而达到校平的目的，使其符合钣金零件技术条件所要求的平整度。校平机的选型主要取决于被校板材的厚度、材质和要求。材料越厚，所需结构刚性越好，辊数越少，辊径越大，功率越大，反之亦然。当校平机开启平稳后，可通过调节指针来调节上下校平辊之间的间隙，再送板料。

图 6-70　校平板料示意图

1—校平机；2—板料

3. 雅高机

钣金零件在压型模上压制成形过程中，由于弹性变形与压型模不完全贴合或零件热处理后应力应变分布不均匀而引起变形，可使用雅高机将零件松边面收缩增厚，达到贴胎要求，同时使修整的钣金零件表面不受损伤，以获得满意的表面质量，如图 6-71 所示。

雅高机技术是一种无屑、精确的冷成形技术，同一台设备通过快速更换工具，可以进行型材弯曲、板材成形加工，也可以用于维修以及最终的精确修正工作。雅高机适合压缩或压延加工 1.5 mm 以下厚度的铝料、软钢，对预定达到的形状是一步一步完成的，每一个冲程是一步，即将零件不停地移进上下工具块之间加压，以实现零件控制成形，在某种意义上雅高机可以代替手工榔头作业。

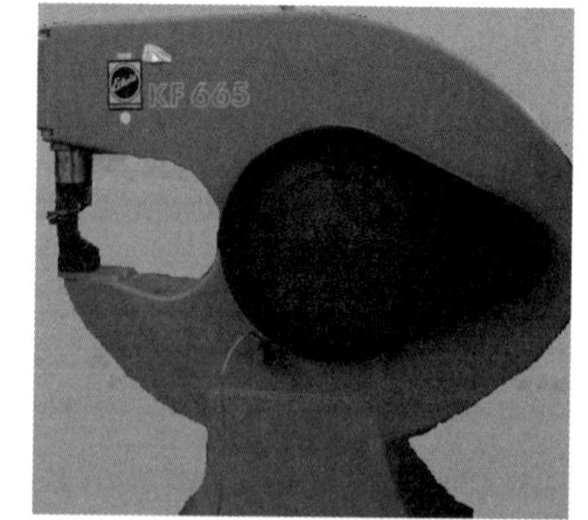

图 6-71　雅高机设备图

三、坯料平直度的保证

一步成形法成形的主要优点在于免除或减少零件淬火后的校正工作量，而这种校正的主要工作往往是对平面的校平。

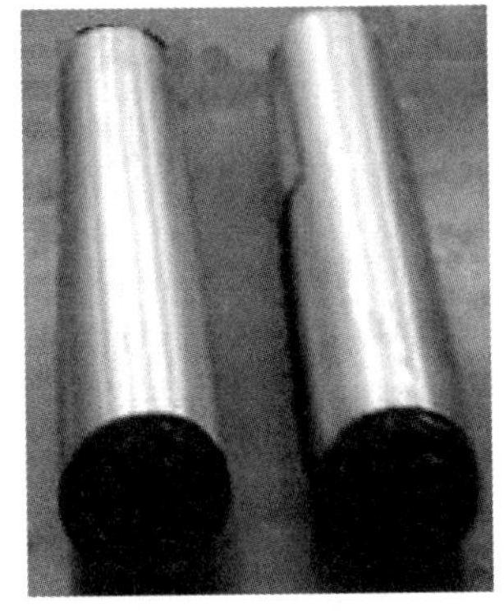

图 6－72　淬火坯料卷

（1）对于长条形或面积较大的坯料，应于淬火前预弯成筒形或弧形，以增加淬火时的刚度，减轻淬火变形。如图 6－72 所示，将平展板料卷成筒状，卷料不能卷得过紧，过紧会使中间部分板料淬火不充分；也不能太松，太松则板料抵抗变形的能力较弱。

（2）板料在淬火框中应以减少变形的最佳位置摆放，并用铝丝固定牢靠。

（3）对于平板展开坯料冲孔的零件，最好于淬火前先通过校平机校平一次，以消除孔边的不平和松动。孔边的松动可以用雅高机收边校平。

（4）材料厚度较薄（0.3～0.8 mm）的筒状板料淬火完成后即进行展开。通常由工人使用拍板将筒状板料拍打使之初步展开，为下一步校平做准备。

（5）根据板料厚度以及板料宽度，对校平机进行参数设置，调为合适的参数进行校平，最终将卷曲的板料校成平板。

（6）针对凸曲面薄铝合金盒形面板成形主要存在盆腔起皱问题，在设计“一步法”成形工艺时，为了消除起皱，特别引入蒙皮拉伸机预拉伸成形方法，将盆腔成形时形成起皱的冗余材料向两头拉开予以排除。

（7）针对凹曲面薄铝合金蜂窝盒形面板成形主要存在盆腔拉裂问题，在设计“一步法”成形工艺时，为了消除拉裂，经过大量的试验，确定了凸、凹胎多次橡皮成形相结合的分步橡皮成形方法：凸、凹胎各液压成（校）形两次，第一次初步成形，压力一般为 50 bar（1 bar = 10^5 Pa），第二次是最终液压校形，压力一般为 250 bar，总共需四次液压成（校）形。

四、典型一步成形法工艺流程

典型一步成形法工艺流程如图 6－73 所示。

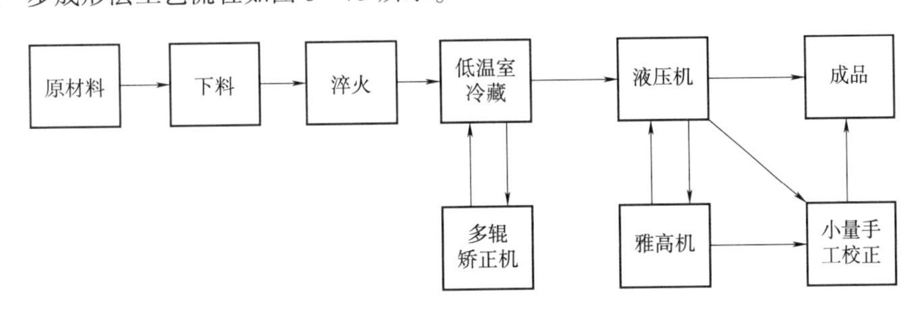

图 6－73　典型一步成形法工艺流程

做一做：按照任务要求，列举一步成形法的特点。

步骤五　典型工艺

以带翻边减轻孔的同向弯边框板为例，其外形结构如图 6－74 所示。

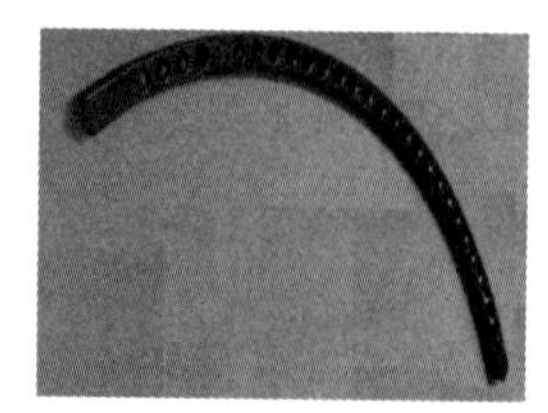

图 6-74　典型腹板结构零件

（1）零件特征：弯边带下陷，腹板上制有翻边孔、加强孔、减轻孔及加强筋。

（2）主要工艺流程。

①领取展开料。

②按展开样板划线钻销钉孔，去毛刺，擦净油污。

③将坯料按弯边方向套在模具销钉上。

④对无法成形的结构孔应预成形。

⑤对于深度大于 4 mm 的下陷，应预先手工敲打贴模。

⑥开动液压机压制成形。

⑦手工修正零件。

⑧淬火。

⑨校正淬火后变形。

⑩装配孔在淬火校正后钻出。

⑪测试硬度。

⑫制标识。

⑬表面处理。

⑭检验。

⑮办理移交。

做一做：按照任务要求，列举框肋零件成形工艺流程。

任务考核

任务名称	橡皮液压成形	专业		组名	
班级		学号		日期	
评价指标	评价内容			分数评定	自评
信息收集能力	能有效利用网络、图书资源查找有用的相关信息等；能将查到的信息有效地传递到学习中			10 分	
感知课堂生活	是否能在学习中获得满足感、课堂生活的认同感			5 分	
参与态度沟通能力	积极主动与教师、同学交流，相互尊重、理解、平等；与教师、同学之间是否能够保持多向、丰富、适宜的信息交流			5 分	
	能处理好合作学习和独立思考的关系，做到有效学习；能提出有意义的问题或能发表个人见解			5 分	
知识、能力获得情况	橡皮液压成形的成形原理和变形特点分析			25 分	
	橡皮液压成形的工艺设计要点和工艺计算			25 分	

续表

<table>
<tr><td>评价指标</td><td colspan="3">评价内容</td><td>分数评定</td><td>自评</td></tr>
<tr><td>辩证思维能力</td><td colspan="3">是否能发现问题、提出问题、分析问题、解决问题、创新问题</td><td>10 分</td><td></td></tr>
<tr><td>自我反思</td><td colspan="3">按时保质完成任务；较好地掌握了知识点；具有较为全面严谨的思维能力并能条理清楚明晰地表达成文</td><td>5 分</td><td></td></tr>
<tr><td colspan="4">小计</td><td>100</td><td></td></tr>
<tr><td colspan="6">总结提炼</td></tr>
<tr><td>考核人员</td><td>分值/分</td><td>评分</td><td>存在问题</td><td colspan="2">解决办法</td></tr>
<tr><td>（指导）教师评价</td><td>100</td><td></td><td></td><td colspan="2"></td></tr>
<tr><td>小组互评</td><td>100</td><td></td><td></td><td colspan="2"></td></tr>
<tr><td>自评成绩</td><td>100</td><td></td><td></td><td colspan="2"></td></tr>
<tr><td>总评</td><td>100</td><td colspan="4">总评成绩 = 指导教师评价 ×35% + 小组评价 ×25% + 自评成绩 ×40%</td></tr>
</table>

知识拓展

通过查阅相关教材、钣金设计手册和中国大学慕课等网络资源，学习框肋橡皮液压成形技术。

任务四 落压成形技术

任务描述

学习落压成形技术的成形特点、成形工艺要求及成形工艺装备。

学习目标

【知识目标】

(1) 掌握落压成形的分类及成形过程；

(2) 掌握落压成形的工艺要求；

(3) 掌握落压零件的种类和材料选择；

(4) 掌握落压模的结构特点。

【能力目标】

(1) 能正确分析落压成形技术的成形工艺；

(2) 能制定框肋零件落压成形的工艺流程。

【素养素质目标】

(1) 培养辩证分析的能力；

(2) 培养分析问题的能力。

任务实施

任务单　落压成形技术

任务名称	落压成形技术	学时		班级	
学生姓名		学生学号		任务成绩	
实训设备		实训场地		日期	
任务目的	制定落压成形零件的工艺流程				
任务内容	落压成形过程、成形方法及工艺要求和落压模的结构特点				
任务实施	一、落压成形的分类和成形原理 二、落压成形的工艺要求 三、落压零件的种类和材料选择 四、落压模的结构特点				
谈谈本次课程的收获，写出学习体会，给任课教师提出建议					

相关知识

落压成形技术常用于飞机立体复杂结构件、高速列车内部结构件、建筑行业复杂曲面幕墙构件等。

落锤是钣金落压成形的专用设备。

落压成形是利用落锤的冲击力，通过上下落压模将金属板材渐次压制成立体复杂曲面零件的成形方法。

落压成形能够加工因外形复杂而其他工艺方法不能成形或难以成形的钣金零件。

步骤一　落压成形分类和成形工艺

一、落压成形分类

落压成形按材料变形方式可分为凹模拉伸成形、凸模压缩成形及混合成形三种形式，见表 6－9。

表 6－9　按材料变形方式分类的成形方法

落压成形方式	特　点	应　用
凹模拉伸成形	落压下模为凹形型面，零件坯料处于拉伸变形状态，坯料易于定位	适合于拉深的零件，如盒形件、箱体件等
凸模压缩成形	落压下模为凸形型面，零件坯料处于压缩变形状态，便于平皱或加垫橡皮，修整工作面宽敞	材料较软的敞开式零件，外表面质量和内形尺寸较严的零件，复杂件的过渡成形
混合成形	落压下模型面有凸有凹，材料处于拉伸、压缩的复杂变形过程	立体复杂落压件

二、落压成形工艺

1. 落压成形工艺特点

落压成形适宜于立体复杂零件的成形，其构形要素繁杂，很少有零件一锤到底就能够成功。因而落压成形是一种半机械化、半手工的渐次成形过程，经过多次锤击，穿插辅助加工，才使零件逐渐成形。其方法有：采用黄檀木榔头手工平皱、点击锤“放”料、收边机“收”边或者收缩机“收缩”曲度等，使材料不至于拉裂或皱纹叠死；有效地加垫橡皮块，以控制材料的起皱和流动；适当地加垫层板，以控制落锤锤头的行程和压边力；增加中间退火工序，以消除冷作硬化，便于进一步成形。

2. 落压成形工艺要点及对策

在落压成形过程中，零件的应力、应变复杂而且分布很不均匀，材料承受拉应力大的部位会出现变薄、裂纹和拉裂撕开的现象，而材料承受压应力大的部位会出现失稳、起皱和皱纹叠死现象。工件的变薄、裂纹和皱纹叠死是落压零件废品的主要特征。针对落压零件废品产生的原因，制定了不同的对策，见表 6－10。

表 6－10　落压零件废品种类、原因及对策

废品种类及特征	原　因	对　策
表面质量超差（擦伤、划伤及压痕）	1. 工件坯料边缘毛刺未去除； 2. 落压模型面部分不光滑或有异物，成形过程中未能随时清洁型面； 3. 润滑不好	1. 去除毛刺，清洁坯料； 2. 擦净并打光模具型面，使粗糙度值小于 1.6 μm； 3. 充分润滑； 4. 用薄橡皮保护表面
严重起皱形成尖皱和死皱	1. 坯料尺寸小，成形过程中坯料未形成凸缘，如图 6－75 所示； 2. 落压模间隙过大； 3. 收边机收边过度； 4. 落压过程中，用橡皮块储料过多；落压过渡模设计储料过多； 5. 用橡皮块排除皱纹时，因落锤锤击力度小，所使用橡皮块质地太软，导致排皱效果不良； 6. 落压下模无压边，周边坯料过大，成形延伸系数过小	1. 加大坯料尺寸，形成工艺凸缘或使其在零件边缘线以外起皱，成形后切割去除； 2. 修整间隙 $Z=1.2t$（t 为材料厚度），若无法修整，则重制落压上模； 3. 调整收边力，重新收边； 4. 调整橡皮块厚度或返修落压过渡模； 5. 更换橡皮块，调整并加大落锤冲击力； 6. 下模周边制出防皱梗
局部变薄形成裂纹或开裂	1. 零件坯料尺寸过大，工艺凸缘起皱太多，材料流入模腔受阻，造成材料局部变薄而拉裂，如图 6－76 所示； 2. 落压模间隙小，材料在模腔内挤薄而硌裂； 3. 坯料有毛刺或坯料局部尺寸大小不合适； 4. 用过渡模或垫橡皮储料不足	1. 减小坯料周边尺寸，以增大延伸系数，便于材料流动； 2. 返修模具间隙； 3. 坯料去毛刺或调整局部坯料尺寸； 4. 返修过渡模

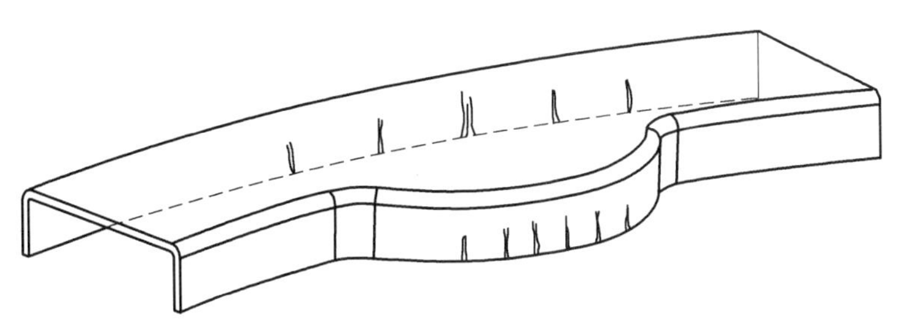

图 6－75　严重起皱形成尖皱和死皱

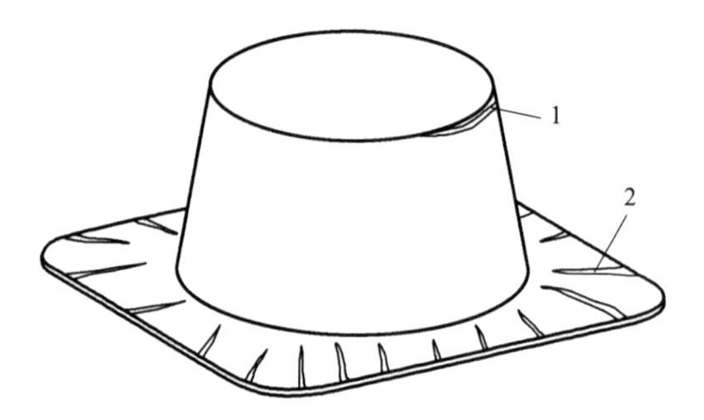

图 6-76　局部变薄形成裂纹或开裂

1—裂纹；2—开裂

做一做：按照任务要求，举例分析飞机结构件采用落压的成形工艺。

步骤二　落压零件类型

适合于航空、航天领域的落压零件，大体上可分为以下 9 种类型。

一、板弯梁类

板弯梁类落压零件，如图 6-77 所示。

二、半管类

半管类落压零件，如图 6-78 所示。

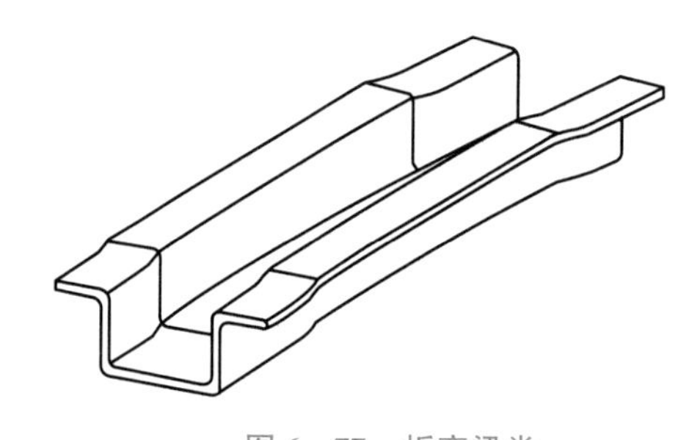

图 6-77　板弯梁类

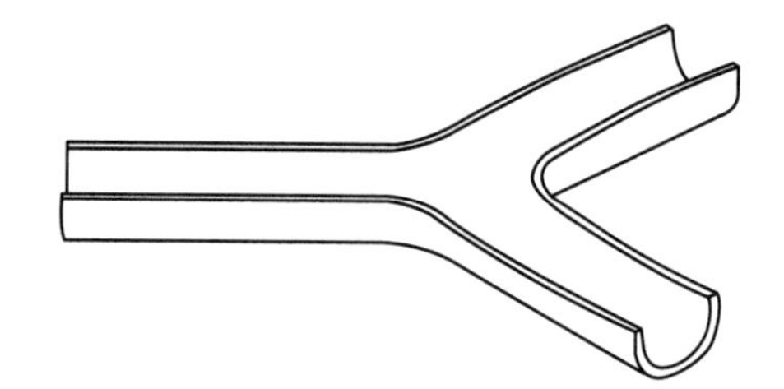

图 6-78　半管类

三、整流罩类

整流罩类落压零件，如图 6-79 所示。

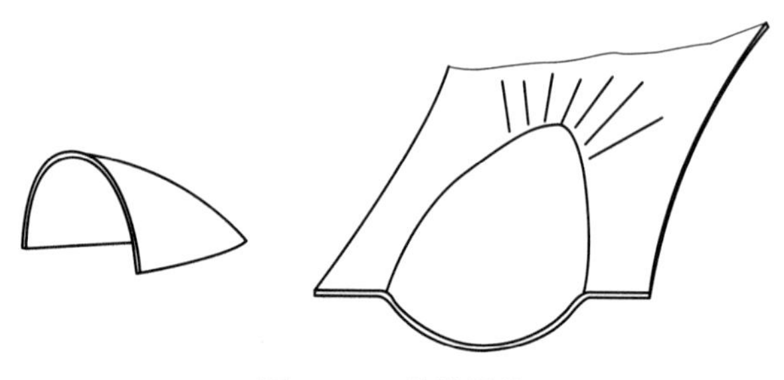

图 6-79　整流罩类

四、波纹板类

波纹板类落压零件，如图 6－80 所示。

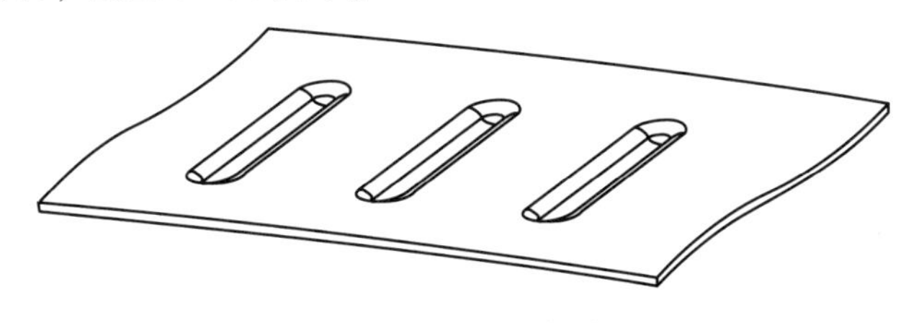

图 6－80　波纹板类

五、加强框类

加强框类落压零件，如图 6－81 所示。

六、盒形件类

盒形件类落压零件，如图 6－82 所示。

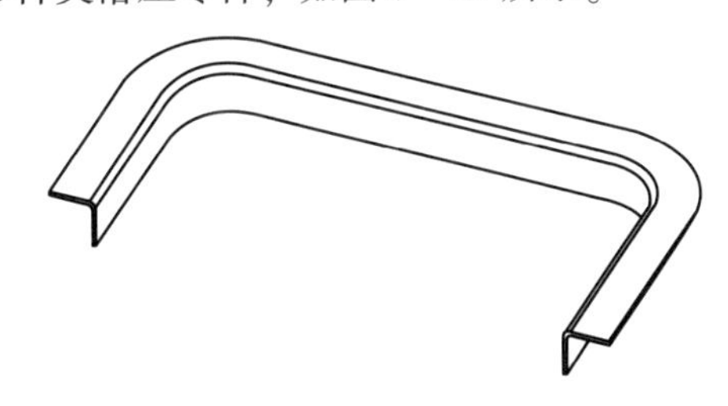

图 6－81　加强框类

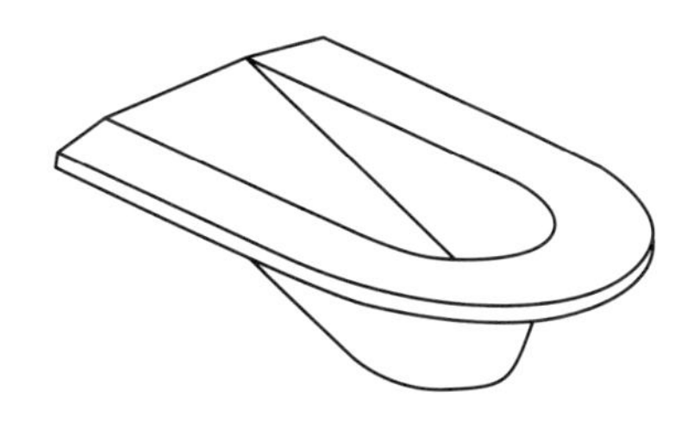

图 6－82　盒形件类

七、高速列车操纵台类

高速列车操纵台类落压零件，如图 6－83 所示。

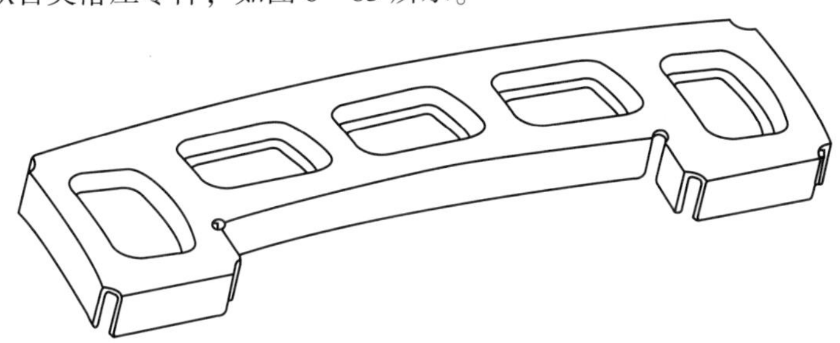

图 6－83　高速列车操纵台类

八、建筑幕墙挂板类

建筑幕墙挂板类落压零件，如图 6－84 所示。

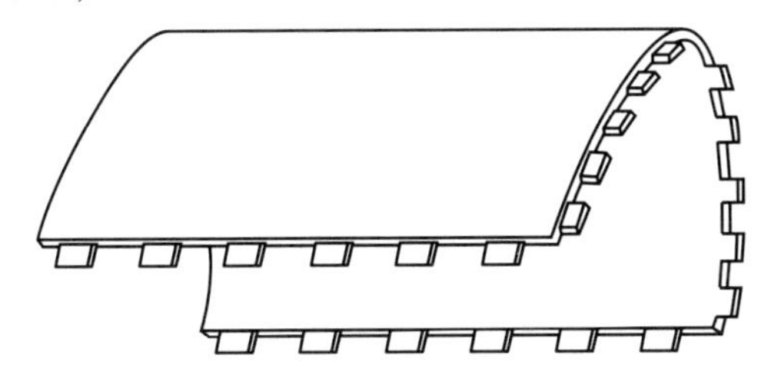

图 6－84　建筑幕墙挂板类

做一做：按照任务要求，举例分析落压成形的零件结构。

步骤三　落压成形常用材料

落压成形常用材料种类很多，一般可分为铝及铝合金、镁合金、钛及钛合金、碳素钢、合金钢及不锈钢等。落压成形常用于制造厚度小于4 mm的钣金零件。

（1）落压常用铝合金材料7A04－T6、2A12－T4等，用于蒙皮板零件等。

（2）镁合金M2M（R）、ME20M（R）、ZK61M（R）（GB/T 5153—2003）比刚度高，抗腐蚀性差，需落压热成形，常用于仪表盘、操纵台类的零件。

（3）碳素结构钢10、20（GB/T 699—1999）室温落压成形塑性良好，适合于地面设备零件。

（4）不锈钢06Cr19Ni10、1Cr18Ni9Ti（GB/T 20878—2007）、304、301、321、17－7PH及PH15－7Mo室温落压成形塑性良好，抗腐蚀性强，适合于飞机耐腐蚀、高强度结构零件。

（5）合金钢30CrMnSiA、GC－11为高强度合金钢，适用于飞机受力构件，如天窗骨架等。

做一做：按照任务要求，完成落压零件材料的选择。

步骤四　落压模的设计与制造

一、落压模分类及材料选择

（1）铅锌落压模：采用锌合金制造落压下模，铅合金制造落压上模。

（2）锌锌落压模：采用锌合金制造落压上模、下模。

（3）环氧落压模：采用锌合金制造落压模基体，环氧树脂（加入一定比例的铝粉或铁粉）塑造模体型面。

（4）聚氨酯橡胶落压模：采用锌合金制造落压模基体、聚氨酯橡胶塑造模体型面。

（5）嵌入钢模式落压模：在锌合金基体中镶铸钢模作为落压下模，落压上模为锌合金模或铅合金模。

二、各类落压模的优缺点

各类落压模的优缺点见表6－11。

表6－11　各类落压模的优缺点

落压模按材料分类	优　点	缺　点
铅锌模	1. 锌合金下模强度、硬度均能满足成批生产要求，容易加工（与钢材相比）； 2. 铅上模可直接按锌下模铸造，加工量少，制造周期短，容易保证模具间隙； 3. 铅上模质量大，锤击冲量大，零件贴模好； 4. 铅合金较软，锤击过程自身微变形，时时保证零件间隙且不易擦伤零件； 5. 材料可重复使用	1. 铅上模型面容易损坏，寿命短； 2. 铅锌模型面要按构架样板和模型研合，制造周期长，技术等级高； 3. 铅污染环境且对人体有害； 4. 铅锌模容易污染不锈钢、镁合金及钛和钛合金零件

续表

落压模按材料分类	优　点	缺　点
锌锌模	1. 锌合金上模、下模强度、硬度均能满足成批生产要求，容易加工（与钢材相比）； 2. 成形厚板件零件外形精确度高； 3. 成形钢制零件锤击冲量大，回弹较小； 4. 材料可重复使用	1. 锌合金落压模模型面要按构架样板和模型研合，制造周期长，技术等级高； 2. 锌合金落压模铸造基体表面存在针孔、气泡，研合过程中需填铜丝、铝丝并磨光
环氧模（面层）	1. 可用塑造方法制造，零件外形协调精度高； 2. 塑造方法工序简单，生产周期短； 3. 对金属零件无腐蚀、无污染； 4. 锌合金模具基体可再熔化，重复使用	1. 质脆，塑造层内易存气泡，引起型面塌陷； 2. 锌合金模具基体回收过程中，用电炉烧掉环氧模面层会污染环境，有害人体健康； 3. 环氧树脂浇注过程中，固化剂有剧毒，会损害人体呼吸道系统
聚氨酯橡胶模（面层）	1. 聚氨酯橡胶具有可压缩性，上、下模之间无须考虑零件料厚间隙，模具制造工序简单； 2. 上、下模无间隙，零件贴模较好； 3. 冲击韧性高，使用寿命长； 4. 其他优点同环氧树脂模	1. 聚氨酯橡胶在浇注过程中凝胶快，手工浇注大型模具不易保证质量，需要配置自动浇注机； 2. 落锤冲击时反弹明显，产生静电； 3. 模具对库房条件、环境要求高
嵌入钢模式落压模	1. 下模嵌入钢模既是成形模，又是检验模，零件手工修整量小； 2. 落压模制造过程简捷，事半功倍	1. 零件检验模胎在落压模中，生产管理极为不便； 2. 零件检验模胎返修极为不便

做一做： 按照任务要求，分析落压模结构特点。

任务考核

任务名称	落压成形技术	专业		组名	
班级		学号		日期	
评价指标	评价内容			分数评定	自评
信息收集能力	能有效利用网络、图书资源查找有用的相关信息等；能将查到的信息有效地传递到学习中			10 分	
感知课堂生活	是否能在学习中获得满足感、课堂生活的认同感			5 分	
参与态度沟通能力	积极主动与教师、同学交流，相互尊重、理解、平等；与教师、同学之间是否能够保持多向、丰富、适宜的信息交流			5 分	
	能处理好合作学习和独立思考的关系，做到有效学习；能提出有意义的问题或能发表个人见解			5 分	
知识、能力获得情况	落压成形的成形方法			10 分	
	落压零件种类及材料的选择			15 分	
	落压成形的工艺要点			20 分	
	落压模的结构特点分析			15 分	

续表

评价指标	评价内容	分数评定	自评
辩证思维能力	是否能发现问题、提出问题、分析问题、解决问题、创新问题	10 分	
自我反思	按时保质完成任务；较好地掌握了知识点；具有较为全面严谨的思维能力并能条理清楚明晰地表达成文	5 分	
小计		100	

总结提炼				
考核人员	分值/分	评分	存在问题	解决办法
（指导）教师评价	100			
小组互评	100			
自评成绩	100			
总评	100	总评成绩 = 指导教师评价 ×35% + 小组评价 ×25% + 自评成绩 ×40%		

知识拓展

通过查阅相关教材、钣金设计手册和中国大学慕课等网络资源，学习落压成形技术。

模块七　冲压工艺过程的制定

任务描述

零件名称：玻璃升降器外壳。
零件图：如图 7－1 所示。
材料：08 冷轧钢板。
材料厚度：1.5 mm。
批量：中批量。
工作任务：制定该零件的冲压工艺过程。

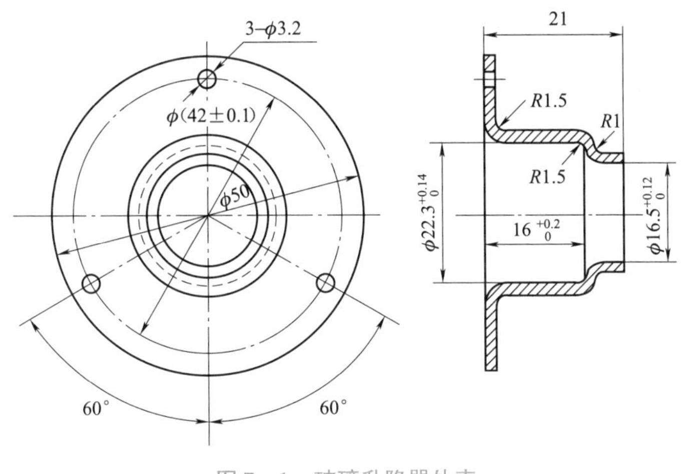

图 7－1　玻璃升降器外壳

冲压件的生产过程通常包括原材料的准备、各种冲压工序和必要的辅助工序。有些零件还需要经过切削加工、焊接、铆接等才能最后完成制造的全过程。

冲压件工艺过程的制定十分重要，正确的冲压工艺过程是提高生产率、保证产品质量、降低成本的前提。

任务一　玻璃升降器外壳零件的冲压工艺过程制定

任务描述

制定玻璃升降器外壳零件的冲压工艺。

学习目标

【知识目标】

（1）掌握变形规律，正确制定工艺过程；

（2）掌握冲压工艺过程的制定。

【能力目标】

（1）能正确分析零件图，确定冲压工艺方案，确定坯料形状、尺寸，确定冲压工艺的性质等；

（2）能正确编写冲压工艺文件。

【素养素质目标】

（1）培养分析问题、解决问题的能力；

（2）培养逻辑思维能力。

任务实施

任务单　玻璃升降器外壳零件冲压工艺的制定

任务名称	玻璃升降器外壳零件 冲压工艺的制定	学时		班级	
学生姓名		学生学号		任务成绩	
实训设备		实训场地		日期	
任务目的	正确制定玻璃升降器外壳零件的冲压工艺过程				
任务内容					
任务实施	一、分析零件图 二、确定冲压工艺方案 三、确定坯料的形状、尺寸 四、确定冲压工艺的性质、数目和顺序 五、确定冲模类型和结构形式 六、选择设备 七、冲模设计计算 八、冲压工艺文件的编写				
谈谈本次课程的收获，写出学习体会，给任课教师提出建议					

相关知识

一、制定冲压工艺过程的基础

1. 工艺设计的原始资料

在制定冲压件工艺过程之前必须明确冲压件的生产批量，了解冲压件的结构、在机器中的装配关系及技术要求，原材料的规格、状态，生产车间的平面布置，设备技术参数及负荷情况，工人技术水平等。这些都是制定冲压件工艺过程必不可少的基础资料。

2. 掌握变形规律，正确制定工艺过程

金属材料在冲压过程中的变形规律，是制定冲压工艺过程及设计模具极为重要的基础。因而，在制定冲压件工艺过程时，必须认真分析坯料变形区的应力状态和变形特点，研究坯料变形的趋向性，采取措施控制坯料变形，以达到预期的成形。

1）冲压成形时坯料各区的划分

在冲压成形时，可以把成形过程的坯料划分为变形区与非变形区。图 7－2 所示为拉深、翻孔、缩口三种工序在成形过程中坯料变形区与非变形区的划分，其中 A 区为变形区，其他区域为非变形区。从整个变形过程来看，非变形区可能是已经变形的已变形区（如图 7－2 中的 B 区）或尚未参与变形的待变形区（如图 7－2 中的 C 区），也可能是在整个变形过程中都不参与变形的不变形区（如图 7－2 中的 D 区）。当非变形区在成形过程中受力时，即称传力区。

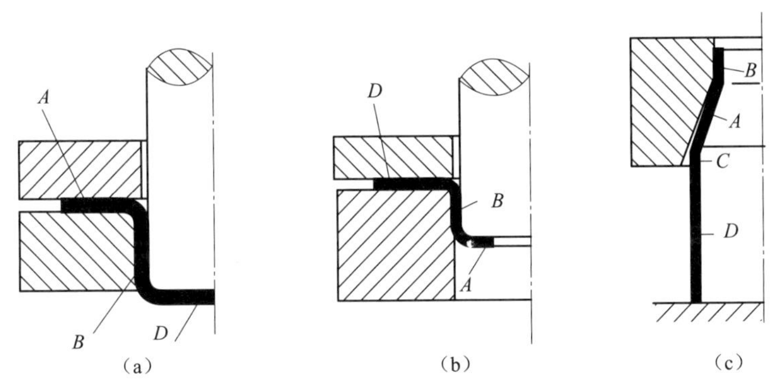

图 7－2　冲压过程中坯料各区划分实例

（a）拉深；（b）翻孔；（c）缩口

表 7－1 所示为上述三种工序变形坯料的分区情况。

表 7－1　冲压过程中坯料各区划分

冲压方法	变形区	非变形区		
		已变形区	待变形区	传力区
拉深	A	B	无	B、D
翻孔	A	B	无	B
缩口	A	B	C	D

以上分析为在变形过程中某一瞬间的坯料分区情况，在坯料整个变形过程中，各区会互相转化，如待变形区进入变形区、变形区进入已变形区等。

2）冲压成形时坯料变形区的应力、应变与分类

从冲压各工序的变形分析中可以看出，本质上讲，各种冲压成形的过程就是坯料变形区在力的作用下产生变形的过程，所以坯料变形区的受力情况和变形特点是决定各种冲压变形性质的主要依据。

板料冲压中，一般可以近似地认为在板厚方向上的应力数值为零，使坯料变形区产生塑性变形是板料平面上两个互相垂直的主应力作用的结果。目前，除冷挤压等工艺外，冷冲压多数是板料冲压，所以说，绝大多数冲压变形都是平面应力状态下的变形。按板料成形时变形区的应力状态和变形特点，对板料成形工序进行归类，见表 7－2。

表 7－2　板料冲压成形的基本变形形式及实例

基本变形形式	应变状态		应力状态	实例
	厚向	经向及纬向	$\sigma_t=0$	
Ⅰ	厚度减薄 $\varepsilon_t<0$	纬向伸长 $\varepsilon_\theta>0$；经向收缩 $\varepsilon_\phi<0$	经压纬拉	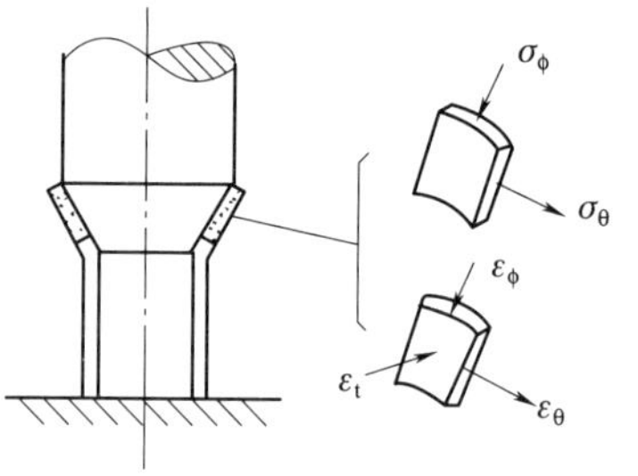 扩口
			两向受拉	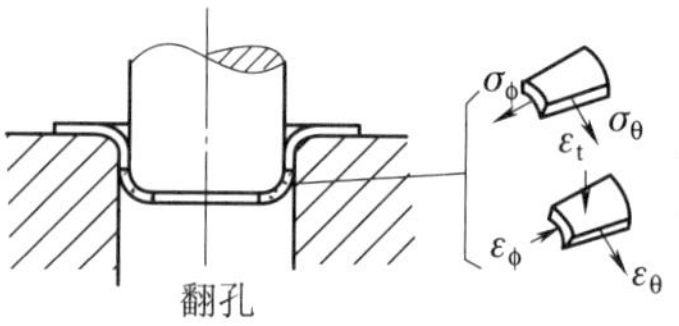 翻孔；宽板弯曲外区 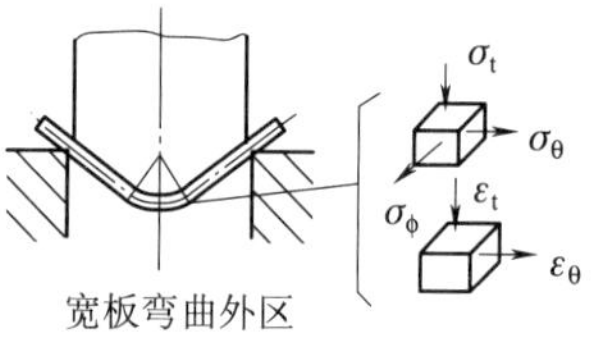
Ⅱ		纬向伸长 $\varepsilon_\theta>0$；经向伸长 $\varepsilon_\phi>0$	两向受拉	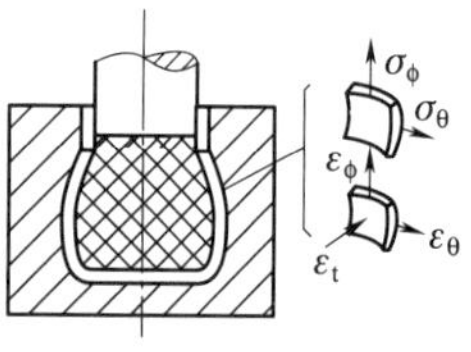 胀形；局部成形(底部)；曲面零件拉深 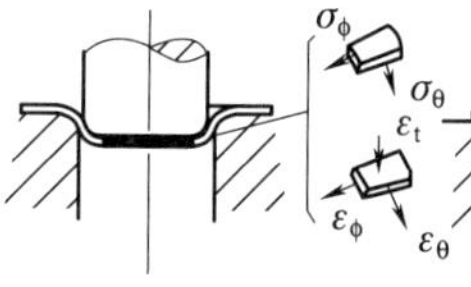 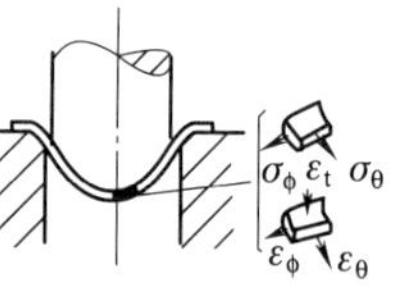
Ⅲ		纬向收缩 $\varepsilon_\theta<0$；经向伸长 $\varepsilon_\phi>0$	两向受拉	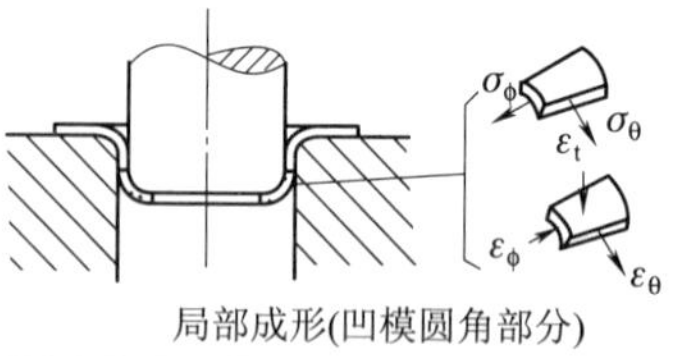 局部成形(凹模圆角部分)
			经拉纬压	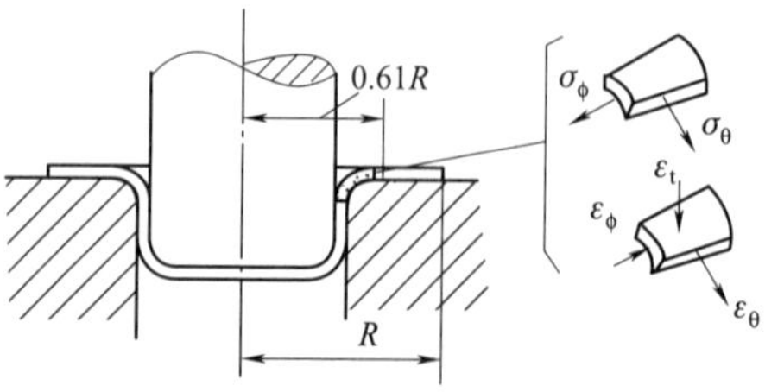 拉深（0.61R，R）

续表

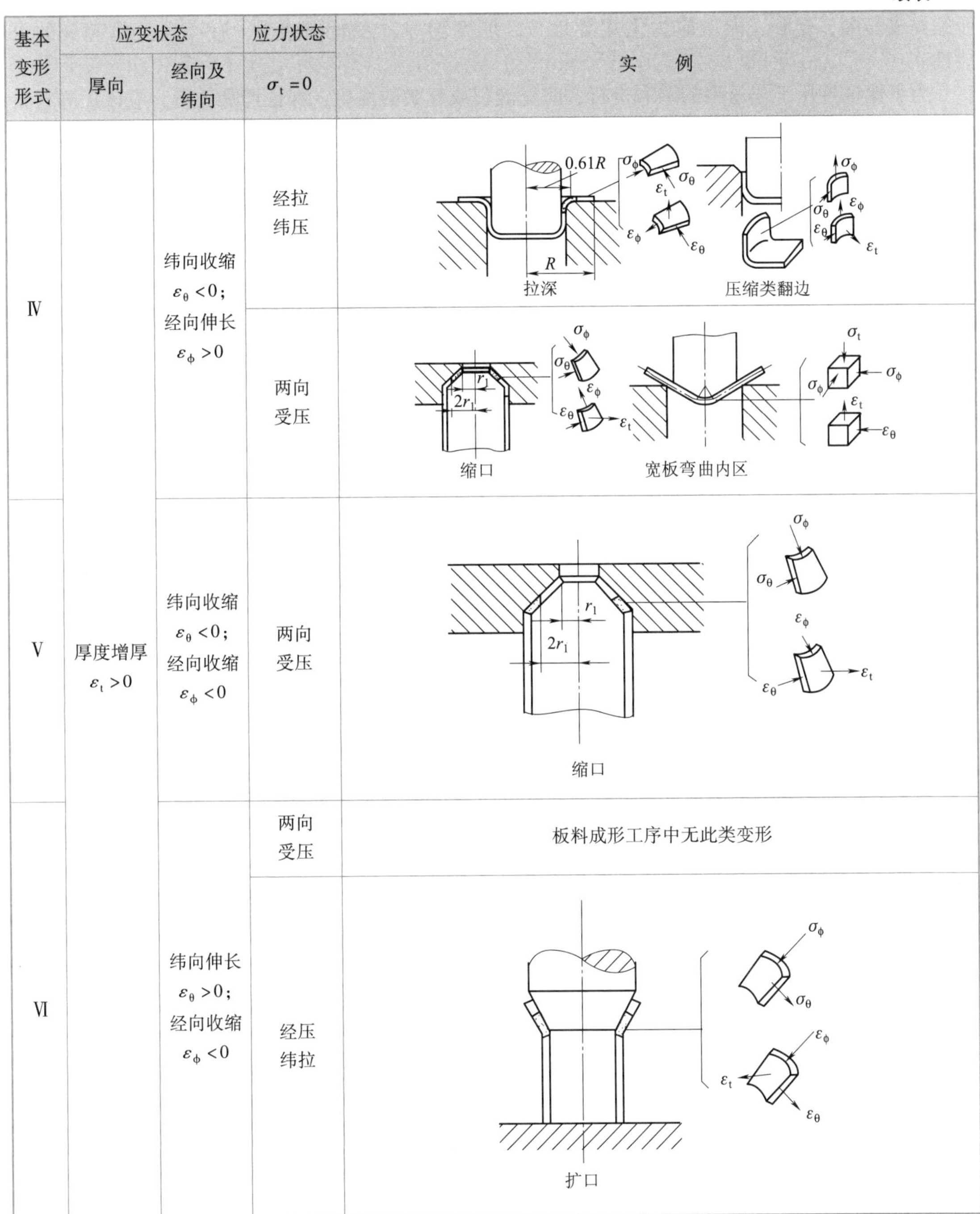

基本变形形式	应变状态		应力状态	实例
	厚向	经向及纬向	$\sigma_t=0$	
Ⅳ	厚度增厚 $\varepsilon_t>0$	纬向收缩 $\varepsilon_\theta<0$；经向伸长 $\varepsilon_\phi>0$	经拉纬压	拉深　压缩类翻边
			两向受压	缩口　宽板弯曲内区
Ⅴ		纬向收缩 $\varepsilon_\theta<0$；经向收缩 $\varepsilon_\phi<0$	两向受压	缩口
Ⅵ		纬向伸长 $\varepsilon_\theta>0$；经向收缩 $\varepsilon_\phi<0$	两向受压	板料成形工序中无此类变形
			经压纬拉	扩口

由表7－2可以看出，变形区的应力状态可以归纳为四类，即两向受拉、两向受压、经向拉纬向压、经向压纬向拉。而变形情况则比较复杂，在同一工序的变形区内，往往存在不同性质的变形，例如弯曲、拉深、扩口等。根据变形区应变状态不同，有六种基本变形形式，属于两大类成形：一类是厚度变薄的变形，通常称为伸长类成形；另一类是厚度增厚的变形，通常称为压缩类成形。

对于两类成形，由于应力状态和变形性质不同，因而产生问题和解决问题的方法也不同。在伸长类成形中，变形区的拉应力占主导地位，厚度变薄，表面积增大，有产生破裂的可能性；在压缩类成形中，变形区内压应力占主导地位，厚度增厚，表面积减少，有产生失稳起皱的可能性。

为了保证冲压工艺过程的顺利进行，防止破裂或起皱的发生，保证产品质量，应该提高材料的极限变形程度。由于上述两类成形的变形性质和出现的问题完全不同，因而影响成形极限的因素、提高成形极限的方法就不同。伸长类变形的极限变形参数主要决定于材料的塑性，而且可以用材料的塑性指标（简单拉伸试验中的伸长率或断面收缩率）直接或间接地表示。例如平板坯料局部胀形极限值、空心坯料胀形系数、圆内孔翻孔系数、最小弯曲半径等都与伸长率之间有明显的关系。

压缩类变形的极限变形参数（如拉深系数等），一般是受坯料传力区承载能力的限制，有的则受变形区或传力区失稳起皱的限制。所以提高伸长类成形极限变形参数的办法有：提高材料的塑性；减少变形的不均匀性；消除坯料变形区的局部硬化或其他引起应力集中而可能导致破坏的各种因素（如去毛刺或坯料退火等）。提高压缩类成形极限变形参数的办法有：提高传力区的承载能力，降低变形区的变形抗力或摩擦阻力，例如拉深时凸缘变形区加热或筒壁传力区冷却、柔性模拉深等；采取有效措施，防止坯料变形区的失稳起皱；采取以降低变形区变形抗力为主要目的的退火等。对于有的板料成形工序，在其变形区中既有伸长类变形又有压缩类变形，则必须区别不同情况，采取不同措施来解决成形中出现的问题。如果以伸长类变形为主，如弯曲、锥形件拉深等，其变形区中伸长类变形部分出现的破裂问题是主要的，则可以用解决伸长类成形问题的方法来解决。如果以压缩类变形为主，坯料变形区中压缩类变形部分出现的起皱问题是主要的，则可以用解决压缩类成形问题的办法来解决。如果像曲面零件的拉深那样，伸长类变形部分出现的破裂问题和压缩类变形部分出现的起皱问题都不可忽视，就应该采取必要措施，同时注意解决两个方面的问题。

3）冲压成形中变形的趋向性及其控制

在冲压过程中，经常会遇到这样的情况，即成形坯料的各个部分在同一模具的作用下，却有可能发生不同的变形，也就是具有不同的变形趋向性。如图 7－3 所示，模具对环形工序件进行冲压，就可能有三种变形趋向：一种是产生拉深变形［见图 7－3（b）］；第二种是产生翻孔变形［见图 7－3（c）］；第三种是产生胀形变形［见图 7－3（d）］。当然还有可能产生介于两种变形之间的变形，如既有胀形又有扩孔变形，既有翻孔变形又有拉深变形等。

既然同一种模具加工同一形状的坯料有不同的变形趋向，那么为了得到所要求的合格的零件，就应该正确地设计冲压工艺和模具，以便控制其变形趋向，保证坯料达到预期的变形并排除其他一切不必要的变形。控制坯料的变形趋向性措施主要有以下几个方面：

（1）合理地确定坯料的尺寸。

实践证明，变形坯料各部分的相对尺寸关系是决定变形趋向性的最重要的因素。通过改变坯料的尺寸，是控制坯料变形趋向性的有效方法。如图 7－3 所示的工序件，当$\frac{D}{d_T}$与$\frac{d_0}{d_T}$都较小时，环形部分产生拉深变形所需要的力最小，因而产生外径收缩的拉深变形，得到拉深件［见图 7－3（b）］；当$\frac{D}{d_T}$与$\frac{d_0}{d_T}$都比较大时，使 d_T-d_0 环形部分产生翻孔变形需要的力最小，因而产生工序件内孔扩大的翻孔变形，得到翻孔零件［见图 7－3（c）］；当$\frac{D}{d_T}$很大，而$\frac{d_0}{d_T}$很小或等于零时（不带内孔），工序件凸缘部分的拉深变形和内部的翻孔变形阻力都很大，结果使凸凹模圆角及附近的金属产生胀形变形。胀形时，工序件的外径和内孔的尺寸都不发生变化，或变化很小，成形仅靠工序件的局部变薄来实现［见图 7－3（d）］。

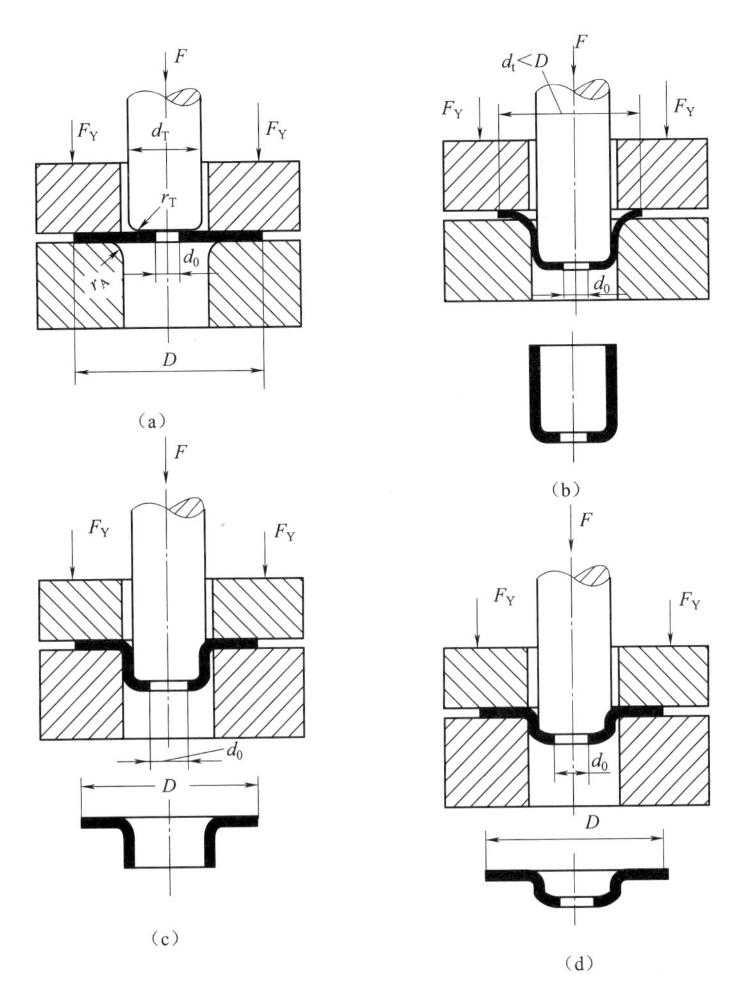

图 7－3　多种变形趋向性的实例

以上所述坯料的相对尺寸与变形趋向之间的定量关系见表 7－3。

表 7－3　平板环形工序件的变形趋向

尺寸关系	成形方式（变形趋向）	备　注
$\frac{D}{d_T}<1.5\sim2$；$\frac{d_0}{d_T}<0.15$	拉深	—
$\frac{D}{d_T}>2.5$；$\frac{d_0}{d_T}>0.2\sim0.3$	翻边	要得到图 7－3（c）所示的零件，$\frac{d_0}{d_T}$的值必须加大，否则内孔会开裂
$\frac{D}{d_T}>2.5$；$\frac{d_0}{d_T}<0.15$	胀形	当$\frac{d_0}{d_T}=0$时，为完全胀形

（2）正确设计模具工作部分的几何形状和尺寸。

正确设计模具工作部分的几何形状和尺寸是控制坯料变形趋向性的一种常用方法。如图 7－3（a）所示，如果增大凸模的圆角半径 r_T、减小凹模的圆角半径 r_A，可使翻孔变形的阻力减小、拉深阻力增大，所以有利于翻孔变形的实现；相反，如果增大凹模的圆角半径、减小凸模的圆角半径，则有利于拉深变形的实现，而不利于翻孔变形。

（3）改变坯料与模具接触表面之间的摩擦阻力。

生产中常用这种方法控制坯料的变形趋向。如图 7－3 所示，如果加大工序件与压边圈和工序件与凹模端面之间的摩擦力（加大压料力或减少润滑），则不利于实现拉深变形而有利于实现翻孔变形和胀形变形；如果增大工序件与凸模表面的摩擦力，减少工序件与凹模表面的摩擦阻力，则有利于实现拉深变形。所以，对坯料的润滑及润滑部位的正确选择，也是控制坯料变形趋向性的重要方法。

（4）降低变形区的变形抗力，增大传力区的强度。

这种方法是使变形区产生变形的抗力减小，使之易于进入塑性状态，而不让传力区进入塑性状态。例如凸缘区加热拉深法或筒壁等区冷却拉深法，又如翻孔、缩口工序的变形区的局部加热法，都是利用上述原理来创造条件，使需要变形的部位首先产生变形，不需要变形的部位不产生变形。

分析以上控制坯料变形趋向的措施不难看出，这些措施的基本原理集中到一点就是：在冲压成形时，应创造条件，使其坯料中需要变形的部位产生变形需要的力最小，在外力作用下首先产生变形，即成为相对“弱区”；而不需要变形的部位，则应创造条件使其产生变形时需要的力较大，在整个成形过程中，这部分材料不产生塑性变形，即成为相对“强区”。以上原理可以用两句话来概括：坯料在冲压成形时“弱区必先变形，变形区应为弱区”；“强区不变形，传力区应为强区”。

以上基本原理在冲压生产中具有重要的实际意义，这是确定一些冲压工艺的极限变形参数的依据，是设计冲压工艺过程、选定工艺方案、确定工序及工序间尺寸必须遵循的原则。例如图 7－4 所示零件，当 $D-d$ 的值（凸缘）较大、高度 H 较小时，可用落料、冲孔和翻孔工序得到；但当 $D-d$ 的值较小、高度 H 较大时，如果仍用以上冲压工序，则不能保证坯料需要产生翻孔变形的部分为变形力较小的弱区，也不能保证坯料不需要变形的外环部分为变形力较大的强区。所以在翻孔时，坯料外径必然会缩小，使翻孔工序不可能实现。在这种情况下，就必须改变上述工艺过程，采用拉深、切底和切边的工艺方案，或采用加大外径 D，经翻孔后再切边的工艺方案（图 7－4 中双点画线所示）。

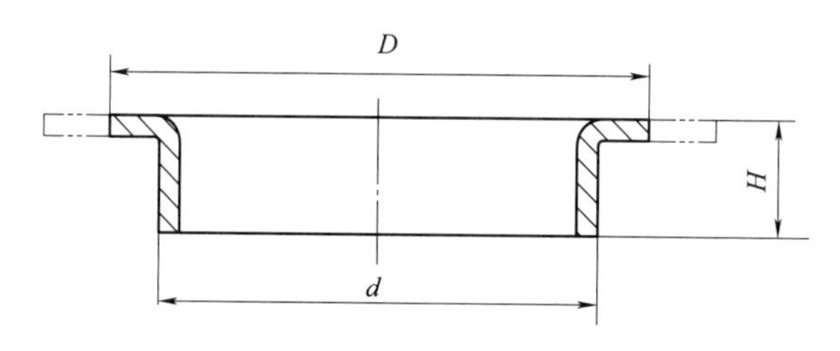

图 7－4　变形趋向性对冲压工艺的影响

步骤一　零件图的分析

一、冲压生产的经济性分析

零件的生产批量对冲压加工的经济性起着决定性的作用，必须根据零件的生产批量和零件质量要求，确定是否采用冲压加工及用何种冲压工艺方法加工。冲压件的结构形状和尺寸与经济性也有很大关系，冲压工艺性好的零件和有利于少无废料排样的零件，冲压加工的经济性较好。零件的材料也是影响冲压件经济性的重要方面，在满足使用性能和冲压工艺性能要求的前提下应尽量采用廉价材料。

二、冲压件的工艺性分析

冲压件的工艺性主要体现在零件的形状特点、尺寸大小、设计基准、公差等级和形位公差要求、材料厚度及成形后允许的变薄量、材料的力学性能和冲压性能、在冲压过程中产生回弹与翘曲的可能性、毛刺大小和方向要求等方面。以上这些内容对确定冲压工序性质、数量和顺序，对冲件定位方法，对模具结构形式选择及制造精度要求等都有很大关系。因此，在制定冲压工艺过程时必须根据产品零件图认真加以分析，尤其应该注意分析零件在冲压加工中的难点所在，如图 7－5 所示。

良好的冲压工艺性表现为材料消耗少、冲压成形时不必采取特殊的控制变形的措施，工艺过程简单，模具结构简单而且寿命长，产品质量稳定，操作方便等。如果发现零件工艺性差，则应该在不影响使用要求的前提下对零件的形状、尺寸及其他要求作必要的修改。如图 7－6 所示，图 7－6（a）原设计左边 R 3 mm 和右边封闭的铰链弯曲，在板厚为 4 mm 的情况下都很难实现，修改后的零件就比较容易冲压加工。图 7－6（b）原设计为两个弯曲件焊接而成，在不影响使用的条件下改成一个整体零件，从而减少一个零件，工艺过程变得简单，节约了材料。图 7－6（c）所示为某厂生产的汽车消声器后盖，在满足使用要求的条件下，修改后的形状比原设计的形状简单，冲压工序由原来的八道减至两道。

从以上实例可以看出，改进冲压工艺性的潜力很大，在冲压工艺过程设计中必须十分重视这一工作。

另外，冲压件工艺性与生产批量有一定关系。有的冲压件的工艺性在小批量生产情况下还可以，但在大批量生产情况下则很差。例如小批量生产时允许用切削加工来完成冲压件某一部分的加工，以补充冲压加工难以达到的要求，但在大批量生产中就不宜这样做，因为这样会使增加成本。

必须指出，冲压件的各项工艺性要求并不是绝对的，尤其是在当前冲压技术迅速发展的情况下，根据生产的实际需要和可能，综合应用各种冲压技术，合理选择冲压方法，正确进行冲压工艺与冲模设计，是可以做到既满足产品技术要求，又满足冲压工艺性要求的。

做一做： 按照任务要求，完成玻璃升降器外壳该零件的工艺性分析。

步骤二　冲压件总体工艺方案的确定

在工艺分析的基础上，根据冲压件的几何形状、尺寸、精度要求和生产批量等，确定备料、冲压加工、检验和其他辅助工序（如去毛刺、清理、酸洗、热处理、表面处理等）的先后顺序，有的零件还需要安排必要的非冲压加工工序，从而把冲压件整个制造过程确定下来。

做一做： 按照任务要求，完成玻璃升降器外壳零件的冲压总体工艺方案。

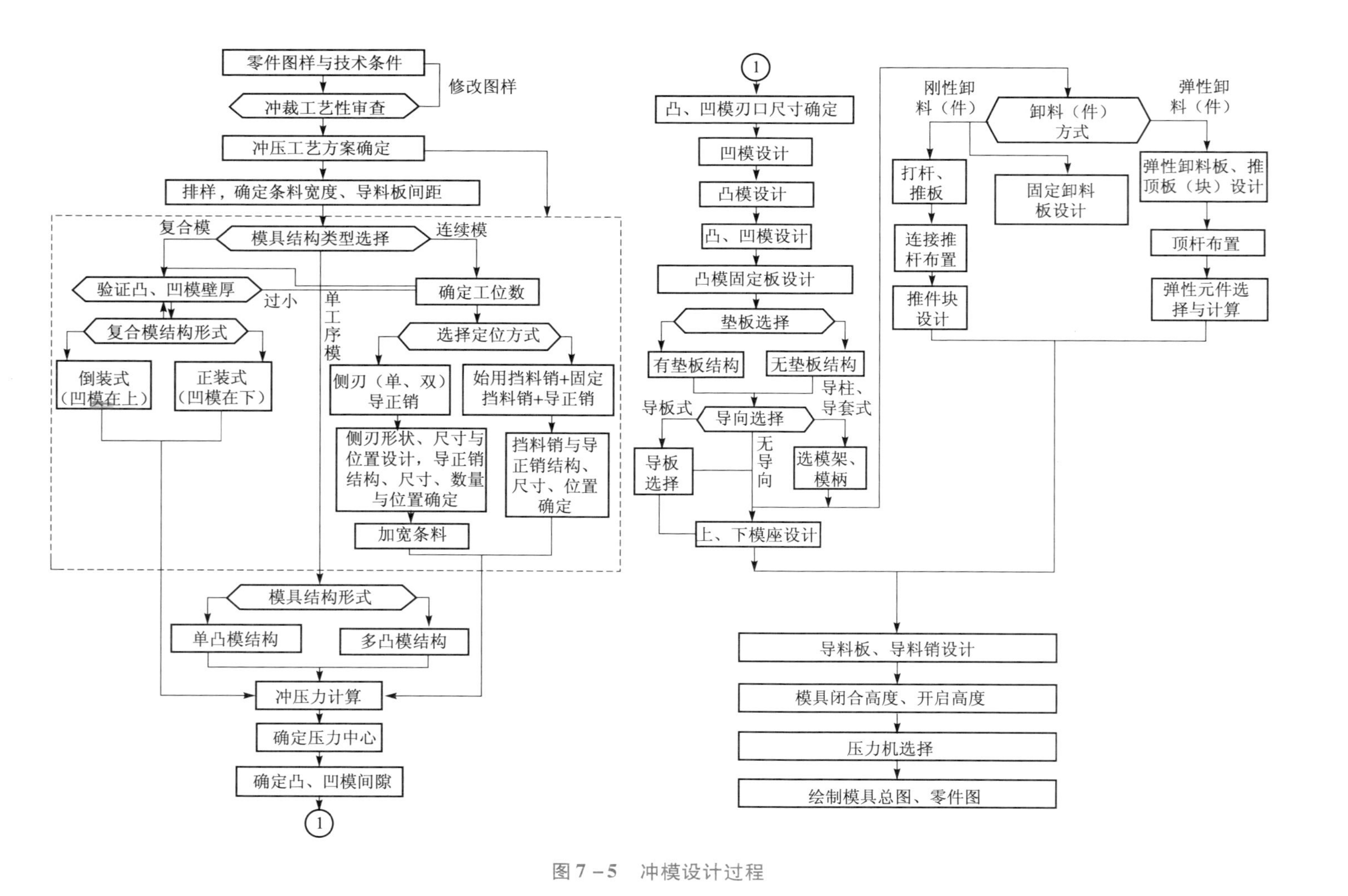

零件图样与技术条件
修改图样
冲裁工艺性审查
冲压工艺方案确定
排样，确定条料宽度、导料板间距
复合模
模具结构类型选择
连续模
验证凸、凹模壁厚
过小
单工序模
确定工位数
复合模结构形式
选择定位方式
倒装式（凹模在上）
正装式（凹模在下）
侧刃（单、双）导正销
始用挡料销+固定挡料销+导正销
侧刃形状、尺寸与位置设计，导正销结构、尺寸、数量与位置确定
挡料销与导正销结构、尺寸、位置确定
加宽条料
模具结构形式
单凸模结构
多凸模结构
冲压力计算
确定压力中心
确定凸、凹模间隙
凸、凹模刃口尺寸确定
凹模设计
凸模设计
凸、凹模设计
凸模固定板设计
垫板选择
有垫板结构
无垫板结构
导板式
导向选择
导柱、导套式
导板选择
无导向
选模架、模柄
上、下模座设计
刚性卸料（件）
卸料（件）方式
弹性卸料（件）
打杆、推板
固定卸料板设计
弹性卸料板、推顶板（块）设计
连接推杆布置
顶杆布置
推件块设计
弹性元件选择与计算
导料板、导料销设计
模具闭合高度、开启高度
压力机选择
绘制模具总图、零件图

图7-5　冲模设计过程

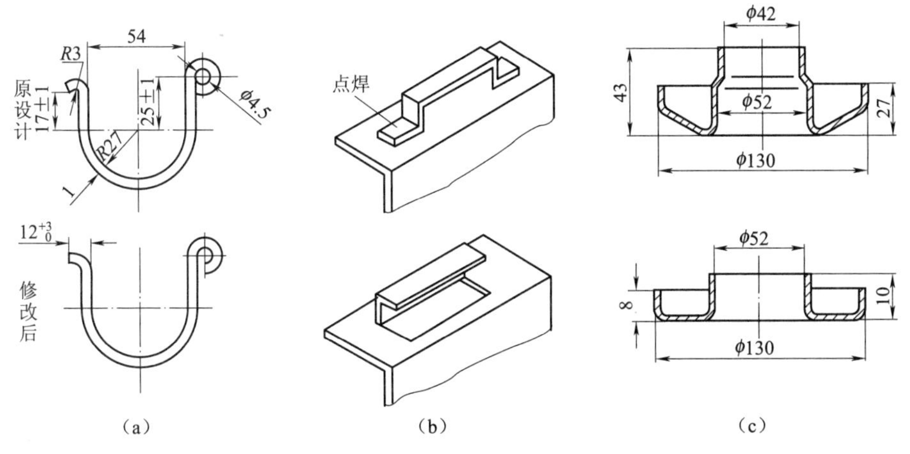

图 7－6 冲压件的结构工艺性改善实例

步骤三 冲压工序性质、数目与顺序的确定

相关知识

冲压工序性质、数目与顺序的确定是制定冲压件工艺过程的核心。

生产中不少冲压件可以直观地看出所需的工序性质和顺序，根据许用变形程度，通过一般的计算即可确定工序数目。

对于带孔或不带孔的各种形状的平板形零件，当产量小、外观规则、尺寸大而公差要求不高时，可用剪裁工序；如有一定产量，一般用冲裁工序。对于需要多工序冲裁的零件，其工序安排必须做到工艺稳定，先冲部分要为后冲部分提供可靠的定位，后冲部分不能影响先冲部分的质量。为此，一般是先落料或冲孔落料复合，然后以落料所得工序件外轮廓定位进行其他冲裁工序。

冲裁大小不同、相距较近的孔时，为了减少孔的变形，应先冲大孔和一般精度的孔，后冲小孔和精度较高的孔。

对于窄长的大型弯曲件，可用弯边机压弯；其他有一定产量的弯曲件，通常采用弯曲模弯曲。弯曲件工序顺序一般可按以下原则安排：当采用简单弯曲模多次弯曲复杂弯曲件时，应先弯外角后弯内角；对于弯曲件上位于变形区或靠近变形区的孔或孔与基准面相对位置要求较高时，必须先弯曲后冲孔；对于其他情况的弯曲件，应先冲孔后弯曲，以简化模具结构。

对于薄壁空心件，其成形的方法很多，如拉深、挤压、旋压等，必须根据材料性质、产量大小、零件形状及尺寸等要求确定其冲压工序性质。目前，各类空心件多采用一次或多次拉深成形；对于产量不大的旋转体空心件，在可能条件下，可以用旋压加工；对于大批量生产的薄壁件，如符合冷挤压工艺性要求，可采用冷挤压加工；对于底部厚度大于壁厚的空心件，可以用变薄拉深；对于有凸缘的无底空心件，根据直壁口部要求，可以采用拉深后切底，也可以采用拉深后底部冲孔、翻孔，高度不高的还可以直接用落料、冲孔和翻孔工艺。校平、整形、切边等工序一般均安排在冲裁、弯曲、拉深等工序之后进行，以提高零件的精度。

应该特别注意的是，不少冲压件不经仔细推敲还难以确定其正确的工艺方案，或一个零件有多种工艺方案，必须选择一种最佳方案，这时就需要综合分析、比较，才能最后确定下来。在分析、比较时应着重考虑以下几个重要问题。

一、冷冲压成形规律

“弱区必先变形，变形区应为弱区”是冲压成形中的一个很重要的基本规律，冲压工艺过程的制定必须遵循这个规律。

需要经过数道冲压工序成形的零件，其形状是逐步形成的，每道工序都使坯料的一部分变成零件的一部分，最后把坯料冲压成为成品零件。因此，为使每道工序都能顺利地达到预期的变形，就必须使该工序中应变形的部分处于相对的“弱区”。现举例如下：

1. 在工艺方案选定方面的实例

图 7 - 7 所示为两个形状相同而尺寸不同的零件，材料均为 08 钢。图 7 - 7（a）所示为油封内夹圈，其冲压工艺过程是先进行落料冲孔的复合工序，后翻孔，翻孔系数为 0.8，翻孔时的变形区是外径为 ϕ92 mm、内径为 ϕ76 mm 的环形部分，翻孔力较小，而外径为 ϕ117 mm、内径为 ϕ92 mm 的外环部分产生切向收缩的拉深变形需要的变形力较大，因此，可以保证“变形区为弱区”的条件。

图 7 - 7（b）所示为油封外夹圈，其高度为 13.5 mm。如果也采用油封内夹圈的冲压工艺，则预冲孔直径为 ϕ61 mm，翻孔系数为 0.68。虽然翻孔系数在允许的范围内（当采用球形凸模翻孔时），但翻孔力较大，此时坯料外径为 ϕ117 mm、内径为 ϕ90 mm 的外环部分产生切向收缩的拉深变形所需要的力与翻孔力相差不大，无法保证“变形区为弱区”的条件，即在翻孔变形的同时，坯料的外径也可能产生切向收缩变形，这是不允许的。因此油封外夹圈的冲压工艺过程应为图 7 - 7（b）所示：落料→拉深→冲孔→翻孔。此时翻孔系数$\frac{d_0}{D}=\frac{80}{90}\approx 0.9$，“变形区为弱区”的条件得到保证，因而这个工艺过程是可行的。

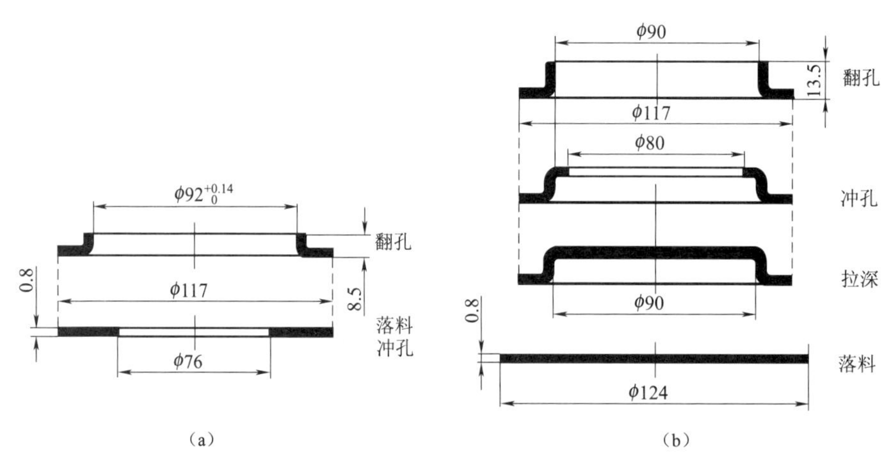

图 7 - 7　油封内、外夹圈的冲压工艺过程

（a）油封内夹圈；（b）油封外夹圈

本例说明，有些零件的形状相同，但是由于某些部分尺寸有差别，为了保证“变形区为弱区”，必须采用不同的工艺方案。

图 7 - 8 所示为两个形状相似的零件，材料为 08 钢，板料厚度为 0.8 mm。图 7 - 8（a）所示零件的冲压工艺过程为：落料→拉深→冲孔。而图 7 - 8（b）所示零件如果也采用这样的工艺过程，则经计算拉深前的坯料直径应为 ϕ81 mm，其拉深系数为$\frac{33}{81}=0.4$，小于极限拉深系数。因此，外径为 ϕ81 mm、内径为 ϕ33 mm 的环形部分，在拉深时不是弱区，一道拉深成形是不可能

的，在实际生产中通常采用如图 7－8（b）所示的工艺过程，即经过落料冲孔复合→拉深→冲底孔与切边→冲六个 ϕ6 mm 孔等四道工序制成。预先冲出 ϕ10.8 mm 孔的作用是，使拉深时坯料内部（小于 ϕ33 mm 的部分）和外部（大于 ϕ33 mm 的部分）都成为弱区，都产生一定量的变形，内部金属向外扩展，外部金属向内收缩，从而一次拉深即可得到直径为 ϕ33 mm、高度为 9 mm 的形状。所以冲出 ϕ10.8 mm 的孔是根据变形规律需要而附加的工序，而不是零件结构的需要。该例说明，在某些情况下，为了保证"变形区应为弱区"的条件，需要增加一些工序。

如图 7－8（b）所示 ϕ10.8 mm 这种可以改变变形趋向性的孔，在板料冲压成形中称为变形减轻孔，它具有使变形区转移的作用。这种方法在冲压成形中得到了较多的应用。如图 7－9 所示零件，四个凸台的底部有四个孔，这四个孔不是零件结构所需要的，而是为了保证得到凸台的高度，预先在坯料上冲出的四个孔，它使凸台的底部和外部都成为可以产生一定量变形的弱区，在成形凸台时，孔径扩大，补充了外部材料的不足，也防止了成形凸台时由于变形程度过大，产生破裂的可能。覆盖零件成形中的工艺孔和工艺切口，也是这个原理的应用实例。

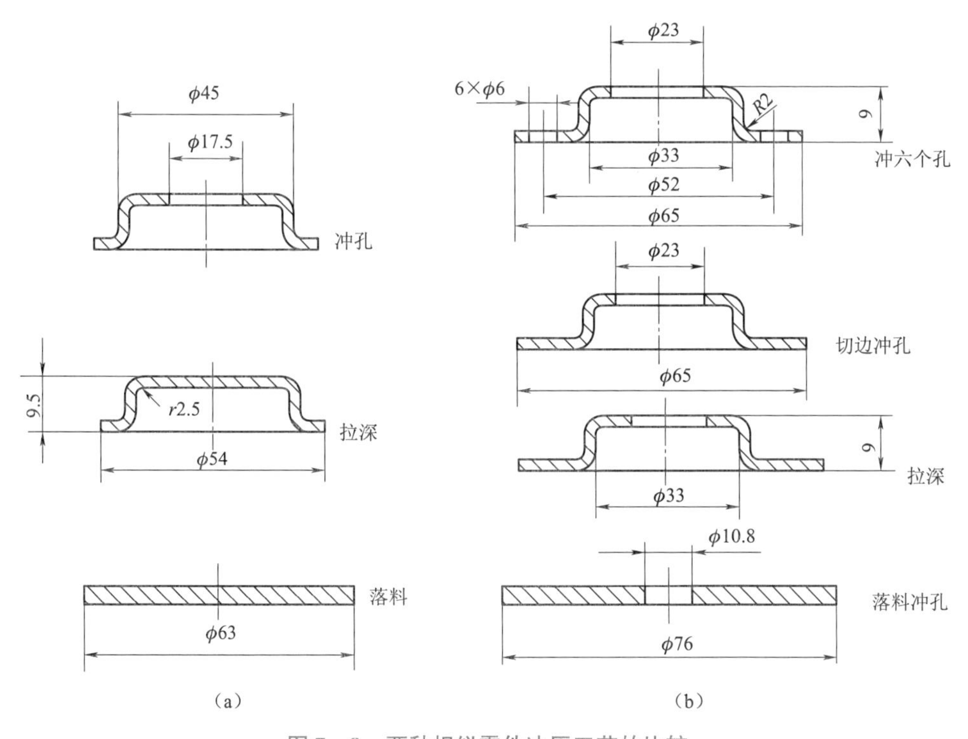

图 7－8 两种相似零件冲压工艺的比较

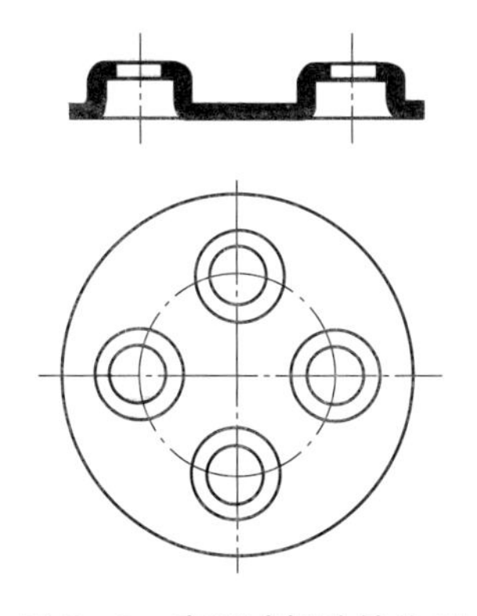

图 7－9 变形减轻孔的作用

2. 在工序顺序安排方面的实例

图 7－10 所示为调温器外壳的冲压工艺过程，其最大的特点是，在第一道拉深工序成形的 ϕ60 mm 侧壁和锥形部分是零件的最终形状与尺寸，以后的工序被该部分划分为内、外两部分。冲孔和翻孔在内部进行，外径 ϕ34 mm、内径 ϕ20.6 mm 的环形部分的变形区为弱区，在弱区变形时，锥形部分及其相连接的内径为 ϕ34 mm 的环形部分为强区，不产生变形。*R*5 mm 整形到 *R*0.5 mm 是在已成形部分的外部进行，此时 ϕ68 mm 的凸缘是弱区，产生少量直径收缩变形，而 ϕ60 mm 的圆筒形是强区，不产生变形。

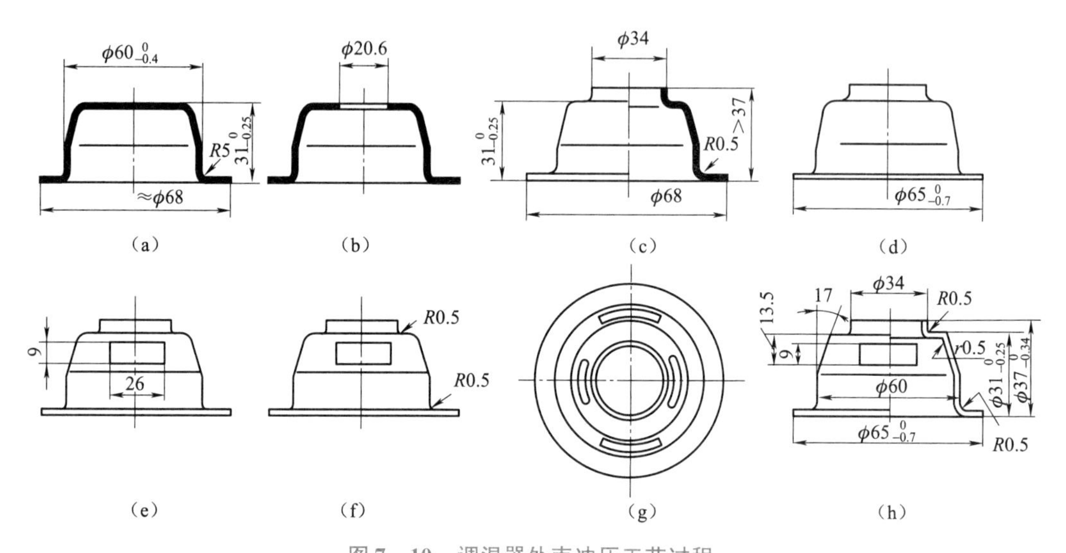

图 7－10 调温器外壳冲压工艺过程

(a) 拉深；(b) 冲孔；(c) 翻孔兼整形 *R* 5 mm；(d) 切边；(e) 冲侧孔；(f) 整形；(g) 冲顶部两孔；(h) 成品零件

该例说明，当零件需要经过多道工序冲压成形时，前道成形工序所得到零件的某一部分的形状和尺寸，把未成形部分分隔成内、外两部分，在后续的冲压成形工序里，保证变形只能在已成形部分的内、外进行的条件是：内、外部需要变形的部分为弱区，不需要变形部分和已成形部分为强区。这样才能保证内、外部各自变形时都不从对方取得金属来补充，从而保证工艺过程稳定地进行。只要上述条件得到满足，不论先成形内部，还是先成形外部，或内、外两部分同时成形，从变形的可能性来看都是可行的。此时，内、外部成形的先后顺序主要应根据操作、定位、模具结构等因素来确定。

在图 7－10 所示的工艺过程中，冲 ϕ20.6 mm 孔工序安排在拉深成形之后，如果先冲孔，而且孔较大，势必造成变形区转移到应为强区的内部（即成为翻孔变形），或内、外都是变形区，这样预期变形不易实现。

二、冲压件的精度要求

冲压件的精度要求也是冲压工艺过程确定的重要依据，下面主要介绍制定冲压工艺过程中常遇到的应恰当安排工序顺序的实际例子。

(1) 如图 7－11 所示的锁圈，材料为黄铜，厚度为 0.3 mm，其内径 $\phi22_{-0.1}^{0}$ mm 是配合尺寸。如果采用落料冲孔复合和成形两道工序，由于成形时整个坯料都是变

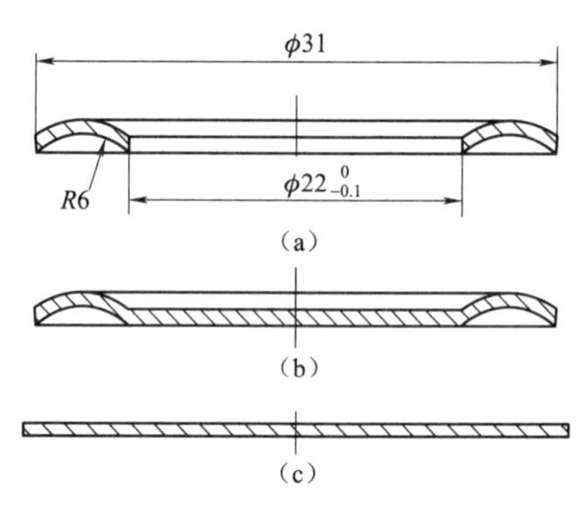

图 7－11 锁圈的冲压工艺过程

(a) 冲孔；(b) 成形；(c) 落料

形区，很难保证内孔公差要求，因而采用落料→成形→冲孔三道工序，如图 7 – 11 所示。

本例说明，在冲压成形过程中，当坯料上的强区与弱区对比不明显时，冲压件不可能得到稳定而准确的尺寸。在这种情况下，对零件有公差要求的部位应在成形后冲出。

(2) 凡是孔的尺寸和位置会受到成形工序的影响，而且公差要求较高时必须在有关的成形工序之后冲出。但是，只要孔的尺寸和位置不受后续成形工序影响，或孔的尺寸和位置要求不高时，可在成形工序之前的平板坯料上冲出，以便简化模具，提高生产率。如图 7 – 12 所示的弯曲件，$\phi10^{+0.03}_{0}$ mm 孔位于弯曲变形区之外，因而可以在弯曲工序之前冲出。而四个 $\phi5$ mm 孔及其孔心距 36 mm 会受到弯曲工序的影响，不宜在弯曲前冲出，而应在弯曲工序之后冲出。

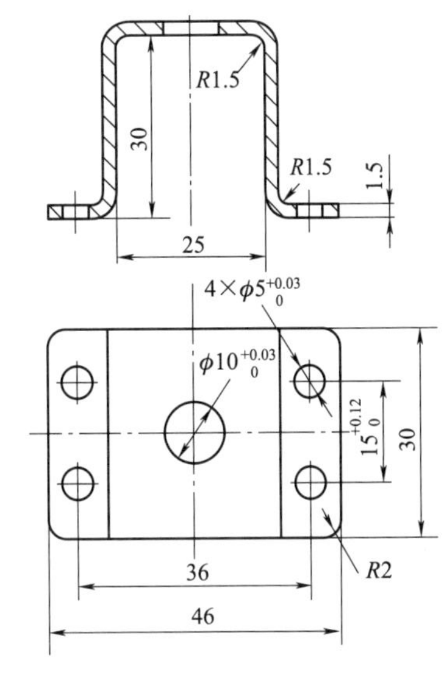

图 7 – 12　弯曲件的冲压工艺过程

如图 7 – 13 所示的零件，材料为 08 钢，板料厚度为 0.8 mm。零件上面所有孔如果在拉深之前冲出，则在拉深时孔的尺寸的位置都会受到拉深工序的影响，所以都应在拉深工序后冲出。由于对决定 $\phi16$ mm 孔位置的中心高 10 mm 无公差要求，故可以把 $\phi16$ mm 孔安排在切舌工序之前，与冲两个 $\phi5.5$ mm 的孔同时进行。如果对孔的中心高有公差要求，则 $\phi16$ mm 的孔应在切舌之后进行。

由于材料性能的方向性及模具结构及压料力不均匀等，都会造成拉深件的外边缘或扩孔件的内边缘形状不规则，所以一般情况下，在拉深或扩孔工序之后应进行切边或冲孔，如图 7 – 8 (b)、图 7 – 10 和图 7 – 13 所示。但是，如果拉深件的高度不大，周边有关尺寸又没有严格的公差要求，也可以不切边或冲孔。直壁上切边的切削加工，生产率低；筒壁上切边的切削加工 [见图 7 – 14 (a)]，生产率高，但模具较复杂；凸缘上切边，再拉深成筒形件 [见图 7 – 14 (b)]，模具简单，但工序数目增加，零件质量稍差；拉深时切边 [见图 7 – 14 (c)]，生产率高，模具也不复杂，但拉深凹模容易磨损。

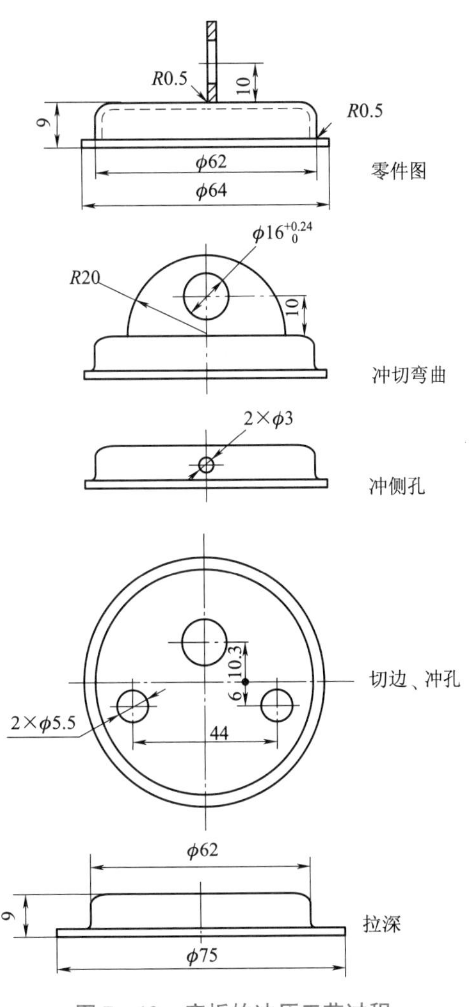

图 7 – 13　底板的冲压工艺过程

(3) 对冲压件上几何形状和尺寸公差要求较高而成形工序中又达不到要求的部位，应加一道整形工序。

(4) 有些冲压件对变薄量有要求，其工艺方案应予以保证。例如图 7 – 10 所示的零件，如果翻孔部分的口部厚度不允许变薄，则应把工艺方案改为拉深到所需高度后切底。

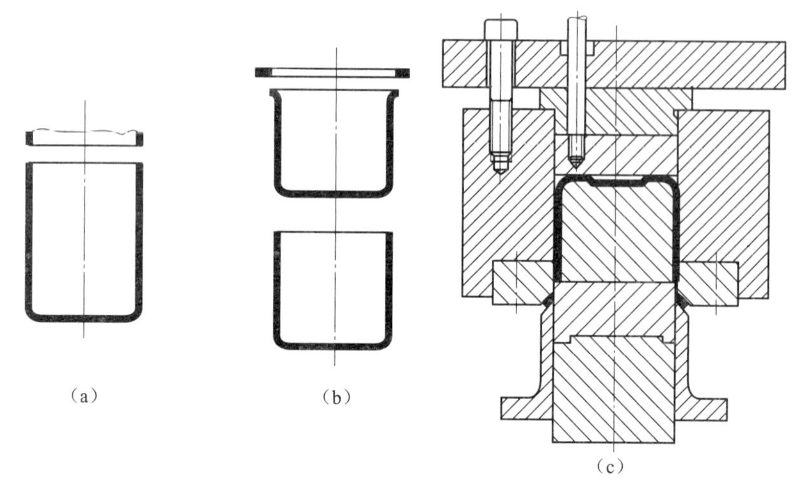

图 7-14 切边方法

(a) 筒壁上切边；(b) 凸缘上切边；(c) 拉深时切边

三、工序组合与模具结构

冲压工艺方案与模具结构有直接的关系。在大批量生产时应尽量采用级进模或复合模冲压，尤其是级进模冲压，以便实现自动化，提高劳动生产率，降低成本。有时生产批量虽然不大，但为了操作方便、保障安全，或为了减小冲压件在生产过程中的占地面积和传递工作量，也把冲压工序相对集中，采用复合模或级进模进行冲压。但是，冲压工序集中组合必然使模具结构复杂化。

工序组合的程度受到模具结构、模具强度、模具制造和维修及设备能力等方面的限制。例如落料拉深复合，受到凸凹模壁厚的限制；落料、冲孔和翻孔三道工序的复合，受到凸凹模强度的限制；反拉深受凹模壁厚的限制；冲压件大，冲压力大，此时如果工序过多集中，就会受到压力机许用压力的限制；多工位级进冲压，模具轮廓尺寸受到压力机台面尺寸的限制；工序集中后，如果冲模工作零件的工作面不在同一平面上（如图 7-13 在拉深件底部冲孔与切边复合），就会给修模带来一定的困难等。但尽管如此，随着冲压技术和模具制造技术的发展，在大批量生产中工序组合程度还是越来越高。

以上说明，在制定冲压工艺过程时，既要考虑工序组合的必要性，又要注意模具结构及模具强度的可能性。

四、冲压工艺过程的定位与操作

多工序冲压必须注意解决操作中的定位问题，这与零件精度关系极大。冲压工艺过程的定位要尽量做到基准重合和同一基准。所谓基准重合是指尽可能使定位基准与设计基准重合。如图 7-15 (a) 所示，零件上有四个孔，其设计基准是 A 和 B 两边，如果以 A 和 B 两边定位，四个孔一次冲压或两次冲压，符合基准重合原则。但如果采用两次冲压并分别以 A、B 和 A、C 定位，此时为了保证尺寸 (395 ± 0.5) mm，必须进行尺寸换算，把 $650_{-0.2}^{\ 0}$ mm 改为 (649 ± 0.3) mm，把 (395 ± 0.5) mm 改为由 (254 ± 0.2) mm 来控制，如图 7-15 (b) 所示。显然，由于基准不重合，故工件精度需要提高。为了避免这种情况的出现，最好采用前一种冲压，即一次冲压成形。

同一基准原则是指多工序在不同模具上进行冲压时，应尽量采用同一定位基准，以减小定位误差，提高工件精度，并使各模具定位零件形状、尺寸一样，以利于模具制造。如图 7-10 所示零件，在第一道拉深成形的 $\phi 60_{-0.4}^{\ 0}$ mm 圆柱内表面是以后各道工序的定位面，符合同一定位基准和基准重合原则。

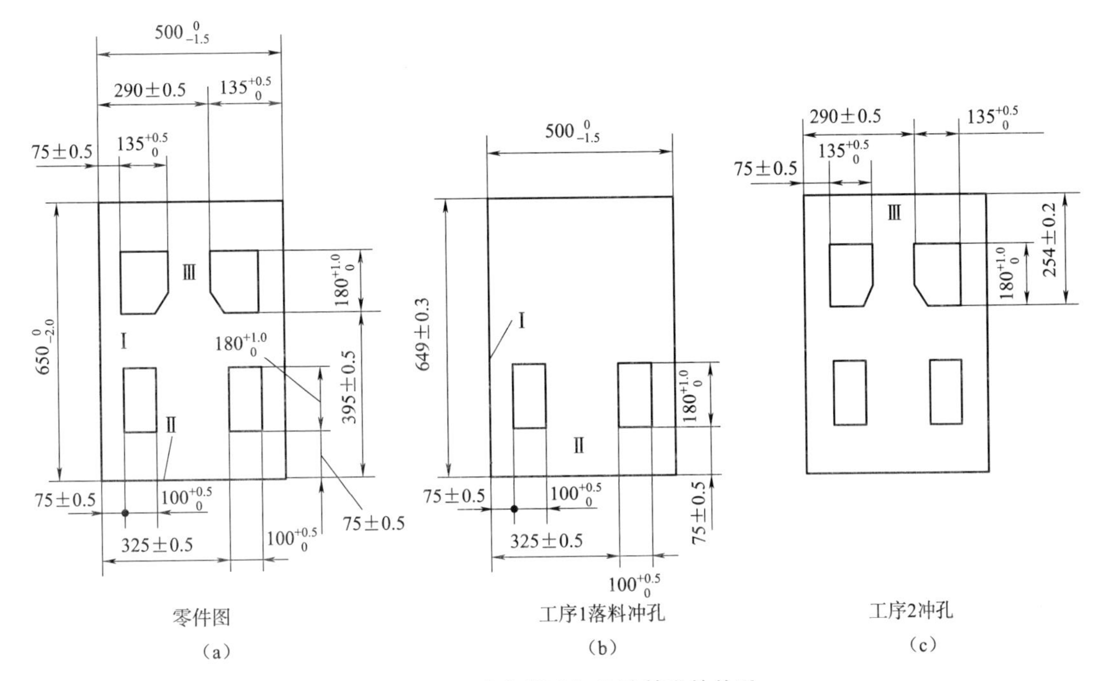

图 7-15 定为基准与设计基准的关系

冲压工艺过程的定位还应做到定位的可靠性，只有准确可靠的定位，才能保证零件质量的稳定性。为此，多工序采用同一定位基准的，应选择在整个冲压过程不产生变形和位移的部位作为定位基准。

对于非对称的零件要注意定位的方向性。如图 7-16 所示，采用了大小不同的孔定位［见图 7-16（a）］或位置不对称的孔定位［见图 7-16（b）］，以免由于操作者方向识别差错而造成废品。有时为了保证冲件精度，而工序件上又找不到合适的定位部位时，也可以在许可的位置上冲工艺孔或工艺切口作为后续工序的定位基准。

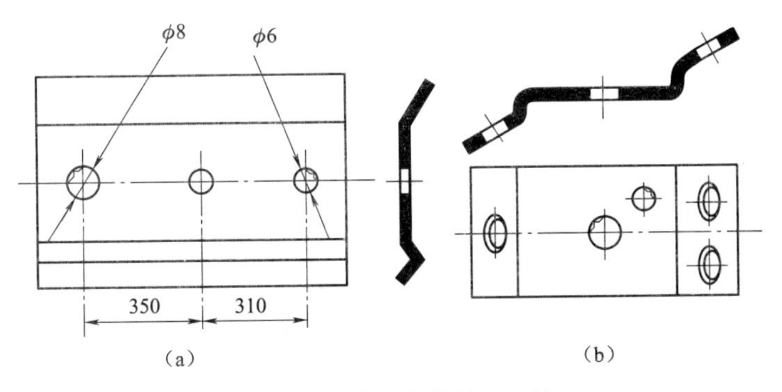

图 7-16 冲压定位的方向性

冲压工艺过程的定位必须注意操作方便、安全。如图 7-17 所示冲裁件，有两种冲裁工艺方案：一是先冲出带槽的型孔，再以型孔定位冲三个小孔，为了保证小孔和槽之间的相对位置，定位较复杂，操作不方便，效率低而且不安全。而采用工艺方案二，先冲大圆孔，再以圆孔定位冲槽和三个小孔，则定位简单可靠，操作方便，效率高。

不便拿取的小零件或形状特殊、不易定位的零件，产量较大时，可采用多工位级进模冲压。

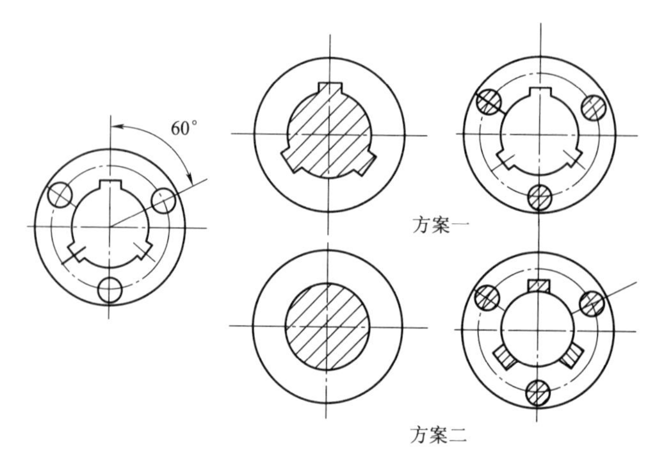

图 7－17　工艺方案实例

五、冲压工艺的稳定性

冲压工艺的稳定性是制定冲压工艺过程中不可忽视的问题，如果冲压工艺稳定性差，就会导致废品率增高。

影响冲压工艺稳定性的因素很多，除了工艺过程设计合理性外，还与材料厚度及力学性能的波动、模具制造误差、定位可靠性、设备精度、润滑条件件的变化等因素有关。对工艺过程设计来说，首先必须保证冲压工艺过程合理，充分考虑到冲压成形的规律、冲压件的精度、模具结构及强度、定位与操作等对冲压工艺过程的要求，因为这些要求得不到满足，工艺稳定性就得不到基本保证。在这个基础上，提高冲压工艺稳定性的主要措施是适当降低冲压成形工序的变形程度，避免在接近极限变形程度的情况下成形；否则，冲压加工条件的微小变化都将引起零件形状与尺寸的变化，甚至不可能成形。例如翻孔和胀形，如果变形程度达到极限变形程度，则材料性能的波动或其他加工条件的微小变化就会产生破裂。因此，适当降低变形程度可以避免对原材料、设备、模具及操作的苛刻要求，从而提高工艺的稳定性，这对流水线大批量生产尤为重要。

六、零件冲压工艺性的要求

图 7－18 所示为非对称形零件，冲压工艺性差，在成形时坯料会产生偏移，很难达到预期的变形效果。如果采用如图 7－18 所示的工艺过程，变单件冲压加工为成双冲压加工，加一道剖切工序，这对坯料的变形均匀性、模具结构、操作等都有很大的好处。

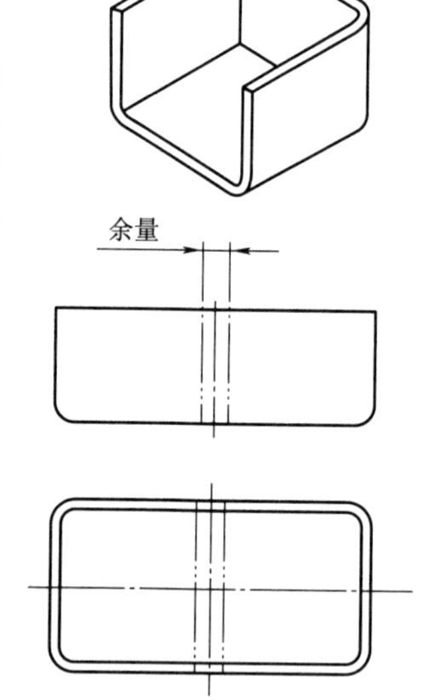

图 7－18　成双冲压实例

在冲压加工中，为改善冲压件的工艺性，变非对称零件为对称形零件进行冲压加工，或有意增加零件的某一部分实体（如覆盖件成形中的工艺补充部分），待成形后切掉多余部位等，都是改善模具受力情况、防止坯料在成形过程中产生偏移、提高零件质量的有效方法，因而许多异形的冲压工艺性差的零件，均采用这种方法。

做一做： 按照任务要求，完成玻璃升降器外壳零件冲压工序性质和数量的确定。

步骤四　冲压工序件形状和尺寸的确定

相关知识

冲压工序件是坯料与成品零件的过渡件。对于冲裁件或成形工序少的冲压件（例如一次拉深成形的拉深件，简单弯曲件等），工艺过程确定后，工序件尺寸就已经确定。

对于形状复杂，需要多道成形工序的冲压件（如多次拉深等），在其成形过程中每个工序件都可以分成两部分：已成形部分（其形状和尺寸与成品零件相同）和有待继续成形部分（其形状和尺寸与成品不同，是过渡性的）。虽然过渡性部分在冲压加工完成后就完全消失了，但是它对每道冲压工序的成败和冲压件质量有极大的影响，因而必须认真对待。确定工序件过渡性部分的形状和尺寸，需要考虑的问题是多方面的，下面就工序件形状和尺寸确定中的主要问题做简要说明。

1. 根据极限变形参数确定的工序件尺寸

应从实际出发合理确定变形参数值，计算出工序件尺寸。受极限变形参数限制的工序件尺寸在成形工序中是很多的，除拉深之外，还有缩口、胀形、翻孔、旋压和挤压等。除直径、高度等轮廓尺寸外，圆角半径等也直接或间接地受极限变形程度的限制，如最小弯曲半径、拉深件的圆角半径等，这些尺寸都应根据需要和变形程度的可能加以确定，有的需要逐步成形达到要求。

2. 工序件形状和尺寸应有利于下一道工序的成形

如盒形件、曲面零件等拉深件的过渡形状和尺寸，包括圆角和锥角等，前后两工序件均应有正确的关系。

3. 工序件各部位的形状和尺寸必须根据等面积原则确定

例如图 7－19 所示出气阀罩盖的冲压工艺过程，第二道拉深所得工序件中 ϕ16.5 mm 的圆筒

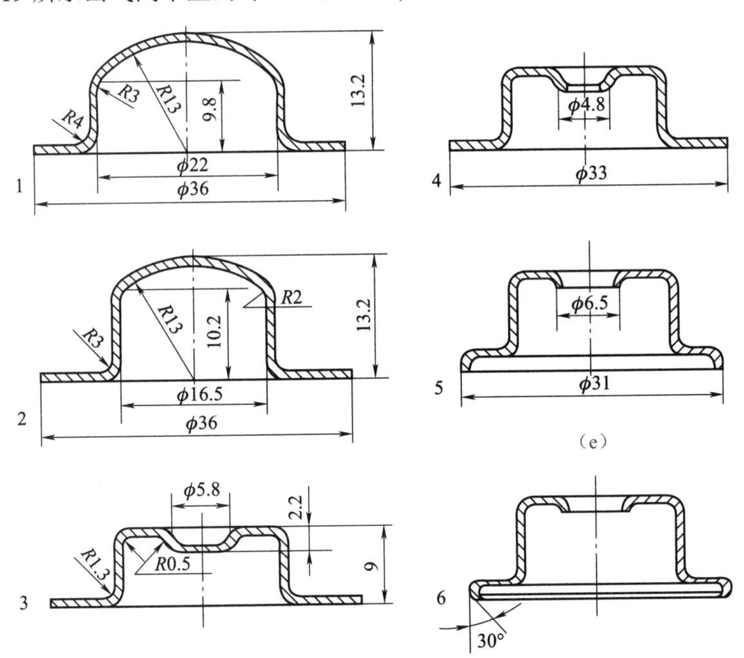

图 7－19　出气阀盖的冲压过程（材料：H62，厚度：0.3 mm）

1—落料、拉深；2—二次拉深；3—成形；4—冲孔、切边；5—内、外翻边；6—折边

形部分与成品零件相同，在以后的各道工序中不再变形，其余部分属于过渡部分。被圆筒形部分隔开的内、外部分的表面积，应足够满足以后各道工序里形成零件相应部分的需要，不能从其他部分来补充金属，但也不能过剩。

值得注意的是，第二道工序所得工序件的底部不是做成平底而是做成球面形状，这是为了储备材料，以满足压出 $\phi5.8$ mm 的凹坑的需要。如果做成平底的形状，压凹坑时只能产生局部胀形。类似这种在冲压件的某个部位要求压出凸起或凹坑，所需材料又不容易或不能从相邻部分得到补充时，就必须采取上述的储料办法。储料部位的形状和尺寸以顺利形成零件相应部位的形状和尺寸为原则。

4. 工序件形状和尺寸必须考虑成形后零件表面的质量

有时工序件的尺寸会直接影响到成品零件的表面质量，例如多次拉深的工序件底部或凸缘处的圆角半径过小，会在成品零件表面留下圆角处的弯曲与变薄的痕迹。如果零件表面质量要求较高，则圆角半径就不应取得太小。板料冲压成形的零件，产生表面质量问题的原因是多方面的，其中工序件过渡尺寸不合适是一个原因，尤其是对形状复杂的零件。

做一做： 按照任务要求，完成玻璃升降器外壳零件冲压工序形状和尺寸的确定。

步骤五　冲模类型与结构形式的确定

冲模类型与冲压工艺方案是密切相关的，而两者必须根据生产批量、零件形状和尺寸、零件质量要求、材料性质和厚度、冲压设备和制模条件、操作因素等确定。表 2－6 所示为生产批量的划分及其与模具类型的关系，表 2－7 所示为各类冲模的比较。

由表 2－6 可知，模具类型首先取决于生产批量，而零件形状、尺寸、质量要求也是确定模具类型的重要依据。复合模可以冲制尺寸较大的零件，但材料厚度、孔心距和孔边距有一定限制；级进模适用于冲小型零件，尤其是形状复杂的异形件，但级进模轮廓尺寸受压力机台面尺寸的限制，单工序模不受零件尺寸和板厚的限制。复合模的冲件质量高，单工序模的冲件质量较差，而级进模的冲压件质量一般高于单工序模、低于复合模。

冲模的结构形式很多，其主要结构形式及特点在各部分典型模具结构分析中已有较详细叙述，这里就不重复。

做一做： 按照任务要求，完成玻璃升降器外壳零件冲模类型和结构形式的确定。

步骤六　冲压设备的选择

相关知识

冲压设备选择是工艺设计中的一项重要内容，它直接关系到设备的合理使用、安全、产品质量、模具寿命、生产效率及成本等一系列重要问题。设备选择主要包括设备类型和规格两个方面的选择。

设备类型的选择主要取决于冲压的工艺要求和生产批量。在设备类型选定之后，应进一步根据冲压工艺力（包括卸料力、压料力等）、变形功、模具闭合高度和模板平面轮廓尺寸等确定设备规格。设备规格主要是指压力机的公称压力、滑块行程、装模高度、工作台面尺寸及滑块模柄孔尺寸等技术参数。设备规格的选择与模具设计关系密切，必须使所设计的模具与所选设备的规格相适应。有关设备类型和规格的选择详见前面有关内容。

做一做： 按照任务要求，完成玻璃升降器外壳零件冲压设备的选择。

步骤七　冲压工艺文件的编写

冲压的工艺文件主要是工艺过程卡和工序卡。在大批量生产中，需要制定每个零件的工艺过程卡和工序卡；在成批生产中，一般需制定工艺过程卡；小批量生产时一般只需填写工艺路线明细表即可。

冲压工艺过程卡格式、内容及填写规则可参照 JB/T 9165.1—1998 标准等指导性技术文件。

做一做： 按照任务要求，完成玻璃升降器外壳零件的冲压工艺文件编写。

任务考核

任务名称	玻璃升降器外壳零件冲压工艺的制定	专业		组名	
班级		学号		日期	
评价指标	评价内容			分数评定	自评
信息收集能力	能有效利用网络、图书资源查找有用的相关信息等；能将查到的信息有效地传递到学习中			10 分	
感知课堂生活	是否能在学习中获得满足感、课堂生活的认同感			5 分	
参与态度沟通能力	积极主动与教师、同学交流，相互尊重、理解、平等；与教师、同学之间是否能够保持多向、丰富、适宜的信息交流			5 分	
	能处理好合作学习和独立思考的关系，做到有效学习；能提出有意义的问题或能发表个人见解			5 分	
知识、能力获得情况	零件图分析			10 分	
	冲压总体工艺方案的确定			10 分	
	冲压工序性质、数目与顺序的确定			10 分	
	冲压工序件形状和尺寸的确定			10 分	
	冲模类型与结构形式的确定			10 分	
	冲压设备的选择			5 分	
	冲压文件的编写			5 分	

续表

评价指标	评价内容		分数评定	自评
辩证思维能力	是否能发现问题、提出问题、分析问题、解决问题、创新问题		10 分	
自我反思	按时保质完成任务；较好地掌握了知识点；具有较为全面严谨的思维能力并能条理清楚明晰地表达成文		5 分	
小计			100	
总结提炼				
考核人员	分值/分	评分	存在问题	解决办法
（指导）教师评价	100			
小组互评	100			
自评成绩	100			
总评	100	总评成绩 = 指导教师评价 ×35% + 小组评价 ×25% + 自评成绩 ×40%		

知识拓展

通过查阅相关教材、模具设计手册和中国大学慕课等网络资源，学习冲压工艺过程制定的相关知识。

参 考 文 献

[1] 丁友生，等. 冲压模具设计与制造［M］. 杭州：浙江大学出版社，2013.
[2] 崔柏伟. 典型冷冲模设计［M］. 大连：大连理工大学出版社，2013.
[3] 段来根. 多工位级进冲模与冲压自动化［M］. 北京：机械工业出版社，2012.
[4] 杨关全，匡余华. 冷冲压工艺与模具设计制造［M］. 大连：大连理工大学出版社，2012.
[5] 杨占尧. 冲压工艺编制与模具设计［M］. 北京：人民邮电出版社，2010.
[6] 郑展. 冲压工艺与模具设计［M］. 北京：机械工业出版社，2008.
[7] 翁其金. 冷冲压技术［M］. 北京：机械工业出版社，2008.
[8] 梅伶. 模具课程设计指导［M］. 北京：机械工业出版社，2008.
[9] 朱旭霞. 冲压工艺及模具设计［M］. 北京：机械工业出版社，2008.
[10] 姜伯军. 级进冲模设计与模具结构实例［M］. 北京：机械工业出版社，2007.
[11] 李大成. 冲压工艺与模具设计［M］. 北京：人民邮电出版社，2007.
[12] 陈炎嗣. 多工位级进模设计与制造［M］. 北京：机械工业出版社，2006.
[13] 刘建超，张宝忠. 冲压模具设计与制造［M］. 北京：高等教育出版社，2006.
[14] 贾崇田. 冲压工艺与模具设计［M］. 北京：人民邮电出版社，2006.
[15] 宋拥政. 航空航天钣金冲压件技术［M］. 北京：机械工业出版社，2013.